U0177723

西方通识丛书

西方科学通史

从古希腊时期到20世纪 详细讲解6大基础学科的内容

文聘元◎著

A General History of Western Science

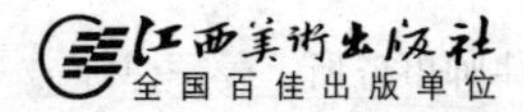

图书在版编目（CIP）数据

西方科学通史 / 文聘元著 . -- 南昌 : 江西美术出版社 , 2020.1
ISBN 978-7-5480-6616-3

Ⅰ . ①西… Ⅱ . ①文… Ⅲ . ①自然科学史 – 西方国家
Ⅳ . ① N091

中国版本图书馆 CIP 数据核字（2018）第 291082 号

出 品 人：周建森
企　　划：北京江美长风文化传播有限公司
策　　划：北京兴盛乐书刊发行有限责任公司
责任编辑：楚天顺　康紫苏
版式设计：尹清悦
责任印制：谭　勋

西方科学通史
XIFANG KEXUE TONGSHI

作　　者：文聘元

出　　版：江西美术出版社
社　　址：江西省南昌市子安路 66 号
网　　址：www.jxfinearts.com
电子信箱：jxms163@163.com
电　　话：010-82093808　　0791-86566274
邮　　编：330025
经　　销：全国新华书店
印　　刷：保定市西城胶印有限公司
版　　次：2020 年 1 月第 1 版
印　　次：2020 年 1 月第 1 次印刷
开　　本：710mm × 960mm　1/16
印　　张：26
ISBN 978-7-5480-6616-3
定　　价：68.00 元

“西方通识丛书”总序

General Preface

“西方通识丛书”包括以下六部：历史是第一部，接下来依次是文学、哲学、艺术、科学、地理，构成整个西方文明的精髓。

一、《西方通史》

其内容包括从特洛伊战争开始直至1990年海湾战争结束的西方历史。主要包括古希腊与古罗马的历史、中世纪与文艺复兴的历史，以及当今西方的几个主要大国美国、英国、德国、法国、俄罗斯、意大利的历史。不但讲述了其中的主要历史事件，还讲了那些历史上的名人的人生故事，例如亚历山大大帝、恺撒、屋大维、拿破仑、丘吉尔等。通过这些我们不但能了解这些国家的历史发展脉络，还能了解这些国家历史上的伟人生平。

二、《西方文学通史》

其内容包括两大部分，第一个部分是这些作家的生平事迹，一个作家的作品与他们的生平是密切相关的，很值得我们去了解。如古希腊三大悲剧家、但丁、塞万提斯、莎士比亚、巴尔扎克、雨果、狄更斯、托尔斯泰、劳伦斯、马尔克斯等。

第二个部分是西方文学史上的各大名作，那些我们所熟悉的西方文学名作，如荷马史诗、古希腊悲剧、《神曲》《哈姆雷特》《欧也妮·葛朗台》《大卫·科波菲尔》《战争与和平》《查泰莱夫人的情人》《百年孤独》等，都包括在内，以讲故事的方式讲解了这些作品的主要内容，并且语言的风格也尽量遵循原作。

三、《西方哲学通史》

其内容同样包括两大部分，第一部分是西方哲学史上那些伟大哲学家们的生平事迹，如柏拉图、亚里士多德、奥古斯丁、托马斯·阿奎那、培根、洛克、笛卡尔、康德、黑格尔、尼采、叔本华、维特根斯坦、胡塞尔、海德格尔、萨特等。第二部分是这些哲学家们的思想，西方哲学史的内容是非常丰富的，所以我在这里也主要选取了那些既重要又有可读性的哲学家的思想。

我们知道，哲学著作一般而言是比较难的，不那么容易读懂，但在这里，所有哲学家，包括康德与黑格尔还有胡塞尔等人的思想都是以通畅明白的方式表达出来的，即使没有哲学的基础，也可以读得明白。

四、《西方艺术通史》

其内容同样包括两大部分，一是那些杰出的艺术家的生平事迹，如达·芬奇、米开朗琪罗、拉斐尔、提香、委拉斯凯兹、戈雅、大卫、伦勃朗、马奈、莫奈、罗丹、毕加索，等等。第二部分是这些伟大的艺术家们的作品，以形象的文字描绘了这些伟大作品的内容、特色与神韵等。对于古希腊罗马艺术，虽然没有具体的艺术家的生平可以介绍，但对于那些伟大的艺术作品也做了比较仔细的介绍，例如雅典卫城与罗马的大斗兽场等，甚至还以被火山埋葬的庞贝为例介绍了卓有特色的古罗马的家居装饰风格。

五、《西方科学通史》

其特色是将西方科学的内容分成六大基础学科，即天文、数学、物理、化学、地学与生物，分别讲述了这些学科的主要内容与发展历史。

而且，由于至目前为止，这些学科的主要内容都是西方人发展起来的，因此，我们在读了这本书之后，就对这些学科本身的内容与历史脉络都有了清晰的了解。此外还讲了那些伟大的科学家，如阿基米德、欧拉、牛顿、达尔文、居里夫人、爱因斯坦等人的生平事迹。

六、《西方地理通史》

这本书的内容与前面几本不大一样，它不是在讲人的故事，而是地理的故事。包括两大洲即欧洲与美洲的地理概况，主要内容则是西方历史与当今的几个主要国家，即希腊、意大利、法国、英国、德国、俄罗斯与美国的地理。

这些地理又包括三大部分，即自然地理、人文地理与游记，自然地理主要讲述自然方面的内容，例如地形地貌、山川河流、气候特征等，人文地理则包括这些国家的语言、人口、民族、经济特色等。游记则讲述了这些国家的主要风景名胜与城市风貌等。例如当我们读了这本书中美国的部分之后，不但认识了美国的山川河流与气候特点，还会认识到美国虽然是多民族多种族的国家，但各个民族与种族都有自己相对独立的地盘，也会了解美国强大的经济实力及很有特色的政府结构等。而最后将带我们去游览美国那些美轮美奂的风景名胜，如尼亚加拉大瀑布与黄石国家公园，还有我们慕名已久的城市，如纽约与拉斯维加斯等，甚至还有著名的哈佛大学与麻省理工学院，等等，总之就像在美国多快好省地逛了一圈。

以上就是六部作品的大致内容介绍。

我之所以要写这样的作品，目的其实就是两个字——“通识”。所谓“通”就是全面、“识”就是知识，即我希望读者们通过阅读这样的作品，可以得到比较全面的知识。

我国著名的科学家钱学森曾经提出过一个相当尖锐的问题：“为什么我们的学校总是培养不出杰出的人才？”对于这个问题可以有各种各样的回答。在我看来，一个根本性的问题是，我们的学校包括大学培养的学生缺乏全面的知识教育，对知识的提供太过于追求实用性，从而导致了相当严重的片面性，例如过于重视数理化而对于人文知识不够重视。因此我们培养出来的学生往往视野比较狭窄，有“知识”而少“见识”，于是思维也比较片面，这样子是很难成为杰出人才的。

而要解决这个问题，一个比较简单的办法就是开展通识教育，以培养学生更加宽广的视野，使他们不但有“知识”，而且有“见识”，这对于他们未来成为杰出人才当然是大有帮助的。

要进行通识教育的途径也不止一种，例如可以广泛地阅读文学、历史、哲学与科学的经典名著，到全球各大博物馆欣赏名画雕塑，或者去世界各国环球旅行。但这些办法有一个共同的麻烦，就是太难。例如有多少人有足够的时间、精力可以同时去读那么多文学与历史杰作呢？而亚里士多德与康德等的哲学杰作一般人又岂能读懂呢？更遑论牛顿与爱因斯坦的科学著作了，几人可以读懂呢？还有，我们一般人又哪有足够资金去世界各大博物馆欣赏那些艺术杰作，甚至环球旅行呢？显然，对于绝大多数人，这样的通识教育是得不到的、行不通的。

而他们可以得到也行得通的最简单的办法，或许就是阅读这部“西方通识丛书”了，因为这部丛书有三个基本特点：

一是内容全面，这个特点前面已经做出了说明。

二是篇幅不长，每本都在35万字左右，400余页，大致是一本标准厚度的书籍，不难读完。

三是语言通畅，无论是历史、文学、艺术、地理，还是科学或者哲学，所有的内容都是以通畅明白的文字来表达的，即使那些一般而言是相当深奥的内容，例如亚里士多德与康德的哲学，还有微积分或者爱因斯坦的相对论，也都表达得清楚明白，基本上一读就懂。

正因为这样，所以，在读完了这套丛书之后——这其实并不太难，你就可以说接受了最基本的通识教育，无论你只是想增长自己的见识，还是想成为杰出人才，都应当是大有裨益的。

前言

Preface

这是一部讲西方科学史的书，但这篇序言我要从中国文化讲起。[1]

更具体地说，我要从一个中国成语“腐草化萤”讲起。

萤火虫大家都看到过，对于它是怎么来的，现在已经很清楚了。但在中国古代，对它的产生一直有种现在看起来有些奇怪甚至荒谬的观点，就是“腐草化萤”，即认为萤火虫是由腐烂的草变成的。

最早在《礼记·月令》之中就有这样的记载：

> 季夏之月，日在柳，昏火中，旦奎中。其日丙丁。其帝炎帝，其神祝融。其虫羽。其音征，律中林钟。其数七。其味苦，其臭焦。其祀灶，祭先肺。温风始至，蟋蟀居壁，鹰乃学习，腐草为萤。

最后一句“腐草为萤”说明远古的中国人就认为腐烂的草变成了萤火虫。

后来我们的祖先继续抱持着这样的观点。例如到了晋时，《古今注·鱼虫》中说：

> 萤火，……腐草为之，食蚊蚋。

到了唐朝，李商隐的《隋宫》诗中也有这样的话：

> 于今腐草无萤火，终古垂杨有暮鸦。

---

1. 这篇前言也是《西方科学通史》的简化版《西方科学简史》的前言，因为二者之间内容是一致的。区别是《西方科学通史》的内容比《西方科学简史》的内容更为丰富，可以使我们对西方科学的内容，包括各学科的内容与历史的发展及那些伟大科学家的生平事迹，都有更多的了解。但对于序言而言，则不要做出这样的简化。

显然，李义山先生也认为萤火虫是由腐烂的草化出来的。

这样的观点一直持续到近代的清朝，出生于1662年的清代诗人赵执信也有一首专门写萤火虫的诗：

和雨还穿户，经风忽过墙。
虽缘草成质，不借月为光。
解识幽人意，请今聊处囊。
君看落空阔，何异大星芒。

这首诗的名字就叫《萤火》，其中“虽缘草成质”这一句的意思也是萤火虫由草变成。

这样的话看上去简单、没什么好奇怪的，不就是认为萤火虫是由草变成的嘛，有什么大不了呢？

但从另一个角度看就不一样了，因为这说明直到17世纪的清朝，中国人都认为萤火虫是由腐草化成的。而这时候西方的科学早已昌明，不但对萤火虫，对大地万物甚至整个地球与太阳系的诞生都有了相当清楚而科学的理解，伟大的牛顿也只比这位赵执信年轻二十来岁，而我们对世界的理解竟然依然停留在主观的臆想之中！想来真是令人汗颜甚至匪夷所思！

为什么会这样呢？原因其实并不复杂，就是因为人们对于事物的理解停留于一种简单的感觉及由此而来的简单的联想。例如看到萤火虫是夏天时从一些草丛中飞出来的，而这些草可能是些腐烂枯黄了的草，于是就认为萤火虫是由这样的腐草变出来的。他们根本没有想到，植物怎么可能变成动物呢？难道它是七十二变的孙悟空吗？这个在今天看来很简单的科学问题，他们并未去仔细思考，而是一味地将思维停留在简单的感觉之上。

我不禁想，难道他们不可以仔细地观察一下吗？这并不难啊！只要到了夏夜，在中国广大的农村地区到处可以看到萤火虫，只要他们仔细观察，就不难明白萤火虫究竟是不是由腐草化出来的！当然这只是个人想法揣测，无任何意义。文学的主观性思维，决定了当时人们对事物的认识，而无法从科学的角度探知其本质。这也就成为了中国古代社会发展缺乏科学性的主要原因之一。

这样的缺陷导致了当时人们思维中另一个本质性的缺点，就是很少对事物进行深刻的理解，加上封建统治者对于“科技”的压制，称其为“奇巧淫技”，同时“抑商”兴起，封闭思想，锁国政策等因素，无不扼杀了科学的萌兴。

而社会的发展也唯有科学才能推动新时代巨轮。因此，特别是近现代世界，科学在整个人类发展史上占有重要地位。

而这种西方的科学也就是我们今天所说的科学。

这种科学的根本特点是什么?

就是面对事物本身，仔细地观察、深入地思考，找到其中客观的规律。

这种规律就是科学规律。

所有的科学规律都是这么得来的，从牛顿的运动定律到达尔文的进化论再到爱因斯坦的相对论，无不如此。

而我们中国人倘若要发展自己的科学，也必须如此，即必须面对事物本身，仔细地观察、深入地思考，以找到其中的客观规律。

除了要面对事物本身之外，另一个要紧之点就是要面对西方的科学。所谓“他山之石，可以攻玉”。科学在西方文明之中已经发展了几千年之久，我们现在所知的科学规律，尤其是重要的自然科学规律，几乎全部是西方人发现的。所以，了解他们的科学史既可以使我们了解科学本身的发展史，也可以使我们看到西方人是怎样发展他们的科学的，这样的借鉴意义中最重要的就是要面对事物本质，仔细地观察、深入地思考，以找到客观的规律。

反言之就是，倘若观察得不仔细、思考得不深入，那么就得不到客观的规律，而会犯错误。

这样的错误其实西方也有，并且是古代伟大的科学家犯下来的，他就是亚里士多德，他不但是古代西方最伟大的哲学家之一，也是最伟大的科学家之一，是西方科学的主要奠基者。

关于亚里士多德所犯的那个最有名的错误大家都知道，就是伽利略在比萨斜塔上所做的实验，他做这个实验为的就是要证明亚里士多德的一个说法错了：亚里士多德说过，物体自由下落时的速度同它的质量成正比。也就是说，如果两个物体，一个10千克，另一个1千克，那么当自由下落时，10千克的会比1千克的快10倍。

这就是他著名的或者说“臭名昭著”的自由落体定律，伽利略要否定的就是亚里士多德的这个定律。

亚里士多德到底是怎么说的呢?他在《物理学》中有这样一段话：

> 我看见一个已知重物或物体比另一个快有两个原因：或者由于穿过的介质不同（如在水中、土中或气中），或者，其他情况相同，只是由于各种运动物体的质量不同。

从这段话中可以看出，亚里士多德认为当其他情况相同，只有物体的质量不同时，重的物体将比轻的物体快。

他在《天论》中也说：

> 物体下落的时间与质量成正比，例如一物质量是另一物的2倍，则在同一下落运动中，只用一半时间。

亚里士多德在这里显然犯了错误。他之所以会犯这样的错误，就是因为他观察得不够仔细、思考得不够深入。例如他只观察了羽毛与石子的下落，而没有观察大石子和小石子的下落，因此才想当然地认为物体的下落速度与质量成正比，这和中国古人说“腐草化萤”时所犯的错误如出一辙。

不过，纵观整个西方科学史，类似亚里士多德这样的错误并不多见。总体来说，西方人对事物的观察在绝大多数的情形之下都是仔细的，也经过了深入的思考，当然也与他们所处的社会环境、自然环境、国家体制等分不开的。所以才发现了那么多客观的自然规律，才产生了规模宏大的西方自然科学体系，这也就是今天我们所学习的自然科学知识体系。

对这个体系我只有一个大概的、整体性的了解。

还有，我对这些西方科学知识的了解有一个比较奇葩的地方，就是从小不喜欢做题目，却喜欢观察，也喜欢思考。这样三个特点就导致了三个结果：

一是我从小的科学成绩就不好，数理化都很糟糕，就是因为我特别讨厌做题，也不愿意做，所以这些科目的考试成绩都不好。

二是我从小喜欢观察，从宇宙星空到野兽昆虫到花花草草都是我观察的对象，还观察得比较仔细。例如高中时候，有一天我在山上漫游，找各种蝴蝶与蜻蜓，经过仔细地搜索观察，发现了一只奇异的蜻蜓。这个奇异之处就是它竟然是有触角的！这可是我从来没有见过的。我还逮住了这只蜻蜓，把它和其他几百只蝴蝶一起钉在家里的墙壁上。时间一长，慢慢地腐烂了。后来，我在南京大学时，有一天偶然在图书馆翻看《人民画报》，发现上面记载了当时一则重要的科学新闻，就是科学工作者在四川发现了一个特殊的蜻蜓新种。我一看，天啦！这不就是我在好几年前就发现了的那种长了角的蜻蜓吗！

三是我喜欢思考。经过思考，大致都能理解那些科学规律，知道它们为什么是对的，有什么样的意义。有些理解还比较深刻。这也是我能够写出这部《西方科学通史》的原因。其中包括了数学、物理、化学、天文、地学、生物六大基础学科的简史及重要的科学规律，并且对之有深入浅出的分析说明。不理解它们是写不出来的。早在2003年时我就曾经在香港出版过四卷本的《西方科学》。由香港中文大学生物化学系教授曹宏威先生审稿并作序。

曹教授一开始看到这本书以一人之力写自然科学六大基础学科，而不是请不同专家分别撰写各科，怀疑这样做是否靠谱。后来经过审稿，发现没有什么问题。还在序言中说我的这本书“有趣、有料、有用”。所以，对于这部《西方科学通史》的内容，你尽可以放心，那是经过行家鉴定的，可以信赖。

我一个文科生，之所以可以写西方科学史的书，根本的原因无非就是想告诉大家，仔细观察，深入思考，这样自然容易理解科学的规律了。何况这些规律我们能够在科学通史书中一一了解的。例如当我们面朝大海的时候，发现总是先看到桅杆的顶部，然后才慢慢地看到整艘船只，就是因为地球是圆的，是一个球体，而不是平面，而非中国古人所言的“天圆地方”。

当然，我们所知的科学规律，绝大部分还是要通过书本去了解的。以前我自己了解这些科学知识时就读了不少科学史的书，甚至读了一些比较专业性的著作。其中自然有不少好书，但我也发现，这些书大都有两个比较明显的缺点：一是文字比较枯燥，即使讲得清楚，也不生动；二是总是一科就是一本书，不能把各科集中于一书之内。即使有整体的自然科学史著作，也讲得比较凌乱，一看就不是一个人写的，而是由不同的人各写一部分，拼凑出来的，缺乏统一性。

于是，我想写出这样的一部科学史来，它要具有这样两个特点：

一、要把自然科学的六大基础性学科集中在一书之内。使我们读完它之后，不但了解西方科学的简单历史与发展的一般脉络，而且要对六大基础性学科的核心内容有整体性的了解。

二、文字要简明通畅，这样才易于为读者接受。即使是晦涩的相对论，也务必要把它讲得清楚明白，通俗易懂。否则我写得再多，大家看不懂，也是没有什么意义的。

上述两个特点也是这部《西方科学通史》的主要特点，也是我写作的主要目的。

这个目的简言之就是：使国人理解西方科学，甚至因而具有一种科学的精神。

这种科学精神的核心之点就是开篇所言，要面对事物本质，仔细观察，深入思考，寻找事物客观的规律。

在中国近代史上，之所以饱受屈辱，被西方的坚船利炮所击败，签下种种丧权辱国的不平等条约，丧失了百万平方公里的国土，根本原因就在于我们缺乏这种科学精神，因而无法发展出西方这样的科学体系来，其结果就是科技上落后，而落后就要挨打，甚至一度沦为科技领先的西方人的半殖民地。

如今，我们中华民族在科学方面日新月异，我们的国家已经走向伟大复兴，屹立于世界民族之林。

不可避免的是，这本书中也一定会有各种各样的缺点甚至错误，请大家多多批评、指正!

是为序。

文聘元
2018年9月19日于海甸岛

目录

Contents

第一章　极简科学史

在这一章里我想极其简短地介绍一下科学的整体及它产生的历史。

科学一词在英语里称为“science”，本来的意义是指整个知识系统，包括人们对于世界的一切认知，不但包括有关自然万物的知识，也包括有关人类与社会的知识，不但包括物理化学，而且包括哲学文学，这些都可以谓之为科学。前者就是自然科学，后者就是人文与社会科学。这样才是对科学的完整理解。不过，因为某种原因，很可能只是习惯的原因，现在人们一般只将知识的某一部分，即有关自然事物的自然科学，谓之为科学，而将人文与社会科学从科学中划了出去，不再称其为科学。

古代科学　想精确地了解科学起源于何时是徒劳的，可以说比之想知道艺术的起源更难，因为艺术会使古人在岩壁上留下万年之后也能识别的图画，而科学却不会如此，它不会给我们留下这样的证据。不过我们还是可以从“想当然”的角度去理解一下科学的起源。例如很早以前，古人就在观察天上的星星、太阳、月亮了，对于它们究竟是什么样的、有什么运行规律也做过一些臆测，这些观察与臆测也许就是天文学的起源了。还有，为了打猎时计算猎物，远在文明诞生之前的古人想必也会找一些方式来进行这种计算，例如数手指头或者在绳子上打个结，这些就是最早的数学了。

当人类进入文明社会之后，科学自然也开始进入它的“文明”，即以文字来记录那些早已有之的简陋的科学知识。这些东西，我们从最古老的文字里就可以略知一二。例如从古埃及的纸草书里，我们知道了那时有一个聪明的贵族，他为法老设计了一座独特的计时装置。他先做了一个漏斗，下面的孔开得很小，然后在里面装上水，让水慢慢地从小孔里漏下来，甚至还在漏斗上标记了刻度，这样，在一定的刻度之间漏水所花的时间就是一致的，类似于我们现在的一分钟或者一小时。这个计时器也可以说就是一种物理仪器。在与古埃及文明同样古老的美索不达米亚，那里的古人观察了天象，并且把天上星星的位置做了一番记录，制成一种星表。那一带的苏美尔人更发明了楔形文字，在这种文字里有许多表示种类与属性的词汇，例如表示颜色的黑、白，表示种类的木、石，表示硬度的软、硬，等等，还用这些词汇来表示各种矿物。使几千年之后人们仍然能够区分出苏美尔人所描述的是何种矿物。这种命名法与现在我们在生物学或者地质学上所运用的命名法是相似的。

如此等等，这些知识就是人类最早的科学知识，也是以后更为复杂的科学知识的基础。

古埃及人、苏美尔人等的科学知识通过一系列复杂的过程传给了古希腊人。

关于古希腊人，我们在前面已经说得够多了，他们在文学、哲学、艺术等方面的成就直到今天依然为后人所景仰。与之相类，古希腊人在科学方面亦成就非凡。

在古希腊人的科学成就中我们最为熟悉的也许是德谟克利特的原子说了，他以为世间万物均由原子组成，千载之后，他的学说竟得到了相当的认可，被证明有着惊人的准确度。

除德谟克利特外，古希腊还有许多伟大的科学家，例如数学家毕达哥拉斯，他对数字有一种近乎崇拜的喜爱。他认为只有数才是和谐的、美好的。他找了各种各样的数，如长方形的数、三角形的数、金字塔形数等，它们都是由一些数目的小块构成的，具有美的形状。他还认为10是最完美的数，因此天体的数目也应当是10。并且硬是臆造了所谓第十个天体“对地”。毕达哥拉斯最伟大的成就是发现了勾股定理。

古希腊著名的科学家还有天文学家菲劳洛斯、医学家科斯岛的希波克拉底——他被尊为西方的“医学之父”，等等。

这些伟人之后，古希腊出现了另外三个更伟大的人物，就是我们熟悉的苏格拉底、柏拉图和亚里士多德了，特别是后两者，除了是伟大的哲学家外，同样是伟大的科学家。例如柏拉图，在他的“阿卡德米”里大教数学，包括算术、平面几何、立体几何等，另外还有天文学和声学等课程。在阿卡德米的大门口刻着这样的话：

> 不懂几何学者不得入内。

亚里士多德则是比其师柏拉图更伟大的科学家，甚至可以说他主要是一个科学家，其次才是哲学家。因此，在亚里士多德的思想中，内容最丰富的不是形而上学的玄思，而是富于科学精神的观察与研究。亚里士多德将他的目光投向了整个自然界，把自然界的万千个体当作自己的研究对象，试图从中寻求知识与真理。在他的学园吕克昂，教学的主要内容不是阿卡德米的数学与政治，而是倾向于生物学、天文学、物理学等自然科学。

据杰出的罗马博物学家、《自然史》作者普林尼记载，亚里士多德手下有大批研究助手，包括为他抓各种动物的猎人、栽培植物的园艺工人、从海里捕捞各种海生动物的渔夫，加上其他辅助人员，达上千之众。他们不单在吕克昂中为他服务，而且遍布从希腊、小亚细亚直到埃及的广大地区。我们不难设想这些人可以为亚里士多德找到多少花鸟虫鱼、飞禽走兽，亚里士多德凭这些东西建立起了古代世界第一座大动物园和植物园，他的许多伟大发现也是从这些动植物身上得来的。

在亚里士多德的诸多著作中，有相当一部分是关于科学的，如《物理学》《论天》《论生成和消灭》《论宇宙》《天象学》《论感觉及其对象》《论记忆》《论睡眠》《论梦》《论呼吸》《论颜色》《动物志》《动物的进展》《论植物》《论声音的奇异》《机械学》《论不可分割的线》，等等。从它们的名字我们就可以看出其研究领域包括天文学、气象学、动物学、植物学、生物学、生理学、声学、机械学、数学、物理学等。这些学科中的一大部分实际上就是由亚里士多德本人创立的，如动物学、植物学、物理学、生理学等。

自从亚里士多德之后，古希腊文学、艺术与哲学就趋向衰落了，科学却不尽然，仍得到了相当的发展。只是这个时期的中心不再是雅典，而是埃及的亚历山大港。

亚历山大是位于埃及北部、濒临地中海的一个港口，一度是古代西方最富庶文明的地方。在这里活跃着许多伟大的科学家，像物理学家阿基米德、数学家欧几里得、解剖学家希罗菲卢斯等，他们使古希腊的科学进入了另一个高峰期，这个时期大致是从公元前3世纪到公元前2世纪。

这个时期之后，西方的历史进入了另一个时期，即古罗马时期。古罗马的科学同它的文学与艺术一样，大体是古希腊人的翻版，而且远没有古希腊人来得伟大。古罗马的科学著作是用拉丁语写成的，这个时期著名的科学家有卢克莱修，他的《物性论》既是伟大的哲学著作，也是伟大的科学著作。还有普林尼，他的《自然史》，或者译作《博物志》，是古罗马最伟大的科学著作，其中天文、地理、农业、医学等无所不包，最丰富的是生物学知识，整个第七卷到第十九卷都是介绍各种动植物的。动物中有各种哺乳动物、爬行动物、水生动物、鸟类等，当然也包括人这种高级动物。植物的内容也同样广泛，甚至还谈到了各种矿物。一句话，凡我们这本书里所要论及的六大基础学科，它几乎无所不包。

普林尼生活在1世纪，他之后，到了2世纪，出现了两个伟大的科学家，一个是天文学家托勒密，另一个是医学家加伦。前一个人我们在后面讲天文学时马上就要讲，加伦这个人有点陌生。您可能听说过人的四种气质，即胆汁质、黏液质、多血质和抑郁质，这说法最初就是加伦提出来的。他认为人的身心特征有赖于四种体液之间的平衡，即黑胆汁、黄胆汁、黏液和血液。他甚至还进行过动物的活体解剖，对人体生理结构亦有相当了解。

2世纪是罗马帝国的黄金时代。此后帝国境内也诞生了不少杰出的科学家，如3世纪的迪奥凡图斯、4世纪的亚历山大港的泰昂、5世纪时泰昂的女儿海帕西娅、6世纪时的辛普利西乌斯等，这些人对于我们都是陌生的。

罗马帝国崩溃以后，西方历史进入了中世纪，这时候阿拉伯人占领了原来属于罗马帝国的许多地区，包括亚洲的大部分地区和北非，甚至欧洲的西班牙。他们成了科学的主角，这时候最伟大的科学家是穆斯林伊本·西拿，西方人称阿维森那。他是一个伟大的生理学家与医学家，被西方人尊称为“最伟大的医生”。

这时，古希腊与古罗马的许多典籍都被译成了阿拉伯文，在阿拉伯世界传播开来，而它们原来的希腊文本与拉丁文本却消失在基督教纷争的汪洋大海里，西方人的科学也就像其哲学与文学一样进入了黑暗时期。

中世纪对科学最大的贡献也许是诞生了大学。

我们知道，大学是科学研究的主要基地，正如它是培养科学人才的主要基地一样。西方第一所真正的大学是成立于11世纪意大利的博洛尼亚大学，后来法国的巴黎大学、英国的牛津大学与剑桥大学等相继建立，大学的建立为以后的科学研究奠定了最主要的基础。

近代科学　中世纪之后是文艺复兴。对于西方，这既是一个古希腊与古罗马文明的复兴时代，也是一个创新的时代。

文艺复兴时有一件对科学的发展与传播产生重大影响的事件，那就是印刷术的传播。

印刷术是中国古代的四大发明之一，毕昇是活字印刷术的发明者，这是确定无疑的。这个事实沈括在《梦溪笔谈》里有详细的记载。不过，对于西方人却不是这样。他们倒不否认中国是印刷术的发明者，甚至不否认毕昇是活字印刷术的发明者。但他们认为系统性的印刷术发明者是活跃于15世纪的谷腾堡。他们这样说的理由有三个：一是毕昇的发明并没有在欧洲传播，二是谷腾堡所发明的用铅来铸活字的技术较之毕昇的泥活字要好得多，三是谷腾堡所发明的不仅有铅活字，而且有连同印刷机等在内的整个印刷系统，它能够大规模地印刷出精美的作品，使得知识在西方的流传大大加快，为知识的传播产生了巨大影响。

文艺复兴晚期或文艺复兴之后不久，出现了一个与印刷术的发明一样对西方科学发展产生了重大影响的新事物——科学院。

现在世界各国都有专业的科学研究院，像中国科学院，是我国科学研究的最权威机构。这样的机构最初于17世纪左右兴起于罗马，最早有罗马的林且科学院、佛罗伦萨的奇门托研究院、英国的皇家学会、法国的巴黎科学院等。科学院是专门的科学研究机构，不但进行科学研究，还办了各种科学杂志和出版社以发表科研成果、出版科学书籍。当时几乎每一个有影响的科学家都是这个或那个科学院的成员。

大致在同一时期，与科学院的兴起一样，欧洲出现了一大批杰出的科学家，将科学带入了又一个黄金时代，真正建立了现代意义上的科学。

关于这些伟大的科学家及其科学思想，在这里很难一一列举，他们人数太多，我只举一个名字——牛顿。

如果整个人类历史上有一个可以称为“最伟大”的科学家的话，那就是牛顿。他几乎独力将科学带入了一个全新的境界，开辟了一片崭新的天地。在这里，无数科学家得以站在他的肩膀上，创造了一个我们现在所看到的由科学引领的世界。

牛顿之后，就不好将哪个科学家特别列举出来详述了，因为这样的人实在太多，又同样伟大，像惠更斯有关光学的理论、笛卡尔的解析几何、莱布尼茨的微积分、欧拉那些奇迹般的众多数学成果等，有若夏夜繁星。

另外值得一提的是，这时候的科学研究不再是意大利、德国、英国、法国等少数几个大国的事情了，而是推广到了整个欧洲，几乎每一个欧洲国家都有人在搞科学研究，都诞生了出色的科学家，例如像瑞士这样的小国就出现了伯努利家族、大数学家欧拉、大生物学家哈勒等。

科学家最新出现的地方当然是新生的美国了。像美国这样新生的国家，甚至在独立之前就出现了科学研究的热潮，出现了富兰克林、汤普森这样杰出的科学家。这些现象仿佛预示着，有朝一日它将成为科学研究最重要的基地，涌现众多卓越的科学人才。

现代科学　17世纪后，科学就这样迅猛地发展着，直到19世纪。

这时候，科学的发展已经到了很高的程度，使相当一部分的人们，包括一些杰出的科学家，宣称科学发展到这个份上已经完美无缺了，到达顶点了，以后科学研究的工作将只是完善已有的理论，或者对某些小漏洞做些修修补补的工作而已，其扬扬得意之态溢于言表。

然而，到了19世纪末，出现了一系列新生事物，这些新生事物对旧的科学秩序进行了几乎是致命的打击，产生了一系列新成果，这些成果与过去所有的科学成果比起来，简直是另一个世界的东西呢！

第一项当推伦琴X射线的发现，他之所以称之为“X”，是因为当时对这种射线的各种性质几乎都一无所知，显得极为神秘。伦琴也因此获得1901年第一届诺贝尔物理学奖，这标示着物理学一个新纪元的到来。大约同时，贝克勒尔发现了物质的放射性。什么是放射性呢？简而言之就是物质能够自发地发射能量和亚原子粒子的属性。所谓亚原子粒子就是比原子还要小的粒子。放射性表示原子并不是组成物质最微小的粒子，而且物质也不是一成不变的，而是可变的。此外，再加上否定了以太存在的迈克尔逊–莫雷试验，等等，它们像乌云一样笼罩在科学家们的头顶，有如悬在传统物理学之上的一柄达摩克利斯之剑，随时可能掉将下来，将传统科学砸得粉身碎骨。就像著名物理学家、量子理论的创立者普朗克所说的一句话：

很久以前，在宗教和艺术的领域内，现在则在科学园地内再难以找到一个不会被人怀疑的基本原理，同时也难以找到一种无稽之谈是无人相信的。

到了20世纪初，不但原来的老问题没有解决，而且新问题接踵而来，新理论不断诞生，例如对孟德尔遗传学说的重新发现与认识像达尔文的进化论一样再一次改变了人们对于生物进化的观念。弗洛伊德的精神分析学说则极大地改变了人类对自身的认识，认识到了人类在理性之下非理性的本质。

终于，1905年，爱因斯坦提出了相对论，它告诉人们，无论时间，还是空间，都不是绝对的，不变的，而是相对的，可变的，甚至在物质与能量之间也不是有绝对区别的，而是可以相互转换的——它的直接结果就是原子弹，等等，终于将本来已经摇摇欲坠的经典物理学大厦一举推倒——整个的传统科学大厦也是如此。

至此，科学超越了传统科学领域，到达了全新的现代科学之境。

第二章　天文学与太阳

六大基础学科中，我将以天文学开始，然后分别是数学、物理学、化学、地学与生物学。这样排列并没有特殊的意义，只是大体依据各学科诞生或发展的先后次序而已。

在这一章里，我将给大家讲一下了解天文学先要了解的基本问题：什么是天文学？

什么是天文学　什么是天文学呢？按《不列颠百科全书》的定义：天文学是研究宇宙内所有天体和散布其中的一切物质的起源、演化、组成、距离和运动的科学。

这个概念是容易理解的，我们就从它来分析什么是天文学吧！

从中我们首先可以知道天文学的研究对象有两个：一是所有天体，二是散布其中的一切物质。

天体是宇宙间各种星体的总称　什么是天体呢？按照《中国大百科全书·天文分册》的解释，天体就是宇宙间各种星体的通称。太阳系中的天体包括太阳、行星、卫星、彗星、流星及行星际微小天体等。银河系中的天体有恒星、星团、星云及星际物质等。河外星系是和银河系同样庞大的天体。以上都属自然天体。近年来，利用红外线观测、射电观测及高能探测器等发现的红外源、射电源、X射线源和 γ 射线源等也是自然天体。在天空中运行的人造卫星、宇宙火箭、行星际飞船和空间实验室等，属人造天体。

从这个解释中我们可以知道天体就是各种星体。它包括两大类型：自然天体与人造天体。两种天体的差别不言而喻。后者那些人造卫星、宇宙火箭等不是我们在这里所要讲述的对象，我们要讲的只是自然天体。

从上面《中国大百科全书》对天体的解释可以知道，自然天体是比较复杂的概念，种类繁多，有些概念我们一看就明白，例如太阳、行星等；有些就不是如此了，例如红外源、X射线源等，令我们有些莫名其妙，需要解释才能明白。我准备在本章后面将这些天体由近（太阳）及远（星系）的顺序分成几大部分来讲。

首先我们要讲的是太阳系。包括太阳在内的太阳系是过去至现在天文学研究的主体内容。我们不但要研究太阳系与太阳，还要研究太阳系之内的行星、小行星、卫星、彗星、流星等。

其次我们要讲银河系，太阳系就位于这个星系之内。

最后我们要谈谈作为所有这些天体之总和的宇宙。

以上这些就是天文学研究对象的第一部分，即天体了。那么，它的第二个研究对象，即“散布其中的一切物质”又是什么呢?

这个概念其实也不难理解，可以自然而然地推论出来。我们知道，宇宙中有许多天体，像恒星、行星、卫星、流星等。这些天体的共同特点就是它们都有一定的体积，哪怕只是几块小石头而已的流星也是如此，例如一立方米甚至一立方分米。它们都是我们用眼睛看得见、用手摸得着的实实在在的物质。

但宇宙中是不是全是这类天体呢？当然不是，除了这些外，宇宙中还有另一类型的天体，它们是一些比较特别的物质，我们的眼睛看不见，手也摸不着。具体而言主要是一些气体，例如氢，还有很少的钙、钠等，此外还有大量成分多种多样的微小尘埃。这些小东西充满看上去一无所有的星球空间。它们被称为星际尘埃或者星际介质。这就是散布天体之中的物质了。它们是天文学研究的第二类对象。

以上我们就说完天文学所要研究的两大类对象了。还有另一个问题：我们要研究这些对象的什么属性或特征呢？这就好回答了，就是《不列颠百科全书》定义中的后一部分：它们的起源、演化、组成、距离和运动。

太阳系是由许多天体组成的星系　在天文学里，最重要的单个研究对象无疑是太阳。

在人类最早的天文知识里，或者最早对天文学产生兴趣时，其兴趣最大的对象无疑是太阳，这颗高悬在我们头顶的万物之母。对于人类，它一向不只是一颗星星，而是一种伟大的象征呢！就像在从古希腊、古埃及到印第安文明里所表达的一样：太阳是神，太阳神是万神之长，万物之宗。

讲太阳首先要讲太阳系，因为太阳只是太阳系里的一颗星星而已，虽然是一颗最大的星星。

要了解太阳系，首先我们要了解太阳系是一个怎样的星系。

星系就是由一系列的星星组成的系统。这些星星可以是恒星，也可以是行星、流星、彗星或者小行星，等等，当然还包括散布在天体之间的星际尘埃等体积微小的物质。在一个星系之中，星星并不是杂乱无章地组织在一起的，它们相互间有着特定的关系与运动规律，它们互相影响、相互制约，共同组成一个有规律的系统。

太阳系是由许多天体组成的星系，包括恒星、行星、小行星、卫星、彗星、流星等及杂布于它们之间的星际尘埃。关于这些天体更为具体的情形等后面我们讲太阳系具体的家庭成员时还要讲。

除了以上这些物质之外，太阳系、银河系乃至整个宇宙之中还有另一种东西，就是能量，它们组织在一起才构成了太阳系和整个宇宙。

以上就是太阳系的大致构成，如果您善于形象思维的话，可以在大脑里画出这样一幅图景：在一张A4复印纸中间画着一个红红的大球，周围由近而远是八个小球，每个小球身上都引出一条线，它们环绕太阳一周，形成一个椭圆，在其中两个小球之间有许多麻麻点点，它们像一条带子一样绕着太阳。这八个小球的外围也有椭圆围绕它。更外围地，有小球仿佛在朝着太阳飞来，后面拖着一条长尾巴。

太阳系的形成与演化：星云假说 关于太阳系的形成有许多说法，例如我们在《西方哲学通史》中叙述过其思想的笛卡尔和康德都提出过自己关于太阳系起源的假说，其中康德的假说更是有名，直到现在都带着权威的气味呢！不过，到底是哪个说法对，太阳系到底是怎么起源的，到现在为止并没有统一的说法，所有说法归根到底都只是假说。但我觉得在这里有必要把一个比较权威的说法传达给大家，因为说太阳系不谈谈它的起源——即便只是可能的起源，就像认识一个人不知道他打哪儿来的一样，很难叫“认识”呢！

这个权威的假说就是星云假说。它认为，在很久很久以前，太阳尚未形成之时，在茫茫宇宙里有一团巨大的云雾状气体，主要成分是尘埃和气体之类，它的范围非常之广大，远远超过今天太阳系的范围，它总的质量也同样巨大。这团气体最主要的成分是氢和氮，占了总质量的99%以上，此外还有极少量的重元素，例如金属元素。

这团巨大的东西可以称为星云。它的主要特点是在不停地运动，从整体到组成它的每一个分子都在动。就总体而言，它有如一个旋涡，在绕着自己的核心旋转。而且，由于它有巨大的质量，就必然会产生引力，这种引力是一种向心力，它有如一只无形而无比强健的手，将星云中所有物质都往核心拖去。这样的引力作用有两个结果：一是星云的密度不断增大，二是使它以自己的核心为轴的旋转越来越快。这样的结果之一是，一些位于最外层的星云物质会被甩出去，它们中的一些变成了我们现在看到的彗星。

形成彗星之后，星云还在继续收缩，并且自转的速度还在加快。收缩到这个时候，星云早已经不是当初那一团稀薄的云雾了，密度有了很大的提高，而且成了一个大致呈扁平状的球形，越往中心密度越大，隆起得也越高，这个球形可以称为“原太阳”。在原太阳的外围，那些原来的小尘埃也不再那么微小，而是集结成了大得多的粒子，这些大得多的粒子自己也有了不小的引力——根据牛顿的引力定律，物体的引力与其质量成正比。它们开始从周围捕获其他的微小粒子，像水、氨、二氧化碳等。而中心的“原太阳”，它这时仍在不停地收缩，除密度增大外，收缩的另一个主要结果是中心开始发热，就像空气受到压缩而释放热量一样。这时，太阳就开始具备它最基本的特性——发热了。

当这种引力增大到一定程度时，组成它的最内核的物质的原子由于受到极其巨大的压力，终于引发了核聚变反应。所谓核聚变反应，简言之就是当原子的温度达到一定程度时，两个或多个较轻的原子就会迎头相撞，融合在一起，形成较重的原子核，这又叫热核反应，以后我们讲物理时还会说到它。由于太阳的质量巨大，就为以后太阳的“燃烧”提供了几乎是无穷无尽的燃料。

在太阳外围，那些已经有了一定体积的大粒子也还在不断地吸收新的微小粒子，体积也变得越来越大了，随着体积不断增大，其引力也在增大，反过来又进一步增大了它的引力。这样日积月累，它就成了原太阳周围绕着它公转的“原行星”。

您也许会问：为什么它们没有形成像太阳一样的恒星呢？这是因为这些行星质量虽然比较大，然而远远没有太阳大，也就是说，它内核的压力也就没有达到能够引发核聚变的反应，这样自然变不成太阳。

形成了太阳、彗星、行星等后，太阳系就基本形成了。

据天文学家们说，这个日子距今大约46亿年，而它在此前的形成过程花了大约1亿年。

太阳形成之后，不是没有变化，只是其变化非常之小，也就是说，它形成之后直到现在的变化都很小，不像地球那样形成后又经历了很剧烈的演化过程。

恒星的特点与归宿　形成之后的太阳系就是以太阳为中心的星系了，现在我们来讲讲作为星系中心的太阳。

总体说来，太阳是一颗恒星。

为了了解太阳，我们先要了解恒星。

恒星这个“恒”字来源于古人。古人看到天上的星星相互之间位置从来不变，就因此认为它们是静止不动的。静止不动可以用一个单字“恒”来表示，于是就用“恒星”来称呼这些静止不动的星星了。事实上并非如此，恒星不是静止不动的，相反，它们不但运动，而且运动得很快。只是由于它们离我们实在太遥远，因此虽然运动得快我们也看不出来，这就像我们坐在飞机上往下看时好像觉得地下的人和汽车都一动不动一样。

恒星的英文名是“star”，它的名词解释按《不列颠百科全书》的说法是“由内部能源产生辐射而发光的大质量球状天体”。从这个解释可以引出恒星的三个基本性质：发光、大质量、球状。我们现在就从这三个性质介绍一下恒星吧！

第一是发光。这是恒星最明显的特性，也是唯一我们用肉眼就能知道的特性。恒星的发光有如下一些特点。首先，恒星的发光如它的定义所指明的，是“内部能源产生辐射”，也就是说，它是自己发光的，不依赖于别的东西。其原因我们上面讲太阳系的起源时就说过了，这是一种热核反应。至于为什么核聚变会产生巨大的热量，我们在后面讲物理学时还要比较详细地讲。

第二是大质量。这也是恒星一个主要且必要的特征。在前面讲太阳系的起源时我们就说过，太阳之所以会发热，就在于其巨大质量产生巨大的引力，对其内核的物质产生巨大的压力，当这种压力增大到一定程度时就引发了核聚变，这就是恒星发热的原因。由此可见，恒星必然是质量巨大的，否则就不能成为自己发光发热的恒星。

第三是球状。这也是包括太阳在内的所有恒星的共同特性。至于恒星为什么是球状，这个问题我就不是很清楚了。我想也许是因为恒星形成之初，那巨大的气体状星云产生了引力，而这种引力以星云的中心为基点，在周围所有角度上都是一样大的，因此所能吸引到的东西也就差不多，加之它在不断地自转，使这团气态或液态的物质自然而然地变成球状。

除了这几个属性，我们再来了解一下恒星的形成。不过这不用多说，因为它与前面太阳的形成经过差不多。太阳就是一颗比较典型的恒星，而所有恒星形成的过程大体都差不多。

现在我们来看恒星形成之后的情形。

恒星形成之后，其生命史的绝大部分都是稳定的，也就是像现在太阳这个样子，这被称为恒星的主星序阶段。

在这个时期，恒星内部的发热靠的是氢的核聚变。恒星形成时，这种氢几乎占了其体积的全部。然而，纵使组成恒星的氢的数量极为巨大，它总有个限量，总有一天会烧光的，这时候恒星怎么办呢？这时候，原来由氢核聚变形成的氦就会达到一定的温度，也就是能够使氦也发生核聚变的温度。当它达到之后，就会再次发生核聚变，由氦核聚变成更重的元素。这时恒星就会发出更强的光与热，恒星内核的密度、温度和能量的产生会更多更大，整个恒星的体积也会增人。只是恒星的表面温度将降低，于是恒星表面的颜色就会变红，因此这个阶段的恒星被称为“红巨星”。

虽然氦的核聚变能在一时之间产生更大的热量，然而它所能产生的总能量较之氢的核聚变要少得多，因此氦的消耗速度会非常快。这也就是说，当一颗恒星到了红巨星阶段时就意味着行将就木了。

那么，当氦燃烧尽之后，恒星又会怎样呢？那时，氦核聚变所产生的新元素是碳和氧，当温度够高时，它们也会产生新的核聚变，变成更重的元素，例如氖和硅，而新的核聚变也会产生巨大的能量，只是其延续的时间会更短。这时候恒星的总质量会越来越小，有的质量消散逃入了太空，有的则变成能量消耗掉了。这样不断核聚变的过程可能一直到产生元素铁，只是到铁之后就不会有新的能量产生了，因为铁即使有核聚变也不会产生能量，只能消耗能量。

除了核聚变之外，这时恒星另一个显著的变化是它们的体积将不断缩小，而密度将不断增大。这时恒星就会变成一颗“白矮星”。

什么是白矮星呢？它们就是红巨星再老化后的形态。这时，由于一次次的核聚变，它可以产生的能量也越来越少了，亮度也越来越小了，体积更是越来越小，同时密度却不断增大。这主要是因为核聚变的“燃料”越来越少，然而恒星还保持着强大的引力，将恒星上的物质紧紧地往核心拖的结果。因此，白矮星主要的特点是虽然体积很小，却有着惊人高的密度。有多高呢？这样说吧，如果将白矮星上的物质放到地球上，它的密度将达到每立方厘米10^{15}克，也就是说每立方厘米约10亿吨。

然而即使到了这时，白矮星的引力还不会停止，这就使得它进一步塌缩，体积变得越来越小，密度变得越来越大，以后它又可能成为一颗中子星，它的密度就更是大得不可思议了！

然而以后呢？可以想象，恒星还会进一步地塌缩下去，这几乎是个无限的过程，与这个过程相伴的自然是恒星的体积越来越小而密度越来越大；我们又可以想象，到了一定的程度之后，这颗恒星的体积将“消失”，而它的密度将变得无限大，按天文学的说法，它将成为一个点，即“史瓦西奇点”，用另一个我们更熟悉的名字来说，就是黑洞。除了体积无限小而密度无限大之外，黑洞的另一个特点是引力也无限大，因此即使光线经过它时也会被它照单全收。因此，它看起来就是一个完全不能发出任何光线的黑洞，这也是“黑洞”名字的起源。

黑洞可以说就是恒星的最终结局了，不过，并非所有的恒星都能达到或直接达到黑洞的境界，主要是一些质量相对较小的恒星能够如此。至于那些质量较大的恒星则有可能成为“超新星”。什么是超新星呢？就是一颗恒星——常常是质量比较大的恒星，当它们的核聚变进行到前面提到过的一定层次时，不是继续核聚变下去，而是会突然来个大爆发，将星内的物质向太空抛撒，这时，它的亮度会突然增强上千万倍甚至上亿倍，这也是整个恒星世界中最剧烈的大爆发。这样的结果是，我们地球人突然有一天在天上看到一颗过去从来没有过的新的星星，它的亮度之大甚至白天也能看到，这就是超新星了。

超新星之后恒星的命运有两种：或者通过爆发甩掉一部分质量之后其核心部分再变成白矮星，就像质量较小的恒星一样，或者干脆整个儿爆发掉了，成为茫茫宇宙中一片明亮的恒星遗迹，最后消失。

对于我们人类而言，恒星也许是最为熟悉的天体。在晴朗的夜晚，我们仰望天穹时看到的星星绝大部分是恒星。为了能更方便地看，很早以前古人们就给这些星星定出了一些略带人为的特性，例如方位和亮度。所谓方位就是恒星在天空的位置，这也就是我们常听说过的星座。还在很早很早以前，我们的老祖宗就曾把天上的星星分成三垣二十八宿。现代通行的星座划分是欧洲人做的。他们将星星划分为88个星座，使每颗星星都有了自己的名称与位置。有些天文学高手能够识别这些星座，我在上初中时曾经花过足足一个星期按照星座图来认星星，结果大概只认出了几个最好辨认的，例如猎户座和海豚座，其余的就不知道了，那确实挺难的，就是按图索骥也不好办，不信您可以试试。

我们人类不但给天上的星星标记了位置，还按他们亮度的大小规定了等级。例如1等星、2等星、3等星等，等级数越大亮度越小，我们人的肉眼所能看见的星星的最低等是6等，而用光学望远镜能看到的最暗的星星是23等。

让我们来了解太阳这万物之母　前面我们已经说过了太阳系和恒星的诞生与演化等，这些其实也是说太阳的诞生与演化，因为太阳既是太阳系的主体，又是一颗典型的恒星。

就寿命而言，现在的太阳正当壮年，我们大可不必担心它会老死，它保持这样的状态至少还会有50亿年。至于以后，它也会像别的普通恒星一样变成一颗红巨星，那时整个地球将会被它包裹，在它炽热的怀抱里化为灰烬。

那时人类将怎么办呢？这就难说了，50亿年对于人类而言太漫长，最终人类的去向如何不得而知。现在我们还是来谈谈太阳另外的一些基本情况吧。

太阳的基本情况　太阳是一颗直径约140万千米的恒星，它的质量按抽象的数字来说是2×10^{30}千克，约相当于地球质量的33万倍，也就是说33万个地球才有一个太阳重，八大行星加起来的质量不及它的1/700。

太阳系的平均密度约是水的1.4倍，看起来不少，但只及地球平均密度的1/4。

就太阳与地球的空间距离而言，从太阳中心到地球中心的平均距离约1亿5000万千米。不过，由于地球在绕太阳公转，其轨道是椭圆形的，因此二者间的距离一年到头会不断改变，1月份最小，约为1.47亿千米；7月最大，约为1.52亿千米。

太阳以所谓的太阳常数，即每平方厘米每分钟约2卡，向地球传送能量，这能量是我们地球上一切生命的起源，就像我们所知道的一样，植物接受太阳光运用光合作用将之转变为养分，而动物则依赖这些植物为生。不过，太阳对于地球的作用远不止于此，可以这样说：如果没有太阳，地球根本就不能存在，不用说地球上的生命了。因此所谓“万物生长靠太阳”是对的。

虽然太阳是一颗“恒定的星”，但像所有恒星一样，它实际上运动不已，既有自转，也有公转。它的自转像地球的自转一样，是绕着自己的中轴在转，每自转一圈所需的时间与地球上一个月差不多，不过从它的赤道到两极有差别，赤道只需约27天，到两极就需要30天以上了，也就是说，太阳在赤道比在两极自转得要快些。这情形在地球上当然看不到，因为地球是固体的，只有像太阳这样的气体星球才能如此。太阳的公转则是指它带着整个的太阳系都在绕着银河系的中心转动，速度约每秒220千米。

太阳的结构：从光球、色球、日冕直到它的核心　太阳的实际结构与我们看到的太阳是颇为不同的，我们看到的部分是太阳的光球，它并不是太阳最外层的部分，也不是次外层的部分，在它之外还有两层，即色球和日冕。在它之下还有复杂的活动，我们一一来介绍。

光球就是我们看到的太阳　光球就是我们看到的太阳，它是太阳大气最低的一层，厚度约500千米。我们地球从太阳接受的能量基本上也是由这一层发出的。这一层的平均温度在6000℃左右，从下往上逐渐降低，到与上面的色球交界时降到最低，只有4000℃左右。当我们用肉眼看光球时，看到它好像是整个的一团白热。但如果透过科学仪器看，会看到它上面布满了许多小米粒样的东西，它是由太阳大气的对流引起的，这些米粒实际上的大小往往达到1000千米或者更大。此外，在光球上还表现有其他活动，例如黑子和耀斑，其中我们听说最多的是黑子。

所谓黑子并不是黑的，它实际上是在光球上出现的一些温度相对低的区域，它的亮度也低些，因此与明亮的周围比起来就显得黑了。这是太阳上常见的现象，它们有时单个地出现，有时一对对出现，有时上百个一起出现。不过，这看起来好像杂乱无章地出现的黑子实际上是有规律的，它们的数目变化总体来说是慢慢地从极小值到极大值之间循环往复，周期约11年。

美丽且有趣的色球　从光球往上是色球。

色球也是太阳大气的一层，位于光球与日冕之间。对于我们，色球最大的特色是只在日食等特殊条件之下才用肉眼看得见。这时，我们在太阳漆黑一团的盘面周围会看到玫瑰红的一圈，上面有一些毛刺样的针状小火焰，十分美丽，这就是色球了，也许因为它带着美丽的玫瑰色，我们才称之为色球吧！

色球是颇有特色的一层，首先是它的厚度变化非常大，厚的地方达16000千米，薄的地方只及其1/10。其次，色球的温度也很有意思。按常规来说，色球下层由于更接近太阳，因此它的温度应当更高，反之，上层由于距太阳更远，温度理当更低，这就是所谓近者热而远者凉。但这个道理到了色球就行不通了。在色球上，下层的温度反而远低于上层。更令人惊奇的是，这反常的高低不是一点儿，而是很多。例如，色球底部温度只有约6000℃，到了顶部却高达20000℃以上，很有趣吧！

像在光球上一样，色球上也有许多现象发生，例如耀斑。它是与黑子相对的一种现象。黑子是光明中的一小片相对的黑暗，耀斑却是光明中的一小片相对更亮的光明。具体的情形是，有时，在色球某一个区域会突然增亮，而且常与黑子相伴而形成，分布在黑子周围，这就是耀斑了。

虽然大家未必听说过耀斑，但却一定感受过它。当耀斑爆发时，它会发出许多射线与粒子，例如X射线、宇宙线等，还有高能粒子，它们有一部分会向地球袭来，到达地球时，它们将与地球的磁场和电离层相互作用，这时就会引起两个后果：一是导致地球上的短波无线电中断，二是产生美丽的极光。这些极光我们曾在《西方地理通史》中游俄罗斯的圣彼得堡时欣赏过它们。

色球第二个值得注意的现象是日珥。

日珥实际上位于色球与日冕之间，它从色球上一直延伸入日冕，有时延伸达几十万千米。对于日珥我们同样是陌生的，也只有在日全食时才看得到。这时候，你会在太阳那浑圆漆黑的球体周围看到一朵朵赤红的小火焰腾空而起，比色球要高得多，就像太阳的一个个小耳朵一样，这就是日珥了。

人类现在还不大明了日珥的成因，不过猜想它可能与磁场有关。日珥有两类：活动日珥和宁静日珥，两者都行如其名，前者爆发激烈但不持久，长则几小时，短则几分钟，且其活动与太阳黑子相连，又与黑子一样同太阳的活动周期紧密相关；后者爆发时则要平缓得多，消退也慢，往往持续达数月之久。

日冕包裹着地球　在色球之上是日冕。

当我们看日全食时，会在太阳最外看到黑太阳外面有白色的一圈，其亮度与颜色都大致像个满月，这就是日冕了。日冕是太阳大气的最外层，在几层之中它也是最厚的，其外冕可以延伸达到木星的轨道之外，也就是说，我们整个的地球实际上都被拥在日冕怀内。这范围之广大可以看作日冕的第一个特色。日冕的第二个特色是高温，而且是像色球上一样反常高温，即在一定的距离上，隔太阳愈远，温度就愈高。例如在色球与日冕的交界处，温度突然升到高达几万度，再往上温度继续升高，一直要升到百万度以上。当然，日冕的温度不会一直这样高下去，否则地球都会被它熔掉了，我们不是说过，连地球都被日冕包裹在里头吗！到了一定的距离后，还在隔地球或者最近的行星水星很远时，日冕的温度就大大下降了，到了地球之后对于地球上的生命已经构不成危害。

但不管怎样，日冕到达了地球总是一个事实，这个事实造成了什么结果呢？——太阳风。

太阳风的形成与日冕有关。我们说过，日冕一直可以扩展到地球乃至更远，不过，这时日冕内粒子的密度已经极低了，我们甚至感觉不出来。但这些组成日冕的粒子也不是完全无所作为，它们在不停地运动，就像一阵风一样，于是被称为太阳风。有些太阳风由于运动速度极快，可以一直摆脱太阳的引力，往整个银河系扩散。对于我们的视线，太阳风最显著的后果是使得彗星的尾巴向远离太阳的方向偏离。所以，如果您有幸什么时候看到彗星，发现它那长长的狗尾巴向某一边偏，那一边就是与太阳相反的方向。

走向太阳之心　以上光球、色球、日冕就是太阳的三层大气了，现在我们离开太阳的大气，来看看太阳本身。

我们知道，太阳是一个气态的球状体，因此它的大气下面还是气态物质。在光球下面是一个对流层，这里充满了对流的气体，再下面是一个辐射区，再下就是太阳的核心了。这些部分的主要组成部分当然是氢，它占了整个太阳质量的绝大部分，其次多的是氦，此外还有一些别的元素，像碳、氮、氧等。越往太阳的中心去，氢的比例就越小，而氦的比例就越大。这样的原因很简单，就是由于太阳之内的核聚变将氢转变为氦的缘故。据说平均每一秒钟这核聚变要将65500万吨的氢转变成65000万吨的氦，其余的500万吨不用说被转变成了能量。我们都听说过爱因斯坦那个著名的公式$E=MC^2$，这里E是能量，C是光速，约每秒30万千米，M是质量。这公式告诉我们，哪怕一点点物质，如果它变成了能量将会何等的巨大！太阳每秒钟大约要将500万吨这样的质量化为能量，可以想象这能量何等巨大！

随着往太阳的中心去，变化最大的一是温度，二是压力，三是密度。例如在太阳表面附近大气压只相当于地球海平面大气压的1/10，密度则不到地球海平面大气

第三章　从地球到月球

讲完太阳，下面我们要讲天文学的另外两个最重要的研究对象，就是八大行星和距我们地球最近的天体、也是我们地球的星体伴侣——月球。

行星并不如我们想象的那么好了解　对于行星，大家可能有一些想当然的观察：例如认为我们人类对行星的了解要超过对太阳的了解，或者至少超过对太阳之外别的恒星的了解。然而很遗憾，这是一个错误的观念。事实上，我们对于行星——包括地球——的了解都很可能次于对太阳或者某颗更遥远的恒星的了解。之所以这样，有三个原因：

一是因为作为恒星，哪怕它与我们相距遥远，但它们的结构、组成等方面大都是一致的，因此我们大可通过一颗像太阳这样具有代表性的恒星来了解其他恒星。

二是恒星是气态的，因此它们不像固态的星球那样内外之间差别很大且不易深入探索。作为气态的星球往往服从一些简单的规律，这个规律对于恒星内外都是一致的，而这些规律是可以通过现代科学技术去了解的。

三是恒星是炽热的，它要往外辐射大量电磁波，如无线电波、微波、红外线、可见光、紫外线、X射线、γ射线等，而经由这些电磁波我们可以了解关于它的许多情况，例如组成成分与运动规律等等。如此一来，我们对一颗恒星的了解，即使相距遥远，当然也会比较详细了。然而行星就不一样了，一则它是固体的，外面有一个坚硬的壳，难以深入探索，二则它的外表与内里差距又很大，三则它自己又不发光好让我们从其光谱研究其结构。如此一比较，了解行星当然比了解恒星要难了。

虽然如此，我们对行星毕竟还是知之不少，尤其是对于咱们这些不是天文学家的人，对太阳或者比邻星很可能了解不多，但对于地球可略知一二呢！

“行星”的名字是这样来的：很早很早以前，古人在观察天象时，就发现虽然天上绝大部分星星都寂然不动，然而有几颗星却不安稳，在天空游荡，于是便称之为行星，行者，即行走之意也。英语中它也是这个意思，英文“planet”起源于希腊语

“planētes”，即流浪者之意。

行星最基本的特征也正如此，用一个概念化的句子来说：行星是绕恒星公转的天体。当然，并非所有绕太阳公转的天体都是行星，如彗星或流星就不是。行星的第二个特点是：它不发光，但能反射太阳光使自己发亮，这就是我们为什么在夜空中能看到发光的恒星一样看到行星的缘故。

宇宙中许多恒星都有自己的行星，太阳就有八个，它们以距太阳远近为标准依次是：水星、金星、地球、火星、木星、土星、天王星、海王星。它们不停地绕太阳公转，八大行星公转的共同特点之一是它们环绕太阳公转时与太阳处在同一个平面上，这个平面就是著名的黄道。

八大行星可以分成两类：一类叫类地行星，另一类叫类木行星。

顾名思义，类地行星就是类似于地球的行星。这类行星包括水星、金星、地球和火星四颗，它们的特点是密度较大，有一个像地球一样固态的坚硬外壳，内部有一颗火热的心。类木行星则是像木星一样的行星。这类行星与类地行星大不相同。它的密度较小，因为它主要是由气体构成的，自然也没有固态的坚硬外壳，倒是可能有一颗坚硬的岩质核心。它们质量巨大，合起来占了八大行星总质量的99%以上，其中仅最大的木星就占了70%还多。

我们将根据距太阳的距离由近至远来分别介绍八颗行星，第一个是距太阳最近的水星。

小巧玲珑的水星　在太阳系中，水星有三个特点：体积最小、质量最小、距太阳最近。

水星的半径约为2400千米，不到地球的40%，质量更是只略多于地球的1/20，不过它的密度与地球差不多，因此科学家们推测水星像地球一样有个由重金属元素组成的核心。

水星是距太阳最近的行星，由于它绕太阳公转的轨道是一个狭长的椭圆，因此距太阳距离的变化很大，最近时不到5000万千米，最远时达到约7000万千米。相对来说，它距地球就要远得多了，最远时达2亿3000万千米。

水星另一个特点是跑得特别快，它公转时的平均速度达到每秒近50千米，比每秒不到30千米的地球快得多。这也是它名字的来源，水星的英文名字叫“Mercury”，就是墨丘利，他是古罗马神话中众天神的信差，也就是希腊神话中的赫尔墨斯，以跑得快闻名。以它这样快的速度绕太阳转一圈大约只需要花地球上的近3个月。它自转的速度相对来说却很慢，需要地球上的近2个月。也就是说，如果我们生活在水星上，那么

过1000千米。它的表面像地球一样有平原、盆地、山脉等，还有一条类似于地球上的东非大裂谷一样的巨大裂缝，长达1400千米。这说明金星像地球一样有着强烈的地壳运动。从表面往内，金星也与地球十分相似，上面是地壳，再往下是地幔、地核，而且这个核心也像地球一样主要是由铁、镍等重金属构成的。

地球：人类的家园　地球是人类的家园，也是在太阳系，甚至全宇宙中我们最亲爱的天体。

地球总的来说是一个球，就像地球仪一样，更具体地说像个稍微压扁了的橘子，南北两极要扁一些，中间，就是赤道，要鼓一点。

如果在地球的南北两极之间打一条直直的通道，它的长度大约是13000千米；如果我们绕着赤道走一圈，距离大约是4万千米，地球的表面积约5亿平方千米，其中七成是海洋。

地球的公转与自转大家都很熟悉，我这里就不讲了，现在来看看大家脚下的大地。

地球像个洋葱，可以分成好几层。

最上面一层叫地壳，它薄薄的，像橘子皮一样，最薄的地方不到10千米，比起地球10000多千米的直径来简直薄得可怜。中间是一层厚得多的地幔，它又可以分成两层，上面一层有点软，像极稠的泥浆一样，能够慢慢腾腾地流动，有时它们能够在地壳上找个出口冲将出来，这种现象就是火山爆发。

地幔再往下就是地球最里的一层——地核。

这个地核也有两层，外面的一层是灼热的液体，但再往下就又成固体了。也许是因为上面这么多物质压着它，把本来应该是液体的它压成了一个大硬块。这个核心主要是由铁和镍等重金属元素构成的。

上面我们说的是大地以下的地球，那么从大地往上呢？当然是大气了。

地球有着厚厚的大气，这使得它免受大量流星的撞击，这是生命得以诞生的前提之一。

地球的大气也可以分为两层，或者说是两圈，往上第一圈是咱们每天都呼吸着的空气，主要由氮气和氧气组成，氮气和氧气占了总体积的99%。

大气往上还有一层，叫磁层或者辐射层。这一层对于我们人类的生存是至关重要的，它阻挡着如太阳从外太空射过来的一些对人体十分有害的带电粒子，如果没有磁层阻拦，包括人类在内的生物都无法生存。

大气下面的一圈是水圈。

水对于生命的意义不用说，就像犹太人的所罗门王对示巴女王所言："没有比水更珍贵的东西了！”它乃是一切生命之母。据科学家们说，生命最初是在水里，是从水中走上陆地的。

不过地球上的水有98%是我们人不能喝的海水，即使在这剩下来的2%中绝大部分我们也不能直接喝——只能嚼，因为它们是硬邦邦的冰块。

地球上只有三成的地方是陆地，但同我们关系最密切的恰恰只是这三成。她，大地，乃是我们真正的故乡，我们生于斯、长于斯、死于斯。

大地，地球上的陆地，被大海分隔成五大块和无数的小块，大块构成了七大洲，因为其中的两大块又被人为地划成了两大洲。这七大洲我们当然知道，就是亚洲、欧洲、非洲、大洋洲、南极洲和南、北美洲。

以上就是地球的简介了，关于它的详细情形我们在本书的后面还要做比较详细地讲解。

火星上有生命吗? 当西方人最初能够用望远镜遥望天穹时，最使他们感到惊奇兴奋或者恐惧的发现之一是火星上的情形。

在所有的行星之中，除金星而外，火星是距地球最近的了，它最近时只有约5600万千米，由于它在天空中呈火红色，亮度不断变化，最高时能达到1等以上，是除金星外最明亮的星星，且游走不定，好像古代的武士们在格斗时不停地跳跃躲闪一样，因此古代西方人用战神马尔斯之名来称呼它，即“mars”。至于在中国古代，由于它那躲躲闪闪、形迹古怪的特性，而被称为“萤惑”，萤者，萤火虫也；惑者，令人迷惑之意也。

火星虽然看上去明亮，它的体积可并不大，只有地球的约15%，质量则只有地球的约1/10，平均密度大约是地球的70%。

火星距太阳比地球远，最远时达约2亿5000万千米，它的公转周期也就比较长，有近700天，这就是它的一年了，因此在火星上，如果一年也分四季，那么它的一季就有六个月，而不是地球上的三个月。它的自转周期则与地球差不多，24小时多一点。

像地球一样，火星有卫星。不过，无论是火星的卫星，还是地球的卫星，或者后面木星、土星等的卫星，我们现在通通不说，等到讲完行星之后再讲吧！

火星最有意思的是它的表面。多年前，当西方人拥有了望远镜，能够看到火星上比较详细的情形时，那情形就让他们兴奋不已。首先，他们看到了火星有些地区随季节变化，明暗与颜色都在交替，有时明，有时暗，有时是绿色，有时又是灰色。于是，他们认为，那就是火星的四季变化：绿色来时就是火星上的万木争荣，灰色来时则是枯叶无边了。还有，当他们更加仔细地看时，发现火星上面竟然有河流！这简直

时就能自转一圈。

木星的结构与前面讲过的四大行星迥然不同，它同后面的土星、天王星、海王星同属于“类木行星”，这类行星的主要特点是：它们不是固态的，而是液态的。

木星最上层也有厚厚的大气，它的成分主要是氢，约占总量的近90%，其余是氦、甲烷、氨等，这些厚厚的大气形成厚厚的云层，形成许多绚丽的景象，例如木星上那巨大的大红斑，用望远镜就可以看得见，极惹人眼，它实际上是一个长达2万千米、宽1万多千米的巨型气旋。还有，木星上有壮丽的极光，长可达3万千米，比地球的极光不知壮丽多少倍呢！

从木星大气往下1000千米左右就是液态氢了，这里可以看作是木星的表面。从它往下几万千米都是这样的液态氢，一直要到最核心才有个小小的固态的核，它们主要由铁和硅组成，温度可高达几万摄氏度。所以木星的结构比前面的几颗类地行星都要简单。

木星的特色之一是有强大的磁场，它的磁场甚至比地球还要强，能够从太空中大量捕捉我们前面提过的由太阳发出来的太阳风。

木星还有一个特点是它很“无私”。我们知道，一般行星的能量来自太阳，就像我们地球一样，是太阳的“寄生虫”，然而木星就不同了，它虽然也吸收太阳光，然而它所发出的能量却是所接收的太阳能量的2倍！据科学家们观察它甚至自己能发一点儿光呢！

木星最后一个令我们感到不可思议的是，它上面可能有生命！

一颗液态的星球上怎么可能有生命呢？原来，这生命并不存在于木星的液态表面，而是它的大气里。在木星厚厚的云层下约80千米处，这里颇有几个适宜生命存在的条件：一是有合适的温度，几乎是我们正常的室温，就是人生活在这样的温度时也会感到很舒服。二是大气压只有几个，也适合人类。三是这里常有闪电、流星等。这与生命有什么关系呢？大有关系呢，因为当闪电与流星穿透大气时会产生能量，而这些能量正是生命诞生所必需之条件，就像当初地球产生生命时的原始大气一样。这种种条件加起来，难怪科学家们相信在木星的大气里可能存在原始的生命体。

土星最有意思的是它那美丽无比的光环 土星是我们用肉眼能看见的最后一颗行星，它距太阳十分遥远，达到近10个天文单位，所谓天文单位，就是地球距太阳的平均距离，因此，10个天文单位就说明它与太阳的距离是地球与太阳距离的10倍，折合成千米数超过140亿。

由于距太阳如此遥远，它公转一圈，就是一个土星年，所花的时间长达近30年，它自转一圈的时间则是近11个小时。

作为类木行星，土星也是一颗液态星，它的结构与木星差不多，只是比木星小得多了，不过比起地球来它还是大哥。它的质量是地球的近100倍，直径是地球的约9倍。不过它的平均密度只相当于地球的约1/8，也就是说，它的平均密度只相当于水的约一半。

土星的大气以液态氢为主，占了90%，其余的10%几乎全部是氦，另外只有极少量的水蒸气等。由于土星距太阳这样远，因此大气的温度十分低，最低温度有近零下200摄氏度。

大气之下的土星结构也与木星差不多，土星可以分成两层，上层是液态的氢和氦，厚达几万千米，再往下是一个固态的核心，它由岩石等组成，还有一些液态的水，这个核心的半径达12000千米左右，比整个地球大得多！

土星上最有意思的是它的光环。

如果您有条件用天文望远镜观看天象，可以相信您在天空能够看到的最美丽的景象之一就是土星的光环：在土星周围，一道宽阔美丽的五彩环有如彩虹环绕着它。这道环是扁平而宽阔的，从照片上看去像刀片一样薄，也像圆规画出来的一样工整，十分漂亮。

如果您更仔细地看，可以看到这些环实际上是由许多更窄的环构成的，其中最亮的有两条，一明一暗，外面那道环更暗一些，在这两个大环之间还有一道空隙，它的名字叫卡西尼环缝，宽约3500千米，比两道环都窄得多，由此可以想象两道环有多宽阔了！两道环距土星的距离一个有3万多千米，另一个则近8万千米。

组成这些美丽的环的是一些数量庞大、体积却很微小的天体，它们小的只有1厘米见方，大的也不过50千米左右，由于它们是绕土星运行的，而且会持续地运行漫长的时间，因此可以将它们看作土星的卫星，如果这样，土星就是宇宙中卫星最多的行星之一了！

缺乏个性的天王星　天王星在质量与体积上是太阳系中仅次于木星和土星的第三大行星，它的质量约为地球的15倍，体积则超过地球的60倍，赤道直径长达5万余千米，是地球的约4倍，因此它的密度不大，不及地球的1/4。它距太阳相当遥远，平均近30亿千米。由于距太阳如此遥远，它公转一圈的时间是80多年，也就是说如果我们生活在天王星上，一辈子可能过不了一个公转时间呢！

天王星也是类木行星，是一颗以氢为主的气态行星，其大气及内部结构与前面木星与土星大体相似，不需多说。

我们平常所看到的新月、半月、上弦月、下弦月、满月等，这样一个朔望月长约29天半。朔望月之所以比恒星月长，是因为月球在绕地球公转的同时还随着地球一起绕太阳转，这样就延长了朔望月的时间。

在绕地球公转的同时，月亮也在自转。最为奇特的是，它公转的时间与自转的时间完全一样。这样的结果是，月球永远只有一面朝着地球。不信的话，您可以在满月之夜遥望月亮，那上面有黑有白，黑的地方是平原，叫月海，白的地方则是山脉、峭壁等，叫月陆。我们看到的月海与月陆形状有如地图，且轮廓永远不变。如果不是一面朝着地球，那么只能说月亮两面的地形轮廓完全一样，这显然是不可能的，宇宙间没有这样的巧事。

月亮也是距地球最近的星球，它与地球间的最远距离不过40万千米多一点，最近时只有约36万千米，这样的距离在天文学上简直是近在咫尺了！也因此，在所有星星里，月球是人类唯一登上过的地外星球，即地球之外的星球。早在1969年7月20日，人类就第一次登上了月球。第一个踏上月球的人叫阿姆斯特朗，当他从“阿波罗”号月球探测器上走下来，踏上月球表面时，说了这样一句意味深长的话：

对于一个人，这是小小的一步；对于人类，这是巨大的一步。

阿姆斯特朗在月球上看到了什么呢？首先，他看到，月球表面一片荒凉，不仅没有美丽的嫦娥、小白兔和桂树，甚至毫无生命的迹象。脚底下有的只是一片灰尘，就像炉灰一样，踩在上面会留下明显的足印。灰尘之中不时有一些小石块，如此而已。再向远望，可以看见许多环形山，它们的边缘圆整而平滑，宛若一个大碗。它们是流星撞击形成的。月亮受到的流星撞击非常多，月面到处布满了这种环形山。为什么流星如此爱撞击月亮而不撞击地球呢？这是因为月亮没有大气。其实也有很多的流星冲地球而来，只不过地球有厚厚的大气，当这些流星冲将过来时，就会与大气产生剧烈的摩擦，这等于是将这些流星放在火里烧，不久就烧得只剩灰烬了，偶尔剩下的也只是小小的几块，降落到地球上后就成了陨石。

由于月亮没有大气，那些巨大的流星们就直接撞在了月球表面，造出许多环形山。

为什么月亮没有大气呢？这是因为月亮太小，它的引力只有地球的1/6左右，而距地球又是这样近，因此根本留不住大气。

对了，月亮与地球合起来也成为一个小星系，称之为地月系，它们相互作用，形成一个有规律的系统。它们还绕着一个共同的质心旋转，这个质心距地心约4700千米。虽然地球对月亮的影响要远大于月亮对地球的影响，但月亮对地球也不是毫无影响，例如地球海洋的潮汐，潮涨潮落，就是由月亮对地球的引力造成的。

月球虽然也是像地球一样的固态星球，但我们看到，它的密度比地球小得多，因此它的成分与地球有相当大的差异，例如地球含有许多铁，而月球则含有大量较轻的硅酸盐。像地球一样，月球也可以分成许多层，最外面是一个表壳层，有的地方厚达60千米，有的地方则只有约20千米。中间是一个厚得多的上岩层，超过1000千米。最里面是一个岩流层，月核就在这里，月核的主要成分可能也是铁，但不大，半径不过几百千米。

月亮是怎么形成的呢？关于这有许多假说，例如达尔文就曾提出过月亮最初是地球的一部分，后来由于潮汐的作用使之从地球分离出去，成为一个单独的天体。这样的说法现在已经被证明是错误的。现在最为流行的说法是，月亮大致与地球同在46亿年前形成，它们本来也确是一体，都是一大团原始的星际物质，也可以称之为原始地球。后来，一个巨大的天体，可能有火星那么大，猛烈撞击这个原始地球，使之分裂，其中一块不大不小的被远远地抛出去，然而却又没有摆脱原始地球的引力，而成为绕着它运行的新天体，就是后来的月亮。

人类的视野了！

在所有的彗星当中，最有名的无疑是哈雷彗星了，它属于公转周期最短的彗星之一，才76年，而且还是大而亮的。这就使得它十分有名了。它的周期是由英国天文学家哈雷发现的，这也是人类确定彗星有周期之始。此前，大家还以为每颗彗星都是新的一颗呢！哈雷最近的一次光临是1986年，那时世界天文学界着实热闹了一阵子。

流星是宇宙中的“孤魂野鬼” 我们最后要谈的太阳系中的天体类型就是流星。

在茫茫太阳系中游荡着许多天体，它们的质量与体积都远小于一般的行星或者卫星，大则直径几十上百千米，小则几米甚至几厘米，它们像一群“孤魂野鬼”般在天空流浪，虽然整体上也是绕太阳运行的，但自身的力量十分弱小，因此，当经过地球附近，就可能受到强大的地球的吸引，被拉入地球的引力圈。当它们进入地球大气层后，便与大气摩擦，产生高温，发出亮光，被称之为“流星”。

流星不像彗星，我们夜晚在天空中几乎随时可见，据天文学家们统计，平均一分钟大概可以看到10颗流星，也就是平均每10秒钟就有一颗。这么多的流星是怎么来的呢？

流星大体有两个来源：一是小行星，二是彗星。

对于前者，我们前面说过，小行星本来就是一些环绕太阳的小小天体，由于某种原因可能进入地球的引力范围之内而被俘虏，进入大气层成为流星。至于彗星，我们说过它的核心就是一些冰之类，其间还有许多杂质颗粒。当彗星靠近太阳时，太阳的热量会使许多这样的颗粒从彗核中崩离出来，不过它们并没有四散奔逃，而是仍然处在彗星的轨道上，由彗星带着飞奔。不用说这些微粒是非常之多的，当彗星带着它们与地球相遇时——上面说过，彗星是能够与地球“相撞”的——这些四散的微粒就会因为与大气摩擦产生光亮，这就是流星了！由于这样的颗粒数以万计，因此产生的流星也就数以万计了，这就是所谓的“流星雨”。例如著名的狮子座流星雨就是这么来的，它是由一颗叫坦普尔的彗星与地球相遇时产生的。当大的流星雨来临时，我们站在夜空下一个小时能看到上万颗流星。

绝大部分流星在穿过地球的大气层时就被烧得什么也不剩了。极偶尔地，当这些流星足够大时，它们可能还没有烧完，留下一些固体物质坠落到地上，这就是我们所谓的“陨石”了。这些陨石有大有小，大的有几吨甚至几十吨，例如在纳米比亚发现的霍巴陨石重达近80吨，小的不到1千克，例如加拿大的维尔拿陨石，还不到1克重。由于这些陨石是人类能够直接研究的唯一来自外太空的实物样本，因此对天文学研究具有重要的意义。

以上我们花大量篇幅讲述了太阳系及其天体，包括太阳系作为一个整体的概况与起源，还有组成它的星星们，像太阳、八大行星、卫星、彗星、流星等，这些内容是今天的天文学家们研究的主要内容。当然，如今天文学家们的研究已经远远地超出了太阳系的天体，向着更深更远的宇宙前进。不过要讲到这些内容就复杂了，我在这里只笼统地讲我们太阳系居于其内的银河系以及比银河系更广阔的概念——宇宙。

银河系只是宇宙中一个普通星系　“银河系”这个词大家都听说过。晚上，当天气晴好时，在满空的繁星之间，我们会在天空中看到一条淡淡的云带，横贯整个天穹，这就是银河系了。

英语中，银河系一词叫galaxy。这个词除了银河系外，另有一个意思，就是星系，即所有星系都可以称为galaxy。这是很重要的，否则的话读某些外文的天文学著作就有麻烦了。

什么是星系呢？顾名思义，星系就是由许多星星组成的一个系统。这些星星中最主要的当然是恒星，也还有行星、卫星等，以及大量的星际尘埃。宇宙就是由这样的星系构成的。

每个星系都包括大量恒星，少则几亿，多则达万亿以上，在恒星之间还有着大量的由星际气体和尘埃组成的星云。所谓星云可不是如云的星星，而是一些没有成为恒星的云雾状气体与尘埃。在过去，有些星系因为隔得太远，令它们看起来像星云，于是也被称为星云，事实上，它们乃是像银河系一样的星系，包括亿万颗恒星。

这些星系大体上分成两类：一类叫椭圆星系，另一类叫旋涡星系。前者在望远镜中是一个由无数恒星构成的球或者椭球体，有的球体直径达几十万光年，包括亿万的恒星，有的则只有几百万颗，被称为矮椭圆星系，这是所有星系中最常见的一类，不过也是最不起眼的一类。

旋涡星系像一个旋涡，整体形状是圆形的，像个圆盘，如果从正面看去，明显地可以看到一条旋臂，它从中心向外曲折旋转，在这条旋臂上聚集着恒星和星际尘埃等，在这条旋臂的中央则是一个巨大的隆起，它有类于星系的“核”，里面聚集着更多的星际物质。

我们的银河系就是这样的旋涡星系。

无论从哪个方面来说，我们所在的银河系都是一个普通的星系，不过因为我们每个人都是银河系中小小的一分子，因此它对于我们的意义就比较特别了。

夜晚，我们在天穹上看到的带状云乃是银河系的中央平面，整体的银河系是什么样子呢？它的样子很像我们中国一件古典民乐器——铙钹，或者也有点像带着光环的土星。从这些比喻我们可以想象出银河系的模样：中间是凸出的一团，有点像一个球

形无影，却弥漫整个宇宙。

这样说也许有些模糊，好像宇宙是由这些各式各样的能量呀、物质呀乱七八糟地混在一起构成的，像团乱麻。事实上，宇宙不是一团无序的乱麻，而是一幅井然有序的图画——

我们可以把能量看作这幅《宇宙图》的背景，里面是一个个美丽的旋涡，像在大地上盛开的一朵朵鲜花，它们就是星系。再仔细看这些花儿，它们也有自己独特而美丽的构造，例如花瓣呀、花蕊呀、花粉呀、绿叶呀等，这些就是构成星系的恒星、行星、星际尘埃等了。

这就是宇宙。

上面的说法当然是非常概括、极为简略的说法，宇宙事实上的结构是极为复杂的，组成它的天体也是极为多样的，它们，正如宇宙的大小与年龄一样，还在天文学家们的探索之中。

第五章　古代天文学

在古代天文学中，太阳和地球哪个是宇宙的中心，是一个大问题，也是这一章的主体内容。

就历史而言，在六大基础学科中，天文学也许是第一个发展起来的，至少是最先发展起来的学科之一。

天文学的萌芽　这是可以理解的。古人们，从他们由愚昧走向文明起，就对天上的太阳、月亮、星星充满了好奇，其程度甚至要超过他们对于身边的动物、植物或者自身的好奇。于是，即使在最古老的文明里、在最原始的歌谣里，我们都能感觉到原始人对天体、对太阳与月亮的崇拜。我们可以将这些视为天文学的萌芽。

这样的崇拜在古老的埃及与两河流域文明里都可以分明地见到。例如，古代埃及的几份纸草书几乎就是专门的天文学文献，最令人惊奇的莫过于神秘的金字塔与天文学之间的关系了。近代的学者们考察发现，它们的位置、建筑方法等竟然都有着天文学的根据。例如金字塔底座往往呈南北方向，且十分精确。我们知道，当时埃及人是没有罗盘的，要达到这种准确度，运用天文方法几乎是唯一的途径。特别是位于北纬30° 线附近的一座金字塔，在塔的北面有一个入口，从那里有一条通道可以走进金字塔的地下墓室，这个通道与地平线刚好成30° 倾角，且正好对着北极星的位置。如此等等，类似的地方还有许多，这使许多现代人相信金字塔并非人类所造，而是外星人的杰作呢！

古代巴比伦人在天文上的成就与埃及人不相上下。到公元前2000年左右，他们已经把一年定为12个月、360天，又将一天分小时、分与秒，甚至还发明了日晷，就是用一根直立的杆来测量时间。他们还将肉眼可见的天空五大活动天体，即五大行星，与太阳、月亮合起来命名七天之时间，这就是星期计时法的起源。他们又把星星按区域分开，每一区用羊、螃蟹等兽、虫和神的名字来命名，这就是西方以星座来划分天区的方法之源头了。

似的方法测量了三者的体积，得出的结果是太阳的直径是地球的7倍，体积是地球的350倍。

阿利斯塔克的日心说虽然比地心说要正确得多，但当时根本没有得到应有的承认，相反，得到承认的是与他的理论截然不同的地心说。其原因十分简单：日心说与我们站在地球上的人所看到的景象不符。

我相信，因为这个原因，如果您对一个没上过学、不懂得科学的人说太阳是中心，地球是绕着太阳转的，他一定会哈哈大笑，说你瞎扯，太阳不是明明在天上绕着地球转吗！

古代天文学的高峰　与日心说相对，地心说就是认为地球是中心的学说。它认为地球是静止的，太阳、月亮、行星等都在绕地球转动，而且转动的轨道是正圆且匀速的。

地心说在古代很长一段时期里牢牢统治着西方人的思想，被认为是理所当然的，就像我们今天认为太阳是太阳系的中心一样理所当然。

地心说的提出者主要有三人：欧多克索斯、喜帕恰斯、托勒密。我们这里只讲集大成者托勒密。

欧多克索斯是天文学家与雅典立法官，大约活动于公元前4世纪上半叶，喜帕恰斯生于公元前194年左右，死于公元前127年左右，他提出了本轮与均轮，成为以后地心说的基石。

在西方历史上有名的“托勒密”足有十多个，大都是统治埃及的托勒密王朝诸帝，这个天文学家被称为“亚历山大港的托勒密”。

这位亚历山大港的托勒密是古代西方最伟大的天文学家，他在科学界的地位犹如亚里士多德在哲学界的地位，在漫长的从古代到中世纪的千年岁月里无人能与之比肩。

我们对于托勒密的生平所知甚少，例如不能确定他是什么地方人，可以肯定的仅仅是他的科学活动主要在埃及的亚历山大城进行，但讲血统他是希腊人，讲政治身份他是罗马公民。

他的出生与去世年份同样不详，唯一可以断定的是他活跃于2世纪上半叶，因为在他的基本著作《天文学大成》里记载了他的天文观测记录，最早的一次是公元127年，最晚的一次是公元141年，并且是在亚历山大完成的，这时正是罗马帝国强盛无比之时，著名的贤帝哈德良在位。

托勒密是一个多产的作家，仅仅流传到现在的著作就有14卷。其中最有名的是《天文学大成》《地理》《光学》，尤其是前二者，在千年岁月里都是西方人的“科学圣经”。

《天文学大成》有两个主要特色：一是用数学来解释天文学现象，并力图为诸天文学现象建立一个数学模型，使之可以通过这一模型得到明晰的了解与解释。二是论述清楚、逻辑严密，在文字上也是不可多得的珍品。

《天文学大成》全书共分13卷，第一、二卷是绪论。第一卷主要论述了他对于天地的总的观念以及他所运用的数学方法。其基本观念是地球是宇宙之中心，也就是他的地心说；第二卷是一些基本定义和基础理论；第三卷阐述了太阳的不规则运动和一年的长度；第四卷论述月亮的运动和每个月的长度；第五卷有他对太阳、地球和月亮面积的估计；第六卷论述了日食与月食的计算方法；第七、八两卷是恒星目录，记录了一千多颗恒星在天球上的经纬度与亮度等；第九卷直至结束都是介绍有关行星运动的理论。

我们在这里只简单述说一下他的地心说。

我们先看一下图5-1这张图，它形象地说明了托勒密的地心说：

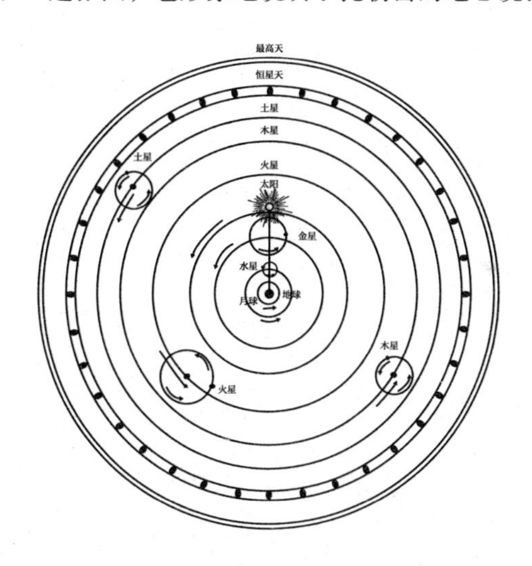

图5-1

托勒密地心说的要点如下：

一、地球位于宇宙之中心，并且静止不动。

二、每颗行星都在本轮上匀速运动，本轮的圆心在均轮上运动，月亮则在一个特别小的本轮上运动，看上去只是一个点。太阳直接在均轮上运动。地球不在各个均轮之中心，而是偏离了中心的某点。运用这样的法子，托勒密就能够解释行星的各种古怪行为，例如顺行、逆行、静止等了。

1495年，哥白尼毕业了，不久便前往舅舅曾在那里获得博士学位的古老的博洛尼亚大学，它也是西方第一所真正的大学，成立于11世纪，后来才有法国的巴黎、英国的牛津与剑桥等大学。

哥白尼在博洛尼亚大学的专业是教会法规，他当然没有忘记天文学，他在这里进行了一生中最早的天文观测之一，即观测月亮遮掩了金牛座α星，这颗恒星在中国古代的星表上叫毕宿五。这是1497年3月的事。

就在这年，他成了弗龙堡修道院的一名修士，但不久，经神父团特批，他获准继续前往意大利帕多瓦大学留学，后来他又转入了费拉拉大学，于1503年在这里获得教会法规博士学位。

拿到博士学位后，哥白尼在当年就回到了在波兰埃尔梅兰担任主教的舅舅身边，当他的顾问，包括文学顾问，为舅舅发表了7世纪拜占庭诗歌的拉丁文译本，名叫《道德、牧歌和爱情使徒书》，原文是希腊文，哥白尼将之译成了拉丁文，如果拿到手里只有几秒钟后就去世了的《天体运行论》不算的话，这本书是哥白尼毕生出版的唯一一本书。

当顾问之余，哥白尼仍在进行天文学研究，他经常在家里夜观天象，并做了详细的观测记录。

在埃尔梅兰待了近10年后，舅舅去世了，他是在去克拉科夫参加波兰新女王的加冕典礼后在回家途中突然去世的。

舅舅死后，哥白尼便离开了埃尔梅兰，到了他一直任职的弗龙堡大教堂，这也是埃尔梅兰教区最大的主教堂，哥白尼是这里的神父，并且兼任医生，为当地的人民，特别是穷人治病。

从此，哥白尼的一生便基本上在这里度过了，除少数几次因故暂时离开，他在这里一直生活到去世。

哥白尼在弗龙堡担当过各种职责，由于在这一带实行的是一套政教合一的制度，哥白尼不但要做神父和医生，还要管理教区各种事务，他曾管理过这里的磨坊、面包坊、酿酒厂，一度还担任过代理主教。1519年波兰和普鲁士爆发战争时，与普鲁士毗邻的埃尔梅兰遭到了普军入侵，哥白尼作为外交使节与普鲁士人进行过谈判。他也为波兰的货币制度改革提出过一系列的意见，制订了一份比较详细的计划。只是这计划未曾实施，因为它直到300年后才被公之于世。

虽然教会工作如此繁重，哥白尼还是经常抽出时间来进行天文观测与天文学理论的思索。他在自己的住所建了一座小天文台，外表看上去是一座没有房顶的圆形塔楼，哥白尼在那里安装了几架天文仪器，进行天文观测，这座塔楼叫“哥白尼塔”，如今还在，是波兰人最引以为豪的名胜之一。

哥白尼在天文学上有精深研究的名声慢慢地传开了，1514年时，他接到了教廷召开的拉特兰会议的邀请，这次会议是专门为讨论对当时的历法进行改革而召开的，是教廷最高级别的会议，不过在这次会议上哥白尼未发一言。

因为这时他已经形成了自己的宇宙观，一种与当时流行的宇宙观大不相同的新宇宙观。

就在这一年，哥白尼将自己的新观念写成了一部手稿，名字叫《从排列顺序论天体的运动理论》，其中已经包括了他后来的主要观点。只是他从来没有打算出版这本书，手稿也只在朋友们中间秘密流传。

《天体运行论》　在此后的岁月里，哥白尼继续完善着他的新理论，不断地进行着天文观测，不断地用数学来证明之，甚至不断地在形式上为一本更加伟大的著作做着精心准备。

真理毕竟是真理，虽然只是秘密流传，但哥白尼的理论已经默默地传播开了，产生了相当广泛的影响。到16世纪30年代，这种影响已经大得足以让教廷的高层注意了。据说，1533年，当时的教皇克雷芒七世曾召他到梵蒂冈，请他讲解其新理论，并对他的理论表示赞许。三年之后，教皇还特意致信，要求他公开发表自己的理论。当时肖因贝格也在这年写信给哥白尼，要求他提供介绍自己理论的有关资料，并对他的新理论表示赞同。这封来自教廷高层的信件让哥白尼十分欣喜，因为他原来最害怕的就是教廷的反对，作为一个神职人员，那种反对足以让他吃不了兜着走。

哥白尼还在犹豫，虽然这时候他的新著《天体运行论》事实上已经完成，从形式到内容已经相当完美了，他仍然不敢贸然出书，因为他了解自己的新理论与千年以来在人们心里已经根深蒂固的旧理论是背道而驰的，他害怕遭到太多的反对，为此他忧心忡忡，几乎想要放弃公开出版，但在朋友们的支持下，哥白尼终于同意出版著作。1540年，一个友人将手稿带到德国的纽伦堡，预备在那里印刷出版。

这时候马丁·路德已经在德意志开始了他的宗教改革，取得了很大成果，虽然对天主教进行了改革，路德仍是上帝坚定的信仰者，也相信地球是宇宙之中心，他，还有其他一些宗教改革者，都坚决反对哥白尼的学说，由于他们势力强大，出版计划被搁置，友人只得将书托付给了莱比锡一位出版商A.奥西安德尔。

奥西安德尔是个聪明人，他深知出版这样的书可能惹来大麻烦，便预先采取了一些法子。

整本书里占了最大的篇幅。这也许是因为行星有五颗、每颗都各有其运动特征且这些特征都相当复杂的缘故吧！哥白尼指出行星的运动并不是均匀的，其根本原因乃是地球的运动与行星本身的运动叠加引起的，仅仅这句话就标志着他高前人一等。

《天体运行论》对于人类的意义在于它不但是一种科学的理论，由于其理论内容的特殊性——它是有关于人类所居住的地球的，地球与人类心灵、生命与历史都息息相关，因此当人类知道自己所居住的星球并非他们原来所想的是宇宙的中心时，对于他们的打击简直有点像对某个一向自命血统高贵的德国人说他有犹太血统一样，不啻是一次致命的打击！加之当时正处在基督教牢牢统治着人们思想，愚昧与谬误被称为绝对真理的时代，哥白尼的学说无异于一声惊雷、当头棒喝，使西方的人们像一头沉睡良久的狮子，终于被唤醒，睁开双眼去理解真实的世界。

现在我们就来简单介绍一下哥白尼使人们睁开双眼的学说——日心说。

日心说并不复杂，它主要包括以下几个要点：

一、太阳，而非地球，是宇宙的中心。

二、五大行星金、木、水、火、土与地球一起都在环绕太阳公转，而不是像托勒密所说的是五大行星与太阳在围绕地球转。它们绕太阳公转的轨道是圆形的，速度也是均匀的。

三、月球是围绕地球运行的，运行在以地球为圆心的圆形轨道上。

四、地球每天自转一周，我们所见之天上的日月星辰每天的东升西落并非是它们在绕地球转动，而是地球的自转所造成的。至于天空，就是恒星在上面的天穹是静止不动的。

五、恒星像行星一样是运动的。为什么看上去不动呢？只因为它们距我们实在太遥远，比地球与太阳的距离要大得多，因此我们无法察觉这种变化。

不难看出，哥白尼的体系虽然比托勒密的地心说进了一大步，但也有明显的错误：一是将太阳视为宇宙之中心。二是认为行星运动的轨道是圆形的，也是匀速的。

日心说提出之后，命运多舛。由于出版者加了那个序言，读者可能以为它只是为了制订星表而做的一个假设，因此没多少人理会。

几十年之后，到16世纪末，布鲁诺开始大力传播日心说，他甚至更进一步，认为太阳也并非宇宙的中心，宇宙是无限大的，并无中心，他还认为恒星并不像看到的一样小，而是“跟太阳一样大、一样亮的太阳”。这些都是对日心说的补充，不过这些观念只是布鲁诺某种哲学式的信仰而已，他并没有多少经过科学观测得到的证据。

布鲁诺的宣传在西方社会引起了巨大反响。由于这一理论明显地违反了基督教千年以来的许多信条，例如认为人类是万物之灵，是上帝的特创，因而人类所居住的地球也是宇宙的中心。这些都伤及基督教的基本教义，令教会感到莫大的威胁，立即起来反击哥白尼及其日心说，对于它的支持者与宣讲者也辣手无情。

先是，1592年时，教会逮捕了布鲁诺，一直囚禁了他整整8年，由于他绝不肯放弃日心说，最后被处以残酷的火刑，1600年2月7日在罗马的鲜花广场被活活烧死！

我们后面还会看到，伟大的伽利略由于宣传日心说同样遭到了教会的迫害。

到1616年，教会终于公开宣布《天体运行论》是禁书，任何人信仰它、阅读它都是犯罪。

然而真理是不会屈服于强权的，也是大火烧不死的，日心说毕竟是真理，它必将取得最后的胜利。

布鲁诺对人类、对西方文明最伟大的贡献是在思想上的——他象征着人类为了真理不怕牺牲的精神，这种精神直到今天依然像太阳一样光明，对于今天的中国也像太阳一般重要。

第七章　天空的观测者与立法者

哥白尼之后，为天文学的新进展做出最大贡献的是以下四个人：第谷、开普勒、伽利略、牛顿。

他们的努力使得天文学产生了质的突变：从此，天文学将牢牢奠基于科学观测以及基于科学观测基础上的科学理论，再也没有所谓什么是宇宙中心之类的臆想。对于天文学，这也是一场革命，是一场科学的新革命。

这场新革命的发起者是第谷。

第谷是天空的观测者　　第谷是丹麦人，出身相当高贵，父亲叫奥托·布拉赫，是一个贵族兼高官，曾当过国王的枢密顾问，后来成为一座城堡的堡主，他有5个孩子，第谷是长子。

第谷1546年生于丹麦斯卡尼亚的克鲁斯特鲁普，从小由叔叔养大，13岁时进入哥本哈根大学学习法律。不过年轻的第谷对法律的兴趣不大，二年级时有一天他看到了日全食，这次日全食是按照天文学家们预言的日期出现的，这在当时已经不是什么难事了，却让年轻的第谷惊讶万分，从此迷上了天文学。

1562年，他又转到了德国莱比锡大学，到莱比锡的第二年，他观察并记录了一次重要的天象——木星合土星，这也是他一生巨量的天文观测记录之始。

也就是在这时，他发现手头所有的天文数据是何等不精确：他实际观测到的土星和木星出现的日期竟比根据当时流行的《阿尔丰索星表》所推算出来的差了整整一个月！这让第谷大为震惊，遂决心献身天文学事业，做出更详细的观察，得到更精确的结论。这是1563年8月的事。

两年之后，他离开莱比锡，开始在欧洲各地游历，一边观察天象，一边学习天文学。

这样游学的日子一直持续了多年，到1570年他才回到家乡。

第二年，第谷的父亲死了。他获得了一大笔遗产。此后，他移居到了斯卡尼亚，在那里定居下来。这是1571年的事。

第二年，第谷看到了一个天文现象——超新星爆发。这是罕见的天文事件，因为这次超新星爆发比天空最明亮的金星还要亮。直到1574年初这颗新星消失为止，在长达一年多的时间里，他进行了详细的观察与记录。为此他还出版了《论新星》，对这颗新星做了系统的分析。后来，这颗新星被命名为“第谷超新星”。

这部著作的出版使第谷在欧洲天文学界声誉鹊起，成为著名的新锐天文学家。

这时他接到了德国一个大贵族的邀请，准备去建造一座大型天文台。由于这时候第谷已经是丹麦最有声望的人物之一了，为了留住人才，丹麦国王弗里德里希二世便将位于丹麦海峡中一座名叫汶岛的小岛赐给了第谷，并拨出巨款助他在这里修筑了一座大型天文台。这是1576年的事。

从此天文台就成了第谷的家，他生活在这座设施堪称当时全欧最先进的“天文堡”里，每天都辛勤地观测着天象。

第谷不但是一位最优秀的天文观测家，同时也是一位能工巧匠，他亲自设计最巧妙的天文仪器，这些仪器许多都是他的发明，在当时无与伦比。

靠着这一切，第谷的“天文堡”成了整个西方世界的天文学研究中心。

弗里德里希二世死后，由于继位的新王不重视天文学，对他的资助日渐减少，他只好转而寻求另外的帮助。

他的寻求很快得到了回应，神圣罗马帝国皇帝鲁道夫二世答应支持他，于是，1597年，第谷离开生活了20多年的汶岛，这时他已经51岁了。

他得到了皇帝的青睐，被封为御前天文学家，得到了位于布拉格近郊的一座小山上的贝纳特屈城堡作为府第兼新天文台。

次年，他得到了一位新助手，名叫开普勒。第谷不久便发现了他超卓的才华，他十分欣喜，知道自己的事业后继有人了。遗憾的是两人的观念常相冲突，关系一度颇为紧张。

1601年，第谷正准备全力投入新的天文观测时，忽然染病，仅仅十多天后，这场突袭而至的病魔便夺走了他的生命，时年仅55岁。

此前，自知不久人世的第谷留下遗嘱，把所有天文观测资料赠送给开普勒，嘱托他将自己未竟之事业进行下去。

开普勒是天空的立法者 开普勒是德国人，1571年生于德国符腾堡的魏尔市个穷人家庭。由于是个早产儿，体质很差，但从小就显示了过人的才智。靠着大公提供的奖学金顺利完成学业，并于1587年进入图宾根大学。

在大学里开普勒是一个出色的学生，仅一年之后就获得了文学学士学位，3年后又获得了文学硕士学位，随后进入神学院，同时一直在学习天文学。

1594年，开普勒应邀到了奥地利格拉茨，担任一所路德派高级中学的数学教师。

在中学里，开普勒不断思索一些天文学与数学问题，特别是与哥白尼的日心说有关的问题。据说某一天他上课时突然想到了这样一个问题：为什么太阳只有6颗行星而不是7颗、10颗或者更多？还有，行星的轨道为什么大小会有变化？他将这些问题与欧几里得的几何学、毕达哥拉斯与柏拉图的哲学联系起来考虑，其结果就是《宇宙结构的秘密》，这是开普勒的第一本著作。

著作出版之后，开普勒将它们分送给他所尊敬的天文学家们，包括第谷，第谷详细地阅读了他的作品，发现了开普勒拥有了不起的数学与天文学才华，便诚心诚意地邀请他到位于布拉格附近的天文台去，与自己一起研究天文学。开普勒欣然接受，并于1600年到达第谷在贝纳特屈城堡的天文台。

最初，由于与第谷不能和谐相处，第谷也不肯向他开放观测资料，开普勒4个月后就走了，但后来又回到第谷身边。第谷张开双手欢迎他归来，并且不再向他隐藏资料，还准备与他一起编定完整的星表。

然而，第二年第谷突然病逝，临终前要求开普勒完成他们未竟之工作。这是1601年的事。

第谷的去世令开普勒深感悲伤，他有一种宿命感，认为他与第谷的相遇是上天注定的，像他自己后来所言：

“上帝通过一种不可改变的命运把我同第谷联系在一起，即使我们发生了严重的分歧也不许我们分手。”

这段话根据他们的实际情况来看是符合事实的。他俩一个是天才的观测家，但在理论构建上不怎么在行；另一个则是天才的理论家，但在观测上也很一般。现在，当他们结合起来后，的的确确是西方科学史上的最佳拍档！

第谷去世之后，开普勒马上被任命为他的继承人，担任了皇家数学家和御前天文学家。

经过长期研究与探索之后，开普勒于1609年出版了《新天文学》。

在这本书里，开普勒提出了著名的开普勒行星运动三定律的前两个定律：

一、行星的运行轨迹是一个椭圆，太阳位于它的一个焦点。

二、太阳与行星的连线在相同时间内扫过的面积相等。

这两个定律又分别被称为“轨道定律”与“面积定律”。

这两个定律的发现对于天文学的意义几乎不亚于哥白尼的日心说，其创新性则更要超越之。我们知道，哥白尼的日心说虽然优越于地心说，然而日心说早在古希腊就有人提出过。而且，除了将宇宙的中心以太阳代替地球外，日心说其他内容与托勒密地心说并无本质区别，例如都认为行星的运行必须是正圆的轨道，运动也是匀速的。然而开普勒的运动定律根本性地否定了这些千年以来的传统观念：以轨道定律否定了圆形轨道，以面积定律否定了匀速运动。

基于此，也有人说文艺复兴时期天文学的伟大革新起源于开普勒而不是哥白尼，这种说法并不是全无道理的。

开普勒在布拉格工作的时间前后加起来长达11年，这11年也是他一生中成果最丰硕的岁月。

然而，到了第11年，不幸又接踵而至。先是他6岁的儿子由于染上了天花不幸夭折，仅仅几个月之后妻子又患伤寒辞世。接着一直支持他研究的鲁道夫二世皇帝被迫退位，开普勒一下没了靠山。结果，在布拉格生活了11年之久的他，被迫离开了。

他迁居到了奥地利北部的林茨，这是1611年的事。

1619年，他又出版了《宇宙和谐律》，在书中他提出了关于行星运动的第三定律：所有行星公转周期的平方与它到太阳之间距离的立方成正比。这也就是说，对于每颗行星，其公转周期与到太阳之间的距离之比乃是一个常数。

如此，开普勒就在时间与距离之间建立了巧妙的联系，结合上面的轨道定律与面积定律，开普勒终于完成了对于行星运行规律的描述。

开普勒最后一项伟大成就是完成了《鲁道夫星表》。原来，早在第谷还在世时，他给自己定出的最重要的使命就是编出一张完整的星表，以替代原来不准确的老星表。他去世前嘱托开普勒完成的主要工作也是这个。后来由于种种原因，开普勒一直未能完成这项工作，直到现在，第谷已经去世20年了，开普勒才开始全力从事这项艰巨的工作。

经过7年努力，《鲁道夫星表》终于完成，并于同年在德国乌尔姆出版。其名字来源于支持第谷与开普勒研究事业的鲁道夫二世。这个星表无疑是到那时为止最为精确的星表，它是第谷与开普勒共同努力的结晶，其精确度之高使它到现在还有利用的价值。

1628年，应帝国扎甘地方的统治者冯·华伦斯坦的邀请，开普勒携家眷到达扎甘。然而不久华伦斯坦自己也败落了，当然不能资助开普勒，开普勒的生活日益贫困。

1630年，开普勒已经穷得没米下锅了，数月未得薪俸，前往雷根斯堡索取，到达雷根斯堡时，他突然病倒，一下子就死了，时年59岁。

这就是一个伟大天文学家的可怜结局，无数其他伟大的哲学家、科学家、作家与艺术家也有类似的结局，他们为人类贡献了这么多，得到的却这么少。

第八章　从近代到现代

此前，当我们讲解天文学时，我们看到了许多伟大的名字，从最初的亚里士多德、托勒密，再到后来的哥白尼与开普勒等，他们的成就构成了天文学史的主体内容。这些伟大的名字不但为专业天文学家所熟悉，也活跃在我们这些普通人的大脑里。

自从文艺复兴过去、牛顿也在18世纪早期去世之后，天文学史上便再也没有如前面几位一样划时代的大师了，天文学发展的主力已经变成由大批各式各样的天文学家参加的群英会，在他们的共同努力下，天文学在18、19、20世纪继续发展。

在18、19两个世纪，天文学发展主要是三大发现：一是哈雷彗星的发现，二是布拉得雷发现光行差，三是新行星的发现。

小英雄哈雷　哈雷在缺少天文英雄的18世纪算得上是一个“小英雄”，他的名字也为我们所熟悉。他对天文学有不少的贡献，其中最大者自然是发现哈雷彗星。

哈雷1656年出生于伦敦，老爸是个阔佬，他从小就接受了良好的教育，中学就读于有名的圣保罗学校，毕业后进入牛津大学女王学院，这时他已经显示了对天文学研究的兴趣与天赋。

1676年，大学尚未毕业时，一次偶然的机会使他放弃了毕业，到南大西洋的圣赫勒拿岛——就是曾囚禁拿破仑的那个小岛——去测定南半球天空中的星星。我们知道，地球的南北半球天空上的星星是不一样的，有些北半球的星星南半球的人们永远看不到，对于北半球的人们也是如此。

在南半球，哈雷进行了大量卓有成效的观测，例如精确测定了几百颗恒星的位置，观测了“水星凌日”现象等。两年后回到英国，他即被选为英国皇家学会会员，并获牛津大学硕士学位。

1684年，哈雷特意去拜访牛顿，交谈中得知了牛顿许多伟大的创见，只是由于害怕受到对手的攻击而犹豫是否公开，哈雷竭力劝说牛顿，并且提供了资助。那时就像现在，科学著作的出版通常是要作者自己掏腰包的。哈雷的努力乃是《自然哲学的数学原理》这部堪称西方科学史上第一经典的巨著得以面世的重要原因之一，这就称得上是对科学一个了不起的贡献了。

两年后，哈雷被委任为皇家学会秘书，他担任此职直到10年后牛顿推荐他接替其皇家造币局局长一职。后来哈雷又去了一次南半球，在南大西洋做了一次远洋航行。

1704年，哈雷担任了牛津大学的几何学撒维里教授，它就像牛顿曾担任的剑桥大学卢卡斯讲座教授一样，是一个崇高的学术职位。次年，哈雷出版了《彗星天文学概论》，在书中指出，1531、1607、1682年出现的三颗彗星是同一颗。以前，人们都认为彗星是天空中匆匆的过客，一过之后永远不再回头，我们每次看见的都是一颗新彗星。现在，哈雷却指出彗星像行星或者月亮一样，也是绕着太阳旋转的天体，也有一定的公转周期，这让当时的人们大吃一惊，半信半疑！

他的话一开始有很多人不信，直到1758年，彗星果真按照哈雷所预言的日子回地球了，怀疑者们才真的信服了哈雷。可叹的是，哈雷自己并没有看到这光辉的一刻，因为他早在16年前就已经去世了。这颗彗星后来就被命名为“哈雷彗星”。哈雷彗星是唯一一颗准时回归地球，我们人类用肉眼就看得清楚的大彗星。也正因如此，它才如此有名。它最近的一次回归是1986年，虽然我那时还在上中学，但还清楚地记得那时从天文学界到新闻界有多热闹，仿佛那不是一颗彗星，而是真正的天外来客呢！

不知你看到过1986年回归时的哈雷彗星没有？如果没有的话，那就有点儿遗憾了，因为这意味着您一辈子都很可能看不到这颗如此有名的彗星和它那美妙的倩影呢！根据它的回归周期约75年算，它下一次回归要等到2061年！

又由于哈雷对哈雷彗星的研究与推算都是以牛顿力学为工具的，因此哈雷准确地预言哈雷彗星后，人们就像相信他的预言一样相信牛顿力学的正确性了。

1720年，哈雷被任命为一个英国天文学家能够担任的最好职务——皇家天文学家兼格林尼治天文台台长。

1742年，哈雷去世于格林尼治。

怎样才能亲眼看到地球的运动？ 18世纪天文学的第二个重大成就是布拉得雷发现光行差。

布拉得雷也是英国人，1693年生，牛津大学毕业，年仅25岁时，由于哈雷的鼎力推荐，当选为英国皇家学会会员，3年后就担任了牛津大学的教授。1742年，哈雷去世后，他继哈雷之后担任格林尼治天文台第三任台长，1748年时获皇家学会的科普利奖章，1762年去世。

科普利奖章是由牛顿在1703年至1727年任英国皇家学会会长期间由学会成员之一

的戈弗雷·科普利爵士设立的。他出资建立了一笔自然科学进步基金。在牛顿去世后，这种基金成为固定的制度，每年从基金中拿出钱来颁发“科普利奖章”，作为英国皇家学会的主要奖项之一颁发。

布拉得雷对天文学最重要的贡献是发现了光行差。

所谓光行差，就是当我们观察某一颗恒星时，所看到的它的方位——可以称为视觉方位——与这颗星的实际位置之间的差异。

这是什么意思呢？现在我们假定地球是不动的，那么我们观察某一颗恒星时，会看到它在某一个位置，姑且称之为位置A，这个位置A也会是此时恒星实际所在的位置。但我们知道地球并不是固定不动的，它既在公转，又在自转。这样，我们在某一个时刻所看到的恒星的位置与这颗恒星此刻的真实位置是不同的，或者更具体地说，是这颗恒星在这个时刻之前的某个时刻的位置。

这是为什么呢？这里有两个原因：除了地球在运动之外，另一个同样重要的原因是光速并不是无限的，因此恒星发出的光到达地球需要一定时间。假如地球是静止不动的，那么不论光线在路上要走多久，它到达地球、为我们所看到时，我们看到的那个光点的位置仍然会是恒星此时所在的位置。这是因为恒星不动（虽然恒星也在运动，不过在这里可以忽略不计），地球也是不动的，且光是直线传播的。或者假如光速是无限的，即它到达地球所需的时间是零，那么无论距地球多么遥远，或者地球运动有多快，我们所看到的恒星的位置都将是它此时的真实位置。

然而不是这样，一方面光速是有限的，也就是说，它从恒星到达地球需要一定的时间，事实上这是相当长的时间，例如距地球最近的非太阳恒星半人马座的α星，即比邻星，它的光线到达地球所需要的时间也要4.3年。同时地球也在运动，那么，在任何一个时刻，我们所看到的恒星的方位与它此时的真实位置就会有所不同了。举个例子说吧，例如某颗恒星与地球的距离是a千米，而光速是v_1，那么它到达地球所需要的时间就是a/v_1，而在这段时间里地球在运动。假设地球的运行速度是v_2吧，那么，在这段a/v_1的时间里，地球已经运动了（a/v_1）$\times v_2$千米了。这时候，我们看到的那颗恒星的方位当然与它原来的位置不同了。这就像您本来站在我的正北，我朝东走了一会后，就会看到您已经到了我的西北方向一样。虽然您实际上是站着不动的，我却觉得您的位置变了——这变实际上是我自己在动的结果。

发现光行差的意义在哪里呢？它最主要的意义之一是：它彻底击溃了地心说。就像我们上面所言，如果地球是不动的，而恒星距我们是如此遥远，也可以看作是不动的，同时光线是直线传播的，因此在任何一个时刻，我们所看到的恒星的位置就应当是它的真实位置。而当光行差发现之后，即发现恒星在某一时刻的视觉位置与它的真实位置有差异，那么既然恒星是静止的，而光线是直线传播——当然光线也可能是弯曲的，这我们在后面讲物理学谈爱因斯坦时会说，但在这里却不必考虑。那么剩下的唯一可能的原因就是地球在动了。这简直像亲眼看到地球在动一样有力呢。

如此一来，地心说就彻底玩完了。

布拉得雷发现光行差的过程比较简单：他观测天龙座的γ星时，发现它与附近的恒星的方位都有一种有规律的移动，它们是一种以周年为单位的有规律的移动，并且与地球的运行方向有关。这样，既然恒星是不动的，那么唯一的可能性就是地球在动了。这就是因为地球在运动而带来的光行差，它直观地证明了地球的运动。

天文学世家　18世纪第三个重要天文学成就是两大行星的发现。

自古以来，人们就理所当然地认为天空只有五大行星，日心说被承认后，包括地球也只有六颗行星，这似乎是天经地义之事。

然而，到了18世纪后期，这个天文学的“常识”被打破了。

打破这个常识的是威廉·赫歇尔爵士。

轰动世界的新发现　赫歇尔是西方天文学史上继开普勒之后最伟大的天文学家，也是整个天文学史上最有意思的人物之一。他的有趣表现在两个方面：一是他的生活经历，二是他的家庭。

威廉·赫歇尔1738年生于德国汉诺威一个贫寒之家，共有兄弟姐妹6人。赫歇尔的父亲是禁卫军中的双簧管手，据说求知欲十分旺盛，酷爱读书，尤其是个狂热的天文爱好者，从小除教孩子们音乐外，还教他们观看壮丽的星空。他大概觉得他的职业很好，既有从军的好处，又没有从军的坏处——不要拿枪打仗。因此，他在子女们还很小时就培养他们的音乐细胞。威廉也是这样，才4岁时父亲就教他吹双簧管，不久就成为行家里手，打算将来以此谋生。他上学时成绩优良，但由于家庭经济困难，他在14时就放弃了学业，作为乐手加入汉诺威军队，在军队里拉小提琴兼吹双簧管。

1756年时，爆发了西方历史上有名的“七年战争”。战争主要在英法之间进行，那时汉诺威是英国属地。第二年法军占领汉诺威，汉诺威的英国军队被解散。威廉·赫歇尔便逃到了英国。他先是靠抄乐谱为生，后来经过努力，社会地位不断上升，成了作曲家和一座很好的教堂的管风琴手，生活条件优渥起来。此后，他那天生的求知欲又萌发了，他开始将目光转向了音乐之外的东西，首先就是天文学。

一开始赫歇尔就显得与那些科班出身的天文学家不同，他根本不满足于观测距我们相对较近的天体，例如太阳、月亮、五大行星等，而是将目光投向了其他更加遥远的、从来没有人仔细看过、了解过的天体。他明白要做到这点靠闭门造车、在屋子里构思一个体系是不行的，他必须亲眼去看。这样做首先就必须有一架好望远镜。而那样的望远镜价格极为昂贵，他是负担不起的，最后他毅然决定亲自动手制作一架。

历经多次努力、千辛万苦、屡败屡战，他终于制成了一架品质极优的望远镜，甚至比当时最好的望远镜都要好，比大名鼎鼎的格林尼治天文台所用的望远镜还要好，它的目镜能够放大达6000余倍！

靠着这架当时最先进的望远镜，赫歇尔开始搜索太空，不久后就有了惊人的发现。

这是1781年3月13日的事。这天晚上，赫歇尔像往常一样用他的大望远镜搜索茫茫太空，忽然在双子星座里发现一颗奇怪的星星——它在动！

他知道，能动的只有流星、彗星或者行星，那当然不是一闪即逝的流星。赫歇尔开始以为它是颗彗星，那在望远镜下的天空中是比较常见的，然而经过一段时间的观察，他发现那不是彗星，因为彗星的轨道是狭长的椭圆形，而它的轨道却近似圆形。这样他不能不得出一个结论了——这是颗行星！

想想吧！一颗行星，一颗在太阳系之内的我们地球的兄弟之星！这是何等了不起的发现！可以说，自从天文学家们开始扫描太空以来，没有比这更激动人心的新发现了！

一开始，赫歇尔为了感谢收留他的英国，决定将这颗新行星命名为“乔治之星”，奉献给当时的英王乔治三世。他在自己的有生之年也一直这么称呼它。但他死后，天文学家们就按历史上的惯例以古希腊罗马的神来命名它，称为天王星，即Uranus，就是古希腊神话中的天父乌拉诺斯，我们将之译成天王星，扬扬得意的英国人一开始还称“乔治之星”，然而好汉敌不过人多，后来也慢慢地跟着叫天王星了。

天王星的发现轰动了天文学界，赫歇尔也因此一举成名天下知。

他有一个好朋友，名叫沃森，曾是他的邻居，也是一位著名的科学家和英国皇家学会会员，把他推荐给皇家学会。学会特颁发他以科普利奖章，并选他为会员。次年沃森又帮他从英王那里获得了一个职位——皇家天文学家，每年薪俸200英镑。

作为国王的御用天文学家，赫歇尔不久便移居到了王室温莎堡住所附近一个叫达切特的小镇。从此他就放弃原来的音乐家职业，全心全意地搜索起太空了。这时赫歇尔才算成了专业天文学家，是年已经43岁了。

此后，凭着他的好望远镜和一双慧眼，赫歇尔有了许多重要的天文发现，其范围遍及所有类型的天体，包括他相对而言不那么关心的太阳、月球、五大行星、小行星等等，例如他发现了土星的几颗卫星。他最主要的兴趣还是在茫茫恒星世界打转。对恒星、星云、星团及其起源等的观测与研究构成了他此后的天文人生的大部分内容。

他编制了一张星云表，上面有2500多个星云和星团，而此前的星云表上只有约100个。他还发现了近千对双星，就是宇宙中总成双成对出现的恒星，像前面说过的比邻星就是。他发现许多原来以为是一团乱云的星云在高倍望远镜下能分辨出单个的恒星，因此他推测这些所谓的星云其实是无数恒星的集合体，是一些十分遥远的星系。后来他进一步断言所有的星云都是如此，这个结论就不那么正确了，因为虽然许多星云确实是由许多恒星组成的星团，然而有些却不是，而是真正的云，就像太阳系形成之前的那团云雾状的星云一般。

1787年时，赫歇尔从达切特移居到了旧温莎，第二年又移居到属于白金汉郡的斯劳。就在这年，他结婚了，对象是一个叫皮特的寡妇，据说很富有，给他带来不少嫁妆。这时他已经整整50岁了。

下一年，赫歇尔完成了一架反射望远镜，镜面直径达122厘米，焦距达12米，是当时无与伦比的大望远镜。虽然因为太笨重不大好用，但却称得上是18世纪的科技奇迹之一！据说近两百年后还是英国最大的望远镜，也是世界上最大的光学望远镜之一呢！

结婚四年之后，他的独子约翰·赫歇尔出生了，这时他已经54岁了！

1794年，他加入了英国籍，成了英国人，并于1816年被封为爵士，成了贵族。

1821年，赫歇尔领导筹建了英国皇家天文学会，他为首任会长。次年，他去世于斯劳的住所，终年84岁。

最伟大的女天文学家 以上就是哥白尼之后最了不起的天文学家赫歇尔的生平与成就了，但还没有完，还有两个赫歇尔呢！

这两个赫歇尔一个叫卡罗琳·赫歇尔，是赫歇尔的妹妹，另一个叫约翰·赫歇尔，是赫歇尔的独子。两个人都是天文学史上大有名气的人物，前者更是西方天文学史上最伟大的女天文学家，后者则几乎与乃父一样了不起。

卡罗琳·赫歇尔生于1750年，比哥哥小12岁，在赫歇尔家六兄弟姊妹中，她排行第五。她从小也接受音乐教育，起先在家里帮母亲管家。1772年时，她哥哥从英国回家乡省亲，把妹妹带到了英国。当时赫歇尔是一名音乐教师，他便把妹妹当学生一样培养起来。凭着难得的天赋与勤奋，卡罗琳成了一位成功的歌唱家，经常与兄长同台演出。她又当起了哥哥的管家，悉心照料他的饮食起居。到1782年，哥哥获得王室津贴，不需要再靠音乐挣钱后，卡罗琳也放弃了音乐，又成了哥哥天文学上的最佳拍档。哥哥制作望远镜时，她便在一边帮着磨镜片。哥哥夜观天象时，她便陪侍在侧，记录哥哥的观察所得。当哥哥观测到某一重要天象，需要计算数值时，她便担当起了那极为烦琐的计算任务。总之，赫歇尔的每一项天文发现背后都有她辛劳的影子。

我说了这些，您可千万不要以为她只是个影子和助手而已。相反，她自己也是一位出色的天文学家。早在1782年，从她刚刚帮哥哥搞天文学研究起，在帮助哥哥之余，她就自己拿着一架小望远镜，用她的慧眼观察星空。

她的观察取得了丰硕的成果，先后发现了8颗新彗星，这是一项了不起的成就。此外她还做了其他许多重要工作，这些工作也很快得到承认。从1787年开始，英国国王每年支付她50英镑的津贴，使她能够像乃兄一样全心全意探究太空。10年之后，她向皇家学会呈交了一张自己制订的星表，上面专门记载了原来的权威星表所忽略的560颗恒星。

1822年赫歇尔去世后，她扶柩回到桑梓之地汉诺威，将他埋葬后就留在了那里。她此时虽然已经70多岁，且孤身一人，但并没有停止天文研究，不久就发表了乃兄星表的修订版。几年后她又发表了一部与兄长合作完成、经修订后的著作，由此获得英国皇家天文学会颁发的金质奖章。

1835年，她被选为皇家天文学会的荣誉会员，是这个学会的第一位女性成员。1846年，她被普鲁士国王颁授金质奖章。可以说，在当时全欧没有比她更著名的女科学家了，甚至比她有名的男科学家也不多呢！

晚年，她受到从顶尖科学家到普通民众广泛的尊敬与爱戴。在经常拜访她的人中有着高斯、洪堡等响亮的名字。

1848年，卡罗琳去世于家乡汉诺威，终年近百岁。

将门虎子　约翰·赫歇尔是老赫歇尔的独子。1792年出生于斯劳的赫歇尔宅第。他自幼体弱多病，多亏姨母卡罗琳的悉心照料才健康成长。因此他与姨母感情深厚，有如母子。虽然体弱，但约翰很早就显示了过人的天赋。他早年就读于著名的伊顿公学，17岁时入剑桥大学，在那里他与几位出色的同学，包括计算机的祖师之一巴贝奇，发誓要“竭力使自己一生能为人类知识宝库添砖加瓦”。1812年，他们几个成立了剑桥分析学会，为英国的微积分研究奠定了基础。

同年，他向英国皇家学会递交了一篇高水平的数学论文，次年就被选为皇家学会会员，这时他仅21岁！

还是这年，他以第一名的成绩获剑桥大学数学学士学位。此后一度转攻法律，但不久就自感选择错误而放弃，回到剑桥当了数学教师。

次年他又离开了剑桥，回到父亲身边，从此成为父亲天文研究的得力助手。他熟练掌握了父亲各种先进的天文仪器和丰富的资料，为日后的成就打下了异常坚实的基础。此后他又协助父亲成立了英国皇家天文学会，成为学会创始人之一。1821年，他因又一篇出色的数学论文获科普利奖章。

1822年父亲去世之后，约翰·赫歇尔并没有停止前进，而是更加专注地从事天文研究，决心为父亲所热爱的事业而献身。

父亲去世仅两年后，约翰便因为制订了一份极为出色的双星总表获得皇家天文学会的金质奖章以及巴黎科学院的拉格朗日奖。

1829年时他与一位出身高贵的小姐结婚，两年后自己也受封为爵士。

为了完成父亲的事业并更进一步，他决心到南半球去。从1833年起，他携家人及天文研究器械，远涉重洋，于次年到达南非好望角。在那里他夜以继日地工作了整整4年。到1838年回国时，他已经记录了近7万颗恒星的准确位置，积累了大量宝贵的天文研究资料，尤其是关于他父亲所喜爱的星云和双星的资料。

归国后，约翰成为英国科学界数得着的大名人，并于当年被封为从男爵。这就是说，他以前只是一个终身贵族，现在，他不但是终身贵族，他的后代也都是贵族了！

此后，约翰在富贵尊荣中继续进行着他的天文研究，还为非天文学专业的天文爱好者编写过一本《天文学纲要》。此书很快成为畅销书，一版再版，并被翻译成了多国文字，其中包括中文。

1850年，约翰被任命为英国皇家造币局局长，当上了大官，且是牛顿和哈雷曾任过的光荣的职位。

遗憾的是，仅仅4年后，他便因为工作过于忙累而患了严重的神经衰弱症，没办法，只好退休。

约翰于1871年去世，在生命的最后岁月里，神经衰弱的他仍在不停地编着他的各种星表。他作为卓越的科学家被葬于英国的威斯敏斯特教堂，在牛顿陵墓之侧。

与乃父之专注于天文研究不同，约翰对科学的许多分支，例如化学、光学、数学等，都有广泛的研究与重大的贡献。他甚至还是一个了不起的发明家，其中之一是感光纸照相法，像我们现在照相洗相时所用的“正片”“负片”等词，甚至“照相术”一词的通用名字“Photography”，都是他首先提出的。

发现海王星　天王星的发现是18世纪天文学的第一个大发现，过了没多久，又一个大发现来了！

这就是海王星的发现。

海王星的发现就没有发现天王星那样多的偶然与传奇色彩了，而称得上是一项有计划的工作。

原来，1781年赫歇尔发现天王星后，人们便开始根据牛顿力学计算其轨道。但计算结果总是与实际观测到的天王星的轨道不符。天文学家们自然而然地想起了牛顿的摄动理论。所谓摄动理论，其要点之一就是当一个天体在其他天体附近运行时，因受到其他天体的引力作用，该天体的轨道就会偏离原来的方向，这种偏离现象就是摄动。现在，天王星的轨道既然与它理论上应有的轨道不符，那是不是因为受到另一个未知天体的摄动影响的结果呢？由于牛顿的理论已被实践证明是正确的，因此人们便相信还有另一颗未知的行星存在了！

同时进行这项工作的有许多人，其中以两个人最为出色：一个是英国人亚当斯，另一个是法国人勒维耶。

亚当斯生于1819年，24岁时以数学第一的成绩毕业于剑桥大学圣约翰学院，并留校任教。早在大学阶段的1841年，他就在7月3日的日记中写道：

“本周初拟订计划，准备在我获得学位之后，立即着手研究天王星运动的不规则性，以判明它是否是天王星之外一颗尚未发现的行星作用的结果。”

4年之后，他的研究出了成果，推算出了那颗未知行星的轨道，并在这年9月向当时的剑桥天文台台长和格林尼治天文台台长报告了计算结果，并相当精确地指出在哪里可以找到这颗未知的行星。遗憾的是，要么由于两个天文台的望远镜不大好，要么由于两位台长大人不重视这个还是无名之辈的年轻人的结论，总之是没有找到。

比亚当斯稍后一点，在英吉利海峡对岸，法国天文学家勒维耶也正在做着同样的事情。

勒维耶是法国诺曼底人，生于1811年，毕业于巴黎工艺学校，本来搞化学研究，后转攻天文学，并任母校的天文教师。他也很早就对天王星的不规则运动很感兴趣，1846年时终于完成了相应的研究，写出了《论使天王星运行失常的行星，它的质量、轨道与现在之位置》。他即时发表了论文，并于8月份把结果送往柏林天文台请求验证。

收到有关资料后，柏林天文台没有忽视这个无名小辈的工作，立即开始在太空搜索，仅仅搜索了约半小时就找到了勒维耶所指的那颗新行星，与勒维耶的预测只相差1°。

当新行星被发现后，英国人才想起亚当斯的报告，立即找出来印证，果不其然！由于自己的疏忽与傲慢而失去了成为发现新行星的国家的荣誉，英国人之懊恼可想而知！不过他们还是表现出了大度，英国皇家学会授予勒维耶以科普利奖章。但亚当斯明明比勒维耶早算出它的轨道半年都不止，这是一个事实，有他向剑桥天文台与格林尼治天文台的报告为证。经过长期的争论，特别是与希望独享荣誉的法国人的争论，后来还是达成了共识，将发现海王星的荣誉归亚当斯与勒维耶两人共同享有。

至此，太阳系的八大行星都已经发现了，后来还有一颗冥王星，它是1930年时美国人汤博找到的，一度被当成第九大行星，但后来天文学家们还是一致认为，它没资格当大行星，因此太阳系还只有八大行星，以后恐怕永远都是了。

当代天文学　20世纪的或者说当代的天文学也是最新的天文学，也许应该是本书天文学部分之最后内容，不过我在这里不准备细讲了。有两个原因：

一是20世纪天文学的历史，这段时期并没有伟大的天文学家需要我们去讲述他的人生与事业，因此讲来也无味。这是一个彻底地失去了英雄的时代，大量的天文学家都在为天文学的发展做着贡献，提那大量而陌生的名字，例如美国天文学家哈勃、剑桥天文学家史密斯、哈佛大学女天文学家勒维特等，我们既不容易记住也没多少必要。

二是20世纪天文学的内容，我们实际上已经讲过了。前面当我们讲什么是天文学时，我们所讲的许多都是20世纪天文学的内容，即天文学最新发展的内容。

当然，这个最新是相对而言的，只是在一般的天文学史与非专业的天文学教科书或百科全书中所记载的内容，倘若您想知道专业性的天文学的最新进展，那就请您去读最新出版的天文学期刊吧。

第九章　数、代数与几何

如同在前面讲天文学时我们首先讨论什么是天文学一样，我在这里也想先讨论一下什么是数学，或者说数学是什么。

数学是关于数的学问，但它的研究对象远不仅仅是数　什么是数学呢？也许大致可以说：数学就是有关数的学问。那么什么是数呢？这是一个最简单的问题，但如果要给出它的定义则非常之难，无论从《中国大百科全书》、《不列颠百科全书》或者《美国百科全书》里我都没有找到答案，我想，这就像哲学里“存在”或者“理性”等最基本的概念一样，最简单也最复杂。我们都知道什么是数，它是我们最早知道的东西之一，我们从咿呀学语时起，父母就会教我们数“1234567”，我们也从那时起朦胧地知道了什么是数，但直到高中甚至大学、博士毕业，也未必能用纯粹的文字解释什么是数。

不过，我认为我们根本不必去用文字解释像什么是“一只大熊猫”中的“熊猫”一样去解释什么是“一只”，一只就是一只，它的意思我们都懂，即使不会解释也不用担心会用错，把一只当成两只或者当成大熊猫身上的皮。相反，如果有人一定要去解释什么是数，认为非这样不能弄懂什么是数，那就有点儿胶柱鼓瑟、矫揉造作的味道了，事实上也难以做到。

为什么给数一个文字的解释这么困难呢？这是因为数乃是事物最根本的性质之一，事物的许多其他性质都基于它，许多概念也基于它，而要解释它时，我们很难不用到基于它的一些实际上比它还要复杂的概念。这样的解释只会令解释本身更加复杂，也令我们更弄不清楚到底什么是“数”了。例如有人将数解释为与事物的“质”相对的事物的“量”，而数学就是不考虑事物的“质”而专门去研究事物的“纯粹量”的学问。这样的解释自然是不错的，但我不觉得它使我们更加明白了什么是数呢！

在我们这本小小的书里，且不去探讨什么是数吧！我们就从平常所见到的数入手来谈数。

有各种各样的数　　数有许多，例如1234567890，还有1.5、6.5等，这些数的一个共同特点是含有10个阿拉伯数字，这也是几乎所有数的共同特点。不过有些数比较特殊，它们并不含有阿拉伯数字，例如∞，即“无穷大”，它也可以被看作是一个特殊的数。

这些数的形态差别很大，可以分成许多种类，有些种类是我们从小学起就学的，有些则到了初中高中才学，现在我们就从简单到复杂地讨论数的诸种类吧！

最简单的数当然是1234567890这10个最基本的阿拉伯数字——它们其实是印度人发明的，不过由阿拉伯人传入欧洲而已。由这10个阿拉伯数字直接组成的数都叫作“自然数”，例如125、9864258896521485等，无论多大，哪怕有一万位，只要中间没插进别的符号，就都是自然数。

自然数又叫正整数，因为它是正的，且是整数。除了正整数外，还有负整数，就是在自然数前面加个“-”号，例如-125，-9864258896521485，等等。正整数与负整数合在一起就叫整数了。为什么叫整数呢？这是因为它没有将自然数分开，即使在前面加了个“-”，后面也仍然是完整的自然数，所以就叫整数了。

与整数对应的是分数。

分数就是带分号的数了，像5/8、7/9、989544441196/2424124042142等，只要带了这个“—”，就是分数。看得出来，分数都带有这个“—”，它上面的部分叫分子，下面的部分叫分母。是不是带了这个“—”就是分数了呢？那就不一定了，作为分数的一个基本条件是它的分子与分母都必须是整数，而且分母不能为0。

整数与分数合起来还有另一个称呼，就是有理数。

与有理数相对的当然是无理数了。

无理数就是不能用分数表示的数。前面有理数的共同特点是它们能够用分数表示出来，整数也能够用分数表示，例如5可以用分数表示为 $\frac{5}{1}$ 或者 $\frac{25}{5}$。但有的数并不能这样，这就是无理数了。不能用分数来表示的数有很多，例如$\sqrt{2}$、$\sqrt{5}$、圆周率π等都是。对这样的数我们是不能用分数来表示的。

这时候我们要引进另一个概念：小数。

小数就是带小数点的数了，例如1.889、7.97223等。我们前面讲过的各种数，包括有理数和无理数，实际上都可以用小数来表示。例如可以在任何整数后面加个小数点，再在后面加个0，这个整数就变成小数了。所有的分数都可以表示成小数，只要用分子除以分母就是了。

小数又可以分成两种，即有限小数和无限小数。前者指位数有限的小数，像1.889、7.97223就是，不管后面有多少位，哪怕一万位，只要有个尽头，就是有限小数。但有的小数却不如此，例如我们将 $\frac{10}{3}$ 变成小数就是3.3333333……，后面可以有无限个3。这样的小数就是无限小数了。

无限小数又可以分成两种：一种是小数点后面虽然有无限个数字，但这些数字是有规律地循环往复的，例如上面的3.3333333333……就是这样，这就叫作无限循环小数，但还有的，后面也有无限位，但却没有任何规律可言，永远不会循环，这就叫作无限不循环小数了，例如$\sqrt{2}$、$\sqrt{5}$、π就是这样，π我们知道，它就是3.1415926……无限下去，数字永远没有有规律的重复。

这些无限不循环小数有另一个名字——无理数。

容易看出来，无论有理数或者无理数，都可以小数来表示。

有理数与无理数合起来还有一个名字，就是实数。

根据咱们汉语，与实相对应的是虚，现在既然有了实数，那当然就应该有虚数了。是的，而且有意思的是，虚数只有一个，就是–1。为什么称–1为虚数呢？这是因为它乃是一个“虚无缥缈”的数。我们知道，–1就是说这个数的平方等于–1，根据数的一些基本原则，包括负数在内的任何实数的平方都是正数，这就是所谓负负得正。但现在却凭空里钻出个平方为负的数来，这样的数在一般的观念里显然是不存在的，它是虚无缥缈的，因此就称之为虚数了。

这个–1 通常用一个字母i来表示，任何实数如果与这个虚数i相结合在一起，例如5+6i，它就不成其为实数了。但也不是虚数，因为虚数只有一个，即–1。它被称为复数。复者，复合之意也，意即这个数是由5与6i复合而成。

那么，在实数与复数之外还有没有别的数呢？至少现在还没有，或者说数学家们还没有规定。这样，数就是实数与复数的合称了，即：实数+复数=数。数学就是有关此数的学问。

以上我们大概地讨论了有哪些种类的数，数学的研究对象就是这些数。不过，仅仅这些数并不能涵括数学研究的所有对象，最明显的例子就是几何了，那里有许多抽象的图形，例如没有体积的点、没有宽度的直线、没有厚度的面等。所以只有将数与图形结合起来才能成为几何学，而几何学当然也是数学的一个分支，因此，抽象的几何图形也是数学研究的对象。

那么，是不是有了几何图形和数就构成了数学研究的所有对象呢？还不是，因为如果这样的话，那么数学就只是一种纯粹的抽象活动，与人们的生产和生活实践关系不大了！当然不是这样，实际上，数学与人们的生产与生活实践有着极为密切的关系，例如我们买东西时算价钱就需要数学，白菜一块五一斤，买两斤半要多少钱呢？这就是数学。还有，从高120米的40层高楼掉下一个水泥块，它要多久才能到达地面呢？这时就可以通过一个数学公式算出来了！即$d=\frac{1}{2}gt^2$，这里d就是楼的高度，g是一个固定的数值，称为常数，t就是掉落的时间。算出水泥块会在多久时间后掉到地上后，人就能及时躲开了。

从上面我们知道了数学的研究对象有哪些，可以这样说：几乎所有实际存在的事物都可能成为数学研究的对象，而且，数学的研究对象还要超越于实际的事物，例如抽象的几何图形或者数字等这些在自然界并不存在的事物，也是数学研究的对象。

后面这种性质乃是数学最根本的特性之一，也是它与其他一切门类的自然科学最大的区别。其他一切门类的自然科学，如物理学、化学、生物学、天文学、地理学、地质学等，所研究的都是实际存在的万事万物，而数学所研究的恰恰不是这些，而是抽象的数字与图形，即使它们研究实际存在的物体，例如一个皮球，它所研究的也是这皮球的一些抽象性质，例如体积、质量等，而且，在做着这样的研究时，它也并不是将皮球看作是一个皮球，而是看作一个抽象的几何体——球体，至于它的体积与质量等具体的性质，则是物理学研究的对象了。这个意思也可以用一句哲学味儿的话来说：数学研究的是事物纯粹的形式。

这里就凸现了数学与自然万物及其他自然科学门类之间的区别了——它源自自然，又超越自然；它与其他各门自然科学密切相关，又超越于之！

数学有三大分支：代数学、几何学与分析学　上面我们谈了数学的研究对象、主要特色等，现在我们来谈谈它具体的内容，看它可以分成几个部分，各有何特色。

这些部分也就是数学的分支。关于数学包括哪些分支有许多的理论，我们几乎在每本相关的著作上都可以看到不同的分法，有的大同小异，有的则小同大异，因此这是一个颇不好弄的问题。我在这里采用了《美国百科全书》的分法，将数学分为代数学、几何学、分析学三大分支。

我这里要再三强调的是，数学的内容是极其复杂的，它的分支也极为繁多，要弄清楚它们需要非常专业化的知识，这对于我是不可能完成的任务，因此在下面我要说的只包括纷繁复杂的数学体系的一个个片段，只是相对来说我比较熟悉也能够让大家理解的那部分内容。

代数学是数学的基本内容，有限而抽象　代数学是数学的第一个分支，也是它最基本的内容。

代数学最基本的内容就是我们所熟悉的算术。算术研究数最基本的性质、种类及最基本的运算。数的基本性质与种类我们前面已经说过了，只除了复数，它并不在算术范畴内。

数最基本的运算就是用具体、有限的数字，例如正数、负数、小数等具体的数进行加减乘除等四则运算，它的运算次数是有限的，并且有确定的结果。例如3.2+（8×9÷12−222）=（−212.8）。算术也是整个数学最基本的内容，是数学其余复杂多样的内容的“老祖宗”。

在算术之上是初等代数，它是用数字和字母进行代数运算的理论与方法。代数运算除了加减乘除四则运算外，还包括乘方、立方、开方等。参加运算的也包括了所有的数，即实数和复数。

与算术比起来，初等代数最基本的特征是在其代数式中引入了变数，也就是用某个字母来代替某个未知的数，如x，所代替的数可以是一个，也可以是若干个。

这种引入了字母的代数式用另一个我们熟悉的词儿来表达，就是方程。例如$3x+6=9$就是一个方程。我们在初中高中的数学里就已经学过方程了，什么一元一次方程、一元二次方程、二元二次方程组等，这里就不多说了。

总的来说方程有两种，只含有代数运算——就是加减乘除、乘方、开方——的方程是代数方程。如果含有非代数运算，例如求对数或者三角函数，就叫作超越方程。方程与解方程构成了初等代数甚至整个代数学最基本、最主要的内容之一。它可以很简单，也可以很复杂。简单者如上面的一元一次方程，复杂者就不得了，像一些高深的数学知识，如群和域，都是与方程紧密联系在一起的，例如群就是为了求解高次方程而创立的。不过这些内容就不属于初等代数了，而属于近世代数。

近世代数主要是由一个叫伽罗瓦的法国数学家创立的，他也是数学史上最伟大的天才人物之一，只活了20岁，但却引入了群这个堪称近世代数的最基本的概念。近世代数看上去同初等代数完全不同，它非常抽象，也相当难以理解。主要是因为它引入了一些在初等代数中完全不存在的新的概念与十分抽象的结构，像群、域、环等。虽然很难，但用上这些法子之后，我们前面在解方程等中遇到的许多难题在这里都只是小菜一碟。也就是说，这些理论较之初等代数更基本，能够涵盖更为广阔的领域，而且听说也更具有美感，一种数学的独特美感。

在近世代数之上，还有更难的高等代数或抽象代数，不过它们已经不是我们这些非数学专业出身的门外汉所能够或者有必要理解的内容了。

现在我们来总结一下所有代数都具备的两个基本特点：

一是它的有限性。一方面，它只有有限个量，即有限个未知数、已知数等。另一方面，只要通过有限次运算就能得到结果。有些式子，例如$1+x+x^2+x^3+x^4+\cdots =1-x^n+11-x$，它虽然看上去是无限的，但实际上也是有限的，因为这里的n在具体运算的情况下总是取具体的有限次，以求得式子的结果。例如当$n=4$时，式子等于……

因为代数学的这个特点，后面求极限的情况就不属于它了。例如当上面的式子写成：$1+x+x^2+x^3+x^4+\cdots=11-x$时，它就不属于代数了，这是因为这里所求的不是$1+x+x^2+x^3+x^4+\cdots$当达到$x$的$n$次幂时的总和，而是求当$x$趋向于无穷大时，$1+x+x^2+x^3+x^4+\cdots$会无限趋近于哪个数，即求在极限情况下$1+x+x^2+x^3+x^4+\cdots$的取值。在这里事实上包括无限的情形，因此不能算是代数学，它属于我们后面要讲的分析学。

二是代数学的抽象性。在代数运算里，所有对象都采用数字或者抽象符号，如加减乘除、乘方、开方等，还有希腊字母或者英文字母，或一些特别的符号，总之是抽象的，它不包括图形等形象的东西在内。它是用这些抽象的符号根据一定的规则进行抽象的运算。因此代数学具有明显且强烈的抽象性。初等代数如此，高等代数更加如此，因为，在那里的概念，例如群，它不但能代表一般的数值，而且能代表更为抽象的一类对象，甚至可以将任何对象的一切具体性质去掉，将之视为纯粹抽象的“对象”。

关于代数学中另一项基本内容“集合与函数”，由于同极限和微积分关系密切，我们等到后面讲它们时再一起说。

数论是代数学中最有趣的分支 数学的一个分支与代数学相似，也有人说它是代数学的一部分，那就是数论。

数论与代数或者几何一样，是数学最基本的内容之一。它的内容如其名，就是有关数的理论。不过它的研究方法与一般代数学的研究方法是略有不同的，而且考察的往往只是整数。它通常的表现形式是想求得整数的某些性质，这些性质很可能看上去简单，但实际上可能非常复杂。典型者如有关质数的理论。

所谓质数，就是除了1和自身外，不可能被其他整数整除的数。它在汉语中的另一个名字是素数。如1、3、7、11、13、17、19等。质数的分布有没有规律？有没有一个公式能求出任意大的质数？很早以来数学家们就在苦苦思索这个问题，直到现在也没有找出来。在很可能没有这个公式的情形之下，有没有最大的质数呢？如果没有的话，那么我们能够找到的最大质数是什么？于是许多数学家为了寻找这样最大的质数而殚精竭虑。我记得小时候看过的一本《世界之最》上就有这么一条，“已知的最大质数”。

许多我们所熟悉的数学史上的趣题都属于数论，像众所周知的哥德巴赫猜想。

1742年，一个德国的中学教师哥德巴赫在写给大数学家欧拉的信中提出了后来很著名的哥德巴赫猜想。它可以用两个命题表达：

命题1：每一个大于或等于6的偶数都可以表示为两个奇素数之和，即所谓的偶数=（1+1），如6=3+3，20＝3+17，…。

命题2：每一个大于或等于9的奇数都可以表示为三个奇素数之和，如9=3+3+3，31＝5+7+19，…。

接到这封信后，欧拉回信说，他相信这个猜想是对的，但他不能证明。

要知道欧拉是西方数学史上最伟大的数学天才之一，连他都一方面相信这个猜想的正确性，另一方面却表示没有能力证明。这就足以激起无数数学家甚至数学爱好者的挑战之心了！也正由于许多了不起的数学家想证明之而不能，便为它凭空增添了许多魅力，甚至夸张地被一些人，尤其是中国人，称为“数学皇冠上的明珠”。

中国著名的数学家陈景润就是因将这个猜想的证明推进了一大步而成名的。他在1966年证明“每个大偶数都是一个素数及一个不超过两个素数的乘积之和”，这就是“陈氏定理”。

后来一个报告文学作家徐迟据此写了篇《哥德巴赫猜想》，使得这个猜想与陈景润在中国堪称家喻户晓。这其实是一种过分的夸张与新闻炒作，造成了后来中国全民狂解哥德巴赫猜想的奇观。有无数人自称解决了这个问题，拿着其“成果”到处招摇过市，要求承认，我在北大时就遇到过这种人，这些都是新闻炒作的结果，与真正的科学精神是背道而驰的。

另一个著名的数论难题是费马大定理。费马也是个业余数学家，但他的成就可是哥德巴赫都不能比的。除数论外，他对解析几何、微积分都有重大贡献。他提出的“费马大定理”就是：不存在大于2的正整数，使得$x^n+y^n=z^n$成立。费马曾在自己读过的一本书的空白处写道：“我确信我已经发现了一种美妙的证法，可惜这里空白的地方太小，写不下。”但后来怎么也找不到他的证明。

这种情形一直持续到1995年。这一年，1953年出生于英国普林斯顿大学的数学教授安德鲁·怀斯发表了《模椭圆曲线和费马大定理》。此文堪称历史性的长篇学术论文，厚达100余页，占了著名的数学刊物《数学年刊》第141卷的整卷。最后证明了费马大定理。

几何学将图形与数字美妙地结合在一起　　数学的第二大部分内容是几何学。

几何是数学最基本的内容之一，也是我们在初中与高中都一定要学的。什么是几何学呢？简言之，几何学就是研究空间及物体在空间中的性质的数学分支。看得出来，几何学主要同“空间”相连。这里的空间是什么呢？当然不是物理学中讨论的空间，而是一种纯粹的空间，只计算其大小长短等，而不涉及其他的性质。同样，对于空间中的物体，几何学所讨论的也只是这些物体的空间性质，即其长、宽、高、体积、面积等，不涉及物体的其他性质。

几何学的一个基本特点是它总与图形相关。

同纯粹用数字或者符号的代数学不同，几何学离不开图形，这是几何学之成为几何学的最基本特点。这些图形包括直线图形、平面图形、立体图形等，还有解析几何中的坐标、非欧几何中的曲面、拓扑学中的古怪的不规则图形，等等。这些图形中有的比较简单，如一般的立体与平面图形，有的则非常复杂，如非欧几何中的曲面、拓扑学中的变形几何图形等。虽然它们千变万化，一个不变的特点是，它们都是图形。

几何学的另一个基本特点也许是在考察其研究对象时所采取的抽象方式，或者说纯粹理想的形式。例如，它在探讨直线时，虽然我们看到画在纸上的直线是有一定宽度的，但是对于几何学来说，这种宽度并不存在。直线乃是一种没有宽度、只有长度的特殊的“线”。显然，这种线在自然界中是不可能存在的。与线一样，几何学中的面也是没有厚度的纯粹的面。立体图形虽然看上去有线也有面，但构成面的那些线一样是没有宽度的，构成立体的那些面也是没有厚度的。总之，几何学考察的是一种在自然界中并不存在的、纯粹的、抽象的图形。

几何学的种类很多，我们熟悉的是平面几何、立体几何、解析几何、三角几何等。这些都是比较简单的，其各自的意义不言而喻：平面几何是研究平面上的几何问题，像平面上的直线、三角形、平行四边形、梯形等几何图形，就是平面几何研究的内容。这也是最基本的几何学了。立体几何研究的则是立体几何图形，像正方体、长方体、球体、圆锥体、棱形等，相对平面几何，立体几何要难些。至于解析几何，则是一种形式与平面及立体几何很不相同的几何学，它引入了一个新概念：坐标。

坐标有横轴与纵轴，分别称为X轴与Y轴，通过它们可以表示各种平面几何图形。图形中每一个点在坐标轴上都可以找到相应的数值与之对应。

由此我们可以看出，解析几何的主要特点是它将几何学中的基本元素点与代数学中的基本元素数结合起来了。

我们也知道，不但几何图形可以通过坐标来表示，方程也可以通过坐标来表示，例如方程$y=3+x$，每一个x的取值与相应的y值都是在坐标上的一个点，这些点就构成了一条直线。

不但直线可以，曲线与曲面同样可以找到对应自己的方程。从这些可以看出来，通过解析几何与坐标，代数与几何得以优美地结合起来。

解析几何学的发明者就是鼎鼎大名的笛卡尔——我们在《西方哲学通史》中曾经谈过的伟大哲学家，不过关于这些历史方面的事，我们还是等到后面讲数学的历史时再说吧。

略谈非欧几何，详情见后 在我们熟悉的平面、立体与解析几何之外，还有许多别的几何学，例如代数几何、投影几何、微分几何等。在这篇小小的简介里我们就不谈这些高深的知识了。

不过有一个例外必须谈谈，就是非欧几何，它虽然难，但不说几句它的话，我们对几何学的了解就太不够了。

实际上，整个的几何学也可以分成两大部分：欧氏几何与非欧几何。欧氏几何就是以欧几里得创立的理论为基础的几何学。非欧几何，顾名思义，就是非欧氏几何的几何。

关于伟大的古希腊数学家欧几里得及其所创立的欧氏几何学体系我们在后面讲数学史时要比较详细地说，它也是千年以来唯一的几何学，前面的平面几何、立体几何或者解析几何都属于欧氏几何。

那么什么是非欧几何呢？它是从对欧氏几何中一条基本的公设的否定出发而产生的一种全新的几何学体系。

欧氏几何学有一条基本的公设：通过直线外一点，有且只有一条直线与已知直线平行。

这条公设千年以来被视为当然，后来，到了19世纪，有几个几何学家，主要是罗巴切夫斯基和黎曼，发现了这条公设的缺陷，于是，提出了一种针锋相对的理论：通过已知直线外一点，不能作出一条直线与已知直线平行。这是黎曼的理论。通过已知直线外一点，能作出两条直线与已经直线平行。这是罗巴切夫斯基的理论。这两个理论虽然看上去是相左的：一个是有，一个没有。事实上同出而异名，根本上是一致的，达到的结论也是一致的，都是非欧几何。

非欧几何的诞生是数学史上最大的革命之一，关于其革命性与更具体一些的内容，我们像欧氏几何一样，也等到后面讲数学史时再说吧。

在拓扑学里，一个球等价于一只公鸡 在几何学领域内，现在最新最深奥的恐怕要数拓扑学了。

拓扑学研究是一个相当古怪的领域，它最基本的原理来自这样一个规定：一个几何物体，即使其变形了，只要没有破损，其某些性质仍会保持不变。例如一团橡皮泥，我们可以将之捏成一只球、一根棒子、一个方块，甚至一只公鸡，这些形状无疑是大不相同的，但是不是它们真的完全改变了性质呢？没有。例如，我们可以想象这团橡皮泥是由若干个质点组成的，无论它是球还是公鸡，这些质点的数目总不会改变吧？它仍然是这些质点的集合。还有，这些形状的中间也没有断点，即它们上面都没有破洞，之所以产生这样多的形状只是由于变形而已。这种变形而不破损的不同形状就是拓扑等价，它乃是拓扑学的基本概念。

根据这个概念，我们可以想象，任何形状的物体之间，如果只是变形，但没有断点，也没有别的东西加进来，那么就可以说它是拓扑等价。

这也许不大好理解，我再举一个例子吧，例如一个游泳圈和一个带一只耳的瓷茶杯，它们是拓扑等价的。为什么呢？因为它们都只有一个洞。这样吧，我打个比方，你手里捏着一团橡皮泥，你可以随意将它拉长压短，做出任何形状，只要你不把它扯成两块，也不要让任何别的橡皮泥掺和进来，或者中间出现空洞，那么你捏出的任何形状都是拓扑等价的。又，如果你在它中间捏出了一个洞，那么您再将之捏出任何形状，只要留着这个洞，这些有一个洞的形状也都是拓扑等价的。有两个、三个或更多洞时也是如此。

这就是拓扑学的基本原理，虽然它很简单，其实也并不难以理解，然而实际深入进去却很难，也非常复杂。就像下围棋一样，下法只要几分钟就可以学会，但要精通它又是何其之难！

第十章　挑战您智力的分析学

在数学的三大部分中，分析学是最难的，也是我们最为陌生的，除了专门学习与研究过高等数学的人，其他人对之难以了解。我也是这样。不过，在我看来，这也是一个很好的挑战、智力的挑战。倘若您以前不懂微积分就能看懂这一章，那就说明您的智力绝对是一流的。

这个分析学大致就是我们平常所说的微积分。

当然，我也可以保证，只要您有足够的智力，即便以前没有学过微积分，也可以读懂本章。

讲分析学之前我要讲一下大家熟悉的三个数学内容：集合、映射与函数，它们是理解分析学的基础。

理解分析学的基础：集合、映射与函数　什么是集合呢？在我们的日常语言中，集合是动词，也是名词。当是动词时，集合就是将一些东西组合在一起。当是名词时，就是一堆组合在一起的东西了，这也就是数学中的集合的基本含义。而组成集合的那些东西就叫作集合的元素。

容易看出来，一个元素与集合只有两种关系：它是或者不是这个集合的元素，前者记作$s \in S$，后者记作$S \notin s$，$\in$即“属于”之意，$\notin$也就是“不属于”之意了。用符号表示的话，通常用小写的英文字母表示元素，而大写的字母表示集合。

理论上，集合的元素可以是任何东西，例如大街上随便哪个角落的几个人和街边的几盏路灯就可以组成一个集合，甚至也可以什么也没有，这也是一个集合，叫空集，这就像0也是一个数字一样。但实际上，至少在数学中，属于一个集合之内的元素总是有规律的，例如某群人组成一个集合，并不是随便的一群人，而是北京大学数学系98级二班的全体同学。

前面我们讲了代数学与几何学的许多内容，其实它们都可以与集合相关，例如所有的自然数就组成一个集合，所有的整数、分数甚至实数也是如此。不过它们的元素个数不是有限的，而是无限的。这样的集合是十分重要的，事实上，对于数学中的大多数集合而言，其元素大都是无限的。

还有，在集合中，最主要的往往不是单个集合的性质，而是两个集合的比较及比较之下的各种关系。

两个集合S和T之间的关系有下述几种情形：

一是两个集合相等。这时，它们所有的元素都是相同的。记为$S=T$。例如“小于5的自然数”和“1，2，3，4”这两个集合就是相等的。可以写成：$\{1, 2, 3, 4\} = \{x|x$是小于5的自然数$\}$。这时我们也可以说这两个集合是“相并”的。

二是一个集合是另一个集合的子集。这也就是说，一个集合的所有元素都是另一个集合的元素。记为$S \subset T$。很显然，两个相等的集合中，一个集合也是另一个集合的子集，而空集则是任何集合的子集。

三是两个集合没有任何共同的元素，这时，我们称这两个集合是“相离”的。例如所有自然数与所有无理数两个集合之间就是相离的。

四是两个集合之间有的元素是一样的，有的则不一样。这也许是集合之间最广泛的关系。这时，我们就说这两个集合是“相交”的，记为$S \cap T$。这个$S \cap T$就称为它们的交集。看得出来，这个交集中的任何元素都既是S的，又是T的元素。而两个集合的相等也是相交的一种特殊的情形。

与交集相对的是并集。就是两个集合的所有元素，不管共同的还是不共同的，只要属于两个集合中的任何一个，都组合在一起而成的集合。记为$S \cup T$。

容易看出来，任何两个集合之间是既可相并，又可相交的，两个相离的集合的交集是空集，而并集则是两个集合元素的总和。

这里还有两个集合的概念要提出：全集和余集。

所谓全集可以看作是一个假定，它可以有一个规定，也可以没有。例如当我们考虑所有奇数与所有大于100的自然数这两个集合时，可以把所有的自然数、所有整数甚至所有实数与复数看作是全集。于是，余集就是全集之内不属于某个集合的所有元素组成的集合。显然，余集与某个集合之和就是全集。例如设某个集合是$\{1, 2, 3\}$，那么余集就是1、2、3外所有数组成的集合。

有一个与集合相对应的概念，叫映射。

什么是映射呢？现在假设有两个集合，分别叫A和B，它们都不是空集。如果我们按照某个法则，能够使集合A中的任何一个元素x都能够和B中某一个元素y产生某种对应的关系，那么我们就说这是一个从A到B的映射。

从这个概念我们可以看出来成为一个映射对于A是有条件的，就是说它中间的每一个元素都必须能够从B中找到对应的元素，但B中元素却可以没有A中的元素与之对应。而且，A中的不同元素可以与B中的同一个元素对应，但A中的任何一个元素却不可以在B中有两个或两个以上的元素与之对应。

如果A中的每一个元素都与B中的不同元素对应，而B中的每一个元素在A中都有元素与之对应，也就是说，A中的每个元素都与B中的每个元素都形成了一对一的对应关系，那么这两个集合A和B就被称为等价的，而这个映射就叫作一一对应映射。

在一个映射之中——我们姑且称这个映射为f，集合A被称为映射的定义域。而所有在A中有元素与之对应的B中的元素组成的集合叫作映射f的值域。很明显，值域是集合B的一个子集，但不一定等于B。

根据前面的定义，我们知道在A中有某一个元素，可以称为x，那么在B中就会有与之对应的唯一的一个元素，我们称之为y，那么，y就被称为x在映射f之下的像，一般记为$f(x)$。很明显，y就是$f(x)$，即$y=f(x)$。

了解了集合与映射后，我们可以开始谈下一个重要的概念了，这就是大家耳熟能详的函数。

什么是函数呢？这个问题我们实际上刚刚讲过，函数就是集合间的一种关系。更具体地说是我们上面所言的映射，是由定义域与值域两个集合及其关系组成的总体，它标准的表示方法也是$y=f(x)$。在这里，f代表的是某一项规则，即用什么法子在集合A与B之间建立了联系。例如$y=x+3$中，就是将集合A，也就是定义域中的每一个元素加上3，就得到了集合B，也就是值域。

我们也可以看到，在这里，x是自己改变的，所以我们称之为“自变量”，而与之对应的y则是因为x的改变而被改变的，所以称之为“因变量”。

我们也可以看到，所谓定义域就是函数中自变量的取值范围，而值域则是相对应的因变量的取值范围。

函数也许是最与我们的实际生活以及其他自然科学领域相关联的数学内容了，它的使用是非常广泛的，只要一个简单的事实就可以证明：几乎所有科学公式，无论是天文、物理、化学、地质还是生物，只要它涉及用数学公式来表达，几乎无一例外是函数。

函数主要有三种表示方法：表格、图表、方程。

这三种表示法的意义我们一看就知道：表格是用画表格的方式来表示，这样的表格我想大家在生活中见到多了，例如班上的成绩表、经济统计表之类。

图表法就是用解析几何的法子来表示函数。先画一个坐标，分别是X轴（横轴）与Y轴（纵轴），然后将函数的x值在X轴上相应的那个点找出来，y值在Y轴上相应的那个点找出来，再从X轴往上或往下，从Y轴往左或往右，它们必会交叉，有一个交叉点，那个交叉点的坐标就是（x，y）。若干个这样的点连起来就会形成一条线，有的是直线，有的是曲线，有的中间还可能中断，这就是函数的图表法表示。例如图10–1所示。

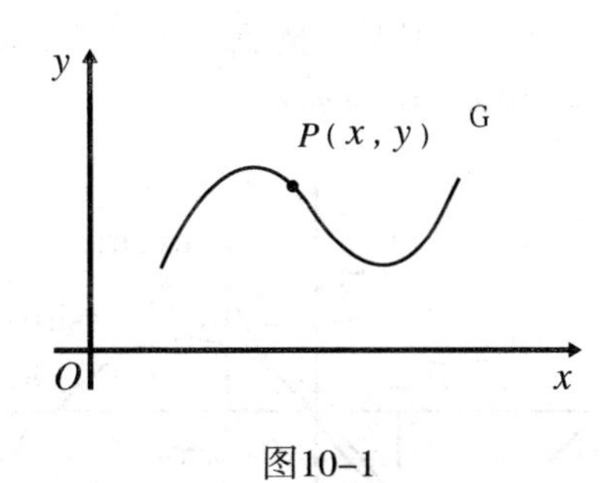

图10–1

表示函数最常用的方法是方程式，或者称为公式。它的意义我们都知道，例如$y=3x^2$就是一个函数。

这三种表示方法实际上是相通的，一般而言，一个函数可同时用这三种方式来表示。

要完整地表达一个函数要满足两个条件。一是有前面的表达形式，如一个图表、一张表格或者一个公式。二是要指明函数的定义域，也就是x的取值范围。这是很重要的一步。由于y的取值是跟着x走的，因此不必预先规定，但x的取值是它自己决定的，所以不能让它随意为之，要做出一些规定，否则的话就会造成没有相应的y值与之对应等尴尬局面。典型者如$y=\frac{1}{x}$这个函数中，x不能为0，否则的话就没有相应的y值与之对应，而函数也就没有意义了。而且，有的函数随着定义域的不同，会呈现出不同的特色。总之，弄清楚一个函数的定义域是很重要的。

函数的种类有许多，例如我们所熟悉的代数函数，就是能够用代数方程式表示的函数。它们通常是线性函数，也就是说其图像是一条或几条直线与曲线。像$y=2x+1$是一条直线，而$y=x^2+2x-1$则是一条曲线，等等。不能用代数式表示的函数叫超越函数，超越函数也有许多种，最为我们所熟悉的是对数函数与三角函数了。

我们都知道常用对数，就是以10为底数的对数，它也是一个函数：$y=\lg x$，其图像是一条曲线。这里x必须大于0，也就是说函数的定义域是大于0的实数，而值域则是无穷大。

有时候，函数可以有反函数。所谓反函数，就是将函数的自变量与因变量倒过来的函数。形象点说，就是将x与y倒过来，例如我们将$y=2x+1$这个函数写成：$x=\frac{y-1}{2}$。再将x与y互相替换，即写成：$y=\frac{x-1}{2}$，这个函数就叫做$y=2x+1$的反函数。显然，在反函数中，原来的定义域成了值域，而值域变成了定义域。例如上面的对数函数$y=\lg x$的反函数就是$y=10^x$，其定义域就成了无穷大，而值域则是大于0的实数。

至于三角函数，也就是直角三角形三边的边长比构成的函数，分别是：$y=\sin x$、$y=\cos x$、$y=\tan x$、$y=\cot x$，它们也有反函数，例如$y=\sin x$的反函数是$y=\arcsin x$。它们的图形则是一条波浪线，各有其定义域与值域，例如$y=\sin x$的定义域是任意实数，而值域则是介于-1与1之间。它与其反函数的图像如图10-2所示：

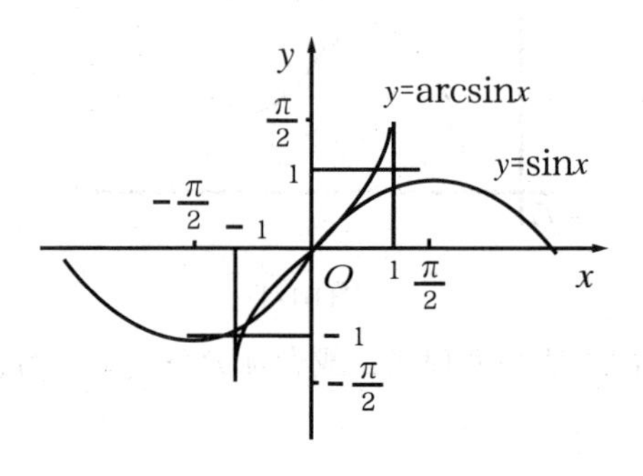

图10-2

这个代数函数和超越函数合起来被称为初等函数，也是最基本的函数。

除了这些比较常见的函数，函数还有许多其他的种类，像复变函数、解析函数、共轭函数等，多得很，也复杂得很，就不是我们在这里要讲解的了。

以上我们讲了集合与函数，之所以讲它们有两个原因：一是它们乃是数学中最基本的概念之一。二是为了讲我们即将要讲的数学的三大分支之一的分析学，要知道集合与函数乃是繁难的分析学的基础呢。

从现在开始请您接受分析学的挑战　　分析学是用分析的方法来研究数学。虽然现代分析学的内容要超越微积分，但在一般情况下，我们可以近似地将分析学看作就是微积分，对于我们这本书就更是如此了。

微积分也是与现代自然科学关系最密切的数学分支，它的许多概念同力学、物理学、天文学等有密切联系，在这些领域有广泛的应用，甚至可以说，没有微积分，许多现在自然科学门类，尤其是天文学与物理学，都是不可能发展到今天这样的程度的。

一个简单的例子就是物理学中求瞬时速度的问题。例如我们知道一个运动物体的运动距离s是时间t的函数，即$s(t)$，这时我们要求这个物体在某个时刻t_1的瞬时速度。这就是一个微积分中求导数的问题，也是导数这个概念的来源之一。反过来，已经知道在某个时刻的瞬时速度$v(t)$和时间的值，要求这个时间的运动路程$s(t)$，这就是求积分的问题了。物理学上的这些问题，如果用微积分产生之前的数学方法，会是极难的，但用上微积分就变得易之又易了！同样反过来，正是在这些物理学上的简单而又复杂的问题的催化之下，才令伟大的莱布尼茨和牛顿发明了微积分。这些，将是我们后面讲数学史时的重头戏之一。

微积分产生之后就得到了极为广泛的发展与应用。特别是到了现代，其内容更加丰富了，有了如变分法、微分方程、积分方程、复变函数、泛函分析等，复杂而且困难。我们要对之　　进行了解分析当然是不可能的，在这里我只介绍其源头与最古老的分支——微积分。

微积分可以分成两大部分，即微分和积分。在介绍它们之前，我先要介绍一个更基本的概念——极限。

极限是微积分大厦的门槛　　在上面介绍函数时，我们说函数有自变量和因变量，一般分别用x和y表示，在这里y随x的改变而改变，我们很容易知道当x取什么值时y将取什么值，也就是说，我们熟悉x与y的变化过程。但我们还有一类变化需要了解，那就是x与y的变化趋势。这个变化趋势有两个特点：一是x与y都可能趋向于无穷，二是当x趋向于无穷时，y会趋向于某一个数值。例如在$f(x)=\frac{1}{x}$这个函数中，当x趋向于无穷大，即从1到2到3到1/1000一直到无穷大时，y会怎样呢？很明显地，y从1到了1/2到了1/3再到了110000 如此以至于无穷小。我们也不难看出，当x趋向无穷大时，y是无穷地趋近于“0”的。用微积分的术语来说，这个“0”乃是一个极限。

什么是极限呢？我们知道，“限”就是界限、尽头的意思，极，就是极致的意思，两个字的含义都是一致的，即极致与尽头。这也就是极限的含义：它标志着某一个函数中，当x变化时，y的取值可能达到的尽头。不过，这里的达到实际上只是一种“无限的趋近”，而不是真正达到，就像0.999999999…这个数一样，后面有无限个9，因此它必会无限地趋近于1，然而永远也不能等于1。也就是说，1在这里可以看作是0.9999999999…的一个极限。

现在我们用稍微专业化的字眼再来介绍一下极限。

在数学上有一个叫“数列”的概念。什么是数列呢？简言之，数列就是将多个数按次序排列起来，一般记为：x_1，x_2，x_3，x_4，x_5，…，x_n，…。整个数列又可记为｛xn｝。这个n代表自然数，从1到2直到无穷。从这个数列的整体上看，它是一个变量，即不断变化的量，其开始值是x_1，渐渐变为x_2、x_3，并且可以这样一直地变下去。如果在n的变化中，随着n的无限增大，x_n将无限趋近于某一个数，那么我们就称这个数为该数列之极限。

我们知道，数列也可以看作是函数，像上面的数列，也可以看作是一个以自然数为自变量的函数，即$f(n)=x_n$。而数列的极限也就是当自变量n趋向于无穷大时函数$f(n)$的极限。

当然，对于函数，其自变量的值不一定趋向于无穷大，而可能是趋向于某一个具体的值。这种情形也许更加广泛，我们现在就来看看吧！

现在假设有函数$f(x)$，x_0是函数定义域内的某一个点，且$x \neq x_0$，为什么要这样呢？这是因为如果等于的话，那x趋近于x_0这句话也就没有意义了。这时，如果随着x无限趋近于x_0，y也无限接近于某个数值A，那么我们就说函数$f(x)$的极限是A_0记为：

$$\lim_{x \to x_0} f(x) = A_0$$

在前面我们求极限时，如果函数在x_0处的极限A刚好等于在这处的函数值，即$f(x)=A$，那么我们就说函数在x_0处是连续的。如果函数$f(x)$在其定义域的某一部分中的每一点都连续，那么我们就称函数在这一部分连续。连续性是函数一个十分重要的性质。

函数的极限对于微积分是极为重要的，不但对于微积分如此，就是对于物理学等其他门类的自然科学及自然界本身都是非常重要的，可以这样说：在自然界中广泛存在着与函数及其极限相关的事物。例如当温度固定时，给定气体的体积与其压强的关系，自由落体的下落距离与瞬时速度之间的关系，等等。

微分就是求导数，而导数乃是一种“瞬时变化率” 极限之后，我们要来讲微积分的第一大部分，这就是微分。

微分的第一个基本概念就是导数。对于我们所要讲的微分而言，微分也就是求导数。

什么是导数呢？我们还是从具体的函数来看吧！

现在我们假设有函数$y=f(x)$，怎么求它的导数呢？我们先要引进一个新单位Δx。所谓Δx是一个变量，而且是一个很小、无限小的变量，是由x发生变化后产生的变量。我们假设x与Δx都是定义域内的点，如果下面这个式子的极限存在：

$$\lim_{\Delta x \to 0} \frac{f(x+\Delta x)-f(x)}{\Delta x}$$

那我们就说这个极限是函数y对x的导数，用数学方法记为：$\frac{dy}{dx}$或$f'(x)$

看了这个式子后，您知道怎样求导数了吧？其实简单得很，只是个将$x+\Delta x$代入$f(x)$中进行运算，然后减去$f(x)$再除以Δx即可，这常常只是一个加减乘除四则运算的问题。

看得出来，导数就是自变量产生变化时函数自身的变化率，又由于自变量的这个变化，即Δx，通常是非常微小的，因此，它是求某些“瞬间”变化的工具。这个工具不但对数学，对物理学也是非常重要的，可以说，极限的重要性也归根到底是通过导数来体现的。例如在物理学中的许多问题，特别是与极限相关的实际问题，通常都是由导数来进行最后解决的，典型者如上面提到过的自由落体问题，我们就通过这个例子来具体地看看导数有什么用处及如何求导数吧！

我们知道，自由落体在t时间内与下降的距离s——记为$f(t)$——之间的函数关系式是$s=\frac{1}{2}gt^2$，其中g即重力加速度，是一个常数。我们如果要求自由落体在某个时刻t的瞬时速度怎么办呢？

这样的问题在微积分产生之前几乎是不可能解决的，但在微积分产生之后就很好解决了，因为它只是一个求导数的问题。我们知道，导数能够求函数的瞬间变化率，如果我们知道在一段极小的时间，例如Δt，之内，自由落体运动的距离，那么也就不难求出与之相关的瞬间t的运动速度了，而且这个Δt越小，求得在瞬间t的速度也就越精确。现在我们来看其具体的求导公式：

$$v=\lim_{\Delta t\to 0}\frac{f(t+\Delta t)-f(t)}{\Delta t}=\lim_{\Delta t\to 0}\frac{g}{2}\frac{2t\Delta t+(\Delta t)^2}{\Delta t}=gt$$

您可以自己试着算一下看是不是这样，要注意的是，由于Δt是无限小的，可以将之视若无睹——看作“0”，因此最后要将与它相关的各项都去掉。

这样就求出了在t时的瞬间速度了，很简单吧？类似的例子还有很多。

积分就是微分的逆运算，为什么它常常被称为“不定”呢 微积分的第二大部分是积分。

简言之，积分乃是微分的逆运算，因此，积分又叫反微分。

前面说过，对于我们而言微分就是求导数，而导数就是自变量产生变化时函数自身的瞬间变化率。但有时候也会有这样的情况：我们事先知道了这个变化率，即导数，而原来导数由之而来的那个函数却不知道。这时我们该怎么办呢？有没有一个办法能使我们由已知的导数出发而求得原来的函数呢？这种方法当然是有的，那就是求不定积分。之所以说是求不定积分，是因为这样由导数求出来的积分一般都不止一个，也就是说没有一个确定的积分，因此就叫不定积分了。有时候也能找到一个确定的值，那时就会被称为定积分，不定积分与定积分总称为积分。看得出来，所谓求积分就是求已知导数的原来的函数。

这种求积分的过程在科学运算中非常有用，因为在那些实际问题，尤其是物理学问题中，我们常常知道的正是某物理过程的瞬间变化率，也就是导数，而想知道的恰恰是原来产生导数的函数或者其他与导数相关联的种种资讯。

现在我们就来看一个求积分的具体例子吧！

例如现在我们知道在某个函数$y=f(x)$中，当x变化时，y的瞬间变化率是$2x$，即原来函数的导数是$2x$。这时候，我们如何求得原来的函数公式呢？遗憾的是，在这里我不能给大家一个统一的公式，使我们能像求极限或者导数一样迅速求出函数来。不过，在这里我可以提供一些类型的函数及其导数，由之我们可以反推出原来的函数来，例如：

如果$y=ax^n$，则$y'=nax^n-1$

如果$y=\sin x$，则$y'=\cos x$

如果$y=e^x$，则$y'=e^x$

对了，我们经常用在英文字母后面加一短撇的方法来表示相应函数的导数。至于这些导数，您可以亲自推一下，看是不是这样。

现在，我们知道了某个函数的导数是$2x$，根据前面如果$y=ax^n$，则$y'=nax^n-1$，我们不难推出原来的函数是$y=x^2$。不过，这只是导数为$2x$的函数之一，因为如果在$y=x^2$的后面再加上任何一个常数，也就是确定的数，例如加上12，$y=x^2+12$的导数仍然是$2x$。这可以用一个更通用的式子表达出来：$y=x^2+C$，C是任何一个确定的数值。所有这些函数的导数均为$2x$，也就是说，它们都是$2x$原来的函数，因此也被称为“原函数”。这些原函数都是导数的积分。

我们再用上面的方法来求一下原来在自由落体中的那个关系式。现在我们已经知道它的导数是gt，其中g是一个常数，我们很容易算出来导数为gt的原函数是$12gt^2+C$。

这个C我们前面说过，是任何一个常数值。它在这里也并不是没有意义的。我们知道，想计算一个自由落体落下的距离或者瞬间速度时，既可以从一开始就计算起，又可以从中间开始。在上述$s=12gt^2$中，我们所求的自由落体的距离是从初坠时开始计算的，因此在这时$C=0$，故C不要写出来。

在微积分学中，积分还有一个更专门的表达式。我们假设有导数$f(x)$，那么，它的不定积分就是以$f(x)$为导数的所有函数，也就是“原函数”。这些原函数可以用$F(x)+C$来表达，其中$F(x)$是$f(x)$的任何一个原函数，C当然是任何常数了。它用专门的积分符号记为：

$$\int f(x)dx=F(x)+C$$

左边的那个长长的符号“∫”叫作积分号，就是S的拉长，它来自英文“sum”，表示积分乃是一种“总和”，是将许多元素累积起来而成的。

定积分实在是一种很美妙的方法，懂了它，您就是挑战的胜利者　积分这种是由许多元素累积起来而形成的在定积分里展现得更为清楚。

与不定积分比起来，定积分要难得多，而且它与不定积分之间似乎没多大关系。它源起于求曲边形面积的计算。

曲边形的面积是很难计算的，就是最简单的圆形也是如此，所用的方法就是将圆内接上一个正若干边形，从正四边形、正五边形、正八边形，直到正n边形，显然，正n边形的边越多，即n越大，其面积就越接近圆的面积。就像中国魏晋间的数学家刘徽所言：“割之弥细，所失弥少，割之又割，以至于不可割，则与圆合体而无所失矣。”在这里，实际上是求当n趋向于无穷大时的一个极限值。

定积分中所求的曲边形则比求圆的面积还要难得多，因为它里面不能装什么正多边形，那么怎么办呢？我们还是从实际的曲边形来看吧，设有下面图10–3所示的曲边形。

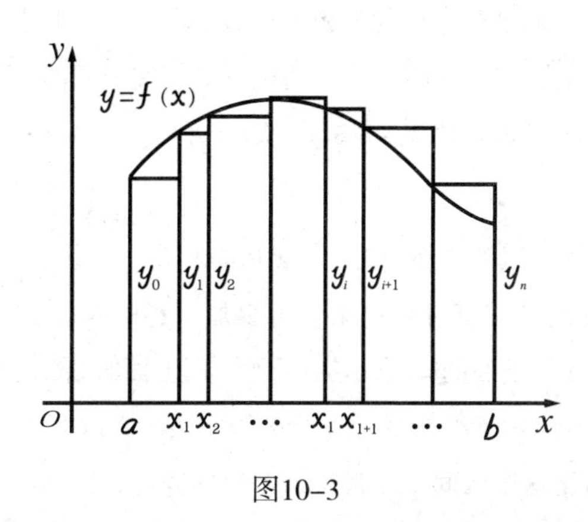

图10–3

明显地，这个曲边形是由一段函数$f(x)$与坐标轴一起围成的，这段函数的定义域是函数的闭区间$[a,b]$，因此，曲边形的四边分别是$x=a$与$x=b$两条直线，x轴，还有函数在闭区间$[a,b]$的一段轨迹。

由这四边所围成的面积如何计算呢？

其实从上面您就看得出如何计算了：先将这个曲面划分成无数个这样的小长方形，将它们的面积相加就大致等于曲边形的总面积了。看得出来，长方形的底边越短，它的面积就越接近它围出来的曲边形的面积，而这样的小长方形越多，则它们相加的总面积就越接近曲边形的面积。这样的分法是不是与求圆面积的方法有异曲同工之妙？

那么如何计算这任一小长方形的面积呢？

为了求面积，我们先来分割这个曲边形，现在我们在闭区间 $[a,b]$ 中插入若干个分点，当然不要插在两个端点上，否则就没什么意义了。我们假设共插入了n个点，从左至右分别是：x_0，x_1，x_2，x_3，x_4，x_5，…，x_{n-1}，这样，相邻的任何两个点之间就构成了一个小长方形的底边，它可以用区间表示为 $[x_{i-1},x_i]$ ，这里i是任意自然数。显然，这个小长方形的底边长是x_i-x_{i-1}，可以命名为Δx_i，这时，我们再在 $[x_{i-1},x_i]$ 中任取一点，就按惯例用一个希腊字母ξ_i来表示吧，现在从这个点ξ_i往上做一条直线，直线将与曲边形相交，交点的坐标就是（ξ_i，$f(\xi_i)$），显然，这个$f(\xi_i)$就是小长方形的侧边长。这样，小长方形的面积就出来了，是（x_i-x_{i-1}）·$f(\xi_i)$，或者写作$\Delta xi\cdot f(\xi_i)$。

这样的小长方形有无数个，即n个，它们每一个的面积都可以这样表示，只要用具体的自然数值代替i就是了，例如从左边起第一个可以写成$f(\xi_1)\cdot\Delta x_1$，第二个可以写成$f(\xi_2)\cdot\Delta x_2$，第三个可以写成$f(\xi_3)\cdot\Delta x_3$，第n个可以写成$f(\xi_n)\cdot\Delta x_n$。如此，这n个小长方形的面积加起来就是曲边形的面积了。而且由于这样的小长方形有无数个，我们可以说这样得出来的面积是无限近似于曲边形的真实面积的。我们用σ来表示这个真实的面积，那么，$\sigma=f(\xi_1)\cdot\Delta x_1+f(\xi_2)\cdot\Delta x_2+f(\xi_3)\cdot\Delta x_3+\cdots+f(\xi_i)\cdot\Delta x_i+\cdots+f(\xi_n)\Delta x_n$。

这个长长的式子也可以简单地记为：$\sigma=\sum_{i=1}^{n}f(\xi_i)\cdot\Delta x_i$ 。

“Σ”这个大写的希腊字母在这里表示累加求和的意思，类似于上面的积分号“∫”，在这里，“Σ”下面的i=1表示从1开始，而上面的n表示共有n项累加。

在这里我们还要引入一个新的希腊字母λ。它表示在以 $[x_{i-1},x_i]$ 构成的无数个小区间中最大的一个。由于这个区间也就是小长方形的底边，因此，λ也表示最大的小长方形的底边，如果它还趋向于0，那么也就是说，所有的小区间 $[x_{i-1},x_i]$ 都必然趋向于0，即Δx_i趋向于0。这时候，根据我们在前面对于函数的极限所下的定义：在函数$y=f(x)$中，如果随着x无限趋近于x_0，y也无限接近于某个数值A，那么我们就说函数$f(x)$的极限是A。

在这里，y实际上就是任何一个小长方形的面积，即$f(\xi_i)\cdot\Delta x_i$，如果λ趋向于0，那么即是Δx_i趋向于0，因此，y也必然趋向于0，也就是说，原来的函数 $\sigma=\sum_{i=1}^{n}f(\xi_i)\cdot\Delta x_i$ 在这里有极限，即曲边形的面积有极限，它可以表示为：

$$S=\lim_{\lambda\to 0}\sigma=\lim_{\lambda\to 0}\sum_{i=1}^{n}f(\xi_i)\cdot\Delta x_i\text{。}$$

这个式子虽然求的是曲边形的面积，但事实上，它求的也是定积分。

为了让大家更明白这点，我来介绍一下定积分的定义。

定积分的定义是：

设函数$f(x)$定义在区间 $[a,b]$ 上，在这区间上顺序插入任意若干点，从左至右，即从小到大依次为x_0，x_1，x_2，x_3，x_4，x_5……x_{n-1}。

这样就将整个区间划分成了n个子区间，再在每个子区间 $[x_{i-1},x_i]$ 上任取一点 ξ_i，并作下述式子：

$$\sigma=\sum_{i=1}^{n}f(\xi_i)\cdot(x_i-x_{i-1})=\sum_{i=1}^{n}f(\xi_i)\Delta x_i\text{。}$$

这个带"Σ"的式子就叫和式，现在设有λ，它是区间 $[a,b]$ 上最大的子区间，即以 $[x_{i-1},x_i]$ 形式构成的无数个小区间中最大的一个。如果当λ趋向于0时，上面的和式σ趋向于某一个特定的极限I，这时候，我们就称这极限I是函数$f(x)$在区间 $[a,b]$ 上的定积分。定积分也被称为黎曼积分，因为创立它的工作主要是由伟大的数学家黎曼完成的。关于他的有关事迹在后面介绍数学史时也可以看到。定积分可以记为：

$$I=\int_a^b f(x)\mathrm{d}x=\lim_{\lambda\to 0}\sum_{i=1}^{n}f(\xi_i)\cdot\Delta x_i$$

怎么样？是不是与上面求曲边形面积十分相似？正是这样，事实上，如果$f(x)\geqslant 0$，则定积分就是函数$f(x)$在坐标上的轨迹曲线、直线$x=a$、直线$x=b$、x轴四条边围成的曲边形的面积。这也就是我们在上面刚看过的那种曲边形。

我们前面讲了极限、微分与积分等，它们都是微积分的基本内容。微积分的内容当然远不止这么一点，它后面还有常微分方程、偏微分方程、变分学等，不过，那些艰深的内容不是我在这里要讲或者能讲的了。

至此，我就讲完数学的第三大，也是最后一大分支微积分了。同时也就讲完了《什么是数学》这一章，说实在的，我所讲的内容与数学那如汪洋大海般的内容比起来，简直是九牛一毛，既浅且少之极矣！我不能奢望由此您就会明白什么是数学或者数学是什么。实在地，在我谈数学时与谈所有其他门类的自然科学时感觉上最大的区别是：我深深地感觉到了数学的无限、魅力与难度。我每进一步，都看到了前面有更多的高山，这些高山是那样雄伟，我这一辈子恐怕是没有机会攀登了，我只希望在这里与大家一起，站在平原之上，眺望一下远方数学的群山，赞美它的伟大。

第十一章　了不起的古希腊数学

这一章我们来讲古希腊的数学，那真是群星璀璨呢，用一个词来形容就是“了不起”！

西方几乎每一门科学，就像文学、艺术与哲学等一样，都起源于古希腊，这已经是我们听得耳朵都生茧了的。不过没办法，因为事实上是这样，现在我们还是要从古希腊讲起。

当然，古希腊并不是西方数学最早的发祥地，比它还早的是古代埃及和美索不达米亚的数学，例如很遥远的古代，埃及人就采用了我们现在通用的10进位制，也有了相当系统完整的数字系统，这些数字有的我们一看就明白，例如1用一条小竖线表示，2用两条、3用三条同样的左右并列的小竖线表示，从4起到8就把小竖线分成了两层，4是上下各两条、7是上面四条下面三条，等等。9则用了三层每层三条来表示。10是一个“∩”，100像一条盘着的小蛇“ ”，1000像一朵莲花“ ”，10000则像一根伸出且屈曲的手指“ ”，10万是一只蹲着的青蛙“ ”，100万则是一个跪着的人“ ”。如此等等，而他们在建筑了不起的金字塔时也掌握了相当高深的几何学，直接影响了古希腊人。

而与古埃及人同时甚至更早一点，美索不达米亚的巴比伦人也发展了自己有趣的数学体系，最有特色的是不采用10进位制，而采用60进位制。他们的数字体系比古埃及人的要简单一些，只有两个基本符号，一个像倒写的三角形“ ”，另一个则像飞翔的小燕子“ ”。他们对于加减乘除四则运算已经相当在行了，还发展了平方、立方等的运算，还能够求出平方根与立方根，甚至能够解一元二次方程、一元三次方程、二元一次方程组。

第一个数学家也是第一个哲学家　古埃及人与巴比伦人消失在历史的长河之后，在科学史上崛起并占据统治地位的就是古希腊人了。

无疑，古希腊人的数学知识，就像他们的天文学知识一样，最初是来源于古埃及人和巴比伦人的。

我们前面听说过的许多伟大哲学家和天文学家，例如泰勒士、毕达哥拉斯、柏拉图、亚里士多德、欧多克索斯、喜帕恰斯、托勒密等，同时也是数学家，甚至是了不起的大数学家，他们对数学的贡献不亚于其对天文学或者哲学的贡献。

泰勒士被认为是古希腊的第一个几何学家，当然也是第一个数学家，就像他是第一个哲学家一样。

泰勒士第一件为人熟悉的数学成就要数他对金字塔高度的测量了。

金字塔高达100余米，又不能攀越上去，怎样才能知道它的高度呢？泰勒士想了一个好办法：他看到每年不同的季节人的影子是不同的，而到了秋分之后的某一天，影子的长度就会与金字塔的高度一样。这时候只要量一下金字塔影子的长度就会知道它的高度了。也许您会问：怎样才能知道哪天的影子长是同高度一样呢？这好办，你在太阳底下一站，看您的影子是不是同您的身高一样就行了。

从埃及回来后，泰勒士告诉大家的不只是金字塔的高度，还有一样更重要的东西：几何学。古希腊的第一个科学史家欧德谟斯曾写过一本《几何学史》，这本书现在已经失传，不过，另一位叫普罗克洛斯的，是雅典的柏拉图学院的导师，为这本《几何学史》写过一篇概要，现在却流传下来了。在概要中，他写道：

“泰勒士是到埃及去将这种学问（即几何学）带回希腊的第一人。他自己发现了许多命题，又将好些别的重要原理透露给他的追随者。他的方法有些是具有普遍意义的，也有一些只是经验之谈。”

据说由泰勒士发现或者从埃及带回来的命题主要有：

· 圆的直径将圆平分。

· 等腰三角形两底角相等。

· 两直线相交，对顶角相等。

· 有两角夹一边分别相等的两三角形全等。

这最后一个定理的影响也最大，现在人们还将用这种办法判明两三角形相等的定理叫泰勒士定理。

据说泰勒士还证明了半圆的圆周角是直角，这是第欧根尼说的，据说泰勒士发现这个之后，十分高兴，还按习俗宰了一头牛来庆祝。

第一个伟大的数学家也是第一个伟大的哲学家　泰勒士之后另一位数学家就是毕达哥拉斯，他既是伟大的哲学家，也是伟大的数学家。

毕达哥拉斯先是数学家，然后才是哲学家，因为他的哲学如我们前面所说过的一样，是从数学出发的。

例如毕达哥拉斯认为，万物都是数，是由数经由各种各样的形式构成的。亚里士多德在《形而上学》第一章第五节中说道：

……在这些人之中，或在他们之前，有一些被称为毕达哥拉斯学派的人投身于数学研究，并最先推进了这门科学。经过一番研究，他们认为，数是一切存在的本原。

毕达哥拉斯还认为，只有数才是和谐的、美好的。他找了各种各样的数，如长方形的数目、三角形的数目、金字塔形数目等，它们都是由一些数目小块构成的，具有美的形状。他还认为十是最完美的数，所以他认为天体的数目也应当是十。但那时人们能看到的只是九个，所以他又硬加了一个，取名叫“对地”。

毕达哥拉斯的有些数学发现直到今天还在用着，如数的平方、立方这些词就是毕达哥拉斯造出来的。

毕达哥拉斯还提出了著名的“四艺”——算术、音乐、几何、天文。并且将这四艺都与数学联系起来。将第一艺算术称为“数的绝对理论”，将第二艺音乐称为“数的应用”，第三艺几何称为“静止的量”，第四艺“天文”称为“运动的量”。后面这“量”其实也是数，只是因为这数与具体的图形及天体挂起钩来了，因此称之为量。这四艺乃是毕达哥拉斯规定他的弟子们必须学习的四大课程，他曰之为“四道”，即四条道路之意也。这种学习内容被西方人们沿用下来，直到中世纪，后来又加上了三艺：文法、修辞、逻辑，合称“七艺”，是中世纪有文化的贵族子弟所必习之学问。大家知道，中国古代有六艺，即“礼、乐、射、御、书、数”，与西方的七艺中只有两项是共同的，即音乐和数学。由此可知，这数学在古代从东到西都受到人们高度的重视呢！

但毕达哥拉斯最有名的发现还是所谓的毕达哥拉斯定理，就是直角三角形的两直角边平方之和等于第三边，这也就是中国的勾股定理。

我们前面讲巴比伦人的数学成就时，曾说过他们可能发现了类似勾股定理的三组数$a^2+b^2=c^2$，毕达哥拉斯虽然也去过巴比伦，但我觉得他不大可能是从巴比伦人那里剽窃来的。因为当毕达哥拉斯去巴比伦时，发现勾股定理的巴比伦人——如果巴比伦人确实发现了的话——连同他们的发现早已经消失在历史的长河中了，而他们留下来的泥板文书即使那时发现了一些，毕达哥拉斯也不可能读懂呢！

不过，由于对数字充满了崇拜，好像它们真的是神一样，传说毕达哥拉斯也做了一些不好的事。例如他的一个叫希伯斯的学生因为发现了无理数，曾被他威胁过不要将发现说出去，因为这个发现给他视之为神的数抹上了阴影。这数就是边长为1的正方形的对角线长，即$\sqrt{2}$，这个数字正是根据毕达哥拉斯发现的勾股定理得出来的。

毕达哥拉斯之后，天文学家欧多克索斯也是一位了不起的数学家，例如他发现了比例理论，即等比定理。根据他的比例理论，人们更深刻地理解了什么是无理数，并且找到了一种方法，能够使无理数近似地表示为有理数。

比前面几个伟人更伟大的是欧几里得，他堪称古代最伟大的数学家。

古代最伟大的数学家　欧几里得在古代数学史上享有无与伦比的大名，以至到现在数学都被分成两大部分：欧氏几何与非欧几何。所谓欧氏几何也就是欧几里得的几何，非欧几何当然就是非欧几里得的几何了。欧氏几何实际上囊括了我们平时所称的所有几何内容，也囊括了历史上绝大部分历史时期之内的几何，要知道，非欧几何直到约百年前才诞生呢！

为什么欧几里得如此有名？所谓欧氏几何真是他发明的吗？当然不是，实际上由他亲自发现的理论并不多，他与其说是一个伟大的发现者，不如说是一位伟大的收藏家：他大量搜集别人发现的几何学理论，加以理解、融会贯通，然后分门别类地整理，使之明确化、系统化。而在他的这种系统化之前，几何学是零散的，没有完整的体系，甚至于没有所有理论都须基于之的公理。这样一来，几何学就像间基础不牢的屋子一样，摇摇欲坠。甚至于像一堆没有建成屋子的砖头、水泥、木料之类。欧几里得来之后，经过一番辛勤劳动，将这些砖、水泥、木料建成了一座漂亮的房子，因此，即使他并没有自己烧一块砖、买一包水泥、砍一根木料，这栋房子也得姓欧了！

欧几里得为几何学建成的房子名叫《几何原本》，简称《原本》，是整个古希腊数学的总结，也是几千年后几何学甚至整个数学的范本。

不过，在谈他的《几何原本》之前，我们还是按规矩先谈几句他的生平吧！

说实在的，关于欧几里得的生平与他的成就实在不成正比，一方面是他的名字如此有名，另一方面关于这个名字的主人的生平与事业我们却知道得如此之少。即使在知道得不多的东西里矛盾也很多，可谓众说纷纭。

首先，我们不知道欧几里得是什么地方人，只知道他大概是希腊人，因为他早年曾求学于雅典。这也不能确定，谁说小亚细亚诸多希腊城邦的希腊人，或者现在意大利南部那时称大希腊的希腊人不能去希腊文明的中心雅典学习呢？甚至于当时非洲北部的埃及等地也生活着许多希腊人，他们同样可以去雅典留学呀，欧几里得完全可能是这些地方的人。总之，关于欧几里得的出生地是一笔糊涂账，哪本权威一点的书都不敢乱说的。当然，上述那些地方虽然地域不在希腊，但大部分都是希腊城邦，其人民讲种族而言也是希腊人，所以称欧几里得是希腊人总是没错的。

其次，我们也不知道他生活的精确年代。5世纪时，这时欧几里得已经死了几百年了，柏拉图学园的一个叫普罗克洛斯的导师，在他的一本书中说到，欧几里得是埃及托勒密一世时代的人。根据历史资料我们可以知道，托勒密一世于公元前323年到前285年在位。《概要》又说阿基米德曾引用过欧几里得的著作，我们又可以知道欧几里得活动的年代比阿基米德要早一些，而阿基米德大致的生活年代是知道的，是公元前2世纪。由这些可以推测欧几里得的活动时期是公元前300年左右。在这个时期里，可以肯定他生活于埃及的亚历山大，职业是一名数学教师，主要教授几何学。

除了这些，我们知道的就是有关欧几里得的几则趣闻轶事了。

一则是有次托勒密王问欧几里得，除了《几何原本》之外，还有没有其他学习几何学的捷径。欧几里得回答说："几何无王者之道。"意思就是，在几何学里没有一条专供国王学习与轻松掌握之道，要学好几何学，唯一的途径就是像大家一样努力。这句话后来以"求知无坦途"的形式流传下来，成为西方的千古箴言。

另一则是某次欧几里得的一个才入门的学生问老师学了几何学有什么好处。欧几里得立即叫人给他三个钱币，说："他想从学习中获取实利呢！"这句话的意思就是追求知识的目的不应该是获取钱财之类的实利，而应当是追求知识本身。

我认为这句话的意义甚至比上一句还要远大。西方科学之所以从古代到现代得到巨大发展，其根本原因之一就是西方人有种科学精神：他们在研究科学、追求知识时，并不是为了获得功名利禄，而是为了科学与知识本身。正是这种精神才使得他们在研究科学、追求知识时，"为伊消得人憔悴，衣带渐宽终不悔"。这正是我们所要学习的地方。

也许，研究科学就是为了研究科学，追求知识就是为了追求知识，没任何其他目的，包括即使许多西方科学家也免不了的成名成家之心，才正是欧几里得虽然在几何学里成就斐然，后人对他的生平事迹却知之甚少的缘故。因为他专心致志地研究科学，哪有闲工夫去为自己扬名立万呢！而且，即使在他的著作里，他也从来不自称是哪个公理定理的发现者或创立者，好像一切都是他人的功劳，他只是帮助整理了一下而已！在此我们应当再次向伟大的欧几里得致敬！

《几何原本》与数学之美　与欧几里得朦胧的人生形成鲜明对比的是他在《原本》里明确表达的理论体系。

首先我们要明白，《几何原本》不同于一般的科学著作，如托勒密的《天文学大成》或者哥白尼的《天体运行论》，它确实不是一本原创性很强的著作，而是一部前人几百年间科学研究成果的总结与系统化。

《几何原本》最早的本子早已失传，我们现在看到的都是后来的各种修订本或译本。很早以前，古希腊就有人对《几何原本》做过修订、整理和注释，从而出现了不止一种本子，其中最著名者是一个叫塞翁的人作的，他为《原本》作了仔细且比较全面的校订与注释，并且有所补充。后来这个本子成为几乎所有流行的本子的基础。但塞翁是约4世纪的人，这时候欧几里得已经去世约七百年了，所以他本子的准确性还有待考证！现在最早的本子也许是19世纪在梵蒂冈发现的，它是拿破仑从意大利带回来的无数文物战利品之一，据科学史家们考证，它可能比塞翁读过的本子还要古老。

我们知道，中世纪是一个黑暗的世纪，对科学研究尤其如此，那时大批科学古籍都在欧洲散失了。与此同时，阿拉伯人崛起强大，阿拉伯地区成为科学文化发达之地，那些阿拉伯学者们读到欧几里得的《几何原本》后，很感兴趣，将之译成了阿拉伯文。后来，当文艺复兴开始，欧洲人重新重视科学后，就从阿拉伯人那里找回了《几何原本》，将之再译成了当时欧洲的通用学术语言拉丁语。第一个完整的拉丁文本是在12世纪初由英国经院哲学家阿德拉德译出来的。

此后，欧洲人对《几何原本》表现出了莫大的兴趣，等到谷腾堡发明印刷术，印刷品流行后，印刷得最多的作品之一就是《几何原本》。据说到19世纪末，用各种版本印刷的《几何原本》达1000余种，也许是除了《圣经》之外印刷得最多的作品，至少是印刷得最多的科学作品。

目前，《几何原本》诸多版本中最为权威的是由L.海伯格和H.门格等合作出版的《欧几里得全集》中的本子，它进行了相当全面的校订与注释，并且是希腊文与拉丁文的对照本。最好的英译本则是由希思根据海伯格本译出来的，共分三卷，书名《欧几里得几何原本13卷》，1908年出版。这本书的主要特色是有一个长达150多页的导言，导言中总结了有关欧几里得研究的历史，并对每章每节做了十分详细的注释。

除了这几个西方通行的语种外，《几何原本》作为西方也是人类历史上最重要的科学经典之一，世界上各大语种几乎都有它的译本，例如中国据说早在元朝时就有了译本或者节译本，第一个完整的中译本出现于17世纪初，由著名的意大利来华传教士利玛窦与中国古代最伟大的科学家之一徐光启合译。

还有一点很有趣的是“几何”这词的译法，这是西词汉译里少有的音译与汉译俱到位的例子。几何之拉丁文是“geometria”，徐光启与利玛窦据之译为“几何”，是最前面两个音节的音译，同时，“几何”在汉语里又是“多少”之意，如“姑娘青春几何”就是“姑娘你多少岁啦”之意，这“多少”同时不言而喻也是所有数字乃至数学最基本的含意。这样音译与意译就完美地结合起来了。

《几何原本》共分13卷，第一卷又分为两节，第一节中首先给出了23个定义，例如什么是点与直线，什么是平面、直角、垂直、锐角、钝角等，这是几何学的最基本元素，对于这些元素，欧几里得没有用到任何公理与公设，因为它们甚至是比公理与公设更为基本的东西，只是一些直观的描述，连推理也没有，也不能有。

欧几里得给出的几个基本定义是：点是没有部分的东西，没有体积也没有面积或者长度等，总之，是一个抽象的点。线则是单纯的长度，没有宽度，它是由无数点无曲折地排列而成的。

给出定义之后，欧几里得提出了他著名的5个公设。

什么是公设呢？它与公理有什么不同？这是一个问题。一般认为，所谓公理是自然之理，它不仅存在于数学之中，也存在于不懂数学的普通人所具备的常识之中，而公设则只存在于所要分析的学科之中，例如几何学的公设只存在于几何学之中，物理学的公设则只存在于物理学之中。

欧几里得共为几何学提出了5个公设：

1. 给定两点，可连接一线段。

2. 线段可无限延长。

3. 给定中心和圆上一点，可作一个圆。

4. 所有直角彼此相等。

5. 如一直线与两直线相交，且在同侧所交的两个内角之和小于两个直角，则这两直线无限延长后必定在该侧相交。

这里要注意的是第二条公设，那里的线段实际上是我们所讲的直线。

5条公设里最不平凡的是第五条，它后来被称为平行公设或第五公设，有各种各样的表达形式，总之是说明什么情况下两直线平行与不平行。其最简明的表达法是：经过直线外一点，只能作一条直线与已知直线平行。

看得出来，这第五公设与前面4条公设比起来复杂不少，欧几里得在这里也没有证明，也许是他认为无需证明，也许是他不能证明。后来人们觉得这个公设应该证明，于是力图用前面的4条公设来证明第五公设，但都归于失败。于是有人干脆否定了它，其结果就是非欧几何了。

在5条公设之后欧几里得又提出了5个公理：

1. 与同一个东西相等东西，彼此相等。

2. 等量加等量，总量仍相等。

3．等量减等量，余量仍相等。

4．彼此重合的东西相等。

5．整体大于部分。

看得出来，这是比前面的5条公设更为简单的东西，是真正放之天下而皆准的“公理”。

在5条公理之后，欧几里得开始进一步提出命题，在第一卷里他共提出了48个命题，例如我们前面提过的泰勒士定理，即如果两个三角形的两边及其夹角分别相等，那么这两个三角形全等就是第四个命题。

第五个命题则是：等腰三角形两底角相等，两底角的外角也相等。由于在这里涉及了四个角，还有好多条线段与直线，因此在中世纪时，有些学生们学起来很是麻烦，老师教了很久也不明白。于是它便有了一个绰号“驴桥”，我们知道驴子是怕过桥的，尤其是当桥稍微有点儿窄或者不稳时，就赖着不走了。现在，这“驴桥”喻指笨蛋的难关：这命题虽然有一丁点不好懂，但只有笨蛋才怕它，视它为难关。

在第二节中，欧几里得提出了与平行四边形、三角形等的面积、相等等相关的各命题。其中第47个命题就是著名的勾股定理，不过其形式不同于现在表达的勾股定理，它是这样表达的：“在直角三角形斜边上的正方形面积等于直角边上两正方形面积之和。”这仍可表达为$a^2+b^2=c^2$。第48个命题，也就是第一卷最后一个命题则是勾股定理的逆定理。

第一卷是整部《几何原本》的基础，此后的诸卷就是以之为基础来论证的。它表达的清晰与论述的明白、逻辑的严谨也是整部《原本》的典范。有这样一个故事：据说英国著名的经验主义哲学家霍布斯有天偶然翻开了《几何原本》，随便看了几页，看到欧几里得的证明，觉得大不对头，怎么能够得出这样的结论呢？于是，他开始由后往前翻，看看这些证明的基础是什么，当他翻到最前面时，终于彻底信服了！《原本》论证之严密由此可见一斑。

前面我们比较详细地讲述了第一卷，一方面是因为第一卷是全书的基础与典范，另一方面也是将之作为一个例证，让我们大概看到欧几里得是怎么说他的几何学的。至于后面的几卷，就只能一带而过了。

第二卷比较短，只有14个命题。讲的是长方形的剖分，实际上则是用几何的方式来讲代数，是“几何代数学”。例如一个数就用一条有长度的线段来表示，两个数的乘积就说是长方形的面积，其两边分别是这两个数。如此等等，有意思吧！

第三卷和第四卷主要是与圆有关的内容，第三卷包括圆、弦、圆的切线与割线、圆心角与圆周角，第四卷讨论了给定一个圆之后，如何只用直尺和圆规作它的内接和外切正多边形的问题。这些内容，尤其是第三卷，就是我们在中学平面几何中所要学习的内容。

第五卷是有名的精彩一卷，在这里欧几里得对欧多克索斯的比例理论做了十分精彩的解释与论证，被视为西方数学史上罕有的杰作。关于它还有一个故事：一个名叫布尔查诺的牧师兼业余数学家在布拉格治病。在浑身难受之时，顺手抄起了正在手边的一本《几何原本》，正好翻到第五卷，他读了欧几里得对欧多克索斯比例理论精彩解说后，不由大感痛快，病一下子好了！后来，他一生病就读这个第五卷，书到病除，屡试不爽。

第六卷也与第五卷相关，主要是应用欧多克索斯的比例理论来讲各种相似的几何图形及其面积。

第七、八、九三卷讨论的都是同一类问题，即数论。我们前面已经讲过了数论，知道它们虽然常只与正整数相关，看上去比较简单，然而实际上内里却有着九曲回肠，复杂无比。例如“哥德巴赫猜想”到现在也未能证明。这三卷共有约100个命题。第七卷介绍了求一个或多个整数的最大公因子的办法，现在它被称为欧几里得算法。第八卷有所谓连比例及相关的几何级数。什么是连比例呢？就是下面形式的比例：$a:b=b:c=c:d$，如果这样的比例成立，则a、b、c、d构成了几何级数。例如8：4=4：2=2：1就是连比例和几何级数。在第九卷中欧几里得提出了许多有关数论的重要定理，例如“任何大于1的整数都能按（实质上）唯一的方式表示成一些素数之积”。并且证明了素数有无穷个。

第十卷是最难懂、篇幅也最大的一卷，约占全书篇幅的1/4，包含的命题多达115个。论述有关无理量的问题。什么是无理量呢？就是那些不可能精确测量的量，例如直角边长为1的等腰直角三角形的斜边长。这是一个无理数，即$\sqrt{2}$。这卷中第一个命题就是：“给定大小两个量，从大量中减去它的一大半，再从剩下的量中减去一大半，如此至于无穷，必会使得所余的量小于所给的任何量。”这也就是著名的“穷竭法”。我们只要稍微一想就可以发现它里面已经包括了无穷小的概念——小于所给的任何量，当然就是无限之小。更远地说，这个无限之小里已经隐隐约约有了微积分中的“极限”概念。

《原本》的最后三卷，即第十一、十二和十三卷都是有关立体几何的。第十一卷讲空间中的平面、直线、垂直、平行、相交等关系，以及多面角、平行六面体、棱锥、棱柱、圆锥、圆柱、球等比较复杂的立体图形的体积计算等问题，特点之一就是通篇都用到了前面的平行公设。共有39个命题。

第十二卷则是对“穷竭法”的具体运用。所谓“穷竭法”，在这里就是指某一个图形，例如圆，被另一个图形，例如其内接正多边形，逐步“穷竭”，也就是慢慢地填满之意。此时这个正多边形的面积也就会越来越接近于圆的面积了。这是“穷竭法”最经典的运用。我们前面已经多次提及了这一方法。

最后一卷，即第十三卷，是有关正多面体的问题。

上面我们花不少篇幅讲了《几何原本》，之所以如此，不但是因为它是西方数学史上第一部经典，而且因为它也是典型的数学经典，从这里我们可以发现所有数学经典的影子，它就像一个坐标尺一样竖立在数学家们的眼前，像灯塔一样指引着他们的数学发现与探索之路。

第十二章　伟大的阿基米德

我们前面说欧几里得是最伟大的古希腊数学家，但这种说法实际上并不是完全没有疑问的，因为在他之后古希腊还有第二个伟大的数学家阿基米德，他虽然没有建立如欧几里得一样的优美而完整的数学体系，但却有着更多了不起的数学新发现。

不仅如此，阿基米德被广泛认为是牛顿以前最伟大的科学家，他有多重身份——数学家、物理学家、发明家等，每一重身份在整个古希腊乃至整个古代西方世界都是顶尖的。我们完全可以在数学与物理学两个领域大讲他的生平，不过他毕竟在数学上做的研究更多一点，贡献也大一点，我们还是主要在这里说他吧！

传奇人生　阿基米德的生与死都称得上是一部传奇。

与古希腊其他数学家甚至名人相比，我们对阿基米德的生平事迹要知道得多得多，也比较准确，主要是因为各处有关他的说法都大体一致。例如古罗马史学家李维和普卢塔克都对他的生平有所记录，特别是一位叫策策斯的12世纪的历史学家明确地说："智者阿基米德是叙拉古人，著名的机械制造师，终生研究几何，活到75岁。"

据说早年，可能是公元前265年左右，阿基米德曾去埃及的亚历山大城学习，欧几里得一度在那里当老师，只是阿基米德到那里时大师已经死了，阿基米德的老师乃是大师的弟子，因此他是欧几里得的再传弟子。

在亚历山大，除学习当时最先进的科学知识外，阿基米德的另一个重大收获是结交了许多好朋友，如萨摩斯的科伦、多西修斯、厄拉多塞等，后来都成了数学家，即使在离开亚历山大后，阿基米德仍经常与他们通信，他的作品大都是以与他们通信的形式发表的。

阿基米德家在叙拉古有相当高的社会地位，而且与当时的叙拉古王希伦二世可能是亲戚，至少是朋友，两人来往十分密切。

阿基米德在叙拉古全心全意地从事科学研究。他所做的事很多，归结起来有两大类，第一类是科学发明，第二类是科学研究。他发明的东西很多，大都非常实用，甚至发挥了重要作用。例如他发明了阿基米德螺旋泵，这种泵能够将船舱中的水排出去。到现在则被广泛用于污水处理厂。它最大的特色是能够将水排出去的同时不会因为水中有杂质而阻塞。他还制造了许多天文仪器，有星球仪，也有能够演示太阳、行星、月亮等运动的仪器装置，后来这些仪器还被带到了罗马。不过阿基米德发明最多的还是武器，这我们等会再说。

阿基米德生平有三件有名的轶事：一是“我发现了”！二是“给我一个支点，我就可以移动整个地球”！三是叙拉古保卫战。

我们先讲第一件。有一次，叙拉古王希伦二世因为王位坐得很得意，决定建造一个华贵的神龛，在里面装上一顶纯金的王冠，作为感谢神恩的祭品。他找了一个金匠，把黄金交给了他，请他来打造王冠。金匠拿到黄金后，如期打好了王冠，交给了国王。国王看到王冠打造得极为精致美丽，十分高兴，打算好好奖赏打造它的匠人。可这时，有知道内情的人来告密说，金匠在打造金冠时捣了鬼，偷了一部分金子，而将等重的银子掺进了王冠的内里。

国王一听，十分愤怒，但金匠矢口否认，国王又不能将已打造好的金冠拆开。怎么办呢？他想到了阿基米德，于是找了他来，问能不能找个两全其美的法子：既能判定里头有没有掺银子，又不拆开做好的金冠。

阿基米德一时被难住了，说要先回去想想。从此这个难题充满了他整个的脑子，叫他日思夜想，但始终不得其解。

一天，他去公共澡堂洗澡，在古罗马时代，公共澡堂是人们的生活重心之一，远不是现在仅供洗澡的样子。

在澡堂子里，阿基米德洗啊洗，可心里仍在想着金冠的事。这时他正躺在浴池里，水因为他身体的沉浮不断高低起伏，排出池外。突然，阿基米德仿佛感到脑袋受到猛的一击，不由醍醐灌顶、恍然大悟。只见他像青蛙一样蹦出池子，又像兔子一样窜出了浴室，口里大嚷道：“Eureka! Eureka!”意思是：“我找到啦！我找到啦！”

据说这样喊着时，他衣服都没穿呢，就这样赤条条地往家里冲去了。

阿基米德找着了什么呢？当然是找着了如何判定金冠有没有掺假的妙法。他的想法是这样的：同等体积下，金子比银子重；同等质量下，金子的体积则比银子的体积小。现在金冠里面如果掺杂有银子的话，那么它的体积肯定比同等质量的纯金大。这时，如果将金冠放到水里，它排出的水的体积肯定比一堆同等质量的纯金放到水里排出的水的体积大。反之，如果没有掺杂银子，二者排出去的水的体积就会一样大。难题就这样迎刃而解了。

阿基米德的发现就是现在物理学里面的“阿基米德原理”，也就是浮力定理。

第二件事是一句豪言壮语：“给我一个支点，我就可以移动整个地球！”

为什么阿基米德这样吹牛呢？大家都知道杠杆的原理，它可以用小小的力撬起大大的东西。而且如果有一个可靠的支点而且杠杆也足够长的话，它能够撬起的东西在理论上来说是可以无限之重的。

这杠杆的原理正是阿基米德发现的，他把这个发现告诉了希伦二世，并且说，杠杆能够轻松地撬起任何质量的物体，如果给他合适的支点与足够长的杠杆，他连地球都撬得起呢！希伦二世对他的话将信将疑。为了证明自己所言非虚，阿基米德便请国王从他的船队中选了一艘顶大的，有三根桅杆的货船，据说是国王为埃及的托勒密王特造的，体积巨大，下水时几乎动员了所有的叙拉古男子来拖它。现在阿基米德在安装好了他的一组滑轮后，竟然能够由他一个人轻而易举地将大船拉上岸来，国王也能拖得动。顿时觉得自己成了大力士的国王高兴极了，大声向臣民们宣布：“以后凡是阿基米德的话我们都要信。”

是不是真的有了一根足够长的杠杆之后，我们就能够撬起地球呢？当然不是。有人计算过，如果要用60千克力来举起质量约达6×10^{24}千克的地球，哪怕只举高1/10000毫米，所需的杠杆长度将达10^{13}千米以上。这有多远呢？这样说吧，即使您像百米冲刺地一天冲刺24小时，也要花三万年以上才能跑完这段距离。

阿基米德生平的最后一个事迹是用自己的科学天才保卫家乡叙拉古，抵抗罗马人。

公元前264年，爆发了第一次布匿战争，即迦太基人和罗马人之间的战争，后来又有第二次和第三次布匿战争，我们这里要说的是第二次布匿战争。

这次战争中的英雄是汉尼拔，迦太基人的年轻统帅。公元前218年，年仅26岁的他率大军翻越白雪皑皑的阿尔卑斯山，杀入罗马人的老巢意大利。从此他在这片土地上纵横15年，这是西方军事史上最辉煌、也最悲壮的时期之一。

在意大利，汉尼拔几乎每战必捷，其中最有名的是“特拉西米诺湖之战”和“坎尼战役”。在这战役中汉尼拔取得了西方军事史上最伟大的胜利之一。特别是在坎尼战争中，八万罗马大军几乎被全歼，执政官包路斯战死，只有瓦罗等少数几个人逃掉。汉尼拔军死伤仅仅六千。

如此辉煌的胜利震惊了整个意大利，一些本来与意大利同盟的大城，如卡普亚和叙拉古，投向了汉尼拔一边。罗马已处于被毁灭的边缘。然而汉尼拔接下来犯了两个错误：一是没有乘胜向罗马城发动总攻，毁灭罗马；二是没有全力援助受到罗马人猛攻的盟邦。后来证明这是更为致命的错误。

认识到与汉尼拔硬拼只有送死后，罗马人采取了两手策略：一方面将罗马所有17岁以上的男子征入军队，另一方面再也不与汉尼拔军正面作战，而是加紧瓦解汉尼拔的反罗马同盟。方法是残酷报复那些与汉尼拔结盟的城市。首先是卡普亚，卡普亚忙向汉尼拔求援，在这种情况下，汉尼拔理当尽全力支援卡普亚，并且乘机与罗马军再决一战，消灭其有生力量。但不知为何，汉尼拔竟然只是向罗马城进行了一次虚张声势的进攻，这当然不能救卡普亚人。不久，卡普亚被罗马攻克，整座城市遭到毁灭。

在攻打卡普亚的同时，罗马人还向汉尼拔的另一个主要盟友叙拉古发动了进攻。

这也就是阿基米德参加的叙拉古保卫战，发生在公元前213年。

罗马人这次来的目的是要毁灭叙拉古，面对祖国的生死存亡，阿基米德立即行动起来，参加了战斗。

当然，以他七十余岁的高龄是不能亲自披铠甲上战场的，但他起的作用远比一个士兵大。

这次罗马人的统帅是马塞卢斯，他率军从海陆两地向叙拉古发动了猛攻。

叙拉古人的势力远不如罗马人，但他们仍奋起抵抗。有钱的出钱，有力的出力，有脑子的出脑子。阿基米德属于第三种。他用自己的天才设计了许多十分厉害的守城武器。例如他发明了一种大概类似于现在我们所用的起重机的设备，从城墙上伸出去，将罗马人的战舰抓起来，吊得高高的，再狠狠地摔下去，摔得粉碎。为了对抗这起重机，罗马人想出了一个好点子：他们将两艘大战舰锁在一起，这样就起不动了。但是，阿基米德早有准备，发明了一种抛石机，能够将巨大的石头抛出老远。因此，当罗马人的连锁战舰攻过来时，叙拉古城里突然飞出来一阵石雨，巨大的石头将罗马人的战舰打得千疮百孔、七零八落。阿基米德后来甚至发明了一种巨大的反光镜，能够用现在的放大镜一样将太阳光聚焦，再反射到罗马人的战舰上，让它们起火燃烧。

如此，罗马人怎么能够打破城池呢？罗马士兵们简直成了惊弓之鸟，一走近叙拉古的城墙就害怕，害怕里边会突然冒出什么厉害武器来。据说他们只要看到城里扔出来哪怕是一根绳子，也会吓得抱头鼠窜，惊呼：“阿基米德又来了！”在普卢塔克所著的《马塞卢斯传》中记载，毫无办法的马塞卢斯嘲笑他那些无用的工程师说：

“我们还能同这个懂几何的‘百手巨人’打下去吗？他轻松地坐在海边，把我们的船只像掷钱币似的抛来抛去，舰队被弄得一塌糊涂，还射出那么多的飞弹，比神话里的百手妖怪还厉害。”

那怎么办呢？罗马人终于想出了一个绝后计：只围不攻。将叙拉古城从海上与陆上重重包围，围成铁桶似的。

要知道叙拉古只是一座孤城，里头粮草甚至饮水都有限，在罗马人的围困之下，不久城内人心思变，后来有人打开了城门，放罗马人蜂拥入城，叙拉古失陷了。

阿基米德呢，他被杀了。关于他的死有不下10种说法。例如当罗马人冲入他的宅子时，他说："请让我做完这个试验！"但罗马士兵没有听他，一剑砍下了他的头。二是罗马人攻上来时他正在海边的沙滩上沉思数学，他在地上画了些公式与图形。一个罗马士兵向他冲来，要他走开，但阿基米德拒绝了，罗马士兵毫不客气地一剑砍下了老科学家白发苍苍的头……众说纷纭，反正是死了。

也许是最伟大的数学家 既然阿基米德死了，我们不再说他的逸闻趣事，且来看看他的思想。

作为伟大的数学家，阿基米德留下的数学著作不下10种，基本上是希腊文手稿，也有拉丁文的译稿。现在的标准本是《阿基米德全集》（包括阿基米德的《方法》）。其中《方法》是最新发现的珍贵手稿。它是1906年时一位丹麦哲学教授从土耳其首都伊斯坦布尔，即过去的拜占庭和君士坦丁堡，在一卷已经写上了基督教经文的羊皮纸上发现的。

在《方法》里，阿基米德着重阐述了如何求图形的面积与体积的问题。具体的做法是先将它们分成许许多多的小量，再用另一组微小量与之形成比较，使之形成某种相似与平衡，再用求后一组微小量——它通常是比前一组要容易求——的方法来计算前面所欲求的面积或者体积等。看得出来，这种方法颇像我们前面在讲什么是积分时所用的求曲边形面积的方法，也是先将之分成许多小长方形，然后计算其面积之和。因此，阿基米德的《方法》中实际上已经包括了微积分特别是积分的思想。这比牛顿或者莱布尼茨发明微积分要早上两千年呢！此外，在另一部著作《论劈锥曲面体与球体》里，当讨论如何确定由圆、椭圆、抛物线、双曲线等绕其中轴旋转而形成的几何体的体积时，阿基米德同样采用了类似于积分的方法。

阿基米德的第二部重要著作是《论球与圆柱》。

《论球与圆柱》共分成两卷，主要结论有两个：一是证明任何球体的表面积是其大圆面积的4倍，用我们现代的公式就是$s=4\pi r^2$。还有球体的体积是球内切于之的圆柱体体积的2/3，这样立即可以得出来球的体积是$v=\frac{4}{3}\pi r^3$。

阿基米德对于后面这个结论十分满意，简直有些得意了，这对一向谦逊的他颇不常见。他甚至留下了指示，要在他的墓碑上画一个这样的球体及其外切圆柱的几何图形作为墓志铭。

阿基米德被罗马人杀死后有没有人来实现他的遗言，给他立这样的碑呢？

立了。对于阿基米德之死，马塞卢斯也深感遗憾，他惩罚了那个竟敢杀死伟大的阿基米德的士兵，安葬了科学家的遗体，并按照阿基米德的遗言，在坟前立了一块这样的墓碑。直到100年后，伟大的罗马演说家和学者西塞罗还在叙拉古的荒野之中找到了这座已经湮没在萋萋荒草丛中的墓，上面刻有球和圆柱的墓碑依然在目。

阿基米德的第三部重要著作是《圆的测定》。

这是一本比较薄的书，主要内容是对圆周率π的测定。阿基米德算出的值是介于$3\frac{1}{7}$和$3\frac{10}{71}$之间，这是当时最精确的值了，被称为“阿基米德圆周率”。阿基米德采用的办法是让圆的内接和外切正多边形的边数不断增加，从而得出了越来越精确的π值。这个办法也成为此后千余年里西方数学家们计算圆周率的标准方法。

除了这几部，阿基米德的著作还有许多，包括许多不朽的物理学著作，但我们这里就不多说了。

总之，阿基米德是整个西方数学史上最伟大的数学家之一，早在古罗马时期，伟大的古罗马自然学者普林尼就称阿基米德为“数学之神”。有人认为他的地位甚至要高于牛顿，就像一位叫E.T.贝尔的数学史家所言，任何一张列出有史以来最伟大的数学家的名单中，必定会包括阿基米德，另外两个通常是牛顿和高斯。不过若就他们的影响之于当代及后世的深远程度来说，三人之中最伟大者当推阿基米德。

第十三章　从古罗马到中世纪

在罗马帝国时代，亚历山大城一直是古代西方数学研究的中心，但公元前146年，当恺撒焚烧停泊在亚历山大港的埃及舰队时，大火殃及亚历山大图书馆，这是当时西方世界最大的图书馆，是西方人的精神家园，大火使得几乎所有藏书和近50万份珍贵的手稿化为灰烬，这是西方历史上最大的文化悲剧之一，对西方文化史的影响不亚于"焚书坑儒"之于中国文化史。

罗马帝国崩溃之后，西方历史走入了黑暗的中世纪，在这个时代，数学的遭遇就像被迫害惨死的海帕西娅（古代最伟大的女哲学家与数学家）的命运一样悲惨。

海帕西娅是古罗马时期亚历山大城的新柏拉图主义学派的领袖，她在当时很有影响，不但有思想，课也讲得很好，对学生总是循循善诱，所以从者如云。她的学生中最有名的一个叫叙涅修斯，后来这人成了基督教的一个主教，他给海帕西娅写了几封信，现在还流传下来了。

然而，关于海帕西娅的直接资料，恐怕流传下来的就只有这几封信了，信中学生向老师讨教关于制造星盘和水钟的问题。此外，据说她曾为同是亚历山大人的著名数学家丢番图的《算术》、阿波罗尼奥斯的《圆锥曲线》，还有古代世界最伟大的天文学家、同样生活在亚历山大城的托勒密的《天文学大成》做过注，但这些著作都已经失传。不过从这些都可以看出海帕西娅关注的是数学与天文学，在女性地位低下的古代世界，她被公认为是最伟大的女哲学家与科学家。

海帕西娅最令人动容的不是她的完美与伟大，而是她惨烈无比的死。

一天，在讲学回家的路上，她被几个基督徒抓进了教堂，他们先把她剥得一丝不挂，然后用锋利的蚌壳将她全身的肉一片片割下来，再硬生生地扯断她的四肢，最后，他们把她还在颤抖着的身躯丢进了熊熊烈火。

实际上，基督徒们烧死的并不单单是海帕西娅，而是整个中世纪的数学。

进入文艺复兴之后，数学才有了一定程度的起色，不过那时人们将目光投向了对旧世界、旧思想更加具有冲击性、更能表达人的解放意志与自由精神的文学与艺术，在科学方面则投向了如同文学艺术一样具有冲击力的天文学，对于不具有这些特色的数学则相对忽略。因此，在文艺复兴时代，数学的发展是相当有限的。在这里值得一提的主要是两件事，分别关乎一场斗争和一个名人。

一场世纪之争 这时大概是1515年，意大利古老的博洛尼亚大学的数学教授费尔洛用代数方法成功地解开了不含有二次项的三次方程，也就是形如$x^3+mx=n$的方程。得到这个重大科研成果后，他没有将之公开发表以得到应有的名誉，而是将它秘藏起来，只传给了自己的学生菲奥尔。

20来年后，另一位意大利人，靠自学成才的塔尔塔利亚公开宣称，他发现了不含一次项的三次方程的解法，即$x^3+mx^2=n$。这个塔尔塔利亚本名丰塔纳，因为有些结巴，人们就叫他“塔尔塔利亚”了，意思就是“结巴”。听到这个消息，菲奥尔不由又惊又怒又不相信——好像只有他的老师才有资格发现那解法似的，于是他向塔尔塔利亚提出了挑战。塔尔塔利亚接受了挑战。比赛那天，两人在规定的时间内解相同数量的方程，结果塔尔塔利亚因为能够解开两种形式的方程——据说在比赛前一天晚上他也想出了形如$x^3+mx=n$的方程的解法，因而获胜。

获胜之后，塔尔塔利亚在数学界声誉鹊起，这时便发生了后来成为西方数学史上最大悬案之一的事件。

就在他比赛胜利之后不久，一天，来了一个米兰人，卡尔达诺，医生兼数学家。应该说，他是比塔尔塔利亚更伟大的数学天才。但他很可能在解3次方程的方法上请教了塔尔塔利亚，据说还发誓保守秘密，塔尔塔利亚便将解法的秘密教给了他。

又过了约10年，到1545年，卡尔达诺在德意志纽伦堡出版了《大衍术》，其中包括了三次方程的解法。塔尔塔利亚知道这件事后便公开指责卡尔达诺违背了保守秘密的誓言。卡尔达诺好像倒没怎么样，但他的学生费拉里却站起来为师傅辩护，他说卡尔达诺根本没起过这样的誓，也没有从塔尔塔利亚那里获知解题的秘密，他是通过某第三者从费尔洛那里得到帮助的。他又反过来指责说，是塔尔塔利亚从费尔洛那里搞了剽窃。这位费拉里也不是等闲之辈，他原来只是卡尔达诺的仆人，后来也成了了不起的数学家，在乃师等人之上更发现了四次方程的解法，这也包括在《大衍术》中。

费拉里和塔尔塔利亚的争执在数学界乃至当时的社会上引起了广泛的关注。两人争执的最高潮是费拉里和塔尔塔利亚1548年在米兰展开了一场充满火药味的公开大辩论。辩论之后，双方都声称赢得了胜利，但究竟孰胜孰负就不得而知了。

这场争论在数学史上留下了浓重的一笔，也许是中世纪和文艺复兴给数学史留下的最深刻的印迹了。

这位卡尔达诺1501年出生于米兰，是个私生子。早年生活极为贫困，直到38岁时才加入医师协会，成为正式的医师。此后他便因为医术高明而声名远播，直到有宫廷要邀请他去当御医。但他并不愿意接受这个一般医生求之不得的职位。入医师协会仅仅数年之后，他就成了协会的会长，也是欧洲最有名的医生之一。1543年，他在帕维亚成了大学医学教授。

卡尔达诺不但在医学方面誉满欧洲，还是伟大的数学家，他的《大衍术》是代数学的奠基性著作之一。后来他又出版了《博弈之书》，在其中首创了概率论。他甚至是一位卓有成就的物理学家和哲学家，他的著作之一名为《事物之精妙》，其中包括了他的许多物理发现和多项发明。

由于他宣传科学等原因，1570年时被宗教裁判所以“异端”的罪名逮捕，这时他已经是波伦亚大学的医学教授。遗憾的是他没有像布鲁诺那样坚守自己的信念，而是向教会宣誓放弃自己原来的“异端邪说”，因此得以释放。但教会并没有完全放过他，他不但失去了在大学的教职，在教会的禁止下，他从此也不再著书立说了。

卡尔达诺到底是一个什么样的人在数学史上颇有争议。有些数学史书籍据那场争论说卡尔达诺品德不好。我觉得仅因为这件事就说卡尔达诺不好是不合适的。原因有三：

一是没有动机。如果卡尔达诺声称三次方程的解法是他发明的，那么他否认从塔尔塔利亚那里获得解题秘密就可以理解了。但他没有，他没有声称是自己发明了解题法，只是说那不是从塔尔塔利亚处得来的而已。请问，从塔尔塔利亚那里得来同从费尔洛那里得来对于他卡尔达诺有什么区别呢？第二是因为卡尔达诺是比塔尔塔利亚要伟大得多的数学家，并不需要去剽窃还不如自己的人的成果。第三，在那场争论中卡尔达诺并没有出面，都是费拉里主动出头为乃师说话。从这就看得出来卡尔达诺并不是那种爱争吵或者说很喜欢虚名的人。

事实上，数学史也并没有因为这场争执就否认卡尔达诺的成就，即使在三次方程的解法上，现在的求解公式仍然被称为“卡尔达诺–塔尔塔利亚公式”，即：

$$x=\sqrt[3]{(n/2)+\sqrt{(n/2)^2+(m/3)^3}}-\sqrt[3]{-(n/2)+\sqrt{(n/2)^2+(m/3)^3}}$$

这个公式只能被直接用在形如$x^3+mx=n$的三次方程上，但它事实上对于一切三次方程都是管用的，因为通过一系列的变换，所有三次方程，即我们现在所知的形如$ax^3+bx^2+cx+d=0$的三次方程，都可以变成$x^3+mx=n$的形式。方法很简单，只要你设$x=z-b/3a$，将之代入$ax^3+bx^2+cx+d=0$，就可将原方程式化为$z^3+mz=n$的形式，求出z来后，x也就唾手可求了。

韦达是中世纪与文艺复兴时期最著名的数学家　中世纪和文艺复兴时期西方最著名的数学家是韦达。

大家现在从课本上看到的数学公式，例如$ax^2+bx+c=0$之类，满是各种各样的符号，代表各种各样的意义。这些意义与符号本身之间并没有必然的联系，只是一个代号而已，就像人的名字一样。在数学上，我们像能够用公式表达这些数字与符号一样也能够用文字去表达之。例如对于$ax^2+bx+c=0$这个方程，我可以用文字这样表达："某一个已知数乘以某一个未知数的平方然后加上另一个已知数乘以该未知数再加上某一个已知数最后的结果是什么也没有。"

怎样？也能表达吧？虽然啰唆了点。您可不要对这种啰唆的表达法感到好笑，要知道从欧几里得到阿基米德，这些伟大的数学家就是用这种啰唆的法子来表述数学命题的呢！一个典型的例子是古代西方一位文法学家所编写的数学著作《选集》，它是这样表述下面的数学问题的：某人一生，童年占四分之一，青年占五分之一，壮年占三分之一，还有一十三年是老年。请问他活了多少岁？这个问题您解得出吗？试试看。

到另一个著名的古代数学家丢番图时，情形有了很大改变，他将几乎是纯粹文字的代数学变成了一种简写的代数学，比原来的形式要简明多了。在他的名著《算术》中，用了某些符号来代替文字。例如，他用$\Delta\gamma$来表示某个未知数的平方，用$K\gamma$来表示某个未知数的立方，等等。虽然不那么好看懂，但形式上比纯粹文字的数学表达要简单不少了。

对了，这丢番图也是一位伟大的希腊数学家，现在对他的一生所知很少，只知道他活跃于公元250前后，在数论上的成就在古代西方无人能比。他给人印象最深的是其墓志铭，上面这样写道："丢番图的一生，幼年占1/6，青少年占1/12，又过了1/7才结婚，5年后生子，子先父4年而卒，寿为其父之半。"

您能算出来他活了多少岁吗？

当然，丢番图是不知道用阿拉伯数字的，我这里只是为了大家做题目方便借用了一下而已。

数学表达方式的第三个时代就是符号数学的时代，这也是我们所处的时代，就是用$ax^2+bx+c=0$来表达方程的时代。

对这个时代的到来做出最大贡献的就是韦达。

韦达这个名字我们都很熟悉，中学课本中就有著名的韦达定理。它说的是，设有方程$x^2-px+q=0$，x_1、x_2分别为它的两个根，则$x_1+x_2=p$，$x_1x_2=q$，它在解方程时简直是个宝呢。

韦达这译法有些怪，他的名字原文是Viète，准确音译应当是维埃特，据说是因为他的著作常常用拉丁文发表，在拉丁文里他的名字拼作Vieta，就被译成了韦达。

韦达是法国人，也是我们第一个听说的法国数学家。他生于1540年，死于1603年。在家乡丰特奈-勒孔特接受早期教育后到了法国中西部的普瓦提埃大学学法律，后来成了一名律师，一辈子主要靠官司吃饭，还曾担任过光荣的皇家顾问之职。他一生最有轰动效应的事是当西班牙的天主教徒与法国的胡格诺教徒打仗时，西班牙人运用了一套在当时复杂得不可想象的军事密码，多达500个字母以上。他们当然以为这是不可能破译的，然而韦达却成功地破译了。这样法国人就对西班牙人的军事行动了如指掌。西班牙人察觉后，给吓坏了，觉得不可思议——除非法国人懂妖术，于是他们向教皇提出了控诉，说法国人用妖术对付他们。韦达是用什么办法破译密码的呢？当然是用数学。由此可见他的数学功底之深厚了。其实他既非职业数学家，又没有受过正规的数学教育，只在业余时间研究些数学，成就完全是靠自己的天才加勤奋获得的。

韦达对数学最大的贡献是提出了一种崭新的数学公式表达法。

在阅读古希腊的数学著作特别是丢番图的著作时，他对于丢氏经过了改进的表示法还不满意，例如丢氏即使在表示同一个未知数的不同次方时，用上了不同的字母。韦达对这种方法进行了大踏步的改进。首先，他对于代数学中的已知量与未知量的表达方式进行了统一，用元音字母来表示未知量，而用辅音字母来表示已知量，aoei是元音，bcdx是辅音。韦达主要是用元音字母*A*来表示未知数，而用*BCD*等来表示已知量。对于同一个问题中的同一个未知量或者已知量，他就用同一个字母来表示。当然，韦达并没有将代数式完全改成今日的模样，有些他也仍然用上了文字，典型者如平方、立方等。

我们还是举个例子来看看韦达是怎么表示的吧，例如他用*A*、*A* quadratum、*A* cubum分别表示未知数*A*的一次方、平方与立方。后面的平方与立方他仍然是用的文字，quadratum和cubum分别是拉丁语“平方”和“立方”的意思。这样的表示法缺点还很明显，主要是仍太复杂，让人看不明白，对于前面比较简单的式子还好说，如果对于比较复杂的例子就更难了。例如$a^3+3a^2b+3ab^2+b^3=(a+b)^3$，这个式子，韦达就写成：*a* cubus + *b* in a quadr. 3+*a* in *b* quad. 3 + *b* cubo æ qualia $\overline{a+b}$ cubo，够复杂了吧？在后面的*a*+*b*上面画一横线的作用类似于我们现在所用的括号。

用这样的方法显然还是不够的，后来又有许多数学家对韦达的表示法进行了完善，才达到我们今日的模样。

在这些完善数学表示法的数学家当中，有一个名字对于我们是非常熟悉的，他用*abc*来表示已知数，而用*xyz*来表示未知数，这种方法一直沿用至今。

这个人就是笛卡尔，伟大的哲学家，我们在哲学卷中会比较详细地介绍他的生平事迹与哲学思想。他同时又是一个伟大的数学家，对数学所做的贡献不亚于对哲学所做的贡献，欲知他对数学到底做了何等样的贡献，请见下面分解。

第十四章　奇妙的三大发明

下面我们要讲述数学领域内的三个伟大发明：对数、解析几何和微积分，它们都出现在文艺复兴期间或之后不久，这三个了不起的发明凑到一块，像三兄弟一样呱呱坠地。

众所周知，发明与发现是不一样的，发现是找到本来已存在之物，而发明则是去创造本来不存在之物，就像上帝曾经做过的一样。从这个角度上说，那些发明家更值得我们赞美，就像信徒赞美神的创造一样。

在数学发展的历程中，有过许多这样的发明，其中三个就像年龄相差不大的三兄弟一样，一个接一个地呱呱坠地，诞生在这个世界之上。

奇妙的对数　我们先来讲第一个——对数。

对数对于我们可不陌生，早在高中甚至初中时我们就已经学过它了，它的形式很简单：$loga^b=c$，读为“以a为底b的对数是c”。它又可以写成这样的形式：$a^c=b$。用一个具体的数来说吧，我们知道，$10^2=100$，这个式子可以写成这样的形式：$log10^{100}=2$，称为“以10为底100的对数是2”。由此可见，在指数与对数之间存在着密切的联系，它们的实质是一样的，只是表达的形式不一样，就像我们说“阿基米德是伟大的物理学家”，又说“阿基米德是伟大的数学家”一样，两种说法实际上指的是同一个人——阿基米德，他既是物理学家，又是数学家，两句话只是着重点和表达的形式不一样而已。

那么，这样将我们熟悉的指数表达为有点儿古怪的对数有什么意义呢？

它的意义大着呢！它诞生之后，就赢得了科学家们，尤其是天文学家们的赞美甚至崇拜，因为，它对于他们实在太有用了，就像我们在前面讲天文学时讲过的那位伟大的天文学家兼数学家拉普拉斯所言，对数的发明“以其节省劳力而使天文学家的寿命延长了一倍”。

事实上，它不但使天文学家们的寿命增加了一倍，还使得任何需要进行大量计算工作的人们的寿命都增加了一倍。因为，对于那些需要进行大量乘除法计算的人，他们每天的工作时间完全可能有一半花在不需要天才，然而必不可少的繁复计算之上，而在天文学里这样的计算最多，这就是为什么天文学家们特别赞美对数的原因。

对数最基本的功能之一就是化乘为加、化除为减。变成公式就是：$\log_b(xy)=\log_b x+\log_b y$，$\log_b(x/y)=\log_b x-\log_b y$。

举个例子吧，现在我们要算16×64，如果像惯常的做法一样用乘法去算，除了心算能力很强的人，都得用笔来慢慢地乘一番，那结果还得小心出错。现在我们用对数来算算吧！

根据上面的公式，$\log_2^{16\cdot64}=\log_2^{16}+\log_2^{64}$

我们又知道，$\log_2 16=4$，即$2^4=16$，$\log_2 64=6$，即$2^6=64$，这是不用算就知道的。

这样，$\log_2 16+\log_2 64=4+6=10$。

到这里后，我们就知道了，16×64以2为底数的对数是10，它是多少呢？您不用计算，只要拿出“对数表”来一查就知道了，这个值是1024。

是的，对数之所以重要，是因为还有一个“对数表”可用。这个表我想大家读中学时都用过，好用得很。

我们所用的对数表一般称为“常用对数表”，就是用10为固定底数的对数表，标记为lg，lg66用普通的记法就是$\log_{10}66$。用它几乎可以查到我们实际上需要的任何对数。

我们所求的任何乘法或者除法，即使对于那些不是我们所知道的某一个数的几次方的数，也可以通过常用对数的方法求出其积或者商。例如像4368×91756这样的大数相乘的例子，通过常用对数表也可以很方便地算出其积是400790000。同样，像$73958\div2539$这样的数，我们通过常用对数表也可以很快算出其商是5.4686。根本用不着笔。是不是又快又好？不信您可以试试，如果忘了用对数，也不要紧，看看说明马上就会了。

这里要强调的一点是，通过常用对数表求出来的值基本上是近似值，例如上面的两个值都显然不是精确值。但这并不重要，因为在我们的实际计算工作中，特别是对于动辄就用几万、几百万的大数的天文学家们来说，这样的近似值就足够了。事实上，不仅对天文学家们如此，对于我们的实际生活，那样的近似值通常也足够了。

我说了一大通对数，又说它是一个伟大的发明，那么它到底是谁发明的呢？

贵族老爷耐普尔　对数的发明者叫耐普尔。

耐普尔是英国的苏格兰人，1550年出生于苏格兰爱丁堡附近的默奇斯顿城堡。他出身高贵，是一个地地道道的贵族老爷，他的父亲阿契伯德·耐普尔爵士是默奇斯顿城堡的第七代领主，舅父则是一位主教，像他这样出身而仍能静下心来从事科学研究并取得重大成就的人在历史上并不多见。

耐普尔13岁时入圣安德鲁斯大学，但不久就离开了，并没有拿到学位。此后他就到处游逛，这对于那时的贵族子弟们是很正常的。直到21岁时他才回到苏格兰，第二年就娶了一个贵族出身的女子为妻。7年之后，他的妻子去世，他又娶了另一个妻子，两个妻子先后给他生了12个孩子。对于拥有庞大地产的耐普尔爵士来说养活这么一大家子并不困难。他第一次结婚之后，他的父亲就把城堡交给了他，让他成了第八代领主。

耐普尔是一个大忙人，一生都处在激烈的动荡之中，特别是英国的宗教纷争之中，并受到英国国教会的器重。他也极力为教会服务，曾多次面见国王，要求国王关注教会的福利并且强烈要求国王严惩敢得罪教会的人。出于对神的虔敬和对罗马教皇的愤恨，他曾写过一本《圣约翰启示录中一个平凡的发现》，书中试图证明教皇不是真正的基督徒。耐普尔自认为这是他对人类做出的最伟大的贡献。这本书在当时的确引起了巨大的反响，据说印刷了21版之多。

除此而外，耐普尔要做的事还有很多，例如作为一个有大量土地牛羊的地主，他曾经对于土地的肥料与牛羊的饲料都做过一番研究，发现了在饲料中加盐对牲畜大有好处，到今天已经成为农民们的一个常识。他甚至还发明了一种螺旋抽水机，对抽煤矿中经常大冒特冒的水颇有用处。据说他还是一个科幻作家，对经常笼罩在战争之下的人类可怕的未来做过许多惊人的幻想，他预言说，人类将来能够造出一种武器，能够将方圆四英里内超过一英尺长的活物通通杀死，人类还能造出能在水下航行的机器，还能造出一种战车，所经之处将无人能够幸存。不难看出这些幻想如今都变成了现实。

我想，对于一般人而言，做了十多个孩子的父亲、做了大片土地的主人、做了热衷于宗教的斗士，还做了作家，一个人的时间该占得差不多了吧？但对于耐普尔不是这样。

早在他娶第一个妻子之后不久，他就开始了数学的研究与发现，并且萌发了对数的观念，从此将许多时光花到了这个神奇的发明之上。到40岁左右，他独特的数学体系开始形成，到1614年时，他出版了《神妙的对数规则之描述》，向世人公布了他的伟大发明。书出版后，由于其显而易见的好处，迅速得到了人们的认可。据说就在当年，英国第一个数学教授H.布里格斯曾专门去看望过他，就像去朝圣一样。

除了对数外，耐普尔对数学的贡献还有不少，例如他发现了能够求解非直角三角形的几个公式，现在它们还被称为“耐普尔类推式”。他还发明了“耐普尔尺”，它虽然看上去只是一根尺子样的东西，但却能够像查对数表一样又快又准地进行乘除运算甚至能够求平方根。总而言之，耐普尔虽然不是数学史上最伟大的人物，但却是最奇特的人物之一，是了不起的鬼才与怪杰。

伟大的哲学家发明了解析几何　　我们要讲的第二个了不起的数学发明是解析几何。

关于笛卡尔的生平事迹我们可以在本丛书的《西方哲学通史》中读到，这里就不多说了，我们这里只谈他伟大的数学发明。

笛卡尔对数学的主要贡献是创立了解析几何。

解析几何大家在高中时都学过了吧？前面我们讲什么是数学时也讲过，解析几何最大的特色是引入了坐标。

大家都见过坐标。坐标有横轴与纵轴，分别称为X轴与Y轴，通过它们可以表示各种平面几何图形，图形中每一个点在坐标轴上都可以找到相应的数值与之对应。由之我们可以看出，解析几何的主要特点是它将几何学中的基本元素点与代数学中的基本元素数结合起来。不但几何图形可以通过坐标来表示，方程也可以通过坐标来表示，例如方程$y=3+x$，每一个x取值与相应的y值都是在坐标上的一个点，这些点就构成了一条直线。不但直线可以，曲线与曲面同样可以找到对应自己的方程。从这些可以看出，通过解析几何与坐标，代数与几何得以优美地结合起来。实际上，我们前面学过的函数与方程都与解析几何有极为密切的联系，它们的x值与y值分别可以在X轴与Y轴上找到对应的值，而且对应的x值与y值结合在一起就构成了坐标上的一个点，即（x，y）。所有这些点就形成了一个几何图形，有直线也有曲线图形。就像下面图14–1的例子一样：

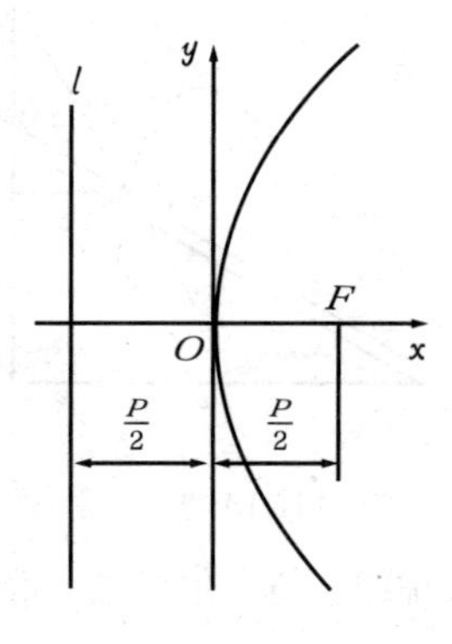

图14–1

以上就是一个坐标，包括X轴和Y轴，即横轴和纵轴，它也是方程$y^2=2px$的坐标图。

解析几何如今是数学一个十分重要的分支，它的主要创立者就是笛卡尔。1637年，笛卡尔以“Levre Premier”的笔名出版了三部论文，分别是《折光学》《论流星》《几何学》。

《几何学》共分三卷，第一卷讨论如何用直尺和圆规作图；第二卷中讨论了用“不确定的代数方程”表示并研究几何曲线，这也就是他的解析几何思想；第三卷立体与“超立体”的作图问题。

笛卡尔认为以前的数学是一种分裂的数学，甚至古希腊的数学也束缚了人们的想象力。因此，他决心要建立起一种“普遍的数学”，在这里，算术、代数、几何都是统一的。他熟悉地理学，知道很早以前人们就已经知道了经纬度的问题。通过经纬度，大地上的每个点都可以用一对数字（x，y）来表示。那么，在纸上任何一个数字当然也能够。他又想到在方程中也是两个数：一个自变量对应一个因变量，即一个x对应于一个y，这不也像地图上一样构成了一对数字（x，y）吗？不是同样能在一个平面上将之表示出来吗？他又进一步想到，所有的x值及对应的y值所代表的点（x，y）是不是能够形成某一种图形呢？他更进一步地想到，平面上的每个点，甚至平面上的某种图形，例如直线与曲线，应该同样可以用方程来表示。凭直觉，笛卡尔相信这是可以的。于是他便将这种思想在《几何学》中表达了出来。

有了这些想法之后，下一步就是要如何在一个平面上表示x与y了，我们且看他是如何来表示的吧！

在他的《几何学》第二卷里，笛卡尔说明曲线可以用方程来表示后，作出了图14–2这样一个图：

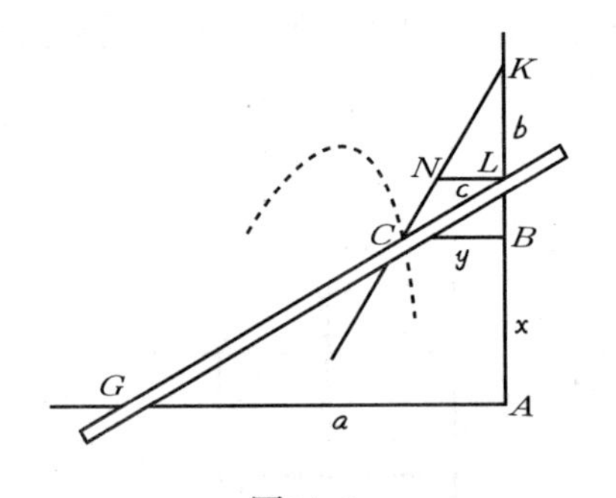

图14–2

我们可以看到，上面有一条虚线，笛卡尔经过一番证明之后，得出结论说，上面那段曲线可以用方程$y^2=cy-\frac{cx}{b}y+ay-ac$来表示，这样就在曲线与方程之间建立了直接的联系。这就是解析几何的基本特质。

在这个图上，笛卡尔取了点A作为起始点，相当于我们现在坐标上的原点。又用直线AB作为量度点的位置标准，相当于现在坐标的横轴。不过，笛卡尔这个坐标仍很不完善，例如他没有引入第二条坐标轴——纵轴，这直到100多年后，才由一个叫克拉美的瑞士数学家在他的《代数曲线分析引论》中正式引入，所以克拉美算得上是解析几何的共同发明者。笛卡尔也没有用“坐标”这个词，至于“纵轴”“横坐标”“纵坐标”等词儿也还要好久才会出现。不过，谁都不会否认，笛卡尔已经明显地发明了坐标的概念并且在实际的数学运算中运用了它。因此，笛卡尔是不折不扣的解析几何的第一个创立者。

数学史上最伟大的发明　　微积分是我们这章要讲的三大发明中的最后一个，一般认为，它也是数学史上最伟大的发明。

与解析几何一样，微积分也有两个发明者，与解析几何不同的是，这两个发明者之间没有像解析几何的两个发明者之间一样和平共处，相反，他们之间却发生了一桩堪称数学史上最厉害、最有名的争论。

牛顿与微积分的发明　　牛顿这个名字我们是太熟悉了，关于他的生平与事业也是我们这本书的重头戏之一。但我不准备在这里就说，因为牛顿虽然在数学上贡献巨大，然而他首先并非一个数学家，而是物理学家，就像笛卡尔首先也不是数学家而是哲学家一样。因此关于他的生平我要放到这本书的后面讲物理学时再详细讲。这里只说说他发明微积分的事儿。

大约在1665年，牛顿22岁的时候，已经对微积分有了相当深的认识。以后我们读他的生平事迹时将会知道，他这段时期正在家乡躲避瘟疫。在这段时期里，他饱食终日，无所用心，于是就对自然界进行了沉思，得出了三大结论：微积分、光的性质、万有引力。这称得上是牛顿的三大主要功绩。这时候牛顿用“0”表示无限小的增量，这实际上已经有了极限的含意。他同时还能够求出某个函数的瞬时变化率，对照前面讲过的微分中的导数，我们知道这瞬时变化率也就是导数。例如对于自由落体，下降距离y与时间t之间的函数关系式是$y=\frac{1}{2}gt^2$，它的导数、瞬时变化率与瞬时速度三者是同一的。在这里t是变量。牛顿就把这种函数中的变量称为流量，而瞬时变化率称为流数，称其整体为“流数术”。

牛顿这个人行事一向小心，我们以后会知道，他的巨著《自然哲学的数学原理》要不是有人一再催促他是不会出版的——他直到1687年才出版该书，关于微积分的思想也第一次呈现在世人面前。

虽然早在1669年左右他就在朋友们中间散发了一本《运用无穷多项的分析学》，

但这本书直到40余年后才出版，这也是他第一部关于微积分的专著。此外他还写过一些关于微积分及其应用的文章，不过大都直到他死也没有正式出版或者发表，他只是在与朋友们的通信中透露出一鳞半爪，或者纯粹是锁在抽屉里的手稿。

这类数学手稿牛顿有很多，等他死后人们才开始搜集、整理、出版，这项工作一直花了240年才完成。到1967年，终于由剑桥大学出版社出完了《艾萨克·牛顿数学论文集》，全书共8卷。

可悲的莱布尼茨　微积分另一个发明者是莱布尼茨。

莱布尼茨被认为是整个西方历史上最博学的人物之一，《不列颠百科全书》以这样简短而强烈的语言表达了他惊人的渊博：莱布尼茨是“德国自然科学家、数学家、哲学家。他广博的才能影响到诸如逻辑学、数学、力学、地质学、法学、历史学、语言学以至神学等广泛领域”。

在所有这些身份之中，哲学家与数学家是最重要的，也是他之所以永垂不朽的主要原因。不过由于我们在《西方哲学通史》中还要讲述他的生平事迹，所以在这里只说一下他与微积分的发明有关的事。

莱布尼茨虽然博学，但对数学产生兴趣并不早。直到1672年他到巴黎时，才在著名数学家惠更斯的指导下专心研究高等数学。但这并没有阻碍作为数学天才的他在数学上取得伟大成就。他在数学的三大领域——微积分、变分学与拓扑学——都取得了重大成就，在与数学相关的另两个方向——综合运算与数理逻辑——也做出了开拓性的贡献。不过在这里我们只讲他创立微积分的事。

莱布尼茨大约是在1675年发明他的“无穷小算法”的，这里面包含了极限的基本含义，同时通过在几何上求曲线切线的方法得出了微积分中有关微分的理论。

我们前面在讲数学是什么时曾说过，导数是瞬时变化率，它其实也可以通过几何图形去看，那时它就成了曲线上某一点的切线的斜率，二者其实是一体的，只是所说的角度不同罢了。莱布尼茨用dy与dx的比值来表示这个切线的斜率，到现在这个“d”还是微分的运算符号。不但如此，莱布尼茨还看到了与“d”相反的另一种运算，即求“∫”，这就是积分。这些我们在前面都已经说过了。

在1676年左右时，莱布尼茨还给出了微积分的基本定理，即：

$$\int_a^b \frac{df}{dx} \cdot dx = f(b) - f(a)$$

在这里这个*A*就是曲线*f*与下面的坐标横轴围成的曲面的面积。这个定理现在被称为牛顿-莱布尼茨定理。

从上面看得出来，莱布尼茨已经发明了相当完整的微积分，为数学做出了至关重要的贡献，因为微积分被许多数学家认为是有史以来最伟大的数学发明呢。

不过，这一发明并没有给莱布尼茨在世时带来多少荣誉，相反，他受其累至多，原因就在于他与牛顿之间爆发了发明的优先权之争，这也称得上是科学史上最著名的大争论，在这里他成了一个悲剧性的人物。

科学史上最著名的大争论　我们前面刚说过，大约在1665年时，牛顿已经发明了他的流数术，这其实就是微积分。他将之应用于许多物理问题的研究且取得了成果。但他的研究工作只有少数几个朋友知道。发明流数术多年以后，一次牛顿通过莱布尼茨在英国皇家学会的朋友奥尔登堡转给莱布尼茨一封信，在信中他简短且含糊地提到了他的发明。莱布尼茨敏锐地感觉到这就是他此时也已经想到的微积分。于是他在回信中也告诉了牛顿自己的成果。两人之间的事就此告一段落。

此后，莱布尼茨的微积分方法在欧洲的数学家们中间开始流传，并由于其实用性引起了极大的反响。到1684年，莱布尼茨在一篇名叫《求不局限于分数或无理数量的极大、极小和切线的新方法以及它们异常的计算类型》的论文中正式公布了他的发明。

然而他在其中并没有提及牛顿的名字——虽然他应该这样做。

过了3年，牛顿在他的巨著《论自然哲学的数学原理》的注释中提到了与莱布尼茨通那次信的事，于是牛顿的朋友们立即向莱布尼茨发难，称他是剽窃者。而莱布尼茨也有自己的朋友，且他自己反过来又暗示是牛顿剽窃了他。于是他的朋友们也向牛顿发了难。更由于他们是不同国度的人，因此这里面不但有个人荣誉、有为朋友两肋插刀，更有国家荣誉在内。

于是，两人之间的争论最后便发展成为国家与民族荣誉感之争。不用说争得面红耳赤、几乎要白刀子进红刀子出了。特别是民族自豪感强得不得了的英国人最愤愤不平，他们甚至不愿意采用莱布尼茨发明的比牛顿使用的好用得多的符号。那套怪符号使得英国的数学发展一度受到极大的阻碍——直到若干年后他们的气消了，愿意接受敌人发明的符号为止。

但莱布尼茨本人并不是胜利者而是失败者，至少在他活着的时候是如此。除了他的同胞外，欧洲没有人承认他是微积分的发明者，瑞士数学学会甚至公开指称莱布尼茨是剽窃者。这令他一生蒙羞。

当然，现在数学史家们已经得出了结论：

微积分是莱布尼茨与牛顿共同发明的，牛顿发明较早，但莱布尼茨公布较早。

第十五章　数学天才欧拉

凡略通数学史的人对欧拉的名字都不会陌生，在西方数学史的天空中，他是最亮的星辰之一，能够与他争辉的只有阿基米德、牛顿、高斯等有限几人而已。

欧拉生活于18世纪，后面要讲的高斯生活于19世纪，某种程度上而言，这两个伟大的天才式人物代表了这两个世纪的数学：欧拉代表18世纪、高斯代表19世纪。

生于瑞士　欧拉是瑞士人。瑞士虽然是个人口不过几百万的小国，但对西方科学的发展做出的贡献可不小。欧拉1707年出生于瑞士的巴塞尔，他的父亲名叫保罗·欧拉，是一个牧师，母亲名叫玛格丽特·布律克。欧拉出世的第二年，父亲就带他搬到了另一个地方，在那里做起了牧师，带领神的子民们。不过，保罗·欧拉并非是一个只读《圣经》的普通牧师，他博览群书，尤精于数学，曾经是杰出的数学家家族伯努利家族之一的雅各布·伯努利的学生。

瑞士的伯努利家族乃是数学史上最有名的数学家家族，就像赫歇尔家族之于天文学、巴赫家族之于音乐一样。

欧拉自幼显示了相当高的才能以及对大自然的好奇心。七岁那年，希望儿子能够克绍箕裘的父亲将他送到了巴塞尔的神学学校学习，想要他将来像父亲一样当个恪尽职守的好牧师。可小欧拉却对天上的星星充满了好奇心，对这些美丽的星星是否是由一位叫神的家伙创立的感到怀疑。这使得他看上去像一个天生的异端，根本不适合当牧师，学校便将他赶了出去。

回到家后，父亲感叹一番后，也没有责怪儿子。在日常生活之中，他很快发现儿子具有惊人的数学天赋，不过他依旧希望儿子能够继承自己的衣钵。因此，在欧拉13岁时，又将他送到了他自己曾经就读的巴塞尔大学学习神学。

这时的巴塞尔大学是欧洲最好的大学之一，以神学与数学研究驰誉全欧，伟大的伯努利家族的数学家们都在这里执教。欧拉到这里后，他的数学才能很快就被有着伯乐般眼光的约翰·伯努利发现了。

欧拉这时还在读神学，并没有太多的时间去听伯努利的数学课，爱才的导师便特别允许欧拉每星期单独找他一次，给他以特别的指导，就像欧拉后来在回忆中所言：

如果我遇到什么阻碍或困难，他还允许我每星期六午后自由地去找他且亲切地为我解释一切难题。这样，每当他为我解决了一个难题，其他十个难题也就迎刃而解了，这是我在数学上获得及时成功的最好办法。

每次，欧拉去上课前，总是先尽量做好准备，以使自己的问题尽可能地简明扼要，并且能够启迪自己后面的学习。

在伯努利的指导之下，欧拉在数学研究上很快崭露头角，取得了出色的成绩。鉴于这些显而易见的理由，欧拉的父亲让步了，终于同意了伯努利们的意见，儿子注定不是欧拉牧师，他应当成为数学家欧拉。不过，在大学所受的神学教育也并非没有意义，这使他终身都是一个虔诚的加尔文教派信徒，据说晚年还曾在一些特殊的场合布过道呢。

1726年，19岁的欧拉第一次取得了独立的成果。这一年，法国的巴黎科学院将如何在船上装桅杆的问题作为次年的“有奖征答”专题。可能只在瑞士的小湖上看见过几艘小帆船的欧拉写了一篇《论船舶桅杆配置的问题》。论文递交巴黎科学院后，得到了好评，遗憾的是并未得奖。不过后来欧拉化失落为力量，在多达12次的胜利中，用赢得的奖金弥补了这一次的失利。

次年，即1727年，欧拉大学毕业了。一开始他想在巴塞尔大学谋个教职，据说是做物理教研室主任，那刚好有一个空缺。凭欧拉现有的资历显然不够，他没有成功。这时候，从俄罗斯首都圣彼得堡发来了邀请。原来，约翰·伯努利的两个儿子这时候都在俄罗斯的圣彼得堡科学院，他们听说凭欧拉的天才还没有谋到职位，深感惊讶，立即向他发来了邀请，说圣彼得堡科学院向他提供一个医学职位。

怎么办呢？欧拉这时显示了他那惊人全面的天赋。立即投入了医学研究，他在巴塞尔大学听各种医学和生理学讲座。他在听这些讲座时，还是努力将它们与数学联系起来。例如他听生理学讲座时，讲到声音与耳朵的关系，于是想到了怎样用数学的方法来研究声音的传播规律，等等。他听这些讲座花的时间并不多，因为不久之后，正式的邀请函就来了，欧拉便动身前往遥远的俄罗斯。

生活在俄罗斯　欧拉大约是在这年5月到达俄罗斯的。他一到就遇到了大大的不顺。原来，就在这一天，叶卡捷琳娜一世去世了。

她去世之后，继位的沙皇彼得二世年幼，朝政一度陷入混乱。那些实际统治俄罗斯的贵族们远没有彼得大帝的眼光，将科学院看作是可有可无的装饰品，不但无人理睬，甚至有人要将它废掉，把原来好不容易请过来的外国科学家统统赶走。这就是欧拉到达圣彼得堡时的情形。

在圣彼得堡，欧拉发现无人理睬他，他原来要去的科学院医学部根本没人管他。身在异国，这样的处境给他的焦虑可想而知。在绝望之中，他甚至要放弃数学研究，到同意接受他的海军去当一名上尉。这时候还是伯努利们帮了忙，他们将欧拉弄进了数学部。

起初，他当了丹尼尔·伯努利的助手，4年之后成为正式的副教授。又过了3年，当丹尼尔不想待在阴冷沉闷且到处充满宫廷斗争的圣彼得堡时，他回美丽的瑞士去了。他的位置便留给了欧拉。欧拉便成了数学教授，并且是圣彼得堡科学院数学研究部的领导者，这年他只有26岁。

得到这个好位置后，心满意足的欧拉决定一辈子都待在这个美妙的地方。他用讨老婆来表明自己的决心。他的妻子名叫凯瑟丽娜，是当年彼得大帝从外国带回来的一个画家的女儿。她是一个身强体壮的姑娘，这时候的欧拉也正当盛年。两人结婚之后，便像兔子似的生下了大量儿女，总共多达13个，其中5个活了下来。

这样的大家庭对欧拉写作的影响可想而知，于是便产生了许多有关欧拉写作的趣闻逸事。例如，他虽然子女成群，但一点儿也不觉得多，每多一个他都十分高兴。家里经常便有了这样的情形：欧拉左手抱着一个刚出生不久的孩子，右手里的鹅毛笔不停地挪动着，而在他的周围，孩子们在不停地嬉戏，发出阵阵欢快的笑声。欧拉的一篇篇论文就在这震天价响的笑声里诞生了。

更令人吃惊的是，这些在一般人看来挺烦人的事儿丝毫没有干扰欧拉，他的写作速度依旧惊人，远过于那些在安静的环境里工作的数学家们。有一个说法是，用餐时分，仆人第一次来叫欧拉用餐时，他答道“就来了”，但没有动身，因为他心中有了一个构思，他想把它写成论文。他立即动笔，过了半个小时，他老婆看到他还没有出来，便亲自跑到书房里去，想把老公揪出来，她一进去时，看到欧拉已经面带微笑起身了，在他旁边那堆论文上又多了一篇。

欧拉旁边确实是“一堆”论文。据说，在欧拉的写字台旁边总放着一堆论文，是他日夜不停地写作的结果。每次，当科学院什么刊物需要论文时，印刷工就来找欧拉，随便从那堆论文上取下一篇。当然往往是最上面的一篇，因为这样最方便。于是，在欧拉发表的无数论文中就出现了这样的怪现象：写作时间越是靠后的论文，往往反而越早发表，因为它们被自然而然地搁在那堆论文的最上面。同样，写作时间越早的论文就反而最晚发表了。又因为欧拉经常过一段时间后又回来再一次研究前面发表过论文的专题，又发表论文。于是更出现了这样混乱的情况：对同一个专题的研究中，先进行的研究倒发表在后面，而在这个基础上进行的后续研究倒发表在前面。可以说，从来没有一个伟大数学家像欧拉那样混乱地发表其成果。再想到欧拉的成果是那样的多——他被认为是历史上最多产的伟大数学家，那混乱的程度更可想而知了。

在这段时期里，欧拉所做的工作之多是惊人的。就数学而言，他的研究几乎涉及数学的每个分支，主要是微积分，欧拉对它的发展贡献巨大。此外，在三角函数与对数函数上他也取得了重要成就。

除数学而外，欧拉在其他方面也做了许多事，可以说，他几乎成了俄罗斯的科学总顾问。他为俄罗斯的学校编写了数学教科书，这套书编写得十分成功，是西方历史上最棒的数学教材之一。他还是俄罗斯地质研究部门的领导者之一，曾帮助俄罗斯政府改革了度量衡与税制，如此等等，不一而足。他几乎成了无所不知、无所不晓的“科学之神”。

在圣彼得堡，欧拉埋头研究，决不参与当时盛行的种种政治阴谋。不过，这种玩命的精神也给他带来了一次灾难。那是1738年的事。

这年，又是巴黎科学院，提出了一个关于天文学的数学问题作为征奖题目。这是一个十分有趣且富于挑战的题目，许多当时一流的数学家甚至包括我们后面要谈的另一个伟大天才高斯都花了许多时间来解决这个问题。欧拉得到这个题目后，只用三天就完全解决了。

不用说，这是夜以继日、废寝忘食的三天，在这三天里欧拉几乎不眠不休，结果，三天之后，当题目获得解决时，他自己的右眼也被“解决”了——完全失去了视力。据说主要是他壁炉里的柴火之烟熏烤的结果。

又过了几年，1740年左右时，继彼得二世登上帝位的安娜女王死了，俄罗斯历史最血腥的时期之一过去了，在安娜女王统治的十年里，数以千计的俄罗斯人被她宠信的德意志人杀害了。

大约同时，远在普鲁士的腓特烈大帝向欧拉发出了邀请，礼聘他为柏林科学院院士。

对俄罗斯残酷的宫廷斗争已经深感厌倦的欧拉立即接受了邀请。

此时在科学界已经大名鼎鼎的欧拉要离去的消息传到了皇家耳朵里。当时，继安娜女王为沙皇的是她的侄孙伊凡五世，这时他还是一名襁褓中的婴儿，当政的是皇太后。她对欧拉很感兴趣，当然不想他离开。便召他来询问。

见到欧拉后，皇太后很客气地问长问短，但欧拉只是淡淡地回答“是”或者“不是”。

感到奇怪的皇太后便问："您不愿意跟我说话吗？"

欧拉有点不客气地回答道："夫人，我是从这样一个国家来的，在那里要是你多说话，就会把你吊死。"

欧拉这句话明里看是指那时的瑞士，它在加尔文教派的严酷宗教统治下，乱说话的异端可能被处以死刑。但也指那时的俄罗斯，在充满尔虞我诈的宫廷里，一个人完全可能因为说错一句话而招来杀身之祸。

不久，欧拉离开生活了13年，在这里经历了最初的辉煌的俄罗斯，来到了普鲁士的首都柏林。

柏林生活　他到达柏林的时间是1741年，此后的大约25年里，即从1741年到1766年，他都生活在这里。

在柏林，他一如既往地辛勤工作，获得了大量成果，对数学的三大分支：代数学、几何学与分析学，都有里程碑式的贡献。在代数学上，他引进了虚数的概念，即$i^2=-1$。又通过他引进的欧拉公式，即$e^{i\theta}=\cos\theta+i\sin\theta$，他将三角函数与复数联系起来，并且发现了复数的虚对数，又指出每个复数都有无数个对数值。在几何学里，他对近代解析几何学与三角几何学的贡献之大可与欧几里得对经典几何学的贡献相比拟。不过，他做出最大贡献的还是分析学。

这里的分析学指的主要是微积分。可以说，我们今天所看到的微积分之所以具有如此形态，在很大程度上要归功于欧拉。

欧拉对微积分所做出的贡献主要有五个方面：一是澄清了函数的概念，找到并分析了多种新函数；二是建立了多元函数的微积分；三是发展了各种函数的积分法；四是专门研究了无穷级数这个微积分中最重要的内容之一且取得了丰硕成果；五是使微积分在整体上成为一门更为严格的数学分支。

欧拉关于微积分的著作有许多，主要有五部，分别是《力学与运动学的分析》《寻求具有某种极大或极小性质的曲线的技巧》《无穷小分析引论》《微分学原理》《积分学原理》。第一部发表于1736年，那时他还在俄罗斯，最后一部则是后面我们要讲的他再次回到俄罗斯后所著，中间三部都是他在柏林时出版的著作。

这五部著作都是微积分领域内的经典之作，特别是后两部，直到今天都是微积分教科书的最佳范本。

除了这些外，欧拉对数学的贡献还有许多，例如许多现在我们所熟悉的数学符号，像Σ（求和符号）、π（圆周率）、f（表示函数）、i（虚数）、e（自然对数的底）等，都是欧拉引进的。

虽然在数学上贡献巨大，但欧拉在柏林的日子并不快乐，主要是因为那个腓特烈大帝。他虽然知道数学对他的国家是重要的——制造性能良好的大炮、修桥铺路、收税等等都需要它，但他本人并不喜欢数学，也就难做到喜欢数学家了。他喜欢的是德国人一向最擅长的形而上学的思辩，而这恰恰是欧拉最不擅长的。此外，作为一个典型的两耳不闻窗外事、一心只搞科学研究的人，欧拉当然不会溜王上的须、拍王上的马。这些加起来，叫他如何能够在宫廷里混得开呢！

据说，腓特烈大帝周围那些廷臣们，包括那帮玄学家，经常在欧拉面前进行他们的形而上学辩论，由于欧拉对这些东西一窍不通，就成了他们取笑的对象。而欧拉呢，他这时作为科学院的领导者之一，不得不经常去宫廷，同这些人待在一起，经常忍受着那帮玄学家们的取笑：因为可怜的欧拉竟然不懂得哲学！还是个独眼龙。光这两个特征就够给尖嘴哲学家们提供无穷无尽的笑料了。欧拉是个脾气好得不得了的人，对这些取笑倒能坦然应对，甚至帮着他们取笑自己呢。

然而，对欧拉的好脾气腓特烈大帝不但不满意，反而渐渐感到厌倦，因为欧拉老是这样好脾气，老是这样对溜须拍马和形而上学一窍不通，于是他想换一个数学顾问了。

国王的这个意念对欧拉的影响可想而知：欧拉日益感到他在宫廷里所受的待遇不再仅仅是好玩的取笑，而是冷漠了，即使他的宽容与好脾气也知道待在这样的环境里不会有出路，也许更重要的，他热爱的孩子们也不会有出路。

正在这时，他接到了另一个有分量的邀请，邀请仍然来自遥远的俄罗斯，叶卡捷琳娜女皇。

其实，即使在欧拉离开之后，俄罗斯人也没有生他的气，依旧十分尊重他，甚至薪俸也照付，两份都相当丰厚的薪俸使欧拉在柏林的日子过得十分滋润，称得上是富人。他在柏林有一套大宅子，在外面还有一个农场。1756年时，欧洲发生了“七年战争”，俄罗斯与奥地利站在一起与普鲁士作战。1760年，胜利的俄军直逼柏林，途中经过欧拉的农庄，农庄遭到了俄军士兵的抢劫。欧拉就这事向俄军将领申诉，久仰欧拉大名的俄罗斯将军立即表明他是与普鲁士人作战而“不是对科学作战”，给予欧拉的补偿远多于他的农庄实际遭受的损失。后来，当时在位的伊丽莎白女皇听说这事后，又给了他一笔更为丰厚的补偿，令欧拉因祸得福，发了一笔“战争财”。

这些都给欧拉留下了美好的印象，因此，当叶卡捷琳娜女皇在1766年向他发出诚挚的邀请时，他立即接受，带了家小直奔圣彼得堡。

重归俄罗斯　叶卡捷琳娜女皇对当时欧洲最伟大的数学家欧拉的到来十分高兴，这令她自命风雅的虚荣心大大地满足了一把。她像接待王族成员一样隆重接待欧拉，送给他一栋家具齐全，只要进去住的堂皇的大宅第，足够欧拉现在差不多有20个人的大家庭居住，甚至还派了自己的一个御厨去管欧拉的膳食。

欧拉经常去女皇的宫廷里，女皇总是亲切地与他交谈，有时甚至拿这位当时最伟大的数学家向宾客们炫耀一下，好证明偏远的俄罗斯并非是欧洲文明的荒漠，而是欧洲科学的中心之一呢！最有趣的是有一次伟大的启蒙哲学家狄德罗应女皇之邀来访时发生的一件趣闻。

看过哲学史的人都知道，狄德罗是个唯物主义者，他来遥远的俄罗斯的目的之一是想让女皇和她的朝臣们皈依他的无神论，这当然是不可能的。女皇很烦他，便想了个办法来对付他。

这天，狄德罗又来了，女皇带着点神秘感告诉他，这里有一个出色的数学家用数学证明了上帝的存在。并且他愿意当着他的面来证明。狄德罗一听大感兴趣。于是欧拉被请进来了。欧拉径直朝狄德罗走去，用一种非常肯定的语气一本正经地说：

“尊敬的先生，$a+bn^{n}=x$，因此上帝存在。回答完毕！”

狄德罗被这个证明弄得稀里糊涂，一时不知如何回答，女皇和朝臣们看着手足无措的哲学家，顿时大笑起来。这笑声里的羞辱之意傻瓜也听得出来。狄德罗一气之下立即要求回法国去，女皇当即高高兴兴地同意了。

也许您认为欧拉的一生应当就此太平了吧！不，事实上，回到圣彼得堡之后不久，命运又一次捉弄了他：他剩下的左眼的视力急剧下降，很快就完全失明了。

欧拉成了地地道道的盲人。

对于一个天天要写作的数学家，目盲的可怕是显而易见的，这意味着他不可能再像往常一样拿起笔来写作。怎么办呢？面对残酷无情的命运，欧拉的家人、朋友们都极感遗憾与担忧：遗憾像欧拉这样一个伟大的天才不再能像往常一样将他的天才之光化作一篇篇高质量的论文，担忧欧拉经受不住这样的打击。

然而他们都错了，欧拉不但没有因这次打击而退缩，相反，他站了起来，而且站得更高。

还在双目完全失明以前，欧拉就想出了一个好办法，他找来一块很大的石板，用大字体将他发现的关键性的数学公式写在石板上。这样即使瞎眼也大致不会写错，别人也不会看错。然后叫他的某个儿子，主要是阿贝尔，抄下来，他再口述一些对这个公式的说明。一篇论文就这样出炉了。

这样的结果是：目盲非但没有降低欧拉的写作速度，反而提高了。

欧拉为什么能够这样“因祸得福”呢？这基于他两大天赋：

一是他有惊人的记忆力。欧拉从小记忆力非凡，他能整部地背诵维吉尔的《埃涅阿斯纪》，这部西方古典文学名著我们在本丛书的文学卷中会讲到，它长达12卷，共约12000行，讲特洛伊王子埃涅阿斯在特洛伊城失陷之后逃出来，在海上流亡冒险的事。这么厚的一本书，虽然欧拉只在少年时看过，但他到了老年时还能够倒背如流。

欧拉不但有惊人的视觉记忆力，看了东西就能记住，他的听觉记忆力同样厉害。也就是说，他听了一句什么话或者一个什么公式之后，就能像看过一样牢牢记住。

总而言之，他不但过目不忘，而且过耳不忘。用这种本领，他将他那个时代已经产生的几乎所有数学成果牢牢地钉在了脑海里。

二是他有惊人的心算本领。对于各类需要计算的数学问题，哪怕是十分繁难的数学公式，例如微积分与高等代数那些明眼人都怕的复杂无比的运算，欧拉却能够凭心算算出来。

有一件事是关于欧拉这个能力的。据说，有一次欧拉的两个学生把一个复杂的收敛级数的和计算到第17项，只是在结果的第50位上有一个数不一致。为了确定到底谁对，欧拉心算了所有运算，结果只有他的答案是对的。

由于具有了这两样惊人的天赋，失明对欧拉的数学创造几乎毫无影响。就像失聪对于贝多芬的音乐创作没多少影响一样，这不能不说是人类智慧史上的两大奇迹呢!

回到圣彼得堡5年后，1771年，命运之神又一次向欧拉露出了狞笑，在他的住宅里降下了大火。这次火灾的损失是可怕的，欧拉辛辛苦苦挣来的家产全部化为灰烬。当大火发生时，他正害着病，又是个盲人，是他那勇敢的瑞士仆人彼得·格里姆冒着生命危险将他从火海里抱出来的。他原来足以构成一个图书馆的大量藏书也消失在火海里了。所幸的是他的大部分手稿都在一个叫奥尔少夫伯爵的人的帮助下被抢救了出来。

不过，所谓吉人自有天相，这次火灾并没给欧拉带来实际损失，他的创作也没有受到太大的影响。欧拉之所以能如此幸运有三个原因：一是他自己和家人都平安无恙；二是手稿被抢救出来；三是，听到这个不幸消息的叶卡捷琳娜女皇立即补偿了欧拉全部的财产损失，甚至更多。于是，不久之后，欧拉又继续在新房子里工作了。

又过了5年，这时欧拉已经快70岁了，这一年与他相濡以沫40余年的妻子先他而去。这对欧拉的打击并不太大，他是一个笃信上帝的人，知道生死无常，皆由命定。他善良的妻子一定会上登天国，享受永恒的福祉。

第二年，即1777年，欧拉又一次结了婚，新妻子是前妻的同父异母的妹妹。

虽然已近晚年，生命之烛已经燃烧了大半，但欧拉一点也不悲观，他仍然对未来充满渴望，甚至对自己的眼睛也没有绝望。当他听说动手术能够让他的左眼恢复视力时，他高兴极了，立即去动了手术。当他听说手术成功，更是高兴得无以复加。然而命运又一次捉弄了他，手术后不久，刀口感染了，他的希望之光顿时堕入了无边的黑暗之中。

然而欧拉是永远不会绝望的，他又快快乐乐地在黑暗里工作了。

直至生命的最后一刻，他都在进行着创造性的工作。

欧拉是这样去世的：1783年9月18日下午，像往常一样，他在大石板上进行数学计算，这次是计算气球上升的规律。然后同家人一起用了晚餐。晚餐后，他又开始工作了。我们知道，2年前赫歇尔发现了天王星，欧拉对于它的运行轨道很感兴趣，他开始口述对它的轨道的计算。过了一会，大概是感到累了，他停下来，让人将他心爱的孙儿带过来，享起了含饴弄孙的天伦之乐，一边口里还喝着茶、叼着烟斗。

也许是玩得太高兴了的缘故吧，突然，欧拉全身抖起来，烟斗从手里掉了下去，他最后一句话是：

“我死了。”

欧拉就此终止了他的生命与计算，享年76岁。

最多产的数学天才　欧拉去世了，我们还要谈几句他对数学的贡献。

欧拉常常被称为是数学史上最多产的天才式人物，他的成果之多常令人感到不可思议，可以说，近代数学的几乎每个分支里都能看到他的影子，有用他的名字命名的定理、公式等。有些我们在前面已经提过了，现在再提一些。

欧拉对现代数学的发展居功至伟，许多现代数学的分支，特别是现代数学中的主体之一拓扑学，其始祖便是欧拉。他在对著名的“七桥问题”的研究中，即一个人能否一次通过伟大的哲学家康德的故乡哥尼斯堡一条河上的七座桥而不走重复路线。各桥形式如图15–1所示。

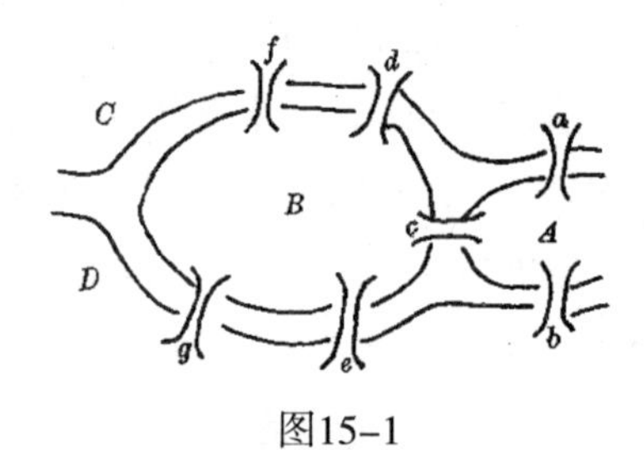

图15–1

这里的B、A是个河中两个小岛。

这个问题其实也可以归结为您可能曾经感兴趣的一个问题，即一笔能否画出某个图形，如“+”，而不重复其中任何一笔？欧拉对这一问题的研究成为以后组合拓扑学研究的先声。

更有意思的是著名的“欧拉多面体公式”，即无论什么形状的凸多面体，其顶点数v、棱数e、面数f之间总有$v-e+f=2$这一关系。由这一关系我们可以证明正多面体只有五种，即正四、八、二十、六、十二多面体，分别如图15–2所示。

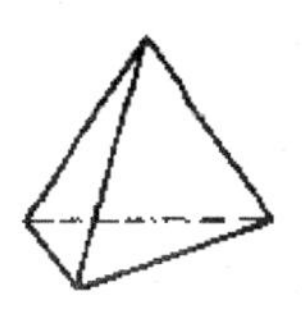 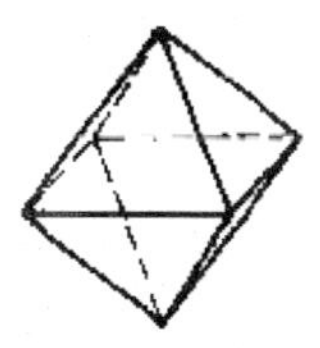 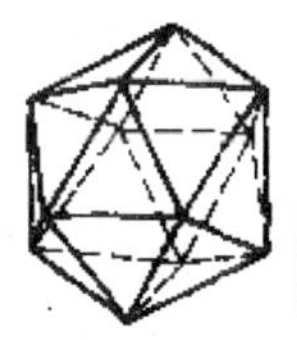 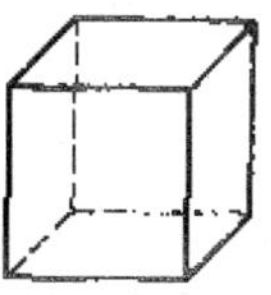 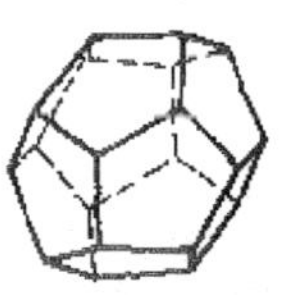

图15–2

还有，欧拉也发现了一个特别之处：如果多面体不是凸的而是中间有个洞，即形如“ ”，那么无论外面那个框框的形状如何，总有$v-e+f=0$这一公式存在。

从上面两组图形我们可以看出什么来呢？就是上面的几个凸多面体，它们可以进行相互的连续的变形，中间不需要割断，但却不能变形成下面的有洞的多面体，这正是现代数学的主要分支之一拓扑学研究的基本问题。欧拉提出的这个问题，即在连续的变形下封闭的曲面有多少种不同类型？怎样才能鉴别它们？这就是现代拓扑学研究的出发点。

以上这些贡献诚然是了不起的，不过欧拉对数学更大的贡献也许在于通过他的努力，使数学至那时为止还是杂乱无章且极为繁复的知识大杂烩变成了井然有序的体系。他像一个最高明的修剪工一样，用他那独特的分析方法将迄那时为止的数学体系来了一个大修剪，去伪存真、去芜存精，并将真且精的东西井井有条地排列起来，使之成为相当完整而美观的形态。直到今天，我们在中学乃至大学学习的数学内容大体上仍是欧拉留下来的样子。

第十六章　“数学之王”高斯

我们要讲的第二个数学天才是高斯。

高斯甚至是一个比欧拉更加伟大的数学家，他被普遍认为是世界数学史上三大家之一，另两家即阿基米德与牛顿，因此，高斯拥有一个阔气无比的称号——数学之王。

关于高斯的生平事迹比较好说，但关于他的学术成就就不那么好说了，因为他不但是最伟大的数学家之一，对物理学、天文学、地学甚至电报的发明等都做出过巨大贡献，在这里都不得不有所提及。基于此，我打算在这里采取与上面讲欧拉不一样的方法。先专门讲生平，然后再讲他那异常广泛的科学成就。

有点悲惨的人生　高斯的出身一点也称不上高贵，上溯若干代都找不出半点贵族血统。他的爷爷是个普通农民，大约在17世纪中期携家带口从德意志某地移居到了同属德国的不伦瑞克，到了这里后改行当园丁。他生了三个孩子，最小的一个叫格尔哈德·迪德里赫·高斯。这位格·迪·高斯也是个很普通的人，有着普通人的优点，如诚实、勤劳，同时又有普通人的缺点，如笨手笨脚、举止粗俗等，还有劳苦大众们共有的一个特点——穷。

他结过两次婚，第一个妻子与他共同生活了10多年后去世，没有生孩子。后来他又娶了第二个妻子，名叫罗捷雅·本茨。第二年，即1777年，终于生下了他的第一个，也是唯一的一个孩子，不用说就是未来伟大的数学家高斯了。

父亲对高斯没多少好影响，高斯虽然从来没有说过他什么坏话，但据他自己后来说，他从没有真正爱过父亲。他热爱的是自己的母亲。她出身于一个石匠之家，是一个不幸的姑娘，父亲很早就患结核病去世了，撇下年轻的妻子和两个孩子。在这样的家庭她当然没机会上什么学校，几乎是一个文盲。她先在一个贵族家当女仆，直到30多岁时才出来，嫁给高斯的父亲，生下高斯时已经35岁了。她爱自己的孩子爱得发狂，也深为他的天赋而骄傲，在儿子的人生道路上尽量地保护他，并且在父亲粗暴地对待儿子时挺身而出保护他，尽自己的一切努力让儿子能够走他想走的路。高斯呢，他对母亲的爱不亚于母亲对他的爱，我敢打赌他是西方历史上最大的孝子之一呢！他对母亲有多好我们后面就知道了。

另一个对高斯幼年的成长起了良好作用的是他的舅舅。他幼年丧父，与姐姐（高斯的母亲）相依为命，感情深厚，对姐姐的孩子也非常好。他也有极高的天赋，他是个织工，凭自己出众的才智掌握了极为高超的纺织技巧，成为纺织业里公认的状元，这也是高斯一直引以为自豪的事。俗话说，“外甥多像舅”，高斯那出众的天赋也许就是从舅舅那里遗传来的呢。甥舅俩关系铁得很，舅舅也看出来外甥有着超凡的天赋，并且试图培养他这种天赋。可惜的是他英年早逝，这令高斯伤痛之余，很久后都嗟叹“我们失去了一位天才”。

小高斯从小就有着令人匪夷所思的超凡出众的天赋，直到现在都是西方人津津乐道的话题。据后来高斯自己半开玩笑地说，他学会说话之前就会计算了。关于他的早慧最有名的是一个传说。那是1779年，高斯还只有两岁时，一天，他当园丁小组长的父亲正聚精会神地算着他那一组工人们一周的工钱，压根儿没注意儿子在一旁专注地看着，当他长出了口气，终于算完了长长的单子时，想不到小高斯在旁边用他孩子气的咬字都不清楚的话喊道：“爸爸，错了，应该是——”他父亲当然不信，但还是重算了一遍，结果证明儿子是对的！

我们可以猜测高斯幼年时还发生过不少类似的事，例如父亲从此把计算工资这活儿交给了儿子。这些我们且不去说它，只说他到了7岁左右时，上学了。他的老师是个十分粗暴的家伙，对待孩子们就像《简・爱》里的布罗克赫斯特先生或者《大卫・科波菲尔》里的克里古尔先生一样，厉害得很，对于不守规矩的孩子们不惜以拳头代替舌头来教育。据说经常打得孩子们连自己姓啥都忘了。

第三年开始上算术课，这时候又发生了一件一直流传到现在的天才故事。

有一天，那位厉害老师出了一道自认为最厉害的题目，要把孩子们吓上一吓。这个题目就是“1+2+3+4+…+100”。高斯几乎是在老师刚念完题目时就将答案写在了石板上。那个老师看见这小家伙坐在那里一动不动，以为他又是一个拿鸭蛋的大笨蛋。后来，当他检查学生们的石板时，看到许多学生把算式写得满满的，可结果没有一个对，唯有高斯，他的石板上只有一个数字，就是正确答案——您知道是多少吗？可以算算，看能不能在10秒之内算出来。

老师被这个小孩子的天才震惊了，也被征服了。从此对他刮目相看。他决心不辜负上帝赐予他这样一名天才学生，自己花钱买回来许多数学书籍，送给高斯。这对高斯的好处可想而知。

更重要的是，老师有一个教学助手，比高斯大不到十岁，他也非常喜欢数学，他也十分崇拜高斯的天才，与高斯建立了亲密的友谊，一直持续到他的去世。

这个年轻的朋友对高斯的帮助还不只是数学，更重要的是，他把高斯引荐给了一些他所认识的在当地有一定社会影响的人物。他们对高斯的天才无不感到震惊，于是又将高斯介绍给比他们更有影响的人物。如此升上去，终于有一天，他被引荐给了不伦瑞克的统治者——斐迪南大公爵。

公爵第一次接见高斯是1791年，这年高斯14岁。

不用说，公爵同样对这个少年的天才也留下了难忘的印象，并且对他有这样一名天才臣民感到扬扬得意。他保证高斯可以继续接受教育，由他来负担昂贵的教育费用。

第二年高斯就进入了不伦瑞克的卡罗林学院，不用说所有费用都是公爵付的，公爵将一直这样做直到高斯完成学业。

这个学院并不是真正意义上的大学，它类似于我们现在的大学预科班。入学后，高斯在人生的道路上走到了第一个十字路口。

我们知道高斯一向以数学天才闻名，但并不说明他的天才就止于数学。相反，他有着令人难以置信的全面的天才，不但有科学天才，甚至也有非科学的天才，例如语言天才。这时他通过自学已经掌握了古典语言学知识，并在这方面展现了很高的才能。这种古典语言学才能在当时的欧洲是很受重视的，这也是西方人的传统。高斯一度对自己这方面的才能更为重视，于是，在第一年他选择了学习古典语言学，并且以闪电般的速度掌握了艰深的古典语言。令老师同学们再一次惊讶又佩服。他特别喜欢拉丁文，爱用拉丁文写作，直到很久后，在他的爱国的德意志同胞们的强力催促之下才改用德语写作。

在卡罗林学院，高斯不但爱好古典语言学，还爱好哲学、物理学、天文学等，他很钦佩牛顿与欧拉，特别是牛顿，认为他至高无上。

在卡罗林学院的第一年，高斯发现并证明了二次互反律，这是他对数学做出的第一个重大贡献。

1795年10月，高斯从卡罗林学院毕业，随即进入哥廷根大学。

不久他又发现了“最小二乘法”，这个方法至今在大地测绘等需要大量测量的工作中还举足轻重，它能通过最少的观测得到误差最小的结果。今天，在我们所进行的许多需要大量数据统计并且试图从这些统计之中进行数据分析时都要大量用到高斯的方法。例如经济学中对股票与市场规律等的动态分析就是如此，这就是误差的正态分布的高斯规律以及与之相适的钟形曲线。这两项工作搁到今天的话得诺贝尔经济学奖都绰绰有余了。

但这时候年轻的天才仍在犹豫着，不知道自己应当将数学呢还是别的学科——例如这时候也很爱好的哲学——作为自己的专业。这种犹豫一直要持续到几个月后的一天。

1796年3月30日，这一天无疑对于高斯甚至对于整个西方数学史都是极为重要的一天。

这天，高斯找到了只用直尺和圆规就能作出正十七边形的方法，比伟大的阿基米德更前进了一步，它也是人们能够用直尺和圆规作出的边数最多的正多边形。由于对自己这一成就深感自豪，高斯从这一天起就决心放弃哲学而专心从事数学研究。不用说，对于哲学界这是一个大损失，但对于数学界就是天大的福分了！

也就是从这天起，高斯开始写他的“数学笔记”。这是一个只包括19张不大的纸片的小簿子，其中包括146个发现或者计算结果，但说明极为简短。它们的许多内容高斯从来没有公布过。然而，通过对它的诠释，数学家们心慌意乱地发现，许多他们后来做出的极为重要的数学发现，例如椭圆函数，其实高斯早已发现，只是没有公布而已。

数学家们一致公认，如果他公布的话，数学将会比目前的状况前进半个甚至一个世纪。而高斯身后那些伟大的数学天才们，例如阿贝尔，也可以在这个基础上将他们的天才用到别的伟大发现之上了！

那么高斯为什么要这样做呢？这与高斯的治学风格有关。据说他有两句格言，一是“宁可少些，但要成熟些”；二是“不要留下进一步要做的事”。总之，他极为严格地要求所发表的任何东西，务求尽善尽美。这就使得他将那些不那么完美的东西束之高阁。于是，许多伟大然而尚不完美的成果就这样被压在了暗无天日的箱底。

在哥廷根大学的日子里，高斯就一直这么辛勤地发现着，一项项重要的成就接踵而来，直到三年之后，即1798年，他从大学毕业。

这时，他的经典之作《算术研究》虽然未曾出版，但已经基本完稿。为了使之更加完善，他决定去里尔姆斯泰特大学研究一段时间，因为那里有一座馆藏丰富的数学图书馆。

第二年，高斯凭着他的一篇《每一个单变量的有理整函数都能分解成一阶或二阶实因子的一个新证明》获得了里尔姆斯泰特大学的博士学位，这时候他自己都没有在大学。在这篇论文里，高斯证明了任何系数为复数的代数方程都有复数解，即形为$a+bi$的数。并且高斯第一个将复数与平面上的点对应起来，这就是复平面。

下一年，他的经典之作《算术研究》终于出版。为了表达他对不伦瑞克公爵的感激，他将书献给了公爵，在献词中高斯写道：“您的仁慈，使我摆脱了一切其他任务，能够专心写作这本书。”高斯的称赞是恰如其分的。

这本书的出版对于算术的意义是划时代的。在此前，算术只是一些关于数的有趣的命题，像我们前面讲过的费马大定理和哥德巴赫猜想一样，整体内容庞杂无序。而高斯用他的《算术研究》将它们化成一个严谨的系统，使之能够与代数、微积分或者几何学一样成为数学一个重要而独特的分支。

不但如此，《算术研究》也堪称最完美的数学经典，是高斯追求完美的最佳表达。全书几乎是“增一字嫌多，减一字嫌少”。不过，缘其如此，它的简洁与完美也使它艰深晦涩，一般人是读不懂的。

《算术研究》出版之后，高斯获得了一部分他应得的荣誉，成了那个时代公认的伟大的数学家之一，而这时他只有区区24岁。

也就在这一年，即1801年的第一天，高斯得到了他另一项伟大的成就，一项使所有天文学家们惊诧不已、佩服不已的成就。

我们在前面讲什么是天文学时曾提到，1801年元旦之夜，意大利西西里岛上的一个天文学家发现了一颗新行星，它是一颗小行星，叫谷神星。但这是颗小小的行星极难观测，天文学家们也只是偶然几次观测到了它，但他们根本不能仅凭这有限的数据就算出它的轨道，好在预定的位置上找到它。

然而，年轻的高斯在这时候却展示出了他那令人感到不可思议的数学能力，仅凭那几次观测的数据就计算出了小行星的轨道。一开始人们还有些怀疑，但后来谷神星几乎一点不差地出现在高斯预言过的轨道上。这下高斯的名气就更大了，当时最伟大的天文学家与数学家之一拉普拉斯公开宣称高斯是世界上最伟大的数学家，而不是“之一”。

此后几年，已经享有大名的高斯平静地生活着。1805年，已经28岁的高斯也像普通的年轻人一样，结婚了。这也多亏了公爵给他加了津贴，他才能够养家糊口，据高斯写信给朋友说：

“生活在我的面前停滞了，像一个有着新的鲜明色彩的永恒之春天。”

但他的生活并不总是春天，第二年就发生了一件让他堕入冰冷的冬天的事。他的恩人，不伦瑞克公爵，普鲁士军队的主要统帅之一，在耶拿被拿破仑打得大败，自己也身受重伤，最后悲惨地死去。

对于高斯，这不仅仅是精神上的惨重损失，也是物质上的巨大损失。公爵的去世使他失去了赖以为生的财源，他现在不得不设法谋一个职业了。

大名鼎鼎的高斯想找一个职业当然不难，这时候，俄罗斯圣彼得堡科学院向他发来了邀请，请他继任伟大的欧拉的职位。对于一个数学家，这个位置无疑有很大的吸引力。这时，他一个伟大的同胞，著名学者洪堡，为了将最伟大的数学家留在德国，进行了许多努力，为他在著名的哥廷根天文台谋得了一个好职位。到1807年，高斯正式成为哥廷根大学的天文学教授兼哥廷根天文台的台长。

从此，高斯平静地在这个岗位上直到1855年2月23日去世。那时他已经是举世公认的“数学之王”了。

按理说，这时候的高斯可以过上比较富足的生活了，但事实上他的生活依然十分俭朴，就像他的一个朋友所说：

> 正如他年轻的时候一样，在他整个老年时代，直到他辞世的那天，他始终是一个简朴的高斯。一间小书房，一张铺着绿色台布的小小的工作台，一张漆成白色的必备的书桌，一张单人沙发。在他70岁以后，又有一把扶手椅，一盏带灯罩的灯，一间没有生火的卧室，简单的饮食，一件晨衣和一顶天鹅绒的便帽，这些就足以满足他全部的需要了。

关于高斯以后漫长时间内的生活，上面短短的几句就差不多了，要补充的也许只有两点：

一是他的后半生并不幸福，他一辈子过着平静、清贫、略带伤感的生活。

他不幸的原因也许主要在于他的婚姻与家庭。1805年的那次婚姻给高斯带来了三个孩子，然而，第三个孩子出生后不久，他的妻子死了，高斯顿时陷入了极度的悲伤。这是1809年的事。但三个孩子不能没有妈，他第二年只得又一次结婚，据说新妻是前妻的闺中密友，她也为丈夫生了三个孩子。这样高斯共有6个孩子，但据说孩子们与父亲的关系并不好，他们是些粗野的家伙，后来两个更是离家出走，漂洋过海到美国谋生去了。

二是他直至死都在研究数学。而且不止于此，他在其他许多领域之内也取得了不朽的成就，这些就是我们马上要说的事了。

数学之王　作为数学之王，高斯在数学上的成就无疑是极其巨大的，例如他早在18岁时就发明了最小二乘法，19岁时就知道了用尺规作正十七边形的方法。在代数学上，他证明了代数的一个基本定理，即任何系数为复数的代数方程都有复数解，即形为$a+bi$的数。这里的i乃是我们前面说过的虚数，欧拉曾经分析过这个数，但高斯却更加深入地研究了它，提出了所有复数都可以用平面上的点来表示，这就是“复平面”，也被称为“高斯平面”。他还在平面向量与复数之间建立了一一对应的关系，并且使复数的几何加法与乘法等成为可能。这一观念乃是向量代数学的基础。在数论上，他有划时代的巨著《算术研究》。此外，他对于复变函数、微分几何、有两个周期的椭圆函数等都有着深刻的研究与巨大的贡献，例如他是微分几何的实际创立者。这些，我们前面讲他的生平时都已经大致说过了。

高斯的另一个重要发明是非欧几何。这说法也许会使您觉得奇怪，非欧几何不是俄国人罗巴切夫斯基等发明的吗？怎么又是高斯发明了呢？

事实是这样的：高斯早在他们之前就已经发明了非欧几何。大约在1816年，高斯曾与一个哥廷根大学的研究生鲍耶说到，他想要证明欧几里得的平行公理，然而不行。于是他反其道而行之，干脆否定了它。近10年之后，高斯就以否定平行公理为基础，重新发展出了一种几何学，这是一种完整的、有用的、内部不存在矛盾的全新的几何学。不过，由于高斯一贯的谨慎与追求完美的风格，没有将这种肯定会引来大量争论的新几何学公之于众。使他失去了“非欧几何的发明者”这个了不起的称号。

当然，即使没得到这个了不起的名号，高斯“数学之王”的美誉仍属实至名归、当仁不让。

高斯对科学的贡献远不止于数学，他在数学领域之外的贡献同样巨大。

首先是天文学，我们不要忘了，高斯的职业乃是天文学教授兼哥廷根天文台的台长，他十分重视天文学研究，他的重视给天文学带来了许多好处。

我们前面讲过，1801年元旦之夜人类发现了第一颗小行星谷神星，是高斯算出了它的轨道。他所利用的方法就是他发明的“最小二乘法”，或者称为“最小平方法”，利用这个方法高斯又算出了另一颗小行星智神星的轨道，他还定轨并命名了另一颗小行星“婚神星”。后来高斯将他的这个方法发表在《天体运动理论》一文中，这是天文学史上的经典文献之一。高斯在这里介绍了他经由有限几次观测就能确定天体运动轨道的新方法，现在这个方法被称为“高斯法”，仍被广泛运用。

1828年，高斯应邀为哥廷根所属的汉诺威政府测量版图，他出色地完成了工作。之后，他以这项工程为基础发表了《高等测地学研究》。为了测地等需要，高斯甚至搞了一些很实用的发明，例如他发明了高斯接目镜和反光信号器，现在它们仍在测地工作中被广泛使用。

1831年左右，高斯与一个叫迈尔的科学家一起进行了电磁学研究，提出了科学的电磁测量基本单位，现在磁学中的一个基本单位就被称为“高斯”。他还与伟大的学者洪堡一起创立了德国磁学联盟，后来它发展成为一个分支机构广布世界各地的观测机构。

高斯最有趣的发明之一是电报。

大约在1833年时，正在与一个叫韦伯的物理学家进行电磁学研究的高斯与韦伯一起在天文台与物理实验室之间牵了一根电线，并在末端安装了一块电磁石，再用一个铃铛与电磁石连接起来。这样他们之间就可以进行一些简单的联络了，例如到下班的时间了就通过控制电磁石来控制铃铛，让它敲三下，等等。后来发明的电报虽然看上去复杂，然而基本原理就是这样。高斯一开始只是为了好玩，但这个发明可能具有的重要意义是明显的——它能够在很远的距离之间传递信息。看到了这一点，高斯便与韦伯在第二年将他们的发明在工作记录中出版了。又次年，高斯在给哥廷根皇家科学院的报告中也提到了这个发明。这些都没有产生太大的反响，他们所用的最原始的电报线路也在1845年被雷电摧毁。此前一年，美国人莫尔斯已经在美国的巴尔的摩和华盛顿之间架起了电报线，这也是世界上第一条正式经营的商业电报线。

不过高斯并不在乎他的发明是否得到了应有的承认，他始终是一个谦逊的人，在乎的不是世界给了他什么，而是他为世界做了什么。

第十七章　既玄妙又有趣的非欧几何

我现在想要问大家一个问题：自从数学诞生之日起，或者说数学这门学科进入人们的视野之日起，什么是它最伟大或者说最引人注目的发明呢？

可能的答案有两个：一是微积分，另一个是非欧几何。

其中非欧几何对我们的触动也许更大。因为它太不平常了，它的发现有如哥伦布发现新大陆、弗洛伊德发现无意识，在人类的视野中打开了一片广阔的新天地，一片无人走过的、肥沃的处女地，人类在这里可以尽情地耕耘、收获。

我们在前面讲古代数学时，比较详细地讲过欧几里得及其《几何原本》，他系统地整理了当时已有的几何学知识，使之成为一门严谨的科学，他所表达的几何学就被称为欧氏几何。

千年以来，欧氏几何一直被认为是唯一的几何学，《几何原本》中的内容也被当成不可更改的至高真理，而欧几里得在《几何原本》中提出的五个公设也当然地被视为这至高真理的核心。

这五个公设您还记得吧？它们分别是：

1. 给定两点，可连接一线段。

2. 线段可无限延长。

3. 给定中心和圆上一点，可作一个圆。

4. 所有直角彼此相等。

5. 如一直线与两直线相交，且在同侧所交的两个内角之和小于两个直角，则这两直线无限延长后必定在该侧相交。

这五个公设被欧几里得认为是理所当然、无需证明的，是他整个几何学的基础理论。

那么实际情形是不是真的这样呢？

前面四个公设大家都没有什么意见，它们都简单明了、一目了然、令人信服。这第五公设就不大一样了，它要长得多，作为一个应该是不言而喻的公设显然不够自明。

因此之故，便有许多数学家试图通过各种方法，例如通过前面四条公设以及欧几里得的五条公理，来证明之。但结果无一成功。

于是便有聪明人反其道而行之，否定它，看会有什么结果。

这一否定便掀开了几何学乃至整个数学史上革命性的一页——非欧几何的诞生。

俄罗斯的数学天才　最早创立非欧几何的是高斯。

据说当他还只是一个15岁的少年时就开始考虑第五公设。1816年他曾与一个哥廷根大学的研究生鲍耶说到，他想要证明欧几里得的平行公理。但没有成功，就反其道而行之，干脆否定了它。近10年之后，高斯以对平行公理的否定为基础，发展出了一种新的几何学，这是一种完整的、有用的、内部不存在矛盾的全新的几何学。但由于高斯一贯的谨慎作风与对完美的追求，他没有将这种肯定会引来大量争论的新几何学公之于众。

与高斯的谨慎，甚至是过于谨慎相比，另一个人就不同了，他就是罗巴切夫斯基，伟大的俄罗斯数学家。

罗巴切夫斯基全名叫尼古拉·伊万诺维奇·罗巴切夫斯基，他是伊万·马克西莫维奇·罗巴切夫斯基和普拉斯科维亚·亚历山德罗娃·罗巴切夫斯卡娅的次子，1793年生于俄罗斯的下诺夫哥罗德。他的父亲是一个小小文官，不但挣钱少，而且体弱多病，当小罗巴切夫斯基还只有7岁时就去世了。由于家境太贫困，他的母亲被迫搬到了比下诺夫哥罗德更加偏远的喀山，在那里尽力地抚养孩子们。

俗话说自古贫寒多豪杰，从小生长在贫寒之家的三个小罗巴切夫斯基学习一个比一个勤奋，成绩也一个比一个优秀，都得到了奖学金，免费上了学。我们要讲的这个罗巴切夫斯基8岁时开始上学，进步神速，6年之后就上大学了，进的是当时刚成立不久的喀山大学。

在大学里，罗巴切夫斯基很快显示了对数学的特别爱好，并且得到了当时比较著名的数学家巴特尔斯——他是高斯的朋友，还有天文学家利特罗夫的青睐，他们从这个年轻人身上看到了难得的数学天才。

1811年，罗巴切夫斯基从喀山大学毕业了，被授予硕士学位，这时他只有18岁。

大学毕业后，由于成绩优秀，他被留在了喀山大学。又过了两年，还只有20岁的他就成了喀山大学的“特命教授”，相当于现在的副教授。再三年之后，罗巴切夫斯基便成为年轻的正教授。

在学校里，罗巴切夫斯基不仅是数学教授，还要负责天文学、物理学等课程的教学工作。校长看到这个年轻人似乎什么都干得好，便把越来越多的工作交给他做。例如他是大学图书馆馆长兼博物馆馆长，甚至成了整个喀山所有学生的学监，从小学生直到研究生都要受他的监管。他主要负责监督学生们的“思想工作”，使他们不要想些革命之类的事儿。据说罗巴切夫斯基连这事也做得很好，得到过政府授予的许多勋章。他每到参加什么重要仪式庆典时就戴上这些勋章，活像一个战功卓著的元帅。

罗巴切夫斯基的职位还在不断增多，又成了物理数学系的系主任，直到1827年成为喀山大学校长。这是他最荣耀也最有权力的职位了。

罗巴切夫斯基从来是一个谦逊而负责的人，从不摆校长的谱。作为校长的他时不时还去博物馆干一些粗活呢，例如陈列摆设文物之类，因此全馆就数他对馆藏最熟。据说有一次，他正穿着工人的粗布衣服干活时，一位重要的外宾来了，请他导游博物馆。罗巴切夫斯基便带他参观了馆里最好的收藏，由于他收藏得好，讲解得也好，满意的外宾离开时要给这个工人一笔不菲的小费。罗巴切夫斯基生气地拒绝了，不过仍没有暴露他的身份，直到这天晚上在省长举行的宴会上，那个外宾又看到他才明白过来。

日子就这么过着，成天忙得不亦乐乎的罗巴切夫斯基几乎忘记了时间，喀山大学也在他的努力之下成为一座著名学府，成为俄罗斯最好的大学之一。转眼就到了1830年，这年，喀山遭遇了大瘟疫，在罗巴切夫斯基的努力下，喀山大学的教职员及其家属的死亡率远远少于城中的平均数。同时，他这时也已经发表了他的非欧几何学，得到了全欧洲广泛的承认。

这之后两年，他结婚了，妻子是一个小贵族，他们共生了7个子女，后来罗巴切夫斯基被封为世袭贵族。

1842年时，喀山大学发生了一场大火灾，许多重要建筑化为一片灰烬。在罗巴切夫斯基的努力下，仅仅两年后，学校就恢复了原来的模样，好像从来没有过那场火灾一样。

至此，罗巴切夫斯基的生活一直一帆风顺，直到1846年。这年，不知道什么原因，政府突然撤销了罗巴切夫斯基的校长职务，连教授都被撤掉了。这年罗巴切夫斯基只有54岁。

这种侮辱性的解职沉重打击了罗巴切夫斯基。为大学服务以来，他对大学以至政府当局一直忠心耿耿、任劳任怨，竟然落得个如此结果。他简直被打垮了。

此后，从身兼数不清职务到几乎无所事事的罗巴切夫斯基便埋首数学研究。他的身体迅速垮了下去，1855年，适逢喀山大学建校50周年，他这个老校长也前往参加典礼，随身带去一部《泛几何学》，系统地记录了他的非欧几何思想，这也是他一生思想的总述。

又几个月之后，1856年2月，罗巴切夫斯基去世了，时年62岁。

罗巴切夫斯基是非欧几何的创立者，或者说是第一个公开宣布非欧几何之存在者。

他之所以会产生非欧几何思想同样源于对欧几里得第五公设的怀疑。一开始他试图证明之，早在1816年时他就这么做了，不过后来发现自己的证明有误。7年后他写了一本名为《几何学》的教科书，里面别出心裁地将已知的几何命题分成两部分：前一部分不依靠第五公设，他称之为“绝对几何学”，再转向后一部分那些必须依赖平行公设才能成立的命题。

他将这部教科书交给当时俄罗斯的一个数学权威，一位科学院院士，请他审查，却遭到他的严厉批评。创新的思想就这样被守旧的权威封杀了。

罗巴切夫斯基第一次公开其非欧几何思想是1826年。那年他将一封公开信寄给了喀山的物理–数学协会。由于喀山的物理–数学协会影响太小，他的公开信没什么效果，后来那封信也遗失了。

这年2月，他在喀山大学物理数学系的一次学术会议上，做了题为《附有平行线定理的一个严格证明的几何学原理之简述》的学术报告，在报告中他阐述了一种“虚几何学”存在的可能性。这“虚几何学”就是非欧几何，这一天后来被公认为非欧几何的诞生之日。

由于罗巴切夫斯基的思想与传统的欧几里得几何学思想太过冲突，又与我们的常识不符，因此遭到了一部分同仁的冷遇甚至讽刺。

但罗巴切夫斯基并没有退缩，他坚信自己是正确的。过了三四年，他又在喀山大学的《喀山通讯》上发表了研究论文《论几何学原理》，又一次阐述了他的非欧几何思想，不过这份通讯太不起眼，仍未得到注意。

罗巴切夫斯基继续坚持不懈地传播他的思想，又在《喀山大学学报》上发表了好几篇论文，例如《虚几何学》《虚几何学在某些积分中的应用》《具有完善的平行线理论的新几何学原理》等，系统阐述了他的非欧几何思想，包括其原理及应用等。

他的努力仍如在空屋中呐喊——没人听见，这也难怪，当时的俄罗斯在科学上远远落后于英、法、德等先进国家，怎么可能理解罗氏在整个欧洲也是最先进的思想呢！

后来，罗巴切夫斯基想到了国外。1837年，他把《虚几何学》一文经修改后译成法文，发表在《纯粹与应用数学杂志》上，3年后又用德文出版了《平行线理论的几何研究》，向全欧洲的同行们系统地介绍了他的新思想。

这下他成功了，他的思想开始得到承认，其中包括伟大的高斯——当时的“数学之王”。他使罗巴切夫斯基成为他所在的哥廷根科学协会的成员。

到1855年，这时罗巴切夫斯基已经像当初的欧拉一样双目失明，仍然用口述完成了《泛几何学》一书，并分别用俄文与法文出版。

新作得到了一定的承认，但并不广泛，也不说明他的非欧几何已经完善。事实上，非欧几何得到公认还要等上一些年头，而罗巴切夫斯基所创立的非欧几何也只是非欧几何大厦的一部分。也可以说，罗巴切夫斯基的非欧几何与欧几里得的古典几何学都只是一种更为广泛的几何学的一部分，在它们之上还存在着一种更新、也更为根本的几何学。

这种更为基本的几何学就是黎曼几何学。

罗巴切夫斯基几何与黎曼几何合起来才是完整的非欧几何。

英年早逝的数学天才　黎曼是德国人，1826年生于德国汉诺威的布列斯伦茨。他的父亲是一个新教路德派的牧师，牧师先生共有6个孩子，黎曼是第二个。由于家庭庞大而收入微薄，这个家庭从来是贫困的。这也严重影响了孩子们的健康，使他们从来就体质脆弱多病，他们的母亲也在生下最后一个孩子后不久就去世了。

不过，黎曼的牧师父亲是仁慈而博学的，使他不仅没有失去家庭的关爱而且从小在父亲那里接受了丰富的知识。

大约从6岁起黎曼开始学习数学，他很快便露出了这方面的天才，十来岁时已经开始学习高等数学了。

14岁时，黎曼到了汉诺威，与他的祖母生活在一起，并在那里上了中学。由于他个性十分羞怯，使得他成为同学们取笑的对象，就是成绩好也没用。

又两年后，因为祖母去世，他又转到了吕内堡，在那里的中学一直学习到19岁。那里距他的家不远，但对于步行来说却又不近，为了与他所热爱的家人经常见面，黎曼经常步行长时间回家。

这样经常的长时间步行对黎曼的健康大大不利，那太累了。后来，一个善良的希伯来语教师让他住到了自己家里。这所中学的校长也注意到了黎曼不平常的数学天才，给了他许多优惠条件，例如他可以不上数学课，因为老师都没他懂得多，他还可以自由使用学校的各种图书资料。

从这些图书里黎曼学到了更为精深的数学知识并用惊人的速度掌握了它们。

到1846年，黎曼19岁时，他进入哥廷根大学神学系学习。这主要是为了让他敬爱的父亲高兴，不过在父亲的同意下他很快转到了数学系。

但他对哥廷根大学并不感到满意，于是第二年就转到了更著名的柏林大学，那里有好几位数学大师在执教。

在柏林大学度过了两年后，黎曼又回到了哥廷根大学。这时黎曼的爱好有了一点变化，他对哲学与物理学表现出了相当的爱好与天赋。他似乎有将数学与物理学，或者说将高深的数学与具体的自然世界的空间与时间联系起来的天赋。我们以后将会看到，这种联系也正是他的数学的特征之一，而黎曼也被称为是一个物理数学家。

由于埋头钻研物理学，黎曼的数学博士论文交得比较迟，直到1851年才完稿，然后他将博士论文呈给了伟大的高斯。

我们前面说过，高斯是哥廷根大学的天文学教授兼天文台台长，他居住在天文台，也不喜欢教授学生，他的少许学生里的一个便是黎曼，而且黎曼也只是他的"博士生"而已，实际上只审查了一下他的论文。高斯对这个学生表露出了难得的称赞，他在递交给哥廷根大学对黎曼博士论文的审查报告中说：

> 黎曼先生交来的论文提供了令人信服的证据，说明作者对该文所论述的问题做了全面深入的研究，说明作者具有创造性的、活跃的、真正的数学头脑，具有极为丰富的创造力。表达方式也是清晰简明的，某些地方是优美的。……整篇论文是有内容有价值的著作，它不仅满足了博士论文所要求达到的标准，而且远远超过了这些标准。

"数学之王"竟然如此称赞一个人，由此可以想象黎曼的水平有多高了，不久他就顺利得到了博士学位。

获得博士学位之后，他希望在哥廷根大学取得一个数学职位，哪怕是一个编外讲师职位。这种职位只提供在大学讲课的权利，但没有薪俸，收入得靠那些愿意听他课的学生交的听课费。

为了获得这个说不上很好的职位，黎曼足足准备了两年半，直到1853年年底才递交了他的讲师就职论文《关于利用三角级数表示一个函数的可能性》并顺利获得讲师资格。

为了正式上课，他还得进行一次就职演讲，这是一种当堂讲演，类似于上课，听课的学生则是考评他讲课能力的教授们，其中包括高斯。

这是一次严峻的考验，但黎曼这时已经胸有成竹。他提出了三个题目给考官们任意选择，其中第三个题目是有关几何基础的，这正是高斯自己思索了几乎整整60年的问题，也是最艰难的。黎曼接过了高斯递过来的题目，他所做的就职演讲就是《关于构成几何基础的假设》。

这个讲演被称为数学史上最著名的讲演之一，夸张点说，黎曼仅凭一个讲演就勾勒了一套全新的几何学，这就是黎曼几何学。

这次讲演被热烈地接受了，最热烈的赞美者是高斯。

黎曼的这次讲演不仅思想深邃先进，而且用语通畅明白，具有数学独特的、激动人心美感。

这次演讲是1854年6月的事，几个月后他就开始讲课生涯了。

成功出乎他的意料，竟然有8个学生来听他讲课，而他原来以为只有两三个或者更少呢！这使得黎曼信心更足，这种信心对于一向羞怯的他是极为重要的。

第二年，由于高斯的去世，另一个杰出的数学家狄利克雷接替了高斯的职位，他帮助黎曼获得了一笔固定的薪金，虽然为数不多，但比他靠学生听课收取的微薄费用要高。但就在这年，他热爱的父亲和一个妹妹相继去世，这对黎曼是一个沉重的打击。

照料剩下的三个姊妹的担子便落在了他当邮政职员的兄弟身上。

这时已经到了1857年，黎曼终于得到了晋升，成为正式的副教授，收入增加了。但不久命运便使他更加贫困。因为他的兄弟死了，照料三个姊妹的担子便落在了他的肩膀上，他得用微薄的收来养活四口人。

黎曼咬牙忍着，快乐而贫困地与姊妹们生活在一起。

到1859年，幸运之神终于眷顾了已经被生活的担子压得喘不过气来的黎曼——他成了高斯的第二位继任者。

原来，这年5月，狄利克雷去世了，去世之前，他感到黎曼的天才足以胜任这个职位，便向政府郑重推荐了黎曼。政府也接受了他的推荐。狄利克雷去世后，黎曼就成了哥廷根大学的天文学教授兼天文台的台长，他还被特别准许像高斯一样一家子都生活在天文台。

这年黎曼只有33岁。

此后黎曼的生活就顺多了，各种荣誉也随之而来，他成为英国皇家学会会员和法兰西科学院院士，这直到今天都是一个科学家所能得到的最高荣誉之一了。

第二年，即1860年，黎曼应邀访问了巴黎，得到了法国数学家与物理学家们的热心接待与衷心赞赏。

也在这年，黎曼写出了论文《关于热传导的一个问题》，在其中他发展了二次微分形式。

这篇文章有什么意义呢？很简单，50年后，爱因斯坦的相对论就是用这种方法为基础的。

由于成了大教授，黎曼的生活条件大为改善，不过他的年纪也大了，所谓男大当婚，女大当嫁，黎曼在36岁这年结婚了，妻子是他一个妹妹的朋友。

婚姻并没有给他一向比较脆弱的健康带来好处，婚后仅一个月，他就得了胸膜炎，紧接着又患上了肺病。他的健康迅速恶化。由于他这时已经是卓有影响的学者，汉诺威政府给了他一笔钱，让他去意大利度假，希望那里温暖的阳光有助于他的康复。

黎曼在意大利度过了整个冬天，直到第二年春天才动身回德国，在意大利时他的身体本来已经好多了，但德国的阴冷使得他的肺病更严重了。于是，他在这年8月份又回到了意大利。这是1863年的事。

他到了比萨，第二年5月住进了比萨城郊的一栋小别墅，他的妻子、姊妹和新生的孩子陪着他。但他的健康仍然不好，本来他准备接受比萨大学提供的教职，但哥廷根大学执意挽留他，并且让他继续在意大利待着，他甚至可以在这里再过一个冬天。不过他在这年10月份就回到了哥廷根。

在哥廷根度过一个冬天后，黎曼为恢复健康做了最后一次努力，又到了意大利。这次他到了一个叫塞拉斯加的地方，在那里有一个叫骄利的小湖，湖畔有一栋别墅，黎曼就住在这里。

在这里黎曼度过了他一生中最后的时光。

虽然健康状况极度恶化，但黎曼仍然拼命工作，也许是看到自己时日无多，想要抓紧时间将他脑海里那如大海一般丰富的思想尽力多表达一点吧！

然而命运对人类毫无怜悯之情，黎曼很快地走向他的死亡，他的朋友戴德金是这样记述黎曼最后的日子的：

> ……但是他的力气迅速衰退，他感到他的终点临近了。去世的前一天，他坐在一棵无花果树下工作，在环绕着他的美丽风景中，他的心灵充满了愉悦……他的生命缓慢地衰竭，没有斗争或死亡的痛苦；看起来他仿佛很有兴趣地注视着自己的灵魂脱离肉体。他的妻子不得不替他领圣餐，……他对她说：“吻我的孩子们。”她同他一起背诵主祷文，后来他不能说话了。在听到“免我们的罪”这几个字时，他虔诚地朝上望去，她感到他的手在她的手里变凉了，随着几声最后的叹息，他那颗纯洁、高尚的心停止了跳动。

这是1866年7月的事，黎曼时年未满40岁。

黎曼虽然一生短暂，但对数学做出的贡献极大，只是由于他的思想太过深邃，不是我们在这里能够详说的罢了。我只提一些用“黎曼”来命名的数学名词：

函数论有黎曼方法，关于代数函数有黎曼-罗赫定理、黎曼曲面、黎曼映射定理、黎曼积分，关于三角积分的黎曼-勒贝格定理，三角级数理论中的黎曼方法、黎曼几何、黎曼曲率，阿贝尔函数理论中的黎曼矩阵、黎曼 ζ 函数、黎曼假设，解双曲型偏微分方程的黎曼方法，分数阶的黎曼–刘维尔积分，如此等等，著作颇丰呢！

由此可以想象黎曼对现代数学的贡献有多大了，我不由幻想，若上帝给予黎曼再多一点时光，哪怕一年两年，他将为人类的科学事业奉献多少光辉的思想呀！

以上我们讲了非欧几何两位著名的发明者罗巴切夫斯基和黎曼生平的故事，现在我们就来谈谈他们所发明的非欧几何，即罗巴切夫斯基几何和黎曼几何。

玄之又玄，众妙之门 我们知道，非欧几何的共同特点是从否定欧几里得几何学的第五公设出发而建立的。那么，为什么从共同的基础出发会产生两种不同的非欧几何呢？我们还是从第五公设来看吧。

欧几里得的第五公设我们在本章一开始就表述了，其实它也可以用另外更加明白的句子替而代之，就是：经过直线外一点，有且只有一条直线与已知直线平行。

非欧几何正是从第五公设的这一表述方式入手的。它是如何入手的呢？其实我们可以自己来猜猜。

第一种可能性当然是：在同一平面上，经过直线外一点，不止一条直线与已知直线平行。

第二种可能性则是：在同一平面上，经过直线外一点，没有直线与已知直线平行。

那么，这两种说法哪种对呢？答案是：两种都对。罗巴切夫斯基正是从前者出发，得出了他的罗巴切夫斯基几何学，而黎曼则从后者出发，得到了他的黎曼几何学。

我们先来看更早诞生的罗巴切夫斯基几何学。

罗巴切夫斯基几何学的出发点是罗巴切夫斯基平行公理：在同一平面上，通过直线外一点至少有两条直线与已知直线平行。

我们这里要注意的是，这里的平行意思就是永不相交。

依据这个公理，罗巴切夫斯基得出了一系列的其他定理，我们这里且举几个：

1. 在同一平面上不相交的两直线，被第三条直线所截，同位角（或内错角）不一定相等。

2. 同一直线的垂线和斜线不一定相交。

这两个定理可以用图17–1表示。

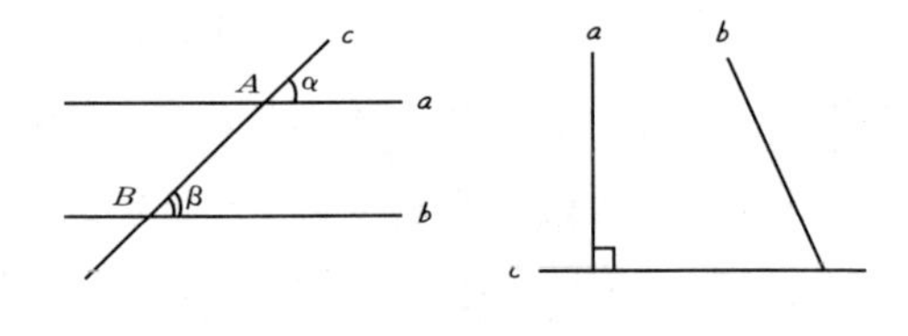

图17–1

在左边的图形中，就是说直线a与直线b是永不相交，即平行的，而且$\angle\alpha\neq\angle\beta$。而右边的图形中，直线$a$和$b$永不会相交。

3．三角形内角和小于两直角。

4．两三角形若有三内角对应相等，则两三角形全等。

如此等等，类似的定理还有很多。

看得出来，这四个定理与我们在欧几里得几何学中所见过的都大为不同，而且似乎都是错的，不符合我们的直观。然而，如果深究它们，却可以发现在这貌似的谬误之下蕴藏着深刻的真理。

遗憾的是，由于我的水平有限，本章的篇幅同样有限，我们在这里不能深究了。

我们再来看黎曼几何学。

黎曼几何学的出发点是上面否定欧几里得第五公设的第二种可能性，即在同一平面上，经过直线外一点，没有直线与已知直线平行。或者也可以说成：在同一平面上，任何两条直线一定相交。或者还可以说成：世界上并不存在无限延伸的直线，任何直线都是有限的。

为什么这么说呢？这里黎曼自有他的道理。他说，我们如果真的沿着欧几里得那种纯粹的“平面”上的直线行走，那么自然永远走不到尽头，也就是说直线是无穷的。但实际这样的平面有没有呢？答案是：没有。我给大家举个例子吧，假设我们在大地上的某一点铺上一根长长的白纸条，一路铺过去，就像一路将一条直线画过去一样，那么这纸条会不会永远没有尽头呢？答案是否定的。事实上，铺过很长很长后，我们会发现，前面就是我们从之出发的端点。

这样的原因大家都明白：因为地球是一个球体，因此那些我们在地上画出来的直线实际上并非直线，而是曲线。当我们顺着地球表面延伸时，它走过的路实际上有如地球的一条经线或纬线，这样当然必定相交。

与直线相应，由直线的一部分线段构成的三角形也差不多，我们现在在纸上画一个三角形，看上去好像是由三条直线构成的，实际上不是，由于它们是画在一张纸上的，而纸是铺在大地上的，而大地表面可不是理想的平面，而是一个球面，因此那三角形也就是一种“球面三角形”。

这种球面三角形有什么特点呢？它的主要特点就是三内角和大于180°。这就是黎曼几何学得出的另一个独特的定理，可以看出来，它与罗巴切夫斯基几何学中的三角形三内角和小于两直角刚好相对。

进一步地，黎曼设想出了这样一种几何学，它适合各种面，包括平面与曲面。

就像在丘陵地带行走一样，它有些地方是平坦的，但有些地方却有着各样的山包高地等。在这样的地形，两点之间距离的计算公式将随着地点的不同而变化，例如在平面上是直线的，到了山包就是曲线了，二者计算距离的公式当然有所区别。因为这里有了一个所谓“曲率”的问题，而黎曼就是要找到这样一种几何学，它能够根据曲率的不同而自行调整，并且能够计算出各种曲率下的距离等。

与线段的长度相似，黎曼认为平面与立体的空间也是这样，它也有着自己的“曲率”，由于“曲率”的不同，空间呈现不同的形式，他的几何学能够将所有这些空间统一起来。所有这些空间被总称为“黎曼空间”。

看得出来，黎曼空间较之我们平常所称的空间内容要丰富得多，我们平常所称的空间乃是黎曼空间的一种特殊形式，精确地说，它就是欧几里得几何学的空间，它的曲率为零。与之相对，罗巴切夫斯基几何学中的空间的曲率为负，而黎曼几何学的空间曲率为正。所有这些空间都属于“黎曼空间”。

这“曲率”说明了什么呢？简而言之，它说明了空间就像线一样是可以弯曲的，它可以有自己的“曲率”，即弯曲的比率、程度或者形式。

空间难道可以弯曲吗？有点不可思议吧？但事实上它不但可以，而且这弯曲的空间并非一种纯粹的数学幻想，而是实际存在的，它后来被爱因斯坦证实了，这就是我们后面讲物理学时要说的广义相对论。在这里，爱因斯坦指出，一个物体，例如太阳或者行星，能影响周围时间与空间的特性，使空间弯曲。爱因斯坦在描述弯曲空间时所使用的工具就是黎曼几何学。这种弯曲空间已经为科学观测所证实，这也是我们在本书后面将会讲的广义相对论的验证之一。

怎样？是不是“玄之又玄”？甚至既玄妙又有趣？要知道，我们在这里所讲的乃是非常高深的数学内容呢，也许由于太高深，我这里没办法做进一步陈述了。

不但对黎曼几何学或者非欧几何如此，对整个数学也是如此，我将不做进一步的陈述了。说实在的，这不大好呢，因为数学的内容实在太丰富，我在前面所涉及的连九牛一毛都谈不上，还有许多内容与许多伟大的数学家，像阿贝尔和他的群论、只活了20岁的天才数学家伽罗瓦、20世纪伟大的全能数学家希尔伯特和庞加莱等等，我都想好好说说，只是一则力有不逮，二则篇幅有限，希望以后有机会再给大家讲数学的故事吧！

第十八章　力学与热学

从这一章开始我们要讲科学中的第二大学科物理学了，要理解物理学最好的办法是具体地讲各个物理学的分支，不过在讲这些分支之前，我们先来整体地解释一下什么是物理学。

什么是物理学　物理学里的“物”就是物质。所以物理学是关于物质的学问，也就是说，物质是物理学研究的对象。

物理学中“理”的意思很多，在这里理是规则、法则等意思，就像《易・系辞上》中所说的一样：“易简而天下之理得矣。”更具体地说，这个法则指的是运动规律、基本结构等。

“学”就是学问、学科之一。

以上三段结合起来，我们就明白“物理学”的含义了：物理学是关于物质的基本结构、运动规律等等的学问或者学科。

这时，又有一个问题出来了，整个自然界都是由物质构成的，太阳、月亮、花、草、树木、矿物等无不如此，倘若物理学是关于物质的学问，那么天文学、生物学等又是研究什么的呢？难道它们是物理学的一部分不成？因此，在这里我们必须对物质这个词进行一些规范，也就是说，物理学中的“物”常常不是一些具体的物质形态，例如太阳、月亮等天体，花、草、树木、虫、鱼等生物，也不是金、银、铜、铁等矿物，而是整体的物质，研究其作为物质的某些特征，如它们的质量、重量、大小、运动、基本结构、发热、发光、带电、磁性等。这些现象分别是物理学各个分支的研究对象。

像数学一样，物理学也是由许多的分支构成的，而且比起只是由三个主要分支构成的数学来，物理学的分支要多得多。

物理学的分支们还有一个特征，在数学里，它的各个分支，例如代数、几何、微积分等之间有着极密切的联系。物理学就不同了，它的各个分支之间的联系要淡薄得多，有时甚至感到风马牛不相及呢！例如在粒子物理学与热学之间、在经典力学与电学之间，有多少联系呢？

这样的结果是，我们介绍物理学时，所要介绍的其实不是一个整体的物理学，而是物理学的各个分支。而且，当我们介绍这些分支时，简直就像在介绍不同的学科一样呢！

我们要介绍的物理学分支包括以下几个：

一是力学，它是物理学最早、也是最基本的分支，但它还包括一个挺晚出现的比较特殊的分支——量子力学。

二是热学，它也是物理学最基本的分支之一。

三是光学，它是一个很有特色的分支，研究我们熟悉不过的光。

四是电学与磁学，它们往往合称电磁学，研究物质两种特殊的现象。

五是原子物理学、核物理学、粒子物理学，它们研究物质的微观结构。

爱因斯坦的相对论也属于物理学，名为相对论物理学，堪称物理学中最独特的分支。但在这里我们先不说，等我们后面谈爱因斯坦的生平与思想时再一起讲。

经典力学：物理学的开山之祖　我们现在来讲第一个分支——力学。

什么是力学呢？力学就是研究力的科学。更具体地说，它研究的是力对物体的作用。

力学是物理学中最古老的分支，远在古希腊时代，伟大的数学家兼物理学家阿基米德就发展了相当丰富的古代力学理论，使力学走向完备的则是牛顿——关于他的生平与科学将是物理学这一部分的主体内容之一，牛顿所创立的力学被称为经典力学。

大家都在高中的物理学中学到过经典力学。现在看来，它并不是完备的，甚至已经被双重否定：在高速运动时被相对论否定，在微观世界被量子力学否定。在任何情况下，它都只能说是一种近似的理论，而不是精确的理论。但当经典力学运用于比原子大得多或者比光速慢很多的情形时，它的精确度完全够用，因此它依然是物理学的主体部分之一，远没有因为不精确而被时代抛弃。

经典力学又可以分为静力学与动力学两部分。

静力学研究物体在平衡的时候受力的情形。这时候，物体看上去是静止的，但这并不说明它没有受到力的作用，而只是说明它所受到的各种力之间达到了一种平衡，彼此抵消，因此物体表现为静止。

研究静力学有着十分重要的实际意义，例如我们建筑一座房屋或者一座桥梁时，就要研究静力学的问题，也就是要考虑它们所受到的负荷，确保负荷在它们的承受力范围之内，假如这种负荷超过它们结构的承受力，就会发生大问题了。

如果一个物体受到力的作用——这些力常常是多种的，并且这些力不能达到平衡时，物体就会产生运动，这时候就属于动力学研究的范畴了。

以前，人们一度理所当然地认为，物体的运动需要力的推动，如果要物体持续不断地运动就要持续不断地给它以力的推动，就像推动一辆失去动力的汽车一样，一旦不施加力的作用它就会停下来。这种观点就像亚里士多德认为的轻物体比重物体掉得慢一样，看上去有道理而实际上没道理。例如，一支箭从弦上射出固然是因为有力在推动它，然而当它脱离弦之后呢？它还在运动，这时明显地已经没有了弦的推力，这又是为什么？与此相似的情形在生活中大有所在，例如扔出一块石头、关上一扇门等，用前面那种想当然的方法显然不能做出解释。

当牛顿提出他那了不起的“牛一”——这是我对“牛顿第一定律”的简称，后面的“牛二”“牛三”与此相类时，这类问题就迎刃而解了。

牛顿认为，当物体没有受到外力的作用时，它将保持静止或者匀速直线运动，只有当要改变物体的运动状态时，例如使之由静止走向运动、由匀速运动变为加速运动、由直线运动变为曲线运动，也就是改变物体的运动方向时，它才需要力的作用。用更简明扼要的话来说就是“一切物体总保持匀速直线运动状态或静止状态，直到有外力迫使它改变这种状态为止”。这就是“牛一”了。

从牛一可以看出来，静止或者匀速直线运动都是物体最“自然”的状态，如果物体没有受到外力的作用，它将永远保持这种状态。这就根本地改变了原来人们想当然地认为的必须用力才能让物体运动的旧观念。物体这种保持原有的静止或者匀速直线运动状态直到有力的作用才改变的特性被称为“惯性”，因此，牛一又被称为惯性定律。

惯性我们可见得太多了，坐汽车时，当车突然来一个急刹车，人就会猛地往前一冲。这就是惯性在作怪了。箭之所以能够离弦之后仍然射得飞快、门一碰就能自己关上，都是由于惯性的缘故。具体原因是，当我们对箭、门或者任何物体施加力的作用使之运动后，它就处在了运动的惯性之中，除非另有力来使之改变，否则物体将保持这种运动状态。

更深一层地说，惯性乃是一切物体共有的性质，无论它处于什么状态，静止或者运动，它都有惯性。

那么，您也许会问：离弦之箭飞久了也会停下来，我看不到有什么力在改变它运动的惯性啊！这是因为有我们看不到的力在作用它呢，例如空气的摩擦阻力、地心引力等，正是这些力使离弦之箭渐渐慢下来并最终坠落大地。

牛一讲惯性，牛二则讲加速度。

加速度就是物体运动速度的改变，它可以是增加，也可以是减小，我们可以将后者看作是一种负的加速度。使物体产生加速度的原因当然是力，也就是说，要使物体由运动变为静止或者由静止变为运动，或者使运动的物体速度增加或者减小，都需要力的作用。

这时，如果我们仔细想想的话，会有这样的疑问：对一个物体施加力就能使它产生加速度吗？我看不一定呢！例如一只螳螂，它用自己的一只臂能够挡住飞驰的马车，使之产生加速度吗？当然不能。为什么？因为可怜的螳螂太小，它能够施加几斤几两力气呢？所谓“螳臂当车，不自量力”指的就是这回事了。

这个例子说明了物体运动状态的改变不仅同力有关，还同物体的质量大小有关。例如一只小猴子去摇一根石柱的话，石柱自然会纹丝不动，但要是它去捡起地上一块小石头的话，那就没有问题了。

从这里我们就得出了牛二：物体的加速度同作用力成正比，与物体的质量成反比。用公式表示就是$a\infty\frac{F}{m}$。a是加速度，m是质量，F就是作用力了。

牛三则是作用力与反作用力定律，什么是作用力与反作用力大家都懂，例如猴子去摇石柱，它当然对石柱也产生了作用力，这时，石柱也必然会对它产生反作用力。作用力与反作用力之间的关系有三个：一是大小相等，二是方向相反，三是作用在同一直线上。这几个特点都比较直观。

这样我们就得出了牛三：两个物体之间的作用力与反作用力总是大小相等、方向相反并且作用在同一直线上。

这个牛三看上去有些废话，似乎没什么用处，因为作用力与反作用力一样大、方向又相反，等于是相互抵消，有啥用处呢？就像猴子摇石柱一样，反正是摇来摇去摇不动，管它作用力与反作用力呢！

实际上不是这样，这第三定律大有用处呢！例如大家所熟知的火箭。它为什么能够那么快地向天上飞？这是因为它从“屁股”往下喷出气体，这时，根据牛三，必定会产生一个方向相反、大小相等的向上的推力，就是这推力推动火箭飞向太空。同时，往下喷出的力量越大，火箭往上的推力自然也就越大，速度也可以越快，一直可以快到摆脱太阳系，成为一颗在茫茫宇宙自由飞翔的星星呢！

以上就是以牛一、牛二、牛三为核心的经典力学了。

但力学可不止经典力学一家，除了它外，还有两种力学也必须说一说：一是天体力学，二是量子力学。

天体力学也是以牛顿为主创立的。不过，严格来说它并不属于物理学，而属于天文学。因为它所研究的乃是天体，包括自然天体与人造天体的运动问题，主要分析太阳系里诸天体的运动规律。

关于天体的运动规律，我们在前面讲天文学时曾讲过的开普勒三定律就是典型的天体力学问题。后来牛顿将之加以发展，使之数学化，也就是说，能够通过数学分析的方法，通过解方程来更加精确地确定天体运动的规律。

牛顿对天体力学最伟大的贡献是万有引力定律。

通过开普勒行星运动三定律，人们认识到了行星运动的规律。这之后，科学家们并没有因之而满足，他们又提出了另一个问题：为什么行星能够这么运动呢？是一种什么力量在推动它们绕着太阳运转？这是一个大问题，许多伟大的科学家都试图回答它，例如伽利略认为一切物体都有合并的趋势，正是这种趋势导致物体做圆周运动。开普勒自己则认为，行星之所以绕太阳运动，主要是受到来自太阳的类似于磁力的作用。笛卡尔又认为行星是因为在它们的周围有某种旋转的物质“以太”作用在行星上，使行星绕太阳运动。如此等等，有许多类似的理论，不过这些理论都只是主观臆测，不久就销声匿迹了。只有牛顿找出了行星运动真正的原因——万有引力。

万有引力就是自然界任何两个物体之间都存在的力——这也是“万有”这个词的来源。

牛顿认为：自然界中任何两个物体都是相互吸引的，并且引力的大小跟这两个物体的质量的乘积成正比，跟它们的距离的平方成反比。用公式表示就是：$F=G\bullet\frac{m_1m_2}{r^2}$，这里$F$代表万有引力，$m_1$与$m_2$分别代表两个物体的质量，$r$代表它们之间的距离，而$G$则是一个常量，叫引力常量，它适用于任何两个物体，在数值上等于两个质量都是1千克的物体相距1m时的相互作用力，大约等于$6.67\times10^{-11}\mathrm{N}\cdot\mathrm{m}^2/\mathrm{kg}^2$。这里N是力的基本单位，即“牛顿”。

万有引力定律的发现对天文学的发展起了极大的推动作用，它对于我们计算别的天体的质量、制造人造地球卫星乃至发现未知天体等都是至关重要的，当然，它也是天体力学之基本定律。

“测不准”是量子的特色，也是量子力学的特色 量子力学较之前面的各种力学要先进得多，它一直到20世纪前后才诞生。它很快显示了灿烂的生命力，深刻地改变了人们对于自然界，尤其是微观世界的认识。

量子力学是研究微观粒子的性质、结构、运动规律等的理论。这里的微观粒子是个含义广泛的词汇，包括几乎所有的微观粒子，例如分子、原子及其组成部分电子、质子、中子及其他更小的粒子如夸克等。量子力学将所有这些微观粒子作为研究对象。

量子力学与经典力学最大的区别在于，在经典力学里，它所计算与分析的对象具有确定的性质，若能给定力、物体的质量、初始位置、运动速度等元素，就能够精确预言运动对象过去与未来的速度、位置等性状。但在量子力学里就完全不同了，量子力学的一个基本原理就是“海森堡测不准原理”。该原理认为，我们不可能同时精确测定微观粒子的位置与动量。为什么呢？这是因为当我们去测量一个物理量时，这种测量行为本身往往会影响另一个物理量从而导致它的性状改变，反之亦然，这样的话当然不可能同时精确测定其位置与动量了。就像我们难以同时测量一个人100米冲刺的速度与其正常肺活量一样，因为当这个人百米冲刺时其肺活量必定不正常，而当其肺活量正常时必不可能进行百米冲刺一样。

测不准原理导致的一个必然结果是，我们不可能精确描述微观粒子在其轨道上的运动细节，它只能够给出可能发生的事件以及在不同情况下发生的相对概率。

量子力学的另一个重要观念是物质的波粒二象性。所谓波粒二象性即既是波又是粒子，或者既具有波的属性同时又具有粒子的属性。

在量子力学诞生以前，人们认为这是不可能的。但后来随着对光的研究的深入，科学家们认识到光同时具有波与粒子的属性，即光的波粒二象性——这我们后面谈到光学还要说。后来一位法国物理学家德布罗意公爵，发现其他微观粒子也具有与光相似的波粒二象性，并进而发现所有的物质都具有这种特征，这就是著名的“物质波”理论。只是那些宏观物体的波长太短，难以探测。

量子力学的诞生使人们对微观世界特征的认识前进了一大步，但也在物理学界掀起了一场轩然大波。物理学界分成两大派，一派以“哥本哈根学派”为主，认为这种不确定性乃是物质的基本属性，因此不需要去试图改变之，只要对这种不确定性进行更详细的了解就行了。以爱因斯坦为首的另一派物理学家则认为，测不准乃是由于现有技术不够先进，将来随着技术与理论的进步必会改测不准为测得准。基于此，爱因斯坦对量子力学的整体都持怀疑态度，他有一句名言“上帝是不掷骰子的”，也就是万能的上帝在创造万物时不会只满足于对它有一个概率性的了解，包括微观粒子也是如此。

针对量子力学的这个争论乃是现代物理学史上最著名的争论之一。爱因斯坦诚然伟大，在这场争论中却失败了，倒是哥本哈根学派大占优势。爱因斯坦虽然是量子力学理论的奠基者，但由于对之持怀疑态度，因此后来在量子力学这一现代物理学的主要领域之内无所作为。据说这也是他后半生没有重大成果问世的原因之一。

热学有四个独特的定律：三大定律加“0”定律　我们要讲的第二个物理学

分支是热学。

热学就是研究热的物理学分支学科，更具体地说，它研究的是当物质处于热状态下时有关的性质与规律。

热是人们再熟悉不过的一种物理现象，时时刻刻可以感觉到它的存在。不过热对于人们主要是一种感觉。到底什么是热呢？它是怎么产生的？它的本质如何？这些问题就不是感觉能够回答的了。

现在我们就来回答这个问题，看看热的本质是什么。大家都知道，物体都是由分子、原子等微粒构成的，这些微粒的主要特点之一就是运动。它们不会老老实实地一动不动待在那里构成物质，就像一队立正的士兵构成国庆节检阅的方阵一样，它们在不停地运动着。大家又知道，运动的物质是具有一定能量的。也就是说，由于组成物质的粒子的运动，物质都具有某一种形式的能量，这被称为物质的“内能”。在一般情况下，这些粒子的运动有一种整体的平衡，而物质本身也并不表现什么特殊的性质，包括冷或者热。然而，当某种外力施加于物质时，例如我们不停地摩擦它、给它通电流，或者让它与另外有温度差的物质接触，这时候，组成物质的粒子就会更加猛烈地运动，粒子之间的距离也可能会改变。这样一来就可能产生热的现象。热学所研究的就是这样的现象，它包括研究热的产生、传递、热与功之间的转换等。

热学最重要的理论是热力学四定律。

热力学是热学的主体内容，它主要是从能量转化的角度来考察热学问题，揭示了能量从一种形式转化为另一种形式时所遵循的规律。如我们前面所见，热的产生需要施加某种力量，例如摩擦，这实际上是将一种能量，即机械能，转化成热能，而通电则是将电能转化成热能。

我们现在来简单讲讲热力学的四个定律。

热力学第一定律是能量的转化与守恒定律在热力学内的体现。它指出当热从一个物体传递到另一个物体时，一个物体所损失的热等于另一个物体所得到的热再加上传递过程中所损失的能量。要注意的是，这里的损失并非减少，而是指没有传递给另一个物体或者转为了非热的另一种能量的形式。能量的总量则是不可能减少或增加的，也就是说，它是“守恒”的。

对这个道理大家很容易明白，要知道，热既然产生了，就不可能莫名其妙地从这个世界彻底消失，而只可能传递或变为其他的形式。就像我们人的身体一样，即使我们死了，不是人了，身体也会变成各种各样的矿物质等，而不可能真的从这个世界彻底消失。

热力学第二定律说明了热的传递过程中的特性：即热不可能自动从温度低的物体向温度高的物体传递，要达到这一点必须另外做功。我们知道，热可以自动从温度高的物体传递到温度低的物体，但绝不可能自动从低温物体流向高温物体。如果要传递的话，需要经过某些人为的努力，例如用冰箱、空调等所用的空气压缩机。也就是说，热的传递过程是不可逆的，如果我们要将热从低温物体传递给高温物体，那么就必须做另外的功——例如压缩空气、通电等等，不可能不做另外的功而仅仅将热从低温物体传递给高温物体。热的这个特点可以打个比方来说。例如一块石头，它可以自己从高处往低处滚落，但它能够自己从低处往高处滚吗？当然不能，要做到这点需要做点另外的事才成，例如一个人将它抛到高处或者风将它吹到高处等等，热的传递也有类于此。

热力学第三定律比较简单，就是说我们不可能经由任何方法达到绝对零度，即0K。后面的K是温度标识的另一种方法，即开尔文度，如果就我们所熟悉的℃（即摄氏度）来说，0℃约相当于273K。0K是热力学中的一个特殊温度，它也并不是一个科学家们曾经测定的温度，它只是一种想象或假设，但由于它屡屡被实验观测所证明，因此被沿用下来。它又被称为“绝对零度”，是不可能真实存在的零度，也是人类经由任何方法都达不到的低温。目前人类能够达到的最低温大约是1K左右，是一位叫昂内斯的物理学家用液态氦达到的。在这样的低温条件下，一些物质将会产生许多新奇的特性，例如超导性，就是导体的电阻为零。超导是现在全世界都很热门的研究项目。

以上就是我们常称的“热力学三定律”。除了这三个定律，现在还出现了一个比较特殊的热力学定律，它没有按顺序被称为热力学第四定律，而是被称为热力学0定律。

这也许是科学领域内唯一一个被称为“0”的定律了。原来，当前面的三个定律出现之后，过了很久，科学家们才发觉他们遗漏了另一个更加基本的规律，它才是真正的“热力学第一定律”，但那时候三个定律都沿用已久，约定俗成，不好更改，科学家们只好将之称为“热力学0定律”，以表示它是更加基本的。

这个热力学0定律是这样的：当两个系统达到了热平衡，也就是它们的温度相等时，而它们又与另一个系统保持热平衡时，则这三个系统均为热平衡，即均等温。

这个定律无需解释，它就像因为$a=b$且$b=c$所以$a=c$一样。

幸好只遗漏了一个定律，要是两个的话怎么办呢？难道把另一个称为“-1”定律吗？

以上就是热力学的四大定律，它对于我们可能比较陌生，但都并不难懂。了解了它们，也就大体了解热学了。

第十九章　两种类型的光学

我们要讲的物理学的第三个分支是光学。

光与热一样是我们在生活中最为熟悉的现象之一，甚至比热更常见。光学就是研究光的学问。它研究光的产生与传播、光的变化，以及与光相联系的其他一些现象。

光学包括两个都颇有特色的分支，几何光学与物理光学。

光是如何传播的　　几何光学是不探讨光的本质而只讨论它的光学成像与传播等性质的光学分支。

我们先来看看光学成像。光学成像对于我们人来说是非常重要的。我们在白天一张开眼睛就能看到光，其实这时候我们看到的并不是“光”，而是物体，例如一棵枯树、一个美人或者一头猪，然而我们看到的也并不真是物体，而是物体的光学成像。也就是说，是物体在光的帮助之下，与光结合在一起，形成自己的光学影像，而我们人的眼睛能够感觉这个光学影像，这就是我们能看到暴露于光底下的物体的原因。

对于几何光学而言，它另一个主要的内容是光的传播。我们知道，光线是能够传播的，它能够在各种各样“透明”对象里传播，例如空气、水、玻璃等，这时候就有三个定律，这也就是几何光学的三大定律：

第一个定律是光的直线传播定律。光在均匀的介质里沿直线传播。均匀的介质我们可以近似地看作是同一种介质，例如水和空气。在这同一种介质里传播时光的路线是直线。

第二个定律是反射定律。即反射时光的入射线、反射线和法线在同一平面内，入射角等于反射角。见图19-1A，*IO*是入射线，*RO*是反射线，*NO*就是法线了。

第三个定律是折射定律。光通过不同介质的界面时要产生折射，其入射线、折射线与法线在同一平面内。见图19-1B，*IO*是入射线，*OT*则是折射线。

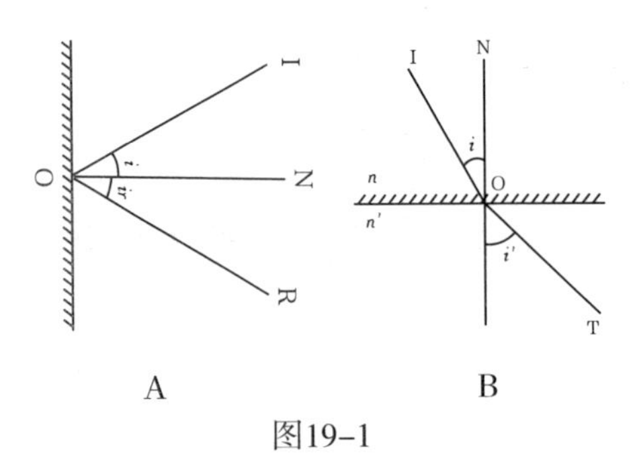

图19–1

科幻小说一般的全息图像 这些定律我们在中学物理中都学过了，几何光学的内容复杂得很，远不止我们在这里所说的这些内容。有的内容简直令人拍案叫绝，例如我们都听说过的全息图像，它也是一种光学成像。不过是一种全新的成像技术。它于1948年由一个叫伽柏的人提出，与传统的需要透镜的成像技术不同，这是一种两步无透镜成像技术，又称为波阵面重建，即全息技术。所谓“全息”，我们可以看作是“全部信息”或者“全方位信息”的简称，即这种成像技术能够囊括对象的全部或者全方位的信息。比起传统的成像技术来，它的确如此，因为它所成的图像是立体的，假如图像拍的是一个人，那么我们看这个图像就会像看一个真实的人一样，可以从各个方面仔细地看，不但看清楚他的脸，还能够看清楚他的后脑勺，从而得到对象全方位的信息。

要得到全息图像，要分两步走：第一步是将一束参考光波与物体的衍射光波相互作用，再记录下含有衍射光波的振幅和相位信息的图样，这也就是说，它们精确地全方位地记录了对象的各种视觉信息。第二步是在另一个地方再用与原来相同的参考光波去照射那个全息图，这时就能看到恍若原物的全息图了。这是一种立体的、极为精确的图像，虽然现在技术还不是很完善，但已经令人惊叹了。您可能看到过这种神奇的图样，例如在《星球大战》系列电影里，从机器人阿图身体里吐出来的美丽的莉阿公主立体图像就是一种全息图。

光是波还是粒子，这是一个大问题 物理光学讲的是光的各种特征，或者说什么是光。

光最基本的属性是波粒二象性。

关于光的本质曾有过一场物理学史上著名的大争论，争论的焦点是“光到底是波还是粒子”，也即光的波粒二象性之争。

最开始的时候，人们凭直觉认为光是一些从人的眼睛里射出的小触须，就像章鱼的触须一样，让我们看到万事万物。这种说法太过脆弱，稍有思想的人一想就能看出它的荒谬。例如为什么在黑暗中我们的眼睛就不能发出这样的触须了呢？于是又有人设想光是由物体发出的一些高速前进的微小颗粒，当它们进入人的眼睛时就能使我们看见它们。之所以在黑暗中我们眼睛看不见东西，是因为这些物体并不是所有的时候都会发射出这种小颗粒。

这种观点比前面的小触须观点当然要合理一些，它可以算是一种原始的微粒说，它一直流传了很久，直到17世纪。这时，一个了不起的物理学家、荷兰的惠更斯提出了一种新的学说，即光的波动说。他在其出版的《光学》一书中鲜明地提出光是以波的形式传播的，他说：

“像声音一样，它（即光）一定是以球面波的形式传播的。”

波动说能够解释一些光的粒子说不好解释的问题，例如几束光线在彼此交叉后会好像没有受到任何影响一样继续各自前进，要是粒子的话，它们为什么不互相碰撞，使前进路线产生变化呢？就像两颗石子在空中相撞一样？这个疑问确乎让粒子说为难，但波动说却能很容易地解释之。因为两束波在相遇后能够彼此毫无阻碍地继续前进，好像没有发生碰撞一样。这种现象我们随时可以在水面上看到，同时扔下两颗石子就可以了。

惠更斯的理论提出来后，有人支持有人反对，反对者很快占了上风，因为他们那边有一个很重要的人物，那就是比惠更斯小13岁的牛顿。

牛顿认为光是一种微粒。并且用他的理论很容易地解释了一些波动说不能解释的现象。例如影子，根据粒子说，光是一些微粒，它们是直线传播的，因此，当射到不透明的物体上后，会被反射或吸收掉，而物体周围的光线则继续前进，这样就必然会在身后留下物体的影子，而且这个影子就是物体的轮廓。倘若根据波动说，波遇到阻碍后是会绕过阻碍物继续按原样传播的。例如在池子里竖一根棍子，一列水波绕过它后，会立即在棍子后面形成新的完整的一列波，可不会留下一条棍子的痕迹呢。

按理说这两种观点各有所长，然而，由于它是伟大的牛顿提出来的，他可是科学界的教皇呀，于是几乎所有科学家都跟着牛顿走了，这也使光的粒子说统治了欧洲科学家们的头脑达百余年之久。

勇敢的扬证明光是波　再后来，一个叫托马斯·扬的英国物理学家，他是一个神童，据说2岁时就能流畅地读书，4岁时已经能通读厚达千页的《圣经》了。他后来成为一位医生和杰出的物理学家。他敢于向权威挑战，指出光并非粒子，而是一种波。他的主要证据之一是观察到光有干涉现象。

干涉是波的主要性质之一，它指的是当两列或两列以上具有相同频率的波共存时，会形成振幅相互加强或相互减弱的现象，即在波峰与波峰叠加或者波谷与波谷叠加的地方，波的振幅就会加强，而波峰与波谷叠加的地方波则会减弱，这就是干涉。

光也有这种干涉现象吗？正是，现在我们来做一个实验。

我们在桌子上放上三块纸板，最前面的纸板中间有个小孔，它后面的纸板中间有两个小孔，它们之间的距离很小，例如只有0.1毫米，而且与前面纸板上的小孔距离相等。如果光是一种波，那么当它穿过第一个小孔，到达并且穿过后面两个小孔后，由于穿过两个小孔的光来自同一波源，且与第一个小孔的距离一样，所形成的两束光必定是有相同频率的波，这样就必定会产生波的干涉现象——如果光是波的话。

结果怎么样呢？我们会在第三块纸板上看到，投射到这块纸板上的光明显地是一些明暗相间的条纹。这就说明有干涉的存在：那些明的地方就是光波的波峰与波峰叠加或者波谷与波谷叠加的地方，因为波的振幅得到加强，因此明亮；而暗的地方则是波峰与波谷叠加的地方，那里波的振幅减弱，因而变暗。

扬所做的实验与这个大致一样，它有力地证明了光是一种波。

与波的干涉相似的是波的衍射。

衍射指的是当波在传播中遇到很大的阻碍物或者遇到大阻碍物中的小孔隙时，会绕过障碍物的边缘或者孔隙的边缘，再在阻碍物或者孔隙边缘的背后展开。这正是我们在池子里水波上常可以看到的现象。

光是否会有衍射现象呢？我们且来看一个实验。

我们拿来一块纸板，在它中间弄出一条缝，最好不要太窄，当然也不要太宽。在这块纸板后面我们再放上另一块纸板，最好涂成黑色。然后，我们让一束光线穿过这不宽不窄的缝儿，我们会在后面的纸板上看到一道亮线，大小与前面的缝隙差不多，这说明它是直线地从小孔里穿过去的。这是第一步。然后，我们想法子把这道缝儿变窄，我们看到，一开始，前面黑纸板上的亮线也跟着变窄，但当缝隙小到一定程度时，光线突然好像变了，它不再是与缝差不多窄，而是突然变得宽了，而且变成了许多明暗相间的条纹。

这就是衍射，当然说明了光是一种波。

我们也可以将实验中前面纸板上的缝隙做成一个小圆孔，当圆孔小到一定程度时，我们会在后面的黑纸板上看到一个突然大起来的光环，它也是由明暗相间的一圈圈组成的。这与上面所见到的现象本质上是一致的，都是光的衍射。

如果您更仔细地看的话，会在光环的中心看到一个小亮点，关于它还有一个故事呢。

原来，当初赞同扬的光的波动理论的是一个叫菲涅尔的法国物理学家。当时另一个著名的数学家泊松，不相信菲涅尔的波动说，想推翻之，便根据菲涅尔的理论进行了推算，结果表明，根据菲涅尔的理论，在那个黑纸板上的圆形光斑的中心应该有一个亮点。由于当时从来没有人做过这样的实验，也许菲涅尔也没有做过。于是他公开宣布由此证明光的波动说是错的。然而结果却令他大跌眼镜——有人做了实验一看，竟然真有这样一个亮点！

这就确凿无疑地证明光乃是一种波了。

扬第一次提出光的波动说时，绝大部分物理学家都对他嗤之以鼻，甚至把他当作一个想靠反名人哗众取宠来成名的家伙，扬遭受了整整20年的误解。现在，菲涅尔等人的实验及理论有力地证明了他的理论，使光再一次由微粒说走向了波动说。

光是一种电磁波　到19世纪中期，光的波动说已经得到了广泛承认，但被视为一种波的光仍有许多问题亟待解决。例如既然光是一种波，大家就认为光这种波就像水波一样要靠一种弹性介质才能传播。后来，一位伟大的物理学家麦克斯韦提出了电磁波理论并且指出光也是一种电磁波。不久，另一个大物理学家赫兹用实验证明了电磁波的存在，并且证明了电磁波与光波一样也有反射、折射、干涉、衍射等性质，甚至通过干涉实验测出了不同频率的电磁波的波长、电磁波的传播速度等。结果与麦克斯韦的各项预言均一致，证明了麦克斯韦的理论。

我们现在已经知道，光只是电磁波的一部分，叫可见光，除了它外，还有我们不可以看见的电磁波，即红外线与紫外线。红外线是一个叫赫歇尔的英国物理学家在1800年发现的，一次他正研究光谱里各种颜色的光的热作用，当他将温度计移到红光之外的区域时，那里虽然看不见光，温度计却显示比有光的部分更热，说明那里有看不见的射线使温度计温度升高。由于它位于光谱的红光区之外，因此被称为红外线。

红外线的波长比可见光长，它最显著的特点是热作用，因此被广泛用来加热东西，同时还可以进行红外线观察。战场上，当人、坦克等位于暗处看不见时，由于它们仍在发热，可以用红外线去发现它甚至拍下清清楚楚的照片来。这就是军事上夜视镜的原理。

如果朝鲜战争时美国人就知道用夜视镜那志愿军就惨了，那时武器装备比美国人差得远的志愿军经常靠打夜战才能取胜呢。

与红外线相对的是紫外线，它的波长比较短，因位于光谱的紫色区域之外，故被称为紫外线。紫外线与高温相连，一切高温物体都会发出紫外线，例如太阳。还有，由于紫外线的波长很短，能够进行十分细微的差别的辨认，例如我们在白纸上留下一个指纹，用肉眼看不清楚，但用紫外线就看得清楚了，不用说，这个功能对刑警们最有用了。

还有一种比紫外线波长更短的射线，X射线，由于它的发现者是伦琴，又称伦琴射线。它的穿透力特别强，例如能够穿透人体，在医院被用来“拍片子”，伦琴也因为这个发现获得了第一个诺贝尔物理学奖。

除了上面的可见光、红外线、紫外线、X射线外，还有无线电波、γ射线等，它们合起来就构成了范围十分广阔的电磁波谱。

电磁波理论当然更证明了光是一种波，但是不是一劳永逸地结束了光是波还是粒子之争呢？

还没有。

原因很简单，它并不能完美地解释所有关于光的现象，不过这些现象没有人提出来而已，一直到一种新的现象——光电效应——的发现。

奇妙的光电效应又证明光是粒子　现在我们来做一个实验。

将一块擦得很亮的锌板连接在灵敏度较高的验电器上——所谓验电器就是当产生电流时它能够检验出来，一般是通过它上面的一个指针的偏转来验明是否带电。

这时，再用弧光灯向锌板照去，我们会发现，验电器上的指针偏转了。这证明锌板带上了电。

进一步的验证表明锌板带的是正电，也就是说，在光的照射之下，锌板中有一部分自由电子从锌板表面飞了出去，使锌板中缺少了电子，从而带上了正电。

这种在光的照射下从物体发射出电子的现象叫光电效应，发射出来的电子就叫光电子。

科学家们经过对光电效应的研究，得出了四个结论：

1. 对于任何一种金属，都有一个极限频率，入射光的频率必须大于这个极限频率，才能产生光电效应，低于这个频率的光不能产生光电效应。

2. 光电子的最大初动能与入射光的强度无关，只随着入射光频率的增大而增大。

3. 入射光照到金属上时，光电子的发射几乎是瞬时的，一般不超过10^{-9}秒。

4. 当入射光的频率大于极限频率时，光电流的强度与入射光的强度成正比。

这四个结论对光的波动说提出了大挑战，因为前面三个现象根本无法用光的波动说来说明。例如第一个，根据波动理论，光的能量是由光的强度来决定的，而光的强度又是由光波的振幅来决定的，跟光的频率无关。这等于是说，只要照射的时间足够长久或者光的强度足够大，任何频率的光都能够使锌板等产生光电效应。这与实验的结果是直接矛盾的。

这样，光的波动理论直接受到了挑战。后来，一位伟大的德国物理学家普朗克认为所有电磁波的发射与吸收都不是连续的，而是一份一份地进行的。在这个理论的基础上，更伟大的爱因斯坦提出了“光子说”，即他认为，在空间传播的光不是连续的，而是一份一份的，每一份叫一个光子，每个光子的能量与它的频率成正比，而与其振幅无关。

爱因斯坦的光子说能够很好地解释光电效应：当光子照射到金属板上时，由于它是一份一份地扑来的，加之它如前所言是瞬时的，每一份在瞬时就被金属中的某个电子全部吸收。电子吸收光子的能量后，动能在瞬间增加了。这时，如果增加了动能的电子其增加后的动能足够大，就能够克服内部原子核对它的引力，从而脱离金属的表面逃逸出来，成为光电子。这时，由于锌板的内部电子少了，于是它就带上了正电，使得验电器上的指针偏转。

经过这样一假设，光电效应就得到了很好的解释。

这也表明了光乃是粒子，于是又证明了光的粒子说。

这个光电效应不但证明了光的粒子说，还大有实际用处呢，例如我们所熟知的光纤通信就是用这个效应造出来的。

至此，光是不是又应该恢复它的粒子说，把波动说打下去呢？

不能，因为前面的各种理论也很好地证明了光的波动说。

波粒二象性：光的本质与光学的精髓　这时候就产生了将两种学说统一起来的想法。这种想法在原来是不可想象的，因为波动说与粒子说被认为是两种互相矛盾的学说。然而，光子却明显地同时具有这两种属性，这简直是强迫人们改变老观念，接受新现实。

我们现在当然接受了光的波粒二象性，您也许想知道，这两种属性到底是怎样在光那里统一起来的呢？现在科学家们已经解决这个问题。这是因为，光虽然是由无数微粒——光子——组成的，但它同时总是一大堆光子一起运动，我们看到的哪怕最小的光柱也由无数光子组成。当这些光子运动时，并非像一条直线一样往前冲，而是排成一定的规律前进，具体地说，是排成波的形式前进。这就使得光既呈现波的特性，又呈现粒子的特性了。

我觉得这其实好理解，就像水波一样，请问，水波是一滴水珠构成的吗？当然不是，它是由无数的小水珠组成的，它们本来是一个个的“粒子”，但由无数这样的水“粒子”结合在一起，就组成“水波”了。

以上就是光的波粒二象性及人类认识之的曲折历程，理解了它也就理解了光的精髓。

第二十章　美好的电磁学

我们要谈的第四个物理学领域是电磁学。

我之所以称电磁学为“美好的”，是因为电磁学既是科学，又为我们的生活提供了许多美好的东西。

电磁学实际上包括三个内容：电学、磁学以及由二者结合而形成的电磁学。

电荷、静电与电流的形成　电学就是关于电的学问。因此，了解电学也就是了解电。

电对于我们是太熟悉不过了，它是自然界中到处可以发生的一种能量形态。在最早的时候，人们就发现了一些神奇的现象，例如用琥珀与羊毛摩擦后琥珀就能够吸引一些草屑毛发等小东西，现在我们知道这就是静电。“电”的英文名称“electricity”就来自琥珀“electron”。

我们知道，自然界共有两种电荷，一种是正电荷，例如用绸子摩擦玻璃棒产生的电荷就叫正电荷；另一种是负电荷，例如用毛皮摩擦硬橡胶棒产生的电荷叫负电荷。同种电荷之间会互相排斥，而异种电荷之间则会互相吸引。电荷间的这种相互吸引或者排斥遵循“库仑定律”：

在真空中两个点电荷之间的作用力跟它们的电量的乘积成正比，与它们距离的平方成反比，作用力的方向在它们的连线上。

注意，这里的“点电荷”就是忽略带电的那个物体的形状与大小等，而只是单纯地将之看作一个电荷，就像欧氏几何学中的点一样。至于为什么要在真空中呢？这是因为在真空中这个性质看得更加明白，其实在非真空中只要没有强大的外力影响结果也一样。这里的电荷之间的力被称为静电力。

那么，这些电荷之间是如何互相作用的呢？这里我们要引进一个新概念——电场。

两个相互作用的电荷并不靠在一起，它们为什么能够相互作用呢？就像我们想用力作用于一条小狗时得用绳子牵着它一样，两个相互作用的电荷也需要什么媒介在它们之间起作用。

这种媒介就是电场。

我们可以将电场想象成每个电荷都会向四周伸出的无数双无形的“小手”，一旦另外的电荷靠近这些“小手”，就会受到它们的作用，将之推远或者拉近。这种电场将电荷拉或推的力也被称为电场力，这些无形的“小手”就叫电场线。

由此可见，在电场里，电荷被电场力推远或者拉近时，就像一张桌子被我们的手推或拉一样，是一定要做功的。那么这功与电荷之间有什么关系呢？这我们可以猜出来，当然与电荷的大小，即电量有关。这功与电量的比值被称为电势差，也就是我们常听说的电压。用公式表示就是：$U=\frac{W}{q}$。

看得出来，当一单位的电荷，即$q=1$时，从一点移动到另一点电场力所做的功就等于电压。计量电压的单位叫伏特，简称伏，符号是V。而电量的大小叫库仑，简称库。功的大小叫焦耳，这都是我们在初中物理中就学过的单位了。可以这样说：如果1库的电荷从电场中的一点移动到了另一点，这时若电场力做了1焦耳的功，这两点间的电压就是1伏。

我觉得大可以将电荷看作是一颗颗的小石子呢，它们有质量，就像电荷有电量一样，要移动这些电的小石子当然需要做功，就像移动真的小石子需要做功一样。

那么，电荷到底怎样移动呢？很简单，电荷可以从一个物体移到另一个物体，它遵循“电荷守恒定律”，就是说，在任何移动过程中电荷的总量保持不变，所谓带电不过是正负电荷间的分离与转移，而电荷消失也不是真的消失，只是正负电荷之间相互中和罢了。就像（+1）+（-1）=0一样。

我上面所说的内容也可以被称为“静电学”，它是电学之一部分，研究静止的电荷——所谓“静电”的名称就是这么来的——产生电场及电场对电荷产生作用力的规律，也就是我们上面分析的内容。

之所以称为静止的电荷，是因为这些电荷平常是不动的，它们静静地待在那，如果什么东西凑上去，它们才会对之产生作用力。就像我们摩擦一根橡胶棒，这根橡胶棒上便带上了电，这种电并不会自己流走，而是会静静地待在那，如果我们把什么小纸屑之类靠近，它才会将之吸住。这种特性可不像我们在电线里感到的电，它们随时在运动着，像冲锋陷阵的战士一样，去点亮灯泡或者击倒敢于碰触它的人。

静电这东西有时十分讨厌，例如冬天在干燥的北方，在黑夜里脱衣服时常常会看到衣服上爆发出火星，有时候烧得人痛，这就是静电。但它对我们也大有用处，最明显的例子就是静电复印机了，它就是根据静电能吸引东西这个原理制造出来的。

与静电相对的是电流。

电荷的定向移动形成电流。

从这里可以看出，要产生电流首先必须有电荷，而且必须是能够自由移动的电荷，即自由电荷，这两者是产生电流的前提条件。但这样还不能形成电流，因为这些自由移动的电荷在通常情况下就像一队毫无纪律的士兵、一大群盲人，或者被捅了一下的马蜂窝一样，乱七八糟，各自朝不同方向乱奔，根本形不成电流，就像那队士兵组不成国庆节阅兵式上整齐的方阵一样。

因此，要形成电流，还需要的另一个条件是电荷的定向移动，要让这些自由散漫的电荷朝同一个方向移动。要做到这一点不难。例如我们可以将含有自由电荷的导体，像一根铁丝连接在一个蓄电池的两端。我们知道，电池的两极之间有电压，即电势差，当铁丝这个导体的两端分别连接上蓄电池的两端时，它的两端这时就有了电势差，也有了电场，这就有如在水位一高一低的两口水缸间接上了一根管子，水会从高处流向低处一样，导线里的自由电荷也会在电场的作用下纷纷朝一个方向冲去，于是形成了电流。

当然，最好在导线间接一个灯泡之类，这样一接通灯泡就发光，形象地证明导线中有了电流。

电流既然是定向移动，那么电流当然也有方向，不过，实际上的电流定向移动方向不只有一个，既可以是正电荷的定向移动，也可以是负电荷的定向移动，还可以是正负电荷同时向相反方向移动。但习惯上我们规定正电荷定向移动的方向为电流的方向。例如在金属导体中，电流的方向与电荷定向移动的方向相反。也就是说，在金属导体中自由电子是负电荷，它们移动的方向当然与正电荷定向移动的方向相反。

在这些电流中，方向不随时间而改变的电流叫直流，方向与强弱都不随时间改变的电流则叫恒定电流。一般而言，直流都是恒定电流。

对于导体而言，与能够导引电流的性质相反，它也能够阻碍电流的通过，更准确地说，它能阻碍一部分电流通过，导体的这种性质就叫电阻。我想这也不难理解，这就像水在沙土里的渗透一样，沙土固然能够透过水，但同时它对水又何尝没有阻碍作用？通过它之后，总有一部分水被它阻挡下来，也就是说，不可能100%的水都能全部通过沙土。电也一样，它如水，而导体则如沙土。电阻越大，当然阻碍的电流就越多，导体中通过的电流就越小，反之亦然。这个现象是一个叫欧姆的物理学家发现的，被称为欧姆定律，它的完整表述是：导体中的电流跟它两端的电压成正比，跟它的电阻成反比。电阻的计量单位也被称为欧姆，用一个希腊字母“Ω”表示。

以上我们谈了一些电学的基本知识，电学的内容丰富得很，其他内容，例如如何组织串联电流与并联电流等实用性知识我们就省略不讲了。

磁是一种有趣的现象　现在我们来谈磁学。

大家都看到过磁铁，它能够将铁类物质吸将过去，好像有一只无形的手一样，看上去真是令人惊奇。还有，当我们拿来两块磁铁后，会发现另一个怪现象：将两块磁铁靠近时，它们可能一下子牢牢地粘在了一起，但同样可能怎么也凑不到一块去，双手用力凑上去手一松就会立马分开。

这些现象小时候曾令您大开眼界也大感迷惑吧？长大后我们就知道了，这是因为磁铁有两极，两块磁铁之间同极相斥、异极相吸。

这种特异的现象是怎样发生的呢？原来，这是因为像我们前面讲过电荷周围有电场、电荷之间的相互作用是通过电场发生的一样，在磁铁周围也有磁场，而磁铁之间的相互作用也是通过磁场展开的。

磁场的样子不像纯粹是理论的电场一样，它的许多特征我们甚至可以亲眼目睹。

首先我们来看看磁场的方向。我们拿一块长条的磁铁，将它从中间分开，两边涂成不同颜色，然后再拿许多小指南针，将它们搁在长条磁铁的周围。这时，我们就会看到，这些小指南针不再规规矩矩地指向南北，而是在不同的位置指向不同的方向，这说明它受到了这些地方的磁场的作用才改变了惯常的指向，而在这些地方的指向也就是该处磁场的方向。

前面讲电场时我们说过，在电场周围有无数只无形的小手，叫电场线。在磁场周围同样有这样的小手，叫磁感线。而且，不像无形的电场线，我们甚至可以用法子来看到这些磁感线。具体方法就是在磁场中放上一块玻璃板，然后在玻璃板上洒一层薄薄的铁屑，然后轻轻敲击玻璃板，这时我们会看到，铁屑们在匆匆地移动，一会儿后就变成下面的样子，见图20–1中左图：

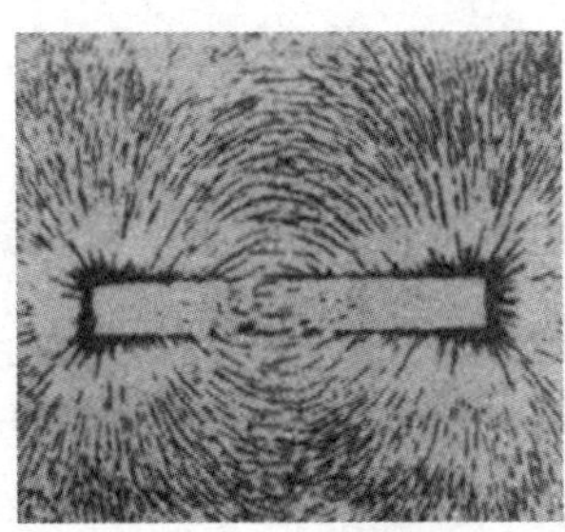
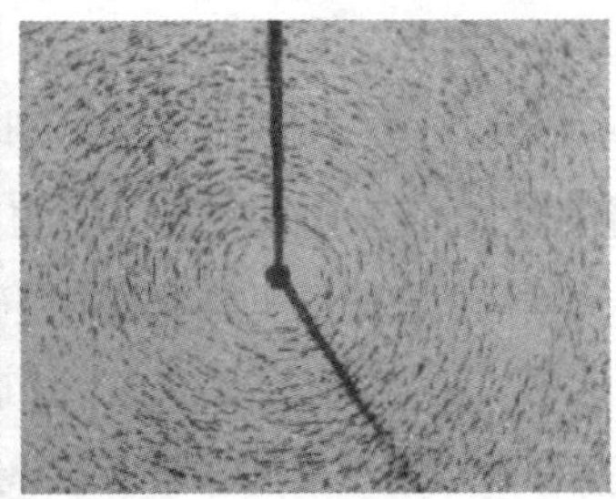

图20–1

这让我们清楚地看见了磁感线的样子，但看不出磁感线的方向，实际上，所有磁感线都是从正极流向负极的。

以上是磁场的几个基本特征。这些特征并不属于磁场专有，电同样能产生这样的磁场。

电流能够产生磁场　这种现象最早是由一个叫奥斯特的丹麦物理学家发现的。他发现，一条通过电流的导线能够使它近处的磁针发生偏转，这说明在电流的周围产生了磁场。这一发现打通了一扇巨大的门——将电学与磁学统一起来的大门。

不久，另一个大物理学家，法国的安培更加详细地阐明了这种现象。他指出，直线电流周围有磁场，其磁感线是一些以导线上各点为圆心的同心圆，这些同心圆都在与导线垂直的平面上。我们也可以用铁屑来看到这些磁感线（见图20-1右图），而且还可以测出，如果改变电流的方向，则磁场的方向也将变得相反。

由于这一现象的发现，科学家们开始思考磁现象的本质是不是与电有关。安培提出了著名的分子电流假说。他认为，在组成物质的分子、原子内部存在着一种环形电流，他称之为分子电流，分子电流使组成物质的每颗微粒都成了一个微小的磁体，它的两侧相当于两个磁极，这两个磁极与分子电流密不可分地联系在一起。一般的物质，当其未被磁化时，内部的分子电流是杂乱无章的，组成物质的微小磁体之间的磁性互相抵消。当它被外界磁化时——我们知道这种磁化是很容易的，例如把一根铁棒与一块磁铁粘在一起一段时间——各分子电流的取向便大致相同，这样物质就会显示磁性，即被磁化。

我们知道，磁体如果遇到高温或者猛烈敲击会失去磁性，这是因为在激烈的热运动或者机械运动的情况下，分子电流的取向又变得杂乱无章了。

安培的假设现在已经基本被证明，只是还不完全，那个时代人们还不知道原子的内部结构。现在我们已经更详细地知道，分子电流是因为组成原子的带负电荷的电子的运动而产生的。也就是说，磁体的磁场是由电荷的运动而产生的，这与前面我们所讲过的电场的产生原因完全一致。

电流能产生磁场，这是它们统一的第一步。

磁场也能产生电流：电磁感应　与电流能够产生磁场一样，磁场也能够对电流产生作用，例如我们在磁场里放上一根与磁场方向垂直的导线，会发现这根导线在通电时会发生运动。而当导线不置于磁场中时，即使通过电流也不会有这种运动。还有，如果导线放在磁场中不通电，它同样不会运动。这说明磁场能够经由电流对导线产生影响，换言之也是说，磁场能够对电流产生影响。

当然，这只是说磁场能够影响电流，与电流能够产生磁场是不一样的。于是许多科学家便想，磁场是不是也能够产生电流呢?

做到这一点的是另一个伟大的英国物理学家法拉第，他发现了电磁感应现象。

电磁感应现象也就是磁场能够产生电流。具体方法很简单，我们自己都可以做这样的实验。我们先用一个电表连接上一根导线，中间系上一根小铁针，小铁针的两端分别与导线连接，当小铁针在一块磁铁中间进行垂直于磁场磁力线的运动时，我们会发现电表的指针动了。这就说明电路里产生了电流。这电流当然是由磁场产生的，叫电磁感应。

电磁感应的发现虽然看上去简单，但对于物理学却是一件惊天动地的大事，由之产生了无数新的思想，这些新思想将改变这个世界。

这新思想的第一个“果子”是发电机。要知道，电磁感应其实就是通过磁场来“发电”的，从这个简单的原理出发，法拉第制造出了最初的发电机。后来，经过德国著名的工业家与科学家西门子等人的努力，发电机越来越实用，最终达到了今天的地步。当然，这些发电机比简单的电磁感应现象要复杂得多。然而万变不离其宗，最基本的原因仍然是电磁感应。

发现了电流能产生磁场，又发现了电磁感应后，电学与磁学便从两门原来相对独立的学科变成了一门统一的学科——电磁学，它将成为物理学一个主要的独立分支之一。

电磁波与美妙的麦克斯韦方程　不过，至此电磁学的诞生过程并没有完成，还要有最后一步，这一步的达成有两个关键词汇——电磁波与麦克斯韦。

前面我们曾提到过麦克斯韦，他是英国人，生活于19世纪，只活了40多岁。他是历史上最伟大的物理学家之一，在物理学上的地位也许仅次于牛顿与爱因斯坦，而与法拉第比肩。他对电磁感应进行了一番了不起的思索。他认为，在上面例子中的电路里之所以能够产生感应电流，原因在于当导体在磁铁中间运动时，使磁场产生了变化，这个变化的磁场产生了一个电场，这个电场驱使导体中的自由电子做定向移动，于是产生了电流。进一步地，麦克斯韦指出，在变化的磁场周围会产生电场，这是一种普遍存在的现象，与闭合回路是否存在无关。

更进一步地，麦克斯韦想，既然变化的磁场周围能够产生电场，那么变化的电场周围也能够产生磁场。

我们要注意的是，这里的周围，指的是周围的空间。

如此，如果您深入思索的话，会想到这样一种可能性：我们假设，在某一个地方有了一个周期性变化的电场，那么，在它周围的空间里就会产生一个同样周期性变化的磁场，而我们已经知道，在周期性变化的磁场周围空间同样会产生一个周期性变化的电场，而在这个电场周围空间又会产生一个周期性变化的磁场，如此下去，以至于无穷。这样，我们可以将某地最开始那个周期性变化的电场比作圆心，将那轮流交替出现的电场与磁场当作一个个的同心圆。显然，它们将一个套着一个，向周围的空间无限地延伸下去，直到充满无限的空间。

这种可能性是否真的存在呢？

麦克斯韦认为正是如此。只要有周期性变化的电场存在，就一定会有这样的情形。在这里，变化的电场与变化的磁场轮流交替、紧密联系，形成一个不可分割的统一体，这就是电磁场。

这个变化着的电场与磁场交替产生，由发生的区域不断向周围空间传播出去，就形成了一种新的“波”——电磁波。

看见了吧！我们听说过千万遍的电磁波就是这么来的，麦克斯韦正是经过上面的推理过程预言了电磁波的存在，他的预言后来得到了证实，人们真的发现了电磁波。

电磁波的诞生对于科学技术乃至人类生活的意义是怎么说也不过分的，我们现在习以为常的许多东西，像电视、无线电话、收音机、雷达、传真等，都是以之为基础的，没有电磁波，这一切都不可能，我们的生活也将是另一个样子。

得到这一伟大的发现之后，麦克斯韦并没有就此止步，而是继续大踏步前进。他系统地总结了前面库仑、安培、法拉第等人关于电和磁及其关系的各种理论，并加以发展，终于得出了关于电磁场的基本规律，他将之归纳为四个方程：

$$\nabla \cdot \boldsymbol{D} = \rho, \qquad (1)$$
$$\nabla \cdot \boldsymbol{B} = 0, \qquad (2)$$
$$\nabla \times \boldsymbol{E} = -\partial \boldsymbol{B}/\partial t, \qquad (3)$$
$$\nabla \times \boldsymbol{H} = \boldsymbol{J} + \partial \boldsymbol{D}/\partial f \qquad (4)$$

这四个方程组是电磁场的普遍方程组。它被认为是科学史上最伟大最美丽的创造之一。它不但是科学的，而且是美丽的，具有一种独特的“科学美感”，就像爱因斯坦的$E=mc^2$一样。

它们都是简洁的，却能表达宇宙间最基本的规律。

这个方程组还是经典电动力学的两个主要组成部分之一。

所谓经典电动力学，简称电动力学，就是研究电磁场的基本属性、运动规律，以及电磁场与带电物质间的相互作用的物理学分支。它是非常艰深的，要大量用到高深的数学知识，已经超出了我们在这章电磁学简介中所要述说的内容。

第二十一章　原子弹的秘密

我们要介绍的物理学的第五个分支实际上包括三个分支，即原子物理学、核物理学、粒子物理学。因为它们研究的都是物质的微观结构，故我将这三个分支放到一起来说。后面我们还会看到，这三个物理学之间是有关系的，具体地说是：它们研究的对象越来越小。

我们先来看研究对象“最大”的原子物理学。

原子物理学　早在我们前面的《西方哲学通史》中讲古希腊哲学之时，就说过古希腊人认为物质是由原子构成的，其代表人物就是德谟克里特。因此关于物质是由原子组成的观念在古代西方可谓由来已久。

西方人并没有将原子的观念止于哲学的想象，他们继续探索物质的构成。到了19世纪初，著名的英国物理学家道尔顿提出每个元素都是由原子组成的，不同元素的原子互不相同。要注意的是，这里的原子与古希腊的原子已经完全不同了，它不再是哲学的想象，而是科学的假设。不久，另一个著名物理学家意大利的阿伏伽德罗猜想两个或两个以上的原子可以粘在一起构成分子。这些观点似乎都认为原子就是组成物质的最小成分。

但是否真的如此呢？是否真的如德谟克里特所认为的那样，原子是不可分的？一度西方人也认为如此。到了19世纪末，英国物理学家汤姆孙发现了电子，人们认识到原子也是有其组成部分的，于是，许多科学家纷纷提出了自己的原子模型。最著名的是汤姆孙本人提出的模型，在这个模型里，原子是一个球，而电子则镶嵌在原子里，就像将葡萄干粘在面包上一样。

这种模型当然有其合理性，但很快又被否定了，因为另一个英国物理学家、汤姆孙的弟子卢瑟福做了一个绝妙的实验，得出了一个新的、更加合理的原子结构模型。

我们先来简单地介绍卢瑟福的实验。我们知道有一种放射性元素，它们像有无数子弹的机关枪一样，能够自动地发射出一些微小的粒子。钋就是这样的放射性元素，它能够发射出一种叫α粒子的粒子。卢瑟福就想到了用这些粒子去轰击原子，看能撞击产生什么物质。

于是他找来一块很薄的金箔，又用一个盒子装了一点钋，只在前面挖了一个小孔。然后他将这块金箔放在小孔前面，又在金箔后面装了一架显微镜。

这一切布置好后，他通过显微镜看到了什么呢？他看到了绝大多数α粒子能够顺利地从金箔穿过，就像穿过空气一样，路线都没有改变。但却有极少数的α粒子方向发生了明显甚至很大的改变，有的竟然改变了180°，就像子弹打到了防弹玻璃上一样被弹了回来。此时已经知道原子中有电子，而且知道电子的质量是极小的，根本不足以抵挡α粒子的轰击，这就是为什么绝大多数α粒子能够自由穿过金箔的原因。但那一小部分的α粒子方向偏转说明了什么呢？说明在原子内部有一些质量比电子大得多的微粒，正是它们阻挡了α粒子的轰击。依据之，卢瑟福提出了他的原子结构观念，他认为：在原子中心有一个很小的核，原子的全部正电荷和几乎全部质量都集中在这个核里，带负电的电子则在核外的空间里绕着核旋转。

这个假设与上面的实验很符合，因此很快被接受了，但不久又遇到了难题。例如：是一种什么力能够让电子不停地绕着原子核旋转呢？为什么它不会被拉进原子核？就像人造地球卫星久了会被拉进地球的大气层烧毁一样。

为了解释这些问题，另一个物理学家玻尔提出了新的原子结构模型，这个模型已经与现在我们对原子的认识差不多了。以后，等我们前面说过的量子力学诞生之后，就构成我们现在的关于原子结构的完整的认识了。下面我就完整地说一下人们现在所认识到的原子。

原子按其定义是这样的：原子是仍保有元素化学属性的最小单位。

原子当然是可分的，但如果再分的话，它就不能保有原来元素的属性了，例如铁或者氦的原子便具有铁或者氦的属性，但如果将铁或者氦的原子再加以分割的话，它们就不再是铁或者氦了，而成为别的元素的原子或者别的微观粒子。

就体积而言，所有的原子大小大致相同。每个原子的直径大约是2×10^{-8}厘米，它有多少呢？难说，比一根头发丝都要小不知多少倍，不但不可能用肉眼看到，甚至用一般的显微镜也看不到，据说电子显微镜可以看到某些种类的原子，但也十分朦胧。

由于原子这样小，因此需要很多原子才能组成哪怕是一小块物质，例如在一般的固态物质上，一厘米的长度内就有多达5000万个原子紧紧地靠在一起排列着，而一立方厘米这样的物质之内就有约10^{23}个原了。

就质量而言，不同原子的质量是不同的，其中最轻的是氢原子，如果将它的质量定为1，那么最重的铀是238，也就是说，一个铀原子的质量是238个氢原子的质量。

至于原子的大致构成我们都知道，它是由原子核及环绕着它高速旋转的电子组成的。其中原子核又由质子与中子构成，不过其中的氢原子核没有中子，只有一个质子。

我们现在就来分别说说电子、质子、中子的特征。

电子有三个特点：一是它带电，具体来说是带一个负电荷。二是电子的质量小，它只有质子质量的约1/2000。三是电子绕原子核高速旋转。它有自己的轨道，当它旋转时几乎占据了整个原子的体积，在原子核外面构成了一团电子云，好像无数个电子在运动一样。这当然是因为原子的体积太小而电子运行又太快的缘故，就像我们看到电风扇一样，虽然只有几片叶子在运转，但由于它太快，我们看到好像整个风扇里都充满了叶子一样。

还有，电子的这种运动有一个特点，就是我们不可能精确地确定它在什么时候位于什么地方，但能够大致确定它在什么地方出现的概率是多少，这种只以概率的方式去认识微观粒子就是量子力学的特征。这样，如果将原子放大无数倍，一直放大到我们能够用肉眼看到为止，我们就会发现电子在越靠近原子核的地方出现的概率就越大，而越远离原子核的地方出现的概率就越小，使整个原子看起来就像由一团从里到外、由浓至淡的云雾笼罩着。

电子一般情况下是规规矩矩地绕着原子核旋转的，但有时，如果有某种外力作用之，就像我们在前面讲过的光电效应与感应电流的情形中，即受到某种光照或者磁场的作用，电子就会跑出去，这时候就产生了电流，而原子核也因为电子跑了而带上了正电。

我们再来讲质子。质子主要有两个特点：一是带电，只是与电子带负电荷相反，它带的是正电荷。二是质量大，它是电子质量的近2000倍。

与电子能够跑不一样，质子几乎总是老老实实地待在原子核里。

中子的特征也主要有两个：一是它不带电，既不像电子一样带负电荷，也不像质子一样带正电荷，因此被称为“中子”。二是中子的质量也大，它甚至比质子还重那么一点点，比电子重得就更多了。

由于中子不带电，因此原子中它的地位比较特别，一个原子核中跑了一个中子其元素的基本性质仍然保持不变，即仍然是这个元素的原子，但并不意味着它什么也不变，它变成了“同位素”。例如氢就有三种同位素，即氕、氘、氚，它们仍然是氢元素，不过与原子核中没有中子的氢原子不同，它们分别含有一个、两个、三个中子。因此性质也发生了一定的改变。例如它们往往具有放射性，被称为放射性同位素，这种性质对人类是很有用处的。

以上就是对组成原子的三种微观粒子电子、质子、中子的介绍，也是我们对于原子物理学的介绍。

原子弹的秘密蕴藏在原子核里　原子核是由质子与中子组成的。虽然它由两部分组成，但这两部分牢牢结合在一起，合起来组成的原子核也具有许多重要性质，这时候它们连名称都可以统一，被称为“核子”，即组成原子核的微观粒子。

原子核的特点不少，我们现在分别来看看：

一是原子核的质量大。它占了几乎整个原子的质量，电子的质量比起它来几乎可以忽略不计。

二是它的体积小。与其质量占了几乎整个原子的质量形成鲜明对比的是其体积只占了整个原子体积的极小部分，其直径只相当于原子直径的1/10000，也几乎可以忽略不计呢！

这小小的原子核形状呈球形或者椭球形，半径小于10^{-12}厘米。

三是原子核的体积与质量成正比。也就是说，它的密度是一个常数。

四是带电。由于质子带正电，而中子不带电，因此整个原子都带上了正电。

五是自旋，也就是绕着自己的轴旋转，这是原子核的基本特征之一。

这也是一个有趣的特点，若我们与其有电子绕之旋转合起来看，会感到小小的原子简直是一个具体而微的太阳系呢！原子核是太阳，电子则是行星。

六是组成原子核的核子之间有着极为强大的核力。

这是一个十分重要、对我们人类影响重大的特性。由于在核之间存在着巨大的核力，因此要将核子结合成原子核或者将原子核分解成核子都需要巨大的能量。例如，一个中子和一个质子结合成一个氘核时，能够释放出约2.22万亿电子伏的能量，同样，如果一个氘核被分解成一个质子和一个中子，也需要这样多的能量。

另外，当质子与中子结合成为一个氘核时，并不是整个质子与中子所含的物质都变成了氘核，这里有所谓的“质量亏损”，举个例子吧，例如质子与中子合起来的质量有a克，当它们结合成为氘核时，氘核的质量只有b克，而且$b<a$。

这时您一定会问这样一个问题：那些质量哪去了呢？难道莫名其妙地蒸发了不成？答案其实很简单：这一部分质量被转化成了能量。我们前面不是说了吗，当它们结合时，要放出巨大的能量，这些能量从哪里来呢？它们不可能凭空而来。要知道，世界上没有无源之水，亦无无本之木。

答案是：这巨大的能量从质量中转化而来。关于这爱因斯坦有一个著名的公式：

$E=mc^2$，这里m等于质量，c为光速，即约300000km/s，而E就是能量。从这个公式可以知道，哪怕是一丁点的质量如果转化成能量也将有多么巨大。具体而言，如果一克物质完全转化为能量，它将产生的能量约等于1945年美国在日本广岛投下的原子弹的能量，约合15000吨TNT，即烈性的黄色炸药。

原子弹的秘密就在这里。

因为原子核的裂变能够产生这样巨大的能量，科学家们发现这个秘密之后就想怎么能够将之释放出来。1938年时，一个叫哈因的德国物理学家在用中子轰击铀核后的产物中发现了另外一种元素钡的放射性同位素。不久，他发现这是因为铀的原子核在中子轰击之下被分裂了。这就是核裂变。

核裂变的发现为人类找到了一个分裂原子核的方法，也就是找到了一个产生巨大能量的方法。

更进一步地，科学家们还发现，这个裂变能够产生两三个新的中子。于是，他们想到，倘若让这两个中子再去轰击别的铀原子核，产生新的裂变，如此进行下去，产生的能量将是何其巨大！这种连续的核裂变就叫链式反应，因为它像一条链子一样，一旦爆发，就能够一环扣着一环，持续下去。

要做到这一点其实也不难，只要铀块的体积够大，当第一次核裂变发生时，所产生的中子就不能从铀块中穿透出去而不碰撞别的原子核，而只要碰撞别的原子核，链式反应就成功了。

这种反应的结果就是巨大无比的能量，原子弹所用的就是这种能量。

关于原子弹更为具体的诞生过程以及它与爱因斯坦众说纷纭的关系，我们将在后面介绍爱因斯坦的生平与科学时再告诉大家。

您可不要以为核裂变是产生最大能量的反应，还有比它更厉害的呢，那就是核聚变。

核聚变是指某些轻核结合成质量较大的核时，能释放出巨大的能量。看得出来这是一个与核裂变相反的过程，一个是较重的元素裂变成较轻的元素，另一个是较轻的元素聚变成较重的元素。不过后者产生的能量比前者要大好几倍。

怎么使这种核聚变产生呢？很简单，只要高温就行了。不过这个高温可不是一般的高温，要达到几百万度以上。

这样的高温只有一个办法能够达到，那就是原子弹爆炸。这时，如果旁边有某些轻核，最常用的是氘核与氚核，它就能够产生核聚变，结合成为氦原子核，同时释放出更为巨大的能量。

氢弹就是这么制造出来的。简而言之，它是在一颗小型原子弹旁边放上适量的氘、氚或者其混合物，当原子弹爆炸时，它所产生的高温就使得核聚变得以形成，并释放出极其巨大的能量。

这种能量有多大呢？打个比方吧，两颗差不多大小的氢弹与原子弹，前者的爆炸威力是后者的10倍到1000倍。而且，比起原子弹来，氢弹还有许多优势，除了威力更大之外，它比较干净，原子弹爆炸后，它所破坏的地方几十年里都不能住人，因为还有核辐射等污染；氢弹就不同了，它没有这样多的“后遗症”。

我们前面讲天文学时也提到过核聚变，那就是在太阳内部的核反应，那也是太阳巨大能量的来源。

“一尺之棰，日取其半，万世不竭” 认识到原子核是由质子、中子、电子等更小的粒子构成的后，人们开始相信，不是原子，而是质子、中子、电子等是组成物质的最基本元素，人们称这三者为基本粒子。

然而事情还没完，虽然质子、中子、电子一直被认为是基本粒子，但后来科学家们发现，除它们之外，还有别的基本粒子。

开始光子也被认为是基本粒子，再后来一个叫泡利的物理学家提出了一种新的基本粒子——中微子，这是一种静止时质量为0的粒子，始终以近乎光速的高速运动。后来，根据相对论量子力学，电子、质子、中子、中微子等都有质量与它们相同的“反粒子”，它们同样是基本粒子。之所以被称为“反粒子”，是因为这些粒子与原来的电子、质子、中子、中微子等质量相同而电荷相反，例如带负电的电子的反粒子就是正电子，即带正电的电子。带正电的质子的反粒子就是带负电的反质子，如此等等。再往后，人们发现的基本粒子越来越多，例如介子，它的质量介于电子与质子之间，因此被称为介子，它又是一个大家庭，有很多成员，像π介子、μ介子、ρ介子、奇异介子、非奇异介子等，不一而足。

到现在，这种基本粒子已有数百种之多，而且还大有可能继续发现*n*种。

这些基本粒子也并非完全杂乱无章，按照它们参与的相互作用力可以分成三大类：

第一类是强子。我们知道，原子核内部核子之间的相互作用力是非常强大的，因此被称为强相互作用。凡是参与强相互作用的基本粒子都被称为强子，例如质子、中子等。

第二类是轻子。它们不参与强相互作用，但可能参与弱相互作用或者电磁相互作用，所谓弱相互作用也是基本粒子之间的一种相互作用，它的特点是作用力弱、能量低。轻子包括电子、μ子、重轻子等。

第三类是媒介子。顾名思义，媒介子的作用是传递粒子之间的相互作用，例如光子就是一种，它传递的是电磁相互作用。

以上这些就是基本粒子的大致情形了。还有，在上面的介绍中包括了三种相互作用：强相互作用、弱相互作用、电磁相互作用，它们被称为宇宙的四种基本作用力之一，另一种是引力作用。

这些基本相互作用与基本粒子结合起来就构成了我们宇宙的整个微观背景。

不过，您可千万不要以为这些基本粒子真的是组成物质的最小微粒，就像当初德谟克里特眼中的原子一样，那样的话您可上当了！要知道，物质的可分性似乎是无限的，就像现在一样，科学家们已经对基本粒子搞分裂了，认为它们是由更为基本的成分构成的，并提出了许多的模型来构成这些基本粒子，其中最有名的就是“夸克”模型了。在这个模型里，前面的基本粒子是由夸克构成的，例如重子是由三个夸克构成的，介子是由一个夸克与一个反夸克构成的，如此等等。

相应地，原来的基本粒子科学家们已经倾向于将名不副实的“基本”二字去掉了，改称“粒子”。

以上就是我们要讲的粒子物理学的内容了，它也是到目前为止研究最微观的世界的物理学，它给了我们什么启发呢？我想是中国那句古话：“一尺之棰，日取其半，万世不竭。”

第二十二章　古希腊的物理学

现在我们要来讲西方的物理学史了，我准备用四章来讲：

首先讲西方古代物理学，其实就是古希腊的物理学，因为古希腊之后的古罗马以及中世纪，物理学基本上没什么发展，反而后退了。在这里我们主要讲一些伟大的哲学家或者数学家的思想，他们的许多思想与物理学有特别密切的关系，例如德谟克里特、亚里士多德和阿基米德的思想，他们是哲学家或者数学家，但同时也分别是古代西方最伟大的物理学家之一，其中尤其以阿基米德的思想为重。

接着讲伽利略，将他作为中世纪与文艺复兴时期物理学思想的代表。

再下章讲牛顿的生平及其创立的新体系，这属于近代物理学的范畴了。

最后讲现代物理学，主要是爱因斯坦的生平及其思想，包括我们久仰大名，如雷贯耳的相对论。

可以看出来，我讲物理学史的四章分别是以四个人物为核心的，即阿基米德、伽利略、牛顿、爱因斯坦。内容比较简单，不过它已经包含了千年以来西方物理学发展的精粹，四位大师分别是西方物理学的四个时代：古代、中世纪及文艺复兴、近代、现代。在我们这篇小小的物理学简史里，已经足够了。

万物的本原与驳不倒的荒谬　我们先来看看古代物理学的发展情况。

西方物理学最早的源头与古代天文学、哲学相似，都是古希腊哲人们提出的对世界及其万事万物的来源、起因等的种种臆想，例如天地从何而来，又是谁创造了万物，万物又如何从混沌之中有了秩序，什么是宇宙的中心，大地是什么形状，等等，这些想象与猜测都算得上是萌芽时期的科学思想，特别是萌芽时期的物理学思想。

关于万物之起源，泰勒斯说万物的本原是水，赫拉克利特则认为是火，亚里士多德更进一步，将构成宇宙的元素说成四种——水、火、土、气。他还说天上的星星由“第五元素”——它的另一个名字是“以太”——构成。这个概念将对以后的物理学产生相当大的影响。

德谟克里特的原子论也许是对物理学直接产生影响最大的哲学观念。他认为万物是由原子构成的，原子是一些有着各种各样形状的小粒粒，方的、圆的、扁的、长的等等；它们是不可分的，内部没有一点空隙，无论用多锋利的刀也休想砍开；原子的数目比撒哈拉沙漠中的沙子还要多，数不胜数；与数目一样，原子的种类也无限之多；体积则有的大，有的小……这些我们在本丛书的哲学卷中都讲过了，大家可以去参考参考。我们不难看出原子论是与物理学直接相关的思想，这种思想对于以后千年之间西方人对物质的认识都有很大影响。

另一个古代哲学家，活动于公元前5世纪的埃利亚的芝诺，对早期的物理学思想也做出了贡献，他的贡献之特点在于狠狠地刁难了物理学家们一下。他提出了许多“佯谬”，也就是一些一眼看上去是错的甚至明显荒谬的，但仔细一想却也不是完全没有道理，但终究又是没道理的怪问题。我们这里且提两个，第一个是阿基里斯永远追不上乌龟。

这个阿基里斯就是阿喀琉斯，特洛伊战争中最伟大的英雄，也是个飞毛腿。芝诺的意思是这样的：假设乌龟先跑1米，那么阿基里斯将永远追不上这只乌龟。为什么呢？我们先假设阿基里斯的速度是乌龟的2倍——事实上当然不止，但为了让大家容易看明白，我就这么说。乌龟先爬1米，阿基里斯再追。这样，当阿基里斯跑完这1米时，乌龟又爬了$\frac{1}{2}$米，当阿基里斯跑完这$\frac{1}{2}$米时，乌龟又已经爬了$\frac{1}{4}$米，当阿基里斯跑完这$\frac{1}{4}$时，乌龟又已经爬了$\frac{1}{8}$米……如此下去可以至于无穷，因此阿基里斯永远追不上乌龟。

芝诺的话听起来很有道理，要驳倒他还真不容易呢，不信您可以试试，不过要注意，可不能光做个实验，对于这种佯谬，“实践是检验真理的唯一标准”是不适用的。

第二个是飞矢不动。

飞矢就是离弦之箭，按理当然不但是动的，而且动得飞快。但芝诺却证明它是不动的。他说：如果一件东西在某一瞬间占据一个与它自身相等的空间，它就是静止的。而飞矢在任何一个瞬间，占据的空间当然是与它自身相等的，因此，飞矢不动。这个佯谬看起来不那么好懂。我们可以这样理解：假设飞矢要动，那么它要往前飞至少某段距离，例如$\frac{1}{100}$米，但在它到达这$\frac{1}{100}$之前，它必须先飞$\frac{1}{200}$米，又在它飞这$\frac{1}{200}$之前，它必须先飞$\frac{1}{400}$米……如此也可至于无穷，因此，飞矢是不可能动的。

芝诺这些佯谬无论在哲学史还是科学史上都难倒了许多智慧的脑袋，现在有人认为可以借助“辩证法”去推翻。但这个辩证法本身其实就是有问题的，它借助于一些不容分说的断言，并将之当成不容怀疑的公理。例如一个东西同时既在某一处又不在某一处，这就是典型的辩证法思维。但请问：一个东西怎么可能既在某处又不在该处呢？它与我们的常识显然是违背的，在就是在，不在就是不在，在≠不在，我相信这是个常识。辩证法要讲道理，首先就必须推翻这个常识，即证明一个东西为什么可能既在一处又不在这一处。这个问题肯定是应当证明的，因为我们并没有这样的常识，它远不如欧几里得的几何公理“与同一个东西相等的东西，彼此相等”一样容易让人明白，甚至比欧几里得的第五公设还难明白。因此，如果不证明就将之当成公理，则无异于拿论点当论据。

当然，这并不是说我反对黑格尔的辩证法，我只是认为要驳倒芝诺的佯谬远不是那么容易的事。

据有的科学家们说可以借助数学去推翻之，例如对第二个佯谬就可以用集合论与复变函数去推翻，那就更麻烦了。

看得出来，芝诺那些佯谬讨论的都是时间、空间、运动、无限、有限等问题，这些问题既属于哲学，又属于物理学，至今都是如此。

伟大又错误多多的亚里士多德　比以上哲学家对物理学贡献更大的是亚里士多德。

在前面的《西方哲学通史》中，我们已经比较详细地讲述了亚里士多德的人生及思想，包括他的哲学与科学思想，大家如果对之感兴趣，可以去参考一下，这里我们只讲他的物理学思想。

我们知道，亚里士多德是古代西方哲学家之首，是他们中之最博学者，他的著作几乎囊括了当时所有的知识范畴。还有，虽然主要身份是哲学家，但在亚里士多德思想之宫殿中，内容最为丰富的并不是形而上学的玄思，而是对实在的自然界的观察与沉思。亚里士多德把他的目光投向了整个自然界，把自然界的万千个体当作自己的研究对象，试图从中寻求知识与真理。而在他的吕克昂里，教学的主要内容不是柏拉图阿卡德米的数学与政治，而是倾向于生物学、天文学、物理学等有关自然事物的学科。

在这些关乎自然的学科之中，物理学无疑是主体之一。在亚里士多德看来，物理学，即physics，乃是研究自然万物之理的学问，它与研究非自然的抽象之理的形而上学（meta-physics）相对，是一种“形而下学”。更具体地说，它研究的是自然万物的运动、发展、变化等，与自然万物与之息息相关的时间与空间也是亚里士多德十分关注的研究对象。

亚里士多德认为这些对象有一个共同特点：都多少与运动相关。

对亚里士多德而言，运动似乎是自然万物最重要的性质，一切事物都会有运动。同时运动也是具体事物的运动，它与时间和空间，尤其是时间，有着极为密切的联系。就如他在《形而上学》中所言："离开事物而独特存在的运动是没有的。"他在《物理学》中又说："如果没有运动的存在，又怎能有时间？"因此，"时间是运动的数目，或者本身就是一种运动。"

此外，在具体的物理学研究上，亚里士多德还提出了几个有关运动的定律。例如在《物理学》中他提出了强迫运动定律。他说，设动力为α，运动物体为β，经过距离为γ，移动的时间为δ，那么同一个动力α同一时间内将使$\frac{1}{2}\beta$移动2倍γ的距离，或在$\frac{1}{2}\delta$的时间内使$\frac{1}{2}\beta$移动距离γ。亚里士多德认为，之所以如此，是因为我们在这里可以看到比例定律。在亚里士多德看来，比例定律是很神圣，也很美的定律。的确，我们在亚里士多德这简单的例子中可以看到一种简单而优美的比例，这种简单的、成比例的、从自然事物中来的数，也就是亚里士多德的比例定律了。

亚里士多德提到的第二个定律是著名的落体定律。这个定律你可能听说过，我记得初中的英语课本里就有这个故事，写的是伽利略为了证明亚里士多德的错误，在比萨斜塔将两个大小不同的铁球从塔顶丢下的事，以证明亚里士多德错了。那么，亚里士多德到底是怎么说的呢，我们且来看看吧！

亚里士多德在其《物理学》第四卷中有这样一段话：

"我看见一个已知重物或物体比另一个快有两个原因：或者由于穿过的介质不同（如在水中、土中或气中），或者其他情况相同，只是由于各种运动物体的质量或轻量不同。"

从这段话中，可以看出来亚里士多德认为当其他情况相同，只有物体的质量不同时，重的物体将比轻的物体快。

后来，亚里士多德又将这个观念变成一个比例定律，他在《天论》第一卷中说：

"物体下落的时间与质量成正比，例如一物质量是另一物的两倍，则在同一下落运动中，只用一半时间。"

这个比例定律在我们今天看来是没什么意思的，简直荒谬。这些，加上我们前面讲古代天文学时曾经说过的他的那些荒诞的天文学思想。如他把整个宇宙分成很多层，各层的天体都是完美的球形，越往上天体就越神圣，创造世界的神自然处于最高一层的天体。认为地球是宇宙的中心，太阳、月亮等其他所有天体都在绕地球转圈子。又称以月亮为界，月亮以上的所有东西都是无死亦无生的，月亮下面的东西则有生有死……不能不看出来，虽然亚里士多德享有大名，对西方人思想影响之大少有人能比，然而他的思想的谬误之处也同样少有人比呢！

神一样的阿基米德　亚里士多德之后，又一个对西方物理学的发展做出过重大贡献的人是阿基米德。

我们前面在讲西方古代数学时曾比较仔细地讲过阿基米德的生平与数学成就，我们说过，他是整个西方历史上最伟大的三位数学家之一，能够与之比肩的只有牛顿与高斯。

阿基米德在物理学上同样贡献卓著，他的贡献主要在于力学。

在古希腊，力学叫Mechanice，原意是“巧计”或者“机智”，即如何用巧计与机智来省力的意思。亚里士多德也关注力学，他曾写过一本书，叫《力学问题》，在其中提出过一个问题：如何用一个很小的力来移动一个很重的物体?

对这个问题阿基米德做出了很好的回答，那就是杠杆定律及其数学证明。

杠杆的存在是很古老的，很早以前人们就知道用杠杆能够省力，亚里士多德在《力学问题》中也对之做过论述，他说：

“被动物体与主动重物（质量）之比，等于臂长的反比，因为凡一物体离杠杆支点越远，它就越易移动。”这些论述都只是一些经验的认识，是一个人通过经验的观察就能得出的结论，但阿基米德不同，他第一个用数学的方法运用几何学证明了杠杆定律。

阿基米德先提出了7条公理，例如等重重物在等臂处平衡，不同臂时长臂占上风，等重重物后一方附加重物者占上风，等等。然后证明了杠杆定律：

“可通约的两个质量，若反比于它们到支点的距离，将彼此平衡。”

这里可通约的意思就是，若两个质量分别是2与4，显然这两个数学是可以通约的，即变成1与2，这时，若它们到支点的距离分别是2与1，那么它们在杠杆上将彼此保持平衡。

我们还记得阿基米德关于杠杆有过一句著名的豪言壮语：“给我一个支点，我就可以移动整个地球！”简直是神一样的阿基米德了。

我们要说的阿基米德第二个对物理学的贡献是浮体定律。

我们在前面讲西方古代数学一章中说到阿基米德的生平时，讲过阿基米德如何发现浮体定律的那个著名的传说，你可以去参考一下。据说，那时阿基米德赤条条地窜出了浴室，口里大嚷道：“Eureka! Eureka!”意思是：“我找到啦！我找到啦！”

阿基米德找到了什么呢？当然是找到了如何判定金冠有没有掺假的妙法。他的想法是这样的：同等体积下，金子比银子重；同等质量下，金子的体积则比银子的体积小。如果金冠里掺杂着银子，那么它的体积肯定比同等质量的纯金大。这时，如果将金冠放到水里，它排出的水的体积肯定比一堆同等质量的纯金放到水里排出的水的体积大。反之，如果没有掺杂银子，二者排出去的水的体积就会一样大。难题就这样迎刃而解了。

阿基米德的这个发现用科学的术语来说就是浮体定律。

但阿基米德的思想可不止于证明金冠里是否掺了银子，而是更进一步地用科学的方法证明了浮体定律。他专门写过一本书，叫《论浮体》，在其中证明了好几条命题，例如有一条是：

“位于同一水平的相邻粒子互相挤压，受压较少的粒子被受压较多的粒子挤压，个别粒子受液体的垂直挤压。”

另一条是：“任何静止液体的表面都是以地球为心的球面。”

第三条是：“若物与水的比重相等，则物体浸入水中后，不会高于液面。”

第四条：“若物体比重比水的比重小，则物体只能部分浸入水中。”

第五条：“用力将比液体轻的物体按入该液体后将受到一个向上的力，其大小等于与该物体同体积的液体超过物体的质量。”

这些命题中第一条是讲水的特性的，我们可以用想象力去了解它，我想了一下，大致与阿基米德的观念差不多呢！第二条也是容易了解的，因为盛在一个碗里的水其实与大洋里的水也差不多的，受到的都是地心引力，因此都是球面，只是由于大洋大，我们看得出来是球面，碗则太小，看不出来是球面而已。但要知道，大洋之水其实就是无数碗这样的水组成的。至于后面两个命题，我想是很容易了解的。至于最后一条，它实际上涉及比重的问题，与证明金冠是否含有银有直接关系。

以上就是古代物理学的内容了。

此后，西方的历史发展到了中世纪，物理学也是如此。

不过，与中世纪的哲学、艺术甚至科学中的数学都不一样，中世纪的物理学简直没什么值得一提，特别是在我们这本小小的书中讲物理学的小小的部分里，就更没有它的地位了，我们将直接进入文艺复兴时代。不过这是我们下一章要讲的内容了。

第二十三章　伽利略的伟大与苦难

像天文学一样，物理学在文艺复兴时期也取得了令人注目的成就，我们讲天文学时所讲到的成就，例如开普勒三定律，从某一个角度上来说也是物理学上的成就，因为它们都涉及力学问题，因此那些伟大的天文学家也可以算是杰出的物理学家。

文艺复兴时期最伟大的物理学家是伽利略，他不但是伟大的物理学家，也是杰出的天文学家。

学习时代　伽利略全名伽利略·伽利莱，1564年2月生于意大利比萨。比萨是意大利西部海岸附近一座小城，位于佛罗伦萨以西，西距第勒尼安海约10千米，周围的地形主要是沿海小平原，有一条不能通航的小河流过。它现在的人口不到10万，主要是意大利的地区铁路枢纽、宗教中心，还有一所著名的大学——比萨大学，建于14世纪，曾是意大利和欧洲最著名的大学之一。

伽利略的父亲出身贵族，但不像一般贵族那样富有，他靠教授音乐维持生计，还通晓数学与天文学。但这些都挣不来多少钱，迫于生计，他在伽利略10岁时从比萨迁到了繁荣昌盛的佛罗伦萨，在那里开设了一间店铺，专做羊毛生意。而他年少的儿子入了当地的瓦伦布罗萨隐修院附属学校学习。

在这样一所中世纪的教会中学读书对伽利略的好处很难说，仅仅2年之后，可能是因为得了眼病，他回到了家里，从此再也没有踏进过那学校的门。

在家里，伽利略开始自学。他这时已经爱上了自然科学特别是数学，经常去城里的公共图书馆阅读有关书籍，甚至打算将来以此为谋生之道。但搞自然科学研究在那时是没什么“钱途”的，尤其对于他这样一个家庭贫寒的人。更何况他是长子，需要尽快养家糊口呢！于是，他听从父亲的劝告，答应改为学医，以便将来挣钱养家，为此他进了比萨大学医学系。

这时的大学教医学就像教哲学一样，都只讲理论。上课时，教授像背书似的背诵人体各部分的器官名称，既没有图解，更没有尸体，甚至没有一个病人来进行示范。

伽利略，这个具有天生的动手爱好并且喜欢从实践中学习的年轻人，对这种方法提出了质疑。他认为这种讲课法对实际治疗没多少作用，还不如去医院看看病人呢。伽利略对当时的哲学课也有类似的看法，那时，学医学的学生都必修哲学课，课堂所讲的全是亚里士多德那一套，教授将之看作神圣的教条，宣称：天地万物的所有问题在亚里士多德的著作里都可以找到答案。伽利略虽然也喜欢哲学，但对这类宣称是不敢苟同的。

从对待这两门学科的态度上我们可以看出在此后一生中将深深影响伽利略的两种精神：重视实践的精神与敢于怀疑的精神，正是这两种精神引导他走上未来的发现之路。

伽利略的第一个科学发现是钟摆的规律。还在大学一年级时，他有一次去比萨大教堂，看见教堂的司事把吊在长绳上的灯点亮时，由于碰着了吊灯，它便不停地左右摇摆。而且他发现，虽然它摆动的距离会慢慢变短，然而每次摆动所花的时间几乎完全一样。这个平常无数人看见过的现象却令他顿有所悟。他立即着手研究起了这个问题。他找来不同的绳子，例如麻绳、细铁丝、铜丝、布带等，将它们分割成不同的长度，再在下面挂上种类与质量不同的东西，例如小石头、铁块、铅块甚至苹果等，使之摆动，看看有什么结果。终于，他发现了摆动的周期与摆的长度的平方根成正比，而与摆锤的质量无关。换句话说，长度相同的摆，周期相同，这就是摆的等时性。

伽利略认为这个发现有助于控制钟表的走时，便将这个发现写成了一篇论文。不过，作为一个无名小辈，所论述的观点又与神圣的亚里士多德的观点相冲突，因为亚里士多德对于这样的摆动说过“摆幅小需时少”之类的话，他的论文自然无人理睬。

伽利略没有死心，他将自己的理论用之于实践，发明了一种“脉搏计”，其主要部分就是一个小摆，大夫能够用它来测定病人在一定时间内的脉搏次数。

到这时，已经上了大学的伽利略并没有接受过正规的数学教育。那是中世纪，数学可不像今天一样是文理科都要学的基本学科，即使在大学里也不受重视。一天，伽利略巧遇了一个叫里奇的人，他是托斯卡纳大公爵的宫廷教师，也是伽利略父亲的熟人，精通数学。

里奇深为伽利略的好学与天才而感动，经常找机会给他讲授数学、物理学等自然科学。

在导师的引领之下，伽利略很快深入了科学王国，那里的一切都令他着迷。他特别喜欢阿基米德的著作，尤其是他的《论浮体》，他认为那才是真正的科学，阿基米德才是真正的科学家。

伽利略一心一意跟着导师学习科学，倒把专业给搁到一边儿了。这时，一方面因为不喜欢自己的专业，另一方面也因为这时候他父亲的经济情况进一步恶化了，渐渐地连儿子的学费同生活费都供应不上了。这种情况下，伽利略便选择了退学，回到佛罗伦萨。这是1585年的事。

回到佛罗伦萨后，伽利略先在父亲的店里打了一段时间工，不久后在当地的佛罗伦萨学院找到了一份教师的差事。

他一边工作一边搞自己的研究，不久又发表了一篇文章，名叫《小天平》，文章中提到了一种新的秤——比重秤的原理及设计制作的方法。所谓比重秤，就是用来测量各种合金的比重的秤，又叫浮力天平。这种器具的发明无疑是很实用的，它为当时对各种合金的不同比重而煞费苦心的商人们、金匠们、首饰匠们解决了一个大问题。当时这些行业的规模都很大，伽利略的发明使他一时声誉鹊起，名字几乎传遍了意大利。

到1589年，伽利略研究了物体的重心及其他力学方面的问题，写了一篇文章，名叫《论固体的重心》。

创造时代 这篇文章的发表更为他带来了学术方面的名声，这名声传到了他的母校比萨大学，加之这时候伽利略也找到了几个有力量的朋友鼎力推荐，比萨大学终于向他发来了聘书，请他担任讲师。不过这位讲师又是那种私人讲师，只有在大学讲课的权利却没有薪水拿。这也是1589年的事。

在比萨大学，伽利略一方面教学，同时积极进行自己的物理学研究。他首先关注的问题之一仍然是亚里士多德学说。我们在上一章讲亚里士多德的物理学思想时讲过，他认为物体的下落速度与其质量成正比。我们还引用过他在《物理学》第四卷中之所言："我看见一个已知重物或物体比另一个快有两个原因：或者由于穿过的介质不同（如在水中、土中或气中），或者，其他情况相同，只是由于各种运动物体的重量或轻量不同。"

亚里士多德的这个"比例定律"在漫长的岁月里成了教授们的神圣教条，无人敢于怀疑，也没想到要去检验一下。

伽利略可不是那种把先师的每句话都奉为圭臬的人，相反，他天生富于怀疑精神。他经过一些简单的实验，例如从两手同时落下一块大石头和一块小石头，就发现它们是同时落地的，与质量并无关系。于是他勇敢地公开表明了自己的怀疑。不用说，他的怀疑一开始便遇上了白眼，一个无名鼠辈竟敢怀疑至尊的亚里士多德，简直可笑！

伽利略可不是那种怕讥笑的人，他胆子大得很，决定用实践来证明一切。于是，1592年的一天，他来到了比萨斜塔，在这地方往下丢东西简直太妙了。一则它高，二则因为斜，坠落时便不会砸到下面的某一层楼上去。由于事先就有许多人知道一个愣头青妄想在这里与伟大的亚里士多德作对，他的实验招徕了不少观众。

伽利略双手分别捏着大小迥然不同的两个球，一步步登上了高高的斜塔，它共有8层，爬到最高一层后，伽利略将他的两手伸出栏杆，同时一松，两只大小分明的球顿时飞似的往下坠去。不久，“砰”的一声大响，落到了地上。不错，是“砰”的一声，不是两声，因为两个同时着地了。

亚里士多德的理论在这简单的实验面前变得体无完肤。

然而，驳倒了亚里士多德对他在比萨大学的境遇一点也没好处，一方面由于他那些新奇的科学研究方法，另一方面由于他那经常与权威顶撞的倔强个性，他很快在大学里不吃香了，实验后不久便到了不得不辞职的地步。

辞职后，他回到佛罗伦萨的家里，但家里等待他的可不是亲人们高兴的拥抱，而是泪水，他辛苦了一辈子的父亲不久就去世了。这样，养活一家大小的担子顿时落到了年轻的伽利略这个长子肩上。

没办法，他只得赶紧找个工作，他给几所大学写了自荐信，由于他这时已经在科学界小有名气，也有些著名的科学家欣赏他，他的申请不久得到了回音，帕多瓦大学请他去担任教授之职。这仍是1592年的事。

帕多瓦位于意大利北部，帕多瓦大学在当时也颇有名气，哥白尼曾在这里留过学，他的思想将对以后的伽利略产生很大影响。

到了帕多瓦大学后，伽利略继续他的科学研究，特别是力学研究。他提出了一个重要的概念和一条重要的定律，即加速度概念和自由落体定律。

在伽利略之前人们早已经有了速度的概念，但只认识到匀速运动。伽利略则进一步将运动分为匀速运动与变速运动两类，并精确地定义匀速运动为“在任何相等的时间间隔内，通过了相等距离的运动。”

在这个基础上，伽利略进一步说，如果要考虑一个运动是不是匀速运动，只要看它是否在相等的时间内经过了相同的距离，如果在相等的时间内经过的距离不同，那么它就不是匀速运动，而是变速运动了。更进一步地，如果在任何相等的时间间隔内有相等的速度增量，就可以认为这种运动是一种匀加速运动。从这里伽利略确立了经典力学中一个基本概念——加速度。

伽利略做这些运动实验时所用的方法是著名的“斜面实验”。

他做了一块长度超过10米的木板，在中间挖一道槽，并将之弄得十分光滑，以减少阻力。然后将一个球体放在里面滚动并记录每一次滚落到底端所需的时间，其间不断调动木板的高度。他还用两个球，一个在木板上滚动，另一个则让它在相同的高度自由下落。有时他又将两块这样的木板并在一起变成一个“V”形斜面，让球从一边滚下，再看它能够滚上另一斜面多高，然后将一边的斜面不断调低，再看球是不是能滚得更远。如此反复实验，10次、100次、1000次。伽利略发现，如果不考虑摩擦阻力，球也不受外力作用，那么当一边的斜面放到水平状态时，球将做永无休止的匀速直线运动。这种现象我们现在知道就是惯性，这个概念可以说是伽利略发现的，后来，牛顿正是在这个基础上发现了牛顿第一运动定律，即惯性定律。

伽利略最重要的物理学发现是自由落体定律。

前面我们刚说过，伽利略在比萨时就曾经用实验驳倒了亚里士多德关于自由落体下降的速度与其质量成正比的谬论，后来又发现了加速度。现在，伽利略在进一步实验的基础上正式确立了自由落体定律：

自由落体运动是初速度为零的匀加速直线运动，物体下落的距离与所经过的时间的平方成正比。

在研究自由落体运动的同时，伽利略还研究了抛射体运动。

我们随手扔出一块石头，它就成了一个抛射体。更典型的抛射体是从炮口里飞出来的炮弹。伽利略发现，只要不受外力的影响，抛射体运动所经过的轨迹就是一条抛物线。而且，抛物线这种运动并非一种运动，它由两种运动合并而成：一种是垂直向下的自由落体运动，另一种是沿水平方向的匀速直线运动。这一观念也直接冲击了亚里士多德关于不可能同时有两种运动的旧观念。

这时已经是1604年，伽利略已经在帕多瓦大学待了整整12年。

发明时代　这年冬天，在意大利南部的天空中突然显现了一颗人们从未见过的明亮的星星，它在天穹闪烁着，直到第二年秋天才消逝。这个不平常的现象使伽利略暂时放下了物理学研究，转到天文学方面来。

早在这以前，伽利略已经对天文学深有兴趣。而且，凭着他那了不起的科学直觉，他认为哥白尼是对的，太阳而非地球才是宇宙的中心。不过他那时对之并无深入研究，不敢公布自己的观点。但这个问题始终萦绕在他心头，现在，他打算乘这机会好好研究一下天文学。

他先是用肉眼和那时已有的天文仪器观察天象，但那些仪器都不好用。一天他突然想到，要是有一架仪器，能够把天上的星星看得更清楚该有多好！到1609年，他在威尼斯听说有人制造出了一架能够看清楚远处的小东西的新奇仪器，其主要设备就是两块呈凸状的玻璃片。他不由喜出望外，立即自己动手磨起镜片来。他一向喜欢自己制作实验仪器，有双一般专业工匠也比不上的巧手。镜片很快磨好了，他将之配成一对，然后装到一个圆筒里，再用它去看远处的物体。一看不由大喜，他果真看到了远处的物体，而且看得很清楚，好像就站在它旁边一样。

不用说这个东西就是望远镜了。他第一次制作的望远镜能够将物体放大3倍。但他还不满意，继续改进。第二年，即1610年，他就能够使之放大32倍了！这样的倍数就是到今天也是一架上好的望远镜呢！他制作的这种望远镜如今还被称为伽利略望远镜，其优点是结构紧凑，通过它看到的物体是正像。

伽利略用这架望远镜搜索天空，获得了一系列了不起的天文发现。

这时候，天空对于人类就像一片从未开垦然而满是宝藏的处女地！伽利略用望远镜这么随便一照，便捡到了许多宝贝。例如他发现月亮的表面根本不是人类以前所设想的那样光滑且平整，而是凹凸不平，有许多像只倒扣着的碗的山峰，后来被称为环形山。他发现月亮不是靠自己发光的，而是靠反射太阳光而发亮。他发现银河系不是一长条云雾，而是由无数颗星星组成的星之河。他发现木星有四颗卫星。他发现了许多原来以为是一颗星星的其实不是一颗，而是几颗甚至好多颗合在一起，例如觜宿二，在西方就是著名的猎户座星团。伽利略甚至还绘制了一张表来标记这些星团，这是最早的星团表了。如此等等。这些现象在当时的人们看来似乎都是不可思议的。但又是无可怀疑的，因为伽利略给大家看的可不是一个理论或者推理，而是实实在在的天象！

1610年时他出版了《星际使者》，向世人报告了这些发现。

望远镜的发现对天文学的重要意义是不言而喻的，它等于给了天文学家们一双新的、比原来的肉眼厉害百倍的“千里眼”，凭此他们可以比以前远为深入地探索天空。

伽利略的新发明像一阵风一样传遍了整个意大利，人们都希望能够用自己的眼睛看一下神秘的太空或者远方本来根本不可能看到的物体。于是就出现了伽利略在给一个妹夫的信中出现的一幕：

> 我制成望远镜的事传到威尼斯，一星期后，就命我把望远镜呈献给议长和议员们观看，他们感到非常惊奇。绅士们和议员们，虽然年纪大了，但都按次序登上威尼斯最高的钟楼，眺望远在海港之外的船只，看得都很清楚；如果没有望远镜，就是眺望两个小时也看不见。

这下，伽利略顿时成了意大利乃至整个欧洲的名人，也成了王公贵族们的宠儿。他制造了上百架这样的望远镜，将它们分送给欧洲各地的王公贵族、著名学者等，让他们大饱了一番眼福。

望远镜的发明使伽利略成了名人。目睹了伽利略伟大发现的威尼斯的议员们决定授予他帕多瓦大学终身教授的职位。这对于一个进行学术研究的人来说是最好也最荣耀的职位了，等于他的一生都有了保障，可以无忧无虑地搞自己的学术研究了。

然而，令人感到十分奇怪的是，伽利略没有接受这个上好的提议，而是就在制造出望远镜的这年离开了帕多瓦大学，担任了托斯卡纳大公的“首席哲学家和数学家”。他之所以这样做，主要是因为这样的话可以不承担繁重的教学任务，而专心于科学研究。

算起来，从1592年到帕多瓦大学当教授，直到1610年离开，伽利略在帕多瓦足足待了18年。这18年算得上是他一生中成果最为丰富，生活也最为平安喜乐的岁月。

创造与宣战　自从离开帕多瓦后，他的生活就不那么平静了，因为他即将投入一场严酷的斗争。

这场斗争又可以分为两个分战场，第一个分战场的对手是亚里士多德的追随者们；第二个分战场的对手则是更为强大的教会。

我们先来看第一个分战场。

早在他还是比萨大学的讲师时，伽利略就已经公开批判过亚里士多德。现在伽利略进一步通过望远镜看到了月亮并非平如镜清如水，而是一个布满了凹凸不平的坑斑的丑陋之地，甚至太阳上也有黑子，这一切都与亚里士多德声称的“天体完美无缺”大相径庭。

经过一番犹豫之后，伽利略决心直接对亚里士多德展开批判。他深知亚里士多德哲学是罗马教廷的御用哲学，要公开反对之必须先疏通一下这些关系。于是，他在1611年亲自去了罗马，请教廷的主教们亲眼来看看他的望远镜。这些教廷高官对伽利略的发明很感兴趣，对他的成果也表示了部分肯定，并且聘请他为教廷的最高学术机构林且学院的研究员，这在当时算得上是最崇高的学术职位之一了。

这下伽利略认为可以大胆宣扬自己的观点了。于是，1612年时，他发表了第一篇公开抨击亚里士多德的文章《论停止在水中的物体与在水中运动的物体》，猛烈抨击了亚里士多德的错误论点，例如亚里士多德认为冰能浮于水面不是因为冰比水轻而是因为冰的形状合适，因为它是平坦的薄块。亚里士多德的隔世弟子们硬是由此妄称木片会浮在水面而木球会下沉。这样的观念当然是荒谬绝伦的，伽利略对之进行了针锋相对的批判，并提出了科学的论点：物体之所以能浮于水面是因为其密度小于水，密度大于水的物体则会下沉，与其形状无关。

对于伽利略的批判，亚里士多德的追随者们当然不会坐视不理，更兼他们看到由于伽利略的论文思想清晰、表达明确，而且是用那时已经比拉丁文更为流行的意大利语写成的，因此激起了热烈的反响，赢得了大批追随者。感到害怕的大学教授们便联合起来反击伽利略。他们又看到，如果伽利略的理论是正确的，那么将对基督教的教义产生巨大冲击，因为原来卫护基督教教义、论证其合理性的正是亚里士多德哲学，若亚里士多德成了谬误，基督教教义岂能安稳？正所谓“覆巢之下，焉有完卵”！他们赶快将这种危险性显示给了教廷。

教廷的许多人也有同感，便开始有人站出来抨击伽利略。这下，第二战场便开辟了。

伽利略这时也正好将他的另一个“薄弱面”现了出来，这就是他对哥白尼日心说的信仰。

早在1597年，伽利略就收到了开普勒寄给他的《宇宙结构的秘密》一书。阅读之后，他就开始坚信哥白尼的日心说了，相信太阳而不是地球才是宇宙的中心，相信如果只为了要地球保持静止，去让整个宇宙都运动是不合理的。针对当时哥白尼学说受到的攻击，他调侃似的给开普勒写信说：

“……我们的老师哥白尼所遭受的命运使人心寒，他在不多的人那里博得了不朽的荣誉，而受到无数的人——都是些蠢人——的讥笑与嘘声。”

后来，当他发明望远镜之后，通过对诸天象的仔细观察，更加坚信日心说。

伽利略并没有将自己的这种信仰像哥白尼一样藏在心里，等到快死了才发表出来，而是将之勇敢地公之于众。例如，1604年，当他观察到新星后，就在帕多瓦大学做了三次讲演，专门宣传哥白尼的日心说，伽利略不但是一个科学家，而且也是一个出色的演说家，他的话深深打动了听众的心弦。

后来，在与许多人——包括与一些高级教士——的通信中，伽利略公开了自己对哥白尼学说的赞同。

1613年，他终于出版了《关于太阳黑子的认识》。在这本书里，伽利略公开说自己赞同哥白尼的天体学说。不过他也表明自己并非要反对教会与教义。他说，《圣经》与大自然都是不可能说错话的，如何使大自然的现象与《圣经》和谐正是神学家们要做的事。

——伽利略的这种观念虽然看上去简单，然而正是基督教神学今天的特色。现在，无论神学家抑或是教会都不可能对任何自然科学研究加以干涉或者不承认其得到验证的成果了，他们所要做的就是尽量将这些发现与《圣经》以及对神的信仰一致起来。

伽利略的这些举措早已在教会甚至教廷中激起了大大的不满，到他出版《关于太阳黑子的认识》的这年年底，一个从神学上反对哥白尼的浪潮已经汹涌澎湃。

也就在这前后不久，伽利略正好写了一封信给自己的一位教士学生，信中说神学干涉科学是错误的。后来这封信被一个教士看到了，他立即向恶名昭著的罗马宗教裁判所告密。这是1615年的事。

宗教裁判所是没事也要找事的，迫害人更是它的拿手好戏。事实上这时已经悄悄形成了一个小集团，他们与所有敌视伽利略的人，例如那些亚里士多德的崇拜者们，联合起来，向伽利略以及他所维护的哥白尼学说展开了声嘶力竭的抨击。他们又正式向罗马教廷控诉，指控伽利略违背基督教教义，传播异端思想。

在那个时代，这些罪名足以令人掉脑袋。伽利略不能不感觉到一场危机已然临近，他不得不做出反应。于是，就在这年，即1615年寒冷的冬天，他不顾有病在身，再次动身赴罗马。

他这次去的目的有两个：一是使自己不致因宣传哥白尼学说而受到宗教裁判所的惩罚；二是希望教廷不要公开宣布他的宣传哥白尼学说为非法。

伽利略这时已经鼎鼎有名，还是林且科学院的成员，在教廷内部也有一些高级教士与神学家支持他，他的目的一度看来可以达到。然而事情的发展很快变得不利，主要是因为教廷最重要的神学家R.贝拉明不同意哥白尼的观点。他之所以这样只是因为发现哥白尼的学说可能使人们对上帝的信仰产生怀疑，并非指向伽利略个人。

结果是，这位尊贵的主教一方面坚持哥白尼是错误的，应当禁止，另一方面在教廷正式颁布禁制令前预先通知了伽利略并接见了他，接见时他告知伽利略说，今后不准他再宣传哥白尼学说。不过他也网开一面，说将之作为一种纯粹“数学的假设”进行纯学术的讨论还是可以的。

1616年3月，教廷正式颁布了对哥白尼学说的禁制令，宣布《天体运行论》为非法并禁止用一切方式传播之。

对伽利略，教廷并没有太为难他，只是要他公开声明放弃对哥白尼学说的信仰。

伽利略被迫这样做了，他不是布鲁诺那种性如烈火、为真理不惜立刻粉身碎骨的人。他要更理性一些，不希望与非理性的教廷公开对抗，他知道这样无异于以卵击石，无论对科学还是对他自己都不利——他可不希望重蹈16年前布鲁诺在罗马鲜花广场被活活烧死的一幕。

这结果对伽利略无疑是一次沉重的打击，他带着忧郁不已的心情离开了罗马，不久就离开了喧嚣的城市，回到了自己位于佛罗伦萨附近的家中，在那里隐居下来。

从此，有相当长的一段时期，伽利略沉寂了，好像从科学界乃至这个世界上消失了一样。

事实上他也真的脱离了天文学研究，专注于改进自己发明的望远镜，使之适用于航海。就是搞学术研究也局限于力学与机械学。

两年之后，到1618年秋去冬来之时，他的一个学生出版了一本反映老师思想的书。这本书的出版使本来差不多已经忘了他的敌人们又记起了这个可恶的糟老头子。很快，某位教士写了本小册子，对伽利略展开了疯狂的攻击，甚至妄称伽利略是欺世盗名的小人，称他的那些发现或者发明都是从别人那里剽窃来的。

对于如此蛮横无理的攻击，伽利略不得不做出回答。不过一方面由于他这时身体不好，另一方面他感到自己再次出版著作一定要慎重，要字斟句酌。所以直到5年之后，1623年，他才完成了一篇文章，名叫《分析者》，后来由林且科学院出版。

《分析者》虽然只是本小册子，但十分精彩，文中对世界及其物质的精彩论述以及对新科学方法，即重视实验与实践的方法，进行了十分透彻的分析，引人入胜。在书中伽利略说出了那句名言：

“大自然的书……是用数学语言写成的。”

伽利略将这本书献给了新任的教皇乌尔班八世。这个乌尔班八世长久以来是伽利略的朋友兼庇护人，他高兴地接受了伽利略的奉献。

这又激起了伽利略的雄心，他想也许新教皇能够解除以前对哥白尼学说的禁制令。于是，次年他再次赴罗马。

在罗马，他受到了新教皇的热情接待。乌尔班八世对老朋友和他的被庇护者十分友好，与他进行了多次友好的交谈。至于伽利略提出的请求，教皇由于所处的地位及这个问题的敏感性，不可能答应。但他同意伽利略写一本书来不偏不倚地介绍哥白尼的日心说与托勒密的地心说两个体系。同时教廷提出了一个明确的条件，在书中伽利略绝不能表态支持或同情哪一种学说，且结论必须遵循教皇事先对他的谕令，即人不能妄称自己知道世界形成的真实情况，因为上帝完全能够以人所不能想象的方式创造一切，也因此伽利略的著作中不能让人对上帝的全能产生怀疑。

这样的结果虽然不能让伽利略满意，但已经相当不错了，对教廷而言，如此对待一个有异端嫌疑的人也算得上是宽宏大量了。

这里还提一件小插曲。就是这次在罗马，伽利略看到了根据他的望远镜原理制作成的一架显微镜，二者的区别是明显的：虽然同样是放大对象，但一者看远，一者看近。伽利略看到这架显微镜后，立即明白了它的原理，随即设计了一架更加完善的显微镜，它“可以将苍蝇放大成母鸡一般。”

伽利略回到佛罗伦萨后，开始埋首写他得到准许的新作。这还是1624年的事。

苦难时代 此后的整整6年，伽利略完全用来写作这部新书，其间的辛苦自不待言，到1630年，他的新作终于杀青，名叫《托勒密和哥白尼两大世界体系的对话》，后面我们简称《对话》。

书中参加对话的共有3个人，第一个叫辛普利丘，是一位虽然受过教育但有点傻头傻脑的人，是地心说的信奉者；第二个叫沙格列托，是提问题的人，属于中立者；第三个叫萨尔维阿蒂，主张哥白尼的日心说。后面两个人伽利略都借用了朋友的名字，因此都是历史上的真实人物。他们在位于威尼斯的沙格列托的宅第中会齐了，经过简短的问候之后，便对托勒密与哥白尼两种学说到底孰对孰错的问题展开了辩论，全书的情节就围绕之展开。

辩论一共进行了4天，第一天讨论天体的组成与性质，第二天讨论亚里士多德的运动学说，第三天为地球绕日运行进行了答辩，第四天讨论了海洋潮汐的形成问题。

书完成之后，伽利略先将之送到了罗马，那里有一个专门检查出版物是否违背教义、是否属于异端邪说的机构。经过该机构的审查之后，此书终于在1632年正式出版。

说实在的，若从教廷以后的反应看起来，它能够被批准出版实在是咄咄怪事。有人说是因为伽利略与教皇私交不错，因而审查人不敢太严苛，也有人说是因为这本书不是用当时西方学术界通用的拉丁文写成的，而是用意大利文写的，因此审查官误认为不会“谬种流传”，因此不太在意。

事实上又如何呢？《对话》甫一出版，立即产生了巨大的影响，第一版印刷的书籍很快被抢购一空，人们争相传阅，意大利一时洛阳纸贵。不久，欧陆其他地方也响起了一片赞誉之声。由于伽利略不但是杰出的科学家，其文字表达能力亦极为出色，加之对神学与哲学素有研究，因此书中的语言优美、精辟、深邃兼具，被认为是科学、文学与哲学三合一之杰作。

然而，这对于伽利略并非好事。由于《对话》影响太大，很快有人向教廷告密了。其理由无疑是充分的，虽然作者的标题没有表明他信奉哪种学说，但文中却振振有词地为哥白尼的日心说辩护，其论据之众多、说理有力使与之对立的托勒密“地心说”毫无招架之力，只能显示它是何等荒唐。也使得篇末所列的在一开始就说了的所谓“不偏不倚”的结论显得牵强附会，可以说毫无意义。据此，那些提出控诉的虔诚的耶稣会教士说，它对天主教的危害甚至大于路德与加尔文的新教！

教皇一听这些控诉，登时大怒，立即下令彻查此事，并严加惩办。

但由于伽利略事先早已经得到了教廷的特许，书也是经审查才出版的。因此教廷不好随便就把书禁了，得找一个冠冕堂皇的理由。

正所谓“欲加之罪，何患无辞”，教廷方面不久就“发现了证据”，那是一份保存在教廷档案库中的文件，文件说1616年，当R.贝拉明与伽利略会面时，曾禁止伽利略“以任何方式宣讲和议论哥白尼学说”，如有违犯就将受到宗教法庭的审判与惩罚。

两百多年后的1877年，这份档案公布之后，史学家们经过考证，一致认为这份所谓的文件乃是教廷为了给伽利略添加罪名而伪造的。

但那时的教会可把它当成如山铁证，教廷公开对伽利略进行了指控，控告他“严重涉嫌异端”，命令他到罗马接受审判。他们加给伽利略的罪名主要有三条：一是违反了教皇要他用假设性的口吻写作，并且在两种观点之间不偏不倚的指令，断然肯定了地球的运动与太阳的不动。二是在这个基础上又进一步根据地球运动、太阳不动的前提来解释潮汐的成因。三是他对1616年时贝拉明主教给他的禁令佯装不知。

随即《对话》被禁止出版，这是1632年8月的事，距《对话》的首次出版不过半年。

这时伽利略已经年近七十，完全是一个老人了，更兼身体有病，显然不适合长途跋涉去罗马受审，他的庇护者大公爵也积极替他斡旋。然而教廷对待异端的态度一向是以残酷无情出名的，何况此刻乌尔班八世教皇也对伽利略极为愤怒。这时伽利略便面对这样的情形：或者自己去罗马，或者被人用铁链绑着去。

伽利略被迫动身去罗马，这是1633年2月的事。

到了罗马之后，教皇的气消了一点，宗教法庭也没有像对待其他嫌犯一样令他锒铛入狱，而是特别准许他可以在监外居住。

不久，残酷的审讯开始了，教廷的高官们对伽利略展开了轮番猛烈攻击，其程度之剧烈简直像要判他死刑！

伽利略呢，老人家一开始还不屈服，他毕竟是受了特许才出版《对话》的，其中对日心说的偏向不是什么大不了的罪名。至于教廷方面最有力的证据，即贝拉明主教17年前给他的那个不许谈论哥白尼学说的禁令，伽利略坚称他不记得。据说他甚至还在审讯中对自己相信的哥白尼学说进行了辩护。

伽利略的态度更激起了审判者们的恨意，使伽利略处于不利地位。不过，也有许多人，包括一些高级教士，替伽利略说话，有的是出于对他的学说与成就的尊重，有的是出于对他年老体弱的同情，其中包括宗教裁判所的老大总代理主教，他试图提出一个方案，一方面使伽利略受到教训，另一方面又不要正式惩罚他。

但他的方案被拒绝了，他们宣布伽利略必须受到正式的惩罚并被判刑。

正式的判决书是这年的6月21日宣读的，判决伽利略犯有“相信并宣扬”哥白尼学说之罪，对他的惩罚主要有三条：

一、他必须公开声明放弃这种信仰。

二、在各地焚烧他的《对话》，同时他的所有著作都被列入禁书之列，不准再印。

三、他必须终生被监禁。

伽利略接受了判决。

这看上去也许会令人感到意外，其实仔细一想伽利略这样做是有理由的：一则年老体弱的他已经筋疲力尽，无力抗拒；二则作为一个虔诚的天主教徒，他从来没想过真的要反抗教会；三则他不是不知道布鲁诺的结局。

结果是伽利略宣誓不再信仰哥白尼的学说，“放弃、诅咒并痛恨”过去的错误。

当这时已经老态龙钟且疲惫得快要倒下的伽利略在朋友们的搀扶下慢慢走出宗教法庭时，他的嘴里仍在叽叽咕咕地说：“但地球的确是在转动的呀！”

看到伽利略已经屈服，气也就消了的教皇立即宣布将他的终身监禁改为终身软禁，而且将地点定在了伽利略在佛罗伦萨附近他自己的家中。

这年年底，伽利略回到了家，这家从此将是他的牢狱。

命运这时最后一次看顾了伽利略，前来软禁地看管他的是他的学生与朋友锡耶那大主教A.皮柯罗米尼，他对这位受到迫害的老师与朋友十分照顾，甚至鼓励他继续进行科学研究。

在这种情形下，伽利略很快又振作起来，开始研究少有争议的力学问题，并继续撰写著作，所用的方式仍然是《对话》中的对话方式。

被监禁约一年之后，1634年，他完成了另一部著作，名叫《关于两门新科学的对话》。这部著作的手稿被悄悄运出意大利，于4年之后在荷兰的莱顿出版。

遗憾的是，这时伽利略已经不能亲眼看见他的著作是什么样子了。因为在此前一年，即1637年，他已经双目失明。

成了盲人并没有妨碍他继续进行科学研究，他的生活也不寂寞，经常有一些人来看望已经名满天下的老科学家，例如我们在本丛书文学卷中讲过的伟大的英国诗人弥尔顿，还有法国著名哲学家伽桑狄，等等。

他这时也被准许接收学生，包括1639年入他门下的维维亚尼和两年后来的托里拆利，托里拆利后来也成了一位著名的物理学家。伽利略的最后岁月因有这两位得意弟子而颇感安慰。据说师徒三人相处极为友好，经常讨论各种学术问题，伽利略向弟子们口授他对各种问题的看法，例如他设想可以用摆来调节钟表的运动、月球的运动、关于碰撞的理论等等。已经高龄的伽利略这时仍表现出了敏锐的思维，依旧闪射出智慧之光。

伽利略死于1642年1月，死因是慢性热病，由于怕教廷怪罪，他被像一个最普通的人一样草草葬于当地的圣十字教堂。

现在我们来谈几句伽利略对科学的贡献。

像许多伟大的天才人物一样，伽利略也具有多方面的才能，他不但是伟大的科学家，而且是出色的文学家，能够将深奥的科学著作写得通畅优美，引人入胜。他甚至还是一位能工巧匠，试问没有高超的手艺，他那些复杂的科学仪器，例如望远镜，如何做得出来呢？

当然，伽利略之所以成为伟大的伽利略，还是由于他在科学上的巨大贡献。他既是伟大的物理学家，又是伟大的天文学家，他在这两个学科所做的工作我们在前面讲他的人生时都说到了，这里不再赘述。

我还是用爱因斯坦对伽利略的评价作为本章的结尾吧：

> 伽利略的发现以及他所应用的科学的推理方法是人类思想史上最伟大的成就之一，它标志着物理学的真正开端。这个发现告诉我们，直接观察所得出的结论常常不是可靠的，因为它们有时会引到错误的线索上去。
>
> ……
>
> 人的思维创造出一直在改变的宇宙图景，伽利略对科学的贡献就在于毁灭直觉的观点而用新的观点来代替它。这就是伽利略的发现的重大意义。

以后我们将会看到，爱因斯坦正是因为像伽利略一样，不相信“直接观察所得出的结论”才能够发现相对论。

第二十四章　史上最伟大的科学家

科学史群星璀璨，倘若有一位科学家可以称得上是最伟大者，那么几乎唯一的考虑对象就是牛顿了，这不但因为他的理论创造几乎彻底地改变了我们对于世界的认识，而且因为他的创造乃是许多现代科学成就包括爱因斯坦相对论的基础。

牛顿不但是最伟大的科学家，也是人类历史上最伟大的人物之一，在一本流传颇广的《世界名人排行榜》上，他位列第二，仅次于创立了伊斯兰教的穆罕默德。

倘若我们想要了解科学史，了解牛顿是必不可少的，所以我们要在这里好好地讲一下牛顿，讲讲他的生平与成就。

就在伟大的伽利略去世仅几个月之后，1643年1月4日，在与意大利相距遥远的英格兰林肯郡一个叫伍尔索普的小村子里诞生了一个瘦弱不堪的婴儿，他被毕业于剑桥大学的舅舅取名叫伊萨克·牛顿。

有些书说牛顿出生于伽利略去世的那一年，即1642年。您可不要以为这两种说法是冲突的，事实上不是。这原因就像中国的阳历与阴历一样。在西方一度也通行两种历法。第一种是儒略历，它是西方人最早普遍采用的历法，由恺撒大帝创制，后来他的继承人奥古斯都大帝又做过修订，一直通行到1582年。就在这一年，由教皇格列高利制订了更为科学的新历法，就是我们现在所说的公历或者阳历，在西方称格列高利历。牛顿出生之时，这种新历法通行只有几十年，因此还有人以之纪年，就像我们中国今天还有人用阴历纪年一样。特别是，牛顿的生日如果用儒略历来看的话，是1642年12月25日，这乃是西方最重要的节日圣诞节，当然容易记了。

闲话少说，言归正传，我们且来看看生下来了的牛顿吧！

生而不幸　牛顿生下来就是一个不幸的孩子，不幸的原因有二：

一是注定他一辈子看不到亲生父亲。他的父亲与他同名，是一个自耕农，就是有自己的小农场的农民，像一般的自耕农一样，家境不富也不穷，饭可以吃饱，肉就不一定常有得吃了。他结婚很迟，当妻子终于怀上孩子时，他已经快40了。正当他为自己终于要做父亲而备感欣喜时，命运残酷地捉弄了他，一场急性肺炎夺去了他的生命，这时候他结婚才半年。

二是这件事对怀孕的母亲的打击可想而知，她陷入了无边的悲痛之中，这样的悲痛对腹中的孩子自然极为不利，果不其然，孩子还不足月时就被生下来了，这时他的父亲已经死了3个月。据说生下来时他只有3磅重，折合我们的2斤多，不到正常新生儿的一半。

由于父亲在儿子生下来时就已经去世，牛顿成了“遗腹子”。不过据我的考证，当遗腹子并不一定是坏事，有些伟人，像作家狄更斯，就是遗腹子，而且这段经历对于他的人生与创作都有深刻的影响。还有美国前任总统克林顿也是遗腹子，我看克林顿这家伙成天乐呵呵，似乎并不在意从来没有看到过父亲呢！

牛顿生下来第一件事是让人担心他能不能活下去，这个没有父亲的“小老鼠”似乎注定活不长。

仿佛是奇迹，这只“小老鼠”活下来了，这一切多亏他的母亲。

牛顿的母亲名叫汉娜，是个能干的女人，她一个人既当妈又当爹，尽心竭力地抚养着孩子，其间的辛苦可想而知。

小牛顿慢慢长大，已经两岁多了，这年他母亲改嫁了。“爹死娘改嫁”“天要下雨，娘要嫁人”，都是没法子的事。

娶他母亲的是史密斯牧师，英国国教的牧师不像禁婚的天主教的神父，是可以结婚的。这个牧师听说汉娜是个十分能干的女人，就娶了她。在女人向来比男人多的英国，一个生了孩子的寡妇还能嫁人可不是一件容易的事呢！何况这个牧师先生还是个富人，有钱又没孩子。

也许是因为嫁人不易的缘故，小牛顿的母亲分外珍惜。不惜将才两岁多的孩子放在家里，交给她的婆婆，也就是牛顿的奶奶来养大。

母亲走后就杳如黄鹤了，好像忘了这里还有一个孩子。她将原来属于丈夫的庄园留下来了，每年有一定的收入。还有，这位牧师先生为了让妻子能够全心全意地与他在一起，又送了一块地产给她的儿子。这样牛顿一年约有80英镑的收入，足够他过上比较好的生活了。

但如此一来，牛顿不但生下来就没有父亲，事实上也失去了母亲，成了孤儿，甚至比孤儿还惨的弃儿。

这可悲的遭遇对牛顿一生的影响十分大，给他心灵的创伤之重怎么说也不为过。据说，由于这些事，牛顿从小就有精神病的倾向，一方面，他经常感到不安，感到在这个世界上没有人可以依赖，感到有人想迫害他；另一方面他又对自己的继父感到极为憎恶，潜意识里恨不得一刀捅了他。他19岁时在一次忏悔中曾用笔记下了自己的“罪恶”，就是“想放火烧死我的母亲和父亲。”

由于这种精神病倾向，强烈的不安全感困扰了牛顿的一生。这对他多年之后的科学研究也产生了深刻的影响，我们后面会看到这些。

牛顿从小就体格孱弱，他的祖母虽然在照顾他，但她自己也有不少事要做，例如养鸡养羊等，没多少时间陪孙子玩。这些都使得牛顿从小显得比较孤僻，很少与别人交流。从小学到大学，他用来打发时间的主要是两样：

一是博览广读。他努力找到各种书籍来阅读，并且善于独立思考，还将阅读与思考所得记录在本子上。这些记录里已经闪烁着天才的星星之火。

二是手工制作。有的书上说牛顿小时并非智商过人，这如果从他小学时的成绩看也许对，然而却是很不全面的。虽然成绩不怎么样，但牛顿在动手方面却显示了过人的天赋。他成天拿着锤子敲敲打打，制作出各种精巧的小玩意。例如他曾制作过带灯的风筝，当它在天上高飞时，吓得乡邻们以为看到了魔鬼。他能制作极为精巧的小水车，甚至能用它来磨面粉。他还制作过一架木钟，这个小钟竟然能走时。这些使他在左邻右舍赢得了心灵手巧的美誉。

牛顿5岁时开始上当地的免费小学，他成绩不大好，无论老师还是同学都没把他当聪明人看，更不会想到他将来能在科学上有什么出息。

不过，牛顿的牧师舅舅，就是给他取名的那位剑桥博士，看出外甥是有潜力的孩子，很关心他的学习。外甥小学毕业后，舅舅便将他送进了格雷瑟姆中学。这时牛顿已经12岁了。

在此之前两年，牛顿10岁时，他的母亲又一次成了寡妇。她便带着与后夫所生的三个孩子回到了自己原来的庄园。而牛顿，经过8年之后，终于又有了母亲，只是这时候他已经习惯没有母亲的日子了。

上中学后，由于距家太远，每天往家里跑是不行的，牛顿便寄宿在了中学附近一个药店里。药店主人克拉克先生是个好人，有一个好看的女儿。

在中学里，一开始牛顿的成绩仍不怎么样，仍然是天天做他的手工，像风筝、小钟之类，有时他将这些送给同学们，总能让他们惊叹一番，让它们的制作者感到自豪。

后来的一件事改变了牛顿的人生。

我们说过，牛顿从小体质不好，力气也小，因此在学校里常常受一些身强体壮的同学的欺侮，在中学里也一样。这天，学校里的一个小霸王又欺侮他了，这次欺侮得过分了，他一脚踢在了牛顿肚子上，痛得他弯下了腰。俗话说“兔子急了也会咬人呢”，牛顿这时候就像急了的兔子，一头撞向小霸王的肚子，两人顿时打成了一团。平常胆小怕事又瘦又弱的牛顿这时像疯了一样，不要命地打起架来。

又俗话说，“厉害的怕不要命的”，这下小霸王怕了，乖乖投了降，按照学校的老规矩，牛顿将他的鼻子按在墙上，压得扁扁的。

打败小霸王后，牛顿顿时来了自信，成绩突飞猛进，不久便由中等升到了全班乃至全校的第一。

1659年，牛顿已经16岁，是成年人了。就在这年，他的母亲将他召回了家。她看儿子已经长大，打算将家里的田产交给他来管。自从她的牧师丈夫去世后，她继承了相当大的一片地产，这些都需要人打理，她一直想找个人来当帮手，儿子当然是最佳人选。这样牛顿就辍学回家，做起地主来了。

但依牛顿的性格如何能做一个合格的地主呢？经常是，他手里攥着一本书，蜷缩在篱笆下看书，旁边他的牛群羊群正不慌不忙地啃着篱笆里的庄稼。

牛顿一走，格兰瑟姆中学的校长也发了愁，他是个惜才的人，看到最优秀的学生不上大学反倒去当了农民，叹息不已，决心尽力让他回到学堂。还有一个人同样为牛顿的弃学而遗憾，就是他的舅舅。

他们不约而同地来到了牛顿家里，劝说牛顿的母亲。一方面告诉她让牛顿这样一个大有前途的孩子留在家里当农夫对国家是一种损失。另一方面许给了她不少好处，例如校长答应少收学费，牛顿还可以到他家里吃饭，饭钱全免。他们的一席话再加上她发现儿子的确不是当农民的料，叫他管田庄她只会吃亏，于是便答应了。这样，牛顿在辍学近一年之后又回来了。这是1660年秋天的事。

这次回来的目的不再是上中学，而是直接上大学。除此之外，他还完成了一件终身大事——他订婚了，对象是他曾在那里寄宿的药店老板克拉克先生的女儿斯托里小姐，一个迷人的姑娘，牛顿十分爱她。不过，他们的爱情之路只走了小小的一段。牛顿上大学后，两人交流渐稀，牛顿终日沉迷于科学研究，对儿女私情看得很淡。如此一来，他的未婚妻以为他不爱她了。他们的婚期也被一再推迟，终于，有一天她等不下去了，与一位文森特先生结了婚。事实上牛顿是很爱他的未婚妻的，她也是他一辈子爱过的唯一的女人，失去她后，牛顿终身未娶。

第二年，牛顿上了著名的剑桥大学，进的是剑桥规模最大的三一学院。

普通学生　剑桥的英文名是“Cambridge”，剑桥中的“剑”其实是“Cam”的音译，而“桥”就是“bridge”的意译了，合起来“Cambridge”就是“剑桥”了。

剑桥大学位于牛津大学东北方向一百多千米的剑桥市，西南距伦敦约80千米。这里有一条小河流过，叫“Cam”，这就是剑桥中那个“剑”的起源，我们译成了“剑”，其实译成“康”才对，这也是徐志摩在《再别康桥》中“康”字的来源。

从剑桥大学走出来的历史名人之多在全球恐怕也无有出其右者。就拿牛顿就读的三一学院来说吧，许多我们熟悉的各界伟人在这里度过了他们的青春时光，如培根、拜伦、达尔文、罗素、维特根斯坦等。

在剑桥大学，牛顿是所谓的“半公费生”，也就是说，他不需要交学费，但必须为学校干活，干活挣的钱就等于他交的学费了。这就像现在许多中国学生在美国留学的模式，去之前先申请一个助教职位，替导师干活。牛顿在大学里干的活可不是如今的留学生们的搞科研，而是像现在的陪读夫人们常干的活儿一样。他要在学校的食堂里打杂，布置餐桌、上菜，还要为别的学生打扫房间、洗衣服。这些可难不倒牛顿，他从小孤独无依，靠自己照顾自己，那些活儿是干惯了的。

在剑桥牛顿无疑是个才华横溢的学生，不过能够进剑桥的多半是这样的人，他并不特别引人注目，有关他大学生活的资料留下来的很少。他很少写信回家，写也是寥寥几笔敷衍了事。偶尔轻松一下就去小饭馆打打牙祭，有时候还要赊账。他与同学的交流并不多，打过几次牌，赌了点小钱，还孔夫子搬家——尽是输（书）。

除了这些偶尔为之的娱乐活动，牛顿大学期间基本上是“两耳不闻窗外事，一心只读圣人书”。在大学的头两年，他的“圣人”主要是哲学家们，例如亚里士多德、笛卡尔、伽桑狄等。从三年级开始，他的“圣人”就主要是自然科学家们了。例如欧几里得、开普勒、伽利略、哥白尼等。学哲学时，牛顿还有老师讲解，要知道在那时的剑桥大学或者欧洲别的大学，哲学可是最主要的科目之一呢，任谁都要学习的。但自然科学就不是这样了，虽然不是没有，但重视却谈不上。因此牛顿学习自然科学主要是靠自学。他经常从学校图书馆借书来读，有时候也去买书读。就像他本人在一段回忆中所说：

> 1664年圣诞节前夕，当时我还是一个高年级学生，我买到了范·舒滕的《杂论》和笛卡尔的《几何学》（半年前我已经读过笛卡尔的《几何学》与W.奥特雷德的《数学入门》），同时借来了J.沃利斯的著作。

这段文字十分平淡，但对于牛顿这样一个对自己的过去总是讳莫如深的人来说已经是很难得的了，因此我们才引用出来。

在诸自然科学学科中，现在牛顿最喜欢的是数学，他广泛阅读，除了上面那些之外，还读了韦达、费马、惠更斯等人的著作。这种博览广读实际上也是博采众长，再加上卓越的天赋，牛顿迅速走到了当时数学研究的最前沿。

除数学外，他也很喜欢物理课。他的一个老师叫巴罗，是当时欧洲最知名的学者之一，正主持着剑桥大学地位最崇高的讲座——卢卡斯讲座。他主要讲授物理学，例如有关运动的问题。他同时也是一位杰出的数学天才，当他发现年轻的牛顿已经掌握了那么深厚的数学知识时，不由大为赞叹，决心好好栽培他。

在剑桥大学待了4年后，1665年4月，剑桥大学评议会通过了授予牛顿文学学士学位的决定，牛顿大学毕业了。

鼠疫下的奇迹　毕业之后，他并没有马上工作，而是躲到了乡下。这是为什么呢？

因为鼠疫。

这种病的俗称就是令人闻之色变的“黑死病”，它在14世纪中期一度横行欧洲，杀死了2500万人，超过当时欧洲全部人口的1/3，这也是欧洲历史上最恐怖的一次天灾，文学名著《十日谈》就是以之为写作背景的。

这时候虽然已经不是14世纪了，但黑死病还没有绝迹，这不，1664年开始，它就在伦敦一带张开了利爪。

与伦敦相距不远的剑桥自然逃不过它的魔爪，学校急忙关门大吉，令学生们一概回家躲灾。

牛顿也回去了，回到了他位于英格兰伍尔索普的家，这一待就是近两年。从1665年直到1667年。

这也是西方科学史上最重要的两年之一。即使待在家里，牛顿也不用照管牛群了，母亲接受了大儿子已经不是一个农夫的事实，不再要他干这干那了，他得以将全部精力投入科学探索之中。

这些日子到底是怎么过的，除了一些传说之外我们并无多少实际材料，大半只能从其所取得的伟大成果来看。

这两年牛顿所取得的成果可以分成两大领域，即数学与物理学。这两者又都分别包括两项成果，数学是二项式定理与微积分，物理学是光学与万有引力。

数学我们前面已经说过了，现在我们只来看看物理学。

光学一直是牛顿喜欢的研究项目，他曾在大学里听过巴罗教授关于光学的课程，又阅读了一些光学著作，当他在家里闲着时，就决心从研究光学开始。他先设法弄来了一个三棱镜，就是将三块长条的透明玻璃粘在一起，使它们成为一个长三棱体。然后，按他自己的说法：

“……我把房间弄得黑暗，在百叶窗上开一个小洞，让适量的阳光照射进来，把我的棱镜放在光线进入处，光线就透过棱镜折射到对面的墙壁上。一开始这是件很愉快的消遣。”

是的，牛顿一开始这样做也许是为了消遣，就像我们看万花筒一样，并没有想到会有什么重大发现。但很快，牛顿就发现了不寻常之处。

他发现那缕本来不宽且无色透明的阳光通过三棱镜后，不但宽度增大了好几倍，而且从一种颜色变成了好几种，仔细一看共有7种，分别是：红、橙、黄、绿、蓝、靛、紫。这美妙的现象让牛顿又惊又喜，他意识到这是一个重要的发现，于是一次又一次地重复实验，终于得出结论：无色（或称白色）的阳光是由七种颜色的光混合而成的，而且这七种颜色的混合有其固定的比例。现在这是我们对光的基本认识之一。

牛顿最伟大的发现是万有引力，这也是人类历史上最伟大的发现之一，它的发现使人类理解了一种不但存在于天体，也存在于任何物体之中的基本力量。关于什么是万有引力我们前面讲物理学是什么时，在力学一节中已经讲过，这里就不多说了，只谈谈万有引力的发现过程。

1665年秋的某一天，牛顿像往常一样坐在他家的果园里沉思，忽然看见一个苹果掉落在面前的地上，他突然想到：是什么促使苹果落地呢？是不是一种神秘的力量——这种力量的意念就是万有引力的苗头了。

这个传说的另一个版本说苹果是掉到了牛顿的头上，不过，以苹果的质量而言，从树上掉到头上肯定会痛得要命的，在这种情况下，牛顿是不是还会去想那么多问题我觉得很有疑问呢。

这个传说并非空穴来风，据伟大的法国哲学家、启蒙运动的领袖人物伏尔泰回忆，这是牛顿的外甥女巴顿夫人告诉他的。而牛顿晚年的一个朋友也明白地提到了它。他说，在1726年4月的一天，那时牛顿已经功成名就了，他与牛顿共进晚餐后，一起来到牛顿家的后园并坐在苹果树下喝茶，在谈话中牛顿告诉他说，很久以前，当他在一棵苹果树下沉思时，关于万有引力的观念很偶然地出现在他的脑海里。

由于这个优美的传说，牛顿后花园里的那株苹果树一直被很好地保护着，人们将之当作牛顿故居一个主要景点来瞻仰。直到过了很久，它变得又老又脆弱，有天一阵大风吹来，将它刮倒了。人们便将它的树干分成好几段，作为珍贵的科学文物在英国皇家学会等处保存起来。至于这棵世界上最伟大的苹果树的枝丫，则被许多人拾了起来，嫁接移植，据说它的“子孙”已经广布世界各地了。

发现那种神秘之力后，牛顿立即进行了深入的研究，他不但以之考察地球上的万千物体，还将之运用于宇宙间的天体，深入考察了是什么力量使一颗星球绕着另一颗星球，例如月亮绕地球、地球绕太阳旋转，并得出结论，这种力是宇宙间所有物体都具有的，因此应当名之为“万有引力”。至于力量的大小则与距离的平方成反比而与物体的质量成正比，这就是万有引力定律了。

牛顿在乡间共待了约两年，并造就了西方科学史上最伟大的两年。当他离开家乡回到剑桥大学时，已经是1667年4月了。

这时候牛顿才24岁，却已经为科学、为人类做出了堪称冠绝古今的伟大成就！我想，除了“奇迹”或者“上帝的恩赐”之类的词儿外不好多做解释呢！

年轻的教授　这时牛顿已经被母校聘为教师了。一开始是“选修课研究员”。次年当上了他之前的老师巴罗教授的助手，他所撰写的光学与数学方面的论文深得巴罗教授的赞赏。不久他又成了“主修课研究员”，接着获得了硕士学位。

1668年时牛顿获得了他的另一项重要成就——发明了反射望远镜。所谓反射望远镜就是用磨得很光发亮的金属凸板作为反射镜以代替原来是玻璃的会聚透镜作为物镜，它能够避免折射望远镜很难避免的玻璃物镜产生的色散。这种类似的金属反射镜我们中国人千年之前就会做了，我们古代的铜镜就是这样的金属镜子，不过它们是平的，不像牛顿的反射镜那样能放大图像。

牛顿制作的第一架反射望远镜直径只有一英寸，不到3厘米，但却可以放大近40倍，效果比伽利略的折射望远镜要好得多。后来牛顿又为英国皇家学会制作了一架更大更精良的反射望远镜。它至今还被珍藏在皇家学会里，上面标着：“牛顿爵士亲手制作的世界第一架反射望远镜”。

牛顿在数学与光学上所表现出来的天才及所取得的成就，加上他制作出了如此精美的天文仪器，使巴罗教授深感自己的学生如今已经超过了老师。于是，1669年10月，他做出了一个决定——退休，让牛顿来接替自己的位置。

这样，牛顿就成了剑桥大学最尊贵的科学教席卢卡斯讲座的教授，时年仅26岁。

而巴罗教授也因为他如此宽阔的胸襟而永垂不朽。

担任卢卡斯讲座教授之后，牛顿开设了一系列有重要影响的课程。

1670年至1672年是光学讲座，总结了他的光学思想，讲义很久后才出版，名为《光学》，是牛顿最重要的著作之一。

在这些有关光的讲座和著作里，牛顿认为光的本质是一种微粒。这种主张遭到了强烈的反对，主要反对者是他的同胞胡克及荷兰的惠更斯，都是了不起的物理学家，他们主张光的本质是波。关于光的波粒二象性之争我们在前面讲物理学是什么时有关光学的一节中已经说过了，这里且不多说。

自己的学说遭到这样猛烈的批评是牛顿始料未及的——胡克甚至说牛顿的理论是从他那里偷去的。从这时候起，牛顿就对这种争吵感到极端厌恶甚至恐惧。从此他变得小心翼翼，甚至决定以后不再发表任何东西，免得再惹来争论与批评。

就在他结束光学讲座的1672年，由于他制作了了不起的反射望远镜，牛顿被接纳为皇家学会的会员，进入了这个尊贵的科学团体。

结束光学讲座后，1673年至1683年，牛顿花了整整10年来讲代数学，然而并没有讲他的伟大发现微积分。

1684年至1685年，他讲的是运动学。

之所以在10年之后改题，是因为哈雷——就是我们后面要讲的发现哈雷彗星的那个人——的缘故，当时哈雷来向他请教当行星运行时其轨道将会如何，牛顿便将他早已经做出的发现告诉了他。后来牛顿将之写成一篇论文《论运动》，并以之作为来年讲座的题目。

上面这些讲座诚然重要，您可不要以为教室里座无虚席，相反，由于课程的内容太先进而复杂，学生们的脑子很难跟上导师的步伐，牛顿又不是很有耐心的人，讲课的水平也相当有限，因此他的课堂里少有学生。据说多数时候五个指头就数得过来，有时候甚至一个也没有。伟大的哲学家叔本华和弗雷格也曾有过类似的遭遇。

这些讲座之中最为重要的便是最后关于运动学的讲座。正是这个讲座孕育了西方科学史上最伟大的经典之作《自然哲学的数学原理》，后面我们将简称为《原理》。

我们还是从哈雷的来讨教谈起。1684年8月，哈雷来向牛顿求教，他想知道一个行星如果受到某一种力的吸引，使它绕太阳运行——关于这种力的存在的可能性这时候许多科学家，包括牛顿的死对头胡克，都曾经设想过——那么它遵循的轨道将是什么形状。

此前，哈雷曾就相同的问题向胡克求教，胡克那时候也在研究这个问题，甚至想到了作用于各行星的引力大小必定与它们同太阳距离的平方成反比。这已经与万有引力定律相当接近了，然而对于胡克这只是一种猜想而已，他无法证明。

现在，当哈雷将同样的问题拿到牛顿面前来时，想不到牛顿不假思索地回答：“应当是一个椭圆。”他紧接着对大吃一惊的哈雷说，他很久以前就对这个问题做出过研究了。

说毕，牛顿当场找了起来，但怎么也找不着已经扔下了多年的研究结果。他答应找到后马上给哈雷寄去。

牛顿大概最终也没能找着原来的草稿，不过仅仅3个月后，他便将重新写了的手稿寄给了哈雷。

不用说，这篇手稿中所论述的就是万有引力的问题。我们前面刚说过，早在近20年前的1665年，牛顿因为躲避鼠疫而待在伍尔索普的家里时，就发现了万有引力定律。只是由于某些原因，牛顿一直没有将之公开。因此，当哈雷问起这个时，他才能不假思索地回答。

历史上一直有人奇怪，牛顿为什么不早点发表他的成果呢？

主要原因是牛顿对发表自己的成果向来不大热情，因为他害怕争论。文章一经发表，就等于将之呈现给同行们，等待他的完全可能是批判。这对于一般人是很正常的事，牛顿可不这样，他不喜欢争论，甚至害怕批评，一向如此。这也许与他童年时代那种常常萦绕在心头的不安全感有关。

关于牛顿不愿意公开他的思想，他说过一段有名的话，是在写给他在皇家学会的朋友奥尔登堡的信中说的：

> 我明白，我使自己变成了哲学的奴隶……从今以后，除了满足我自己的意愿而工作之外，我绝不愿意别人知道我在做什么。如果你一定要发表我的论文，那么等我死后再说吧！

这里的哲学就是科学，在牛顿时代，人们的观念里物理学与哲学之间的差别是很小的，物理学只是哲学的一个分支，它不过是研究自然界的哲学而已，故又称“自然哲学”。

这是牛顿在1676年时说的话，那时他受到了一个叫莱纳斯的不学无术的家伙的无端攻击，气愤之余便说了“死后再说”这样的话，而且后来真是“大丈夫一言既出，驷马难追”。这就是他为什么拒绝哈雷的一个主要原因。

当然，也可能还有别的原因，例如他自从离开家乡到剑桥后，整天忙于上课、做研究，兴趣不知不觉就偏离万有引力了。所以直到现在，当哈雷问起这件事时，他才记起来：哦！对这个问题我早做过研究啦！

读毕牛顿的手稿后，哈雷激动得脑袋发晕，立即恳求牛顿将他的理论正式发表出来。一开始牛顿断然拒绝，他不想他的万有引力再如他的光学理论一样遭到批判，尤其是他知道胡克肯定会找他的茬，就更不肯发表了。

但哈雷可不是容易摆脱的人，他很有耐心，从不乱发脾气，与牛顿的急性子和爱发脾气大不一样。他婉转然而坚定地劝说牛顿，软磨硬泡，又骗又哄，什么法子都用上了。终于，牛顿答应将他的发现正式写出来发表。这仍是1684年的事。

科学史上的第一经典　此后两年，牛顿将大部分精力都用在了写作他答应哈雷的著作上。令人啼笑皆非的是，恐怕世界上再也没有人像牛顿一样，是怀着如此不情愿甚至对之充满愤怒的心情来写一部经典巨著的，仿佛这不是在写杰作，而是在写检讨书呢！

虽然如此，但同时也很少有人能够像牛顿一样如此全心全意地写作。在近两年的时光里，牛顿像着了魔似的执着于艰苦的思索，这些思索都是前人所没有做出过的，是在思维的荒野中开拓，那里一片坎坷，荆棘满地。

关于他在写作《原理》时的勤奋，他的助手汉弗莱有过清楚的记录，在记录中他说：

牛顿的全部时间都用在工作上，很少运动和休息。他饮食很少，有时甚至忘了进餐。有些日子他走进牛顿的房间，发现他的食物还没有动过。当他提醒老板忘了吃饭时，他一下子惊觉过来，含糊不清地反问："我真的没有吃过饭吗？"他经常在半夜两三点钟上床，有时甚至一直工作到天亮。

以牛顿的旷世天才加上如此的勤奋，得来的成果之巨大可想而知。两年之后，1686年，牛顿终于写完了他的著作，他定名为《自然哲学的数学原理》。

写完后，牛顿将《原理》递交给皇家学会，第二年便由哈雷资助出版。

要在这里详细述说《原理》是不可能的，我只能略述一下它的大致内容。

《原理》共分三卷，第一卷包括八个基本定义和三条基本原理。八个基本定义都是奠定力学基础的基本概念，例如质量、动量、惯性、力、向心力、绝对时间与绝对空间等。

在这里我们只说明一下牛顿关于绝对时间与绝对空间的观念。

牛顿认为，绝对的时间是这样的：

> 绝对的、真正的和数学的时间自身流逝着，而且由于其本性而均匀地、与任何其他外界事物无涉地流逝着，它又可以名之为"延续性"；相对的、表观的和通常的时间是延续性的一种可感觉的、外部的（无论是精确的或者是不均匀的）、通过运动来进行的量度，我们通常就用诸如小时、日、月、年等这种量度来代替真正的时间。

至于绝对的空间，牛顿说：

> 绝对的空间，就其本性而言，是与外界任何事物无关且永远是相同的和不动的。相对空间，是绝对空间的可动部分或量度。我们的感官通过绝对空间对其他物体的位置而确定它，并且通常将之视为静止不动的空间。

从此，这样的绝对时空观牢牢统治着西方人的思想，成为西方人对宇宙的基本理解之一，直到两百余年后爱因斯坦将之推翻，他推翻牛顿的武器就是相对论。在相对论里，无论时间还是空间都是相对的，时间可以变慢，空间可以弯曲。这些我们在后面都要述说。

在说明这些概念之后，牛顿便系统地阐明了他的运动三定律，即我们前面在讲物理学是什么时讲过的牛一、牛二、牛三。

特别地，在这一卷中，当谈到向心力时，牛顿提到了一个假想实验，他说：

在高山上发射炮弹，炮力不足，炮弹飞了一阵便以弧形曲线下落地面。假如炮弹炮力够大，炮弹将绕地球球面飞行，这是向心力的表演。

大家都看得出来，这就是我们今日人造地球卫星的基本原理。

第二卷原先并不在牛顿的写作计划之内，是临时加的，所以看上去与第一、三卷有点不大协调，但仍然是重要的。在这里，牛顿通过摆在流体中的物体的运动实验来测定物体的质量与惯性大小的关系。此外还包括他的声学研究。在本卷最后，牛顿否定了笛卡尔提出的行星运动的旋涡假说。

第三卷牛顿原来准备将之写成对前两章一般性的总结，后来改变了计划，在其中描绘了一幅极为壮观的宇宙场景，就如其名字所言，是“宇宙的体系”。

在这卷里，牛顿将他的运动三定律应用于宇宙万物，为整个宇宙间天体的运行描述了一幅整齐有序的图景，其核心就是万有引力及万有引力定律。

运用万有引力及其定律，牛顿证明，地心引力无处不在。并且他用之来解释许多原来人们认为不可思议的现象，例如行星、卫星、彗星等的运行，海洋潮汐的产生，等等。牛顿明确地指出：万有引力是两物体间的相互作用力，任何两颗天体，例如地球与太阳、月亮与地球之间，都有这种引力。而之所以是地球绕太阳转、月亮绕地球转，而不是相反，是因为它们之间质量悬殊。此外，各天体之间之所以存在所谓摄动，就是不按轨道运动的不规则运动，是因为当它们运行时，平常由于距离遥远，不会相互影响，但有时候距离够近，这时候平常不相影响的两天体之间就会产生相互影响而导致不寻常的运动。例如太阳对月亮的摄动、土星对木星的摄动等。因为月亮由于平时与太阳距离太过遥远，而与地球距离则要近得多，因此虽然太阳质量比地球大，月亮仍然主要受地球作用，绕地球运行，有时候，当月亮运行到某一点，这时候它与太阳之间的距离变得够近，于是太阳的引力就对月亮发生作用，使之产生了摄动。

牛顿理论使人类对宇宙的认识有了质的飞跃。在《原理》之前，人类眼前的宇宙有如一团无边的乱麻，令人困惑迷惘，而在《原理》之后，人类眼前的宇宙则有如一幅轮廓清晰的图画，有序且美丽。

至此，牛顿一生可谓风光无限，令人想起了杜甫的诗句："荡胸生层云，决眦入归鸟。会当凌绝顶，一览众山小。"

离开科学的后半生 然而，自此之后，牛顿的生活就变了，变得面目全非，我要把他的这一半人生专门割裂开来，统称为"离开科学的后半生"，因为从此，牛顿再也没有全心全意地进行科学的创造了，相反，他离开了科学，或者只是利用科学为宗教与政府服务。

这还要从詹姆士二世说起。

原来的"终身护国主"克伦威尔死后，1660年，查理二世带着一大队保王党人扬扬得意地从法国回到了英国，重登王位。1685年他死后其弟即位，是为詹姆士二世。

詹姆士二世是个死硬的天主教徒，除了在国家各部门大量安插天主教徒外，还妄图控制剑桥大学。他派了一个亲信的天主教徒到剑桥大学任职。那时候的英国，包括剑桥大学的教职员和学生在内，绝大部分是新教徒，他们对国王的这种行为极表愤怒。它不但在宗教上是不适当的，也是对剑桥数百年以来的自治与自由传统的粗暴侵犯。牛顿作为剑桥的名人和虔诚的英国国教徒，领头站出来反对这事。经过在高等法院的较量，剑桥赢得了胜利。后来牛顿在一封信里是这样谈及对这次事件的看法的：

> 根据上帝与人类的戒律，所有高贵的人都有责任听从国王的符合法律的命令。但如果国王陛下执意提出一项不合法的要求，那就没有一个人会因拒不执行而感到苦恼。

牛顿的勇气为他在大学内赢得了更多的声望。1688年光荣革命后，英国要召开非常国会了，剑桥有资格推荐一名议员，牛顿被推选出来参加了这届重要的国会。据说他是一个很忠实的议员，从来不漏掉任何一次该出席的会议，不过直到这届国会解散，他从来没有发过一次言。

这次在伦敦的生活给牛顿以很大影响。他在伦敦结识了许多新朋友，其中不少人有名又有权，例如伟大的哲学家洛克，他对牛顿的成就备感兴奋，以有这样一个朋友而自豪。我们在前面哲学卷中给洛克作了传，当英国国会派与保王派斗争时，洛克是国会派领袖阿希利的得力助手和国会派最重要的理论家。1688年光荣革命后，当国会派重新控制英国后，为了感谢洛克的劳苦功高，他被委任了英国上诉法院一个不小的官。与牛顿结交后，洛克崇拜之余，看到牛顿此时还不过是剑桥大学一个教授而已，他觉得，以牛顿如此伟大的人物，待在剑桥小镇当一个老师真是太亏了，他于是力邀牛顿出山，到伦敦来，他认为这里才是伟人的用武之地，只有像自己一样在国家权力机关里担任一个重要职位才是对他成就应有的报答。

洛克的这种想法颇像：某些在学问上做出了一些成就，有了一些名头的专家学者，常常会被从高校调走，进政府当各级官员，也许政府与专家本人都认为这是对他们学术成就的最好酬报。

牛顿自己呢？他竟然也有同感。在伦敦的生活，作为国会议员所能享受到的尊荣使他感到在剑桥那种枯燥单调的生活实在不值得一过。而且他已经对与胡克等人无休止的争论感到厌倦甚至痛苦，也许他觉得自己的科学生涯已经结束，他所想完成的工作都已经完成，在科学上他没什么要做的了。于是他也欣然为自己在伦敦的职位而奔忙起来。

想在中央政府做官当然不是一件容易的事。国会解散后，牛顿还是先回剑桥继续做了几年的卢卡斯讲座教授。

这是1692年左右的事，这时候牛顿还不到50岁，是一个科学家出成果的大好年华。

但这几年他却基本上没搞科学研究，他将自己的精力投入了四样事务：一是“跑官”——后来有人说他试图借助与他生活在一起的侄女的美色使自己得到伦敦的好职位；二是开始与莱布尼茨就微积分的发明优先权大搞论战；三是研究炼金术；四是神学研究。第一件事牛顿正在忙着，就会有结果了。第二件事我们在前面讲数学时已经说过了。这里只说第三、四件，特别是第四件。

牛顿一生都对炼金术深感兴趣，可以说不亚于对科学研究的兴趣，同时这种兴趣也深深地影响了他的科学研究。为了研究炼金术，他常常将科学抛到了一边。他到处搜罗有关炼金术的小册子，有的买，有的借，如果是借的话，他总是将之立即手抄一本保存。对于借来的科学著作牛顿似乎从来没有这样做过呢！如果您想知道炼金术是什么，可以参考后面讲古代化学章节。

服务上帝　像对炼金术一样，牛顿对神学也早就有兴趣并且有深刻的领悟。牛顿从小生活在一个宗教氛围十分浓厚的家庭，他的舅舅和继父都是牧师，他母亲也是一个虔诚的基督徒。宗教影响从小在牛顿心里打下了深深的烙印。长大从事科学研究后，他对宗教的热情一直不衰。这时候，他注意的不再是单纯的信仰，而是更深刻的神学问题。大约在1690年的时候，他把一份手稿送给了洛克，手稿想证明，现在《圣经》中关于三位一体的那段是后人篡改的，不是《圣经》中的原文。两年后，一位叫理查德·本特雷的牧师以《对无神论的反驳》为题做了8次重要的布道。他给牛顿写了一封信，请教关于万有引力和宇宙性质的一些问题。牛顿给他写了四封回信，表达了作为科学巨人的他对于上帝的虔诚信仰。他说：

当我写作关于宇宙系统的著作时，就曾经特别注意到足以使深思熟虑的人们相信上帝的那些原理。当我发现我的著作对这个目的有用处时，没有什么事情能比这更让我高兴的了。

当谈到地球绕太阳运转的轨道问题时，牛顿坦言，地球的确绕太阳在运行，但为什么会有这种运动呢？它并不一定要有啊！这就像两块石头本来好好地待在那，为什么它们要相撞呢？肯定有原因，例如被人扔到了一起。地球与太阳也是这样，虽然它们现在按自己的轨道运行，然而，最初是一种什么力量使它们运动起来的呢？对于这个问题，牛顿找到了答案，那就是他著名的“第一推动”。

关于“第一推动”这个概念，我们在哲学卷中讲托马斯·阿奎那的神学时曾说过，他认为是神对世界进行了第一推动。但他们所凭借的只是抽象的哲学推论，只借助于常识与逻辑，而没有涉及科学。牛顿就不一样了，他从科学的观念出发，指出了上帝与第一推动的必要性。在给牧师的回信中，牛顿如此说：

对于你来信的最后一部分，我的回答是，第一，如果把地球（不连月球）放在无论何处，只要其中心处在轨道上，并且首先让它停留在那里不受任何重力或推力的作用，然后立即施以一个指向太阳的重力，和一个大小适当并使之沿轨道切线方向运动的横向推动，那么按照我的见解，这个引力和推动的组合将使地球绕太阳做圆周运动。但那个横向推动必须大小适当，因为如果太大或太小，就会使地球沿别的路线运动。第二，没有神力之助，我不知道自然界中还有什么力量竟能促成这种横向运动……

这里就分明地表示了神就是那神秘的第一推动者。到晚年，牛顿对神学研究得更多，也更为重视上帝的力量，例如1712年，当《原理》出第二版时，快70岁的牛顿在书中加了一节《总释》，它只有短短的几页，其中“上帝”或者及代词“祂”就有近40处之多。他对上帝表达了如狂热的基督徒一般的赞美，他说：

我们只是通过上帝对万物的最聪明最巧妙的安排，以及最终的原因，才对上帝有所认识。我们因为祂至尊至美而感佩，也因为祂统治万物，我们是祂的仆人而敬畏祂、崇拜祂……

据统计，牛顿一生留下的有关宗教与神学的手稿达150多万字，足以编成若干卷神学专著呢！事实上也被编成了不少文章或著作，例如《〈圣经〉里两大错讹的历史考证》《但以理先知的预言与圣约翰的启示录之评论》，它们分别在牛顿的生前与死后出版。

就这样，时间一天天过去，现在到了1696年。这年3月的一天，牛顿终于收到了蒙塔古的消息。这位蒙塔古是牛顿在剑桥三一学院的学生，也是他的朋友，现在已经是英国政界的当红人物，贵为财政大臣，后来被封为哈利法克斯勋爵。他这几年来一直在替老师跑上跑下，想为他在伦敦谋一个好职位。现在，他终于成功了，不免有些扬扬得意地发来了消息。

财政大臣给牛顿谋到的果然是一个肥缺——皇家造币厂厂长。正如他在给牛顿的信中所言：“这个职位对您最合适，年俸为五六百英镑，而且事情不多，开销不大。”

牛顿对这个任命也十分满意，立即整理行装，离开剑桥，直奔伦敦。

这是1696年的事，是年牛顿53岁。

这也是他人生的分水岭，从此他由科学走向了官场。

局长大人　上任后，他先在蒙塔古那里住了一阵子，然后搬到了属于伦敦贵人区的威斯敏斯特区一套豪宅，此后一直生活在那里。

其实，财政大臣将牛顿安置在造币厂也不是没有目的的，他深知牛顿是一个天才，其能力不会止于科学。而现在，造币厂正需要一个这样的人来管理。

牛顿到达造币厂后，采取的第一个措施是大力收回旧币。是时，那些用金子铸成的旧币大量地被人从上面刮出一条条痕迹甚至剪去一个小角却仍然等值使用，这种现象已经严重危害到了英镑的信誉。回收旧币后，牛顿在造币厂新建了几十个熔炉，将旧币熔掉再铸新币。牛顿还运用自己的才智，对机器设备、金属纯度、铸造速度等不断加以改进，使金币的面目焕然一新，而且供应充足。

这些措施使牛顿的上司大为赞赏，于是，3年之后，他被任命为“皇家造币局局长”。这不但是一个终身职位，而且年俸高达2000英镑，这在当时是一笔惊人的巨款了。那时，一个人要是年收入达100英镑，就属于“中产阶级”了呢，养活老婆孩子不成问题。他当剑桥大学卢卡斯讲座教授年薪不过200英镑，但那薪水已经仅次于拿最高薪水的各学院院长了！

到这时牛顿还一直担任着他的剑桥大学卢卡斯讲座教授，只是指定了一个副手惠斯顿。一直到1701年底，由于他贵为造币局局长，公务繁忙，实在没时间再理大学的事，才将职位正式让给惠斯顿。

不过牛顿并没有脱离科学界，相反，他成了英国科学界的统治者。

此前，牛顿基本上没有参与英国皇家学会的活动，这主要是因为他的老对手胡克是皇家学会主席，因此牛顿不肯理学会的茬。当胡克终于在1703年去世后，牛顿立即精神百倍地到皇家学会来了，当仁不让地当选为学会主席，此后的近14个年头内连选连任，直到过世。

此前4年，即1699年，法国科学院推选他为外籍院士，这也是学院的第一个外籍院士。

自从当选皇家学会会长后，他成了英国科学界的“君主”，对科学家们进行着几乎是专制的统治。英国的科学家们也默默地接受着他的统治，主要是因为作为科学家的牛顿太伟大了，英国的科学家们，特别是年轻的科学家们，没有理由不尊敬甚至崇拜他，也没有理由不服从他。当然这并不说明牛顿的统治是残酷的，相反，他是一个颇为仁慈的专制君主，特别对于年轻的科学家们很友善，很乐意将他们一个个推荐到合适的位子上去。对外国科学家们从欧洲各地寄来请教的信件，牛顿也不顾劳累繁忙，一一耐心回复，且态度十分谦逊。

您还记得以前牛顿面对批评时的过激态度吧？牛顿有一个鲜明而颇不平常的性格特点：对批评，特别是没道理的批评，他会毫不留情地予以还击，有时候甚至显得不惜一切手段。但对于赞扬，他总是十分谦逊。我们都听说过他的那段名言：

> 如果我之所见比笛卡尔等人要远一些，那只是因为我站在巨人肩膀上。
>
> 我不知道世人对我是怎样的看法，但在我自己看来，我不过像一个在海滨玩耍的孩子，偶尔很高兴地拾到几颗光滑美丽的石子或贝壳。但那浩瀚无边的真理的大海，却还在我面前未曾被我发现哩！

人生巅峰　1705年，牛顿获得了一个英国科学界旷古未闻的荣誉——被授予爵士勋位。仪式在剑桥大学举行，安妮女王亲临授勋，并在仪式结束后举行了盛大宴会。牛顿成为英国历史上第一个成为爵士的科学家。牛顿从此成为贵族，被称为伊萨克·牛顿爵士。牛顿的一生也在这里登上了巅峰。

走上巅峰之后的牛顿又怎样了呢？他的生活并不复杂。他主要有三方面的事做，第一是作为皇家造币局局长，他要担负起职责来。不过现在那儿的事很少，一个星期只要去一次就行了。

再就是搞一些神学与炼金术研究，他直到晚年对这两个方向都很感兴趣。偶尔他也研究一下科学，他毕竟是皇家学会会长——虽然在主持学会会议时不停地打瞌睡。他研究科学主要是为了解答一些别的科学家前来请教、有时候也含有挑战意味而提出的难题。例如，1716年时，他的死对头莱布尼茨向全欧洲的数学家们挑战，出了一道他认为巨难的数学题，即找出单参数曲线族的正交轨道。牛顿是在某一天下午5点左右听到了这道题目。那时他刚刚筋疲力尽地从造币局回来。当天晚上他就解决了这道莱布尼茨认为全欧洲都没人解得出来的难题。这时候牛顿已经是73岁的高龄了。

在他生命的最后几年，牛顿将主要精力放在不断地修订重版他的重要著作这桩事儿上。

1717年，他出版了《光学》英文版的第二版，扩充了名为《质疑》的附录，在其中牛顿对宇宙本质的推测做了最后的陈述。

1726年时，他出版了《原理》的第三版，将内容做了少量增补。只是这时候牛顿已经太老了，编辑工作基本上是由他的助手彭伯顿完成的。

总的来说，牛顿度过了相当美好的人生黄昏岁月。这时候他的名声已经传遍天下，受到举世崇敬。由于这显赫无比的名声，他在与对手的一次次争论中，特别是在与莱布尼茨的微积分发明优先权之争中，取得了大胜，这令他心情愉快。他的身体也一向健康，到老了满口牙只掉过一颗。他一辈子没戴过眼镜，也没有秃顶，总是一头浓密的鬈发，洁白如雪，这更使他显得尊贵且尊严。虽然他终生未婚，但有个侄女一直与他生活在一起，她漂亮大方，活泼健康，为牛顿的晚年带来了不少安慰。在他生命的最后一年，她虽然结婚了，仍与丈夫住进了叔叔家，夫妻俩一起照顾老人家。

牛顿死于1727年3月31日，享年85岁。

他的葬礼也是英国历史上最隆重的科学家葬礼，全英国几乎所有最知名的人士，从大贵族大官僚到著名作家和科学家，纷纷前来吊唁，争着为牛顿抬灵柩。

他被安葬在威斯敏斯特大教堂，这里是英国最高贵的地方之一，安葬着英国历代君主和曾经为英国人民做出过杰出贡献的知名人士。

教堂内，一块块洁白的大理石墓碑上镌刻着许多我们熟悉的名字：达尔文、瓦特、丘吉尔等，特别地，教堂里还有一个“诗人角”，是诗人和作家们的墓地，乔叟、狄更斯、哈代等都在这个角落安眠。

当然，在所有这些鼎鼎大名中，最显赫的名字永远是伊萨克·牛顿。

4年后，人们为牛顿树立了一座雄伟的纪念碑，上面镌刻着如下的诗句：

伊萨克·牛顿爵士

安葬在这里。

他以超乎常人的智力，

第一个证明了

行星的运动与形状，

彗星的轨道与海洋的潮汐。

他孜孜不倦地研究

光线的各种不同的折射角，

颜色所产生的各种性质。

对于自然、历史和《圣经》，

他是一个勤勉、敏锐而忠实的诠释者。

他以自己的哲学证明了上帝的庄严，

并在他的举止中表现了福音的淳朴。

让人类欢呼

曾经存在过这样一位

伟大的人类之光。

第二十五章　宇宙的起源与神秘的以太

这一章比较特别，和它前面后面的内容不大一致，讲的是两个小问题，好像光滑的皮肤上突兀而出的两个小痦子，但其实讲讲它们是必要的，因为这两个小小的难题预示着一场伟大的革命。

我们知道，物理学史上有三大巨星，伽利略、牛顿与爱因斯坦，这三个人代表了物理学史上的三座最高峰，高高耸立在物理学的大地之上，无人能望其项背。

他们中，属于文艺复兴时代的伽利略与紧接着文艺复兴时代的过去而诞生的牛顿基本上是相连的，因此我们在前面让他俩并肩而立，而爱因斯坦在他们后面隔得远一些。即便如此，三座大山大致排成这样的形状“△△△”。

前面我们已经连着讲过了伽利略和牛顿，那么在牛顿与爱因斯坦之间又怎样呢？

牛顿之后，物理学的发展在相当一段时间里再也没有这样的高峰了，这段时期大约是从牛顿去世的18世纪一直持续到爱因斯坦发现相对论的19世纪末与20世纪初。

当然，这段时间远非空白，仍然有许多杰出的物理学家为物理学的发展贡献出了很多发明与发现。由于篇幅的关系，我在这里只提提光学中的两个内容，它们都发展于19世纪，一是发现多普勒效应，二是以太问题，就是这一章我们要讲的内容了。

之所以要讲这两个理论，是因为它们对于我们认识宇宙、对后面要讲的爱因斯坦相对论都有着相当密切的甚至直接的关系。

多普勒效应与宇宙红移　多普勒效应是由奥地利物理学家多普勒发现的。

多普勒生于1803年，是物理学家和数学家，担任过维也纳大学的物理学教授，他一生只出版过一本数学著作，但发表过多篇重要的论文，其中最重要的便是解释多普勒效应的论文。

什么是多普勒效应呢？为了理解之，我先讲一个您可能体验过的现象。

当我们站在铁路边等火车过去时，火车鸣着汽笛奔驰过来，我们会听到那汽笛声高得十分刺耳，而且火车越是接近，就越显其高。当火车经过我们，又离我们而去时，原来尖锐刺耳的声音一下子变得低沉起来。这个现象可以用多普勒效应来解释。

我们知道，声音是一种波，即声波。当声源静止时，声波便均匀地向周围传播，这样，我们无论站在哪个方向，耳朵中听到的声音总是同一个频率。当声源，例如火车汽笛，向前奔驰时，在汽笛之前方，一阵阵发出的声波后面的紧追前面的，一阵追着一阵，一圈追着一圈，挤得紧紧的，从而使各圈声波之间的距离缩小，也就是使得声波的波长缩短，同时频率增大，因此听上去声音也就尖锐刺耳了。相反，当火车汽笛离我们而去时，声波就好像一圈比一圈落后了，使声波的波长加大，频率缩小，于是汽笛的声音就变低沉了。

我这样的解释不知道您听懂了没有？我再打个比方吧！大家知道水波也是一种波，其传播方式与声波相似，只是一者可见而另一者不可见。当一艘船在水里时，它会产生水波。当船静止，或者只在水中上下起伏时，它所产生的水波也均匀地向四周散开。如果船开动，我们将看到它前面各圈水波之间的距离会缩小，一圈圈波纹挤在一起，即波长缩短、频率提高。相反，船后面的各圈水波之间的距离加大，即波长加大、频率降低。我们可以想象，若声波具有颜色，也正是这样的情形。

以上现象就是多普勒效应。这个效应在天文学上有广泛的用途。

光也是一种波，它具有波的许多共同特点，其中包括多普勒效应。这也就是说，当光源快速离我们而去时，它的频率会降低；相反，当光源快速冲我们而来时，它的频率就会提高。我们前面在讲光学时说过，在光谱里，越往紫色的那边频率越高，越往红色的那边频率越低。因此，当天体快速冲我们而来时，由于光谱的频率提高，它的谱线就必定会往紫色一边移动。如果天体是离我们而去，其谱线必定会向红色一端移动。这就是光波中的多普勒效应。我们可以称前者为蓝移，称后者为红移。

这一现象对于现代天文学与宇宙学极为重要。因为，天文学家们在观察天体时，发现一个明显的现象是，所有天体——无论位于我们地球的东南西北还是上下左右，其光谱都有红移现象，这就是所谓的“宇宙红移”，根据多普勒效应，这说明所有天体都在飞快地离我们而去，就好像一颗炸弹在空中爆炸后，其弹片往四周飞散的样子。于是天文学家们就此提出了一种宇宙起源的学说，即宇宙间所有天体，包括地球，都是一场发生于约100亿年前的大爆炸。大爆炸后，宇宙起初只是能量，但随着爆炸带来的不断膨胀，能量逐渐转换成物质，物质成了宇宙的主体。而且，大爆炸产生的余威一直在继续，使形成的天体仍在不断地从中心向四周飞散，而宇宙也在不断地膨胀下去，直到永远。这就是宇宙学中著名的“膨胀的宇宙”和“大爆炸宇宙学说”，迄今都是最流行的宇宙模型与宇宙形成理论。

简言之，就现在的科学而言，理解了多普勒效应与宇宙红移，也就理解了宇宙是怎样起源的。

神秘的以太　以太是一个古老的哲学与科学概念，早在古希腊时期它就诞生了，那时人们以为组成所看到的天空的物质就是一种“以太”。后来以太的特性在不同的哲学家与科学家那里渐渐有了改变，到了牛顿那里，牛顿认为以太是一种能够传递万有引力的物质，不过对于牛顿的经典力学，以太并不是一个重要而必需的概念。

到了19世纪，以太的观念在千年之后再一次返老还童，显示了强大的生命力。

这生命力缘于人类对光的认识。我们前面在讲光学时曾经说过，19世纪时，扬大胆地站出来反对牛顿的光之微粒说，提出光是一种波，并且这种学说一度打败了牛顿，获得了科学家们的公认。

但到这里，又出现了一个新问题。我们知道，波，从水波到声波，其传播都需要一种介质，例如水波需要水，声波需要空气，在没有空气或者空气极为稀薄的宇宙太空里声波是不能传播的。这样，如果光真的是一种波，那么它靠什么来传播呢？

于是，波动说的创始人之一惠更斯就假想光在一种叫“以太”的媒质中传播。也就是说，光波之在以太中传播就像水波之在水中或声音之在空气中传播一样，是靠着水或者空气的振动来传播的。这种以太充满整个空间，凡是光能传播的地方都少不了它，就像鱼儿离不开水，瓜儿离不开秧一样。

以太说虽然可以解释光波的传播，然而它将以太解释为像空气或者水一样具体存在的物质却面临许多疑难。例如，我们知道光的传播速度是极大的，每秒达30万千米，而声音在空气中的传播速度只有每秒300余米，只及光速的百万分之一，水波的速度就更慢了，如果一种介质能够如此快速地传递一种波，那它就必须具有许多奇妙的性质，例如它的弹性必须非常之大同时密度又非常之小，这样的性质对于具体的物质是不可想象的。

当然，最为重要的一点是，既然说以太是实际存在的物质，那么它就应该能够用某种办法找出来。如何能够将它找出来呢？如何证实或者否证以太的存在呢？这就是科学史上著名的以太难题了。

为了解决这个难题，无数科学家花费了数不清的心血，做了许多的假设与验证。其中最有名者就是迈克尔逊-莫雷实验了。

迈克尔逊1852年出生于波兰，后来移居到了美国，成了美国人，他是第一个获得诺贝尔物理学奖的美国人，他的获奖成果就是这个迈克尔逊-莫雷实验。

大家知道，地球是在绕太阳公转的，其速度约为每秒30千米。以太的信奉者们提出的以太的基本性质是相对于地球绝对静止——这也是以太必须具有的性质，否则的话它又与一些我们观测到的天文现象——如我们在第七章中专门谈过的光行差——相矛盾了。

由于以太这个绝对静止的性质，就不可避免地应当产生“以太风”。这就像我们开着车兜风时，即使这时候周围的风级为0，即空气是静止的，我们也会感到劲风扑面一样。因此，如果以太存在，那么以太风就必然存在。迈克尔逊-莫雷实验就是根据以太的这个特性来设计的。莫雷是迈克尔逊的合作者，他是一个美国化学家。两人在1881年时进行了初步实验，6年后完成精确的实验。这个实验异常巧妙，是整个物理学史上最精妙的实验之一，不过由于它比较复杂，我在这里就不谈了。

实验的结果令所有以太的信奉者们大跌眼镜——他们根本没有侦测到运动的“以太风”，也就是说，即使以太是存在的，它也必须相对地球而言是绝对静止的，而我们知道地球肯定是运动的，那么也就是说，以太必须是与地球绝对等速地运动。

辛苦实验的结果，以太就得出了个既必须静止又必须运动的特性。这当然是不可能的。那么，剩下的唯一可能性只有一个了，那就是压根儿没有什么以太。

但就是这个没有，导致了由近代物理学走向现代物理学、由牛顿走向爱因斯坦，而它是这之间的缓冲地带。

第二十六章　神坛上的科学家（上）

对于科学史或者整个人类历史而言，爱因斯坦都堪称谜一般的人物。

其中主要的谜之一就是很少有人能理解爱因斯坦为什么会产生这么大的影响——不是对科学的影响，而是对普通人的影响。

神话般的爱因斯坦　我们可以这样说，在整个科学史中，包括牛顿在内，任谁都没有爱因斯坦在世时就那样地广为人知——不但在科学界享有盛名，在普通大众中同样闻名遐迩。至少就知名度而言，可以毫不夸张地说，他那时是欧洲乃至整个世界最知名、最受人尊敬的人物，是无论哪位电影明星或者政治领袖都比不上的。

作为一个科学家而言，这种情况前无古人，后无来者，甚至牛顿也颇为不及。

当然一个主要的原因是，当牛顿在世之时，世界各国之间差异巨大，交通与通讯都极为不便，因此牛顿的名气主要只是在西方国家，世界上其余辽阔的地区是不知道他的。但到爱因斯坦就不一样了，这时候虽然还没有成为地球村，但交通与通讯已经相当发达，因此他的名声可以说传遍了除少数蛮荒之地的整个世界。

在这辽阔的世界之中，爱因斯坦的地位可以说超凡入圣，达到了古今未有、独一无二的境界。

当然，爱因斯坦的成就的确配得上这样的名声，直到今天都是如此。

正因为如此，我在这里要用两章的篇幅来讲爱因斯坦的人生与成就，此外还要专门开辟一章来讲他那独特无比的成就——相对论，对于所有的科学家而言，这也是独一无二的。

关于爱因斯坦那高得可怕的知名度以及受到的高度尊敬，我这里只举两个例子。

20世纪20年代时，一次，英国驻德国大使霍勒斯·朗德尔博士回英国，他的儿子一见到就问道："爸爸，你见过爱因斯坦吗？"大使先生承认自己没有那个荣幸。他儿子一听，马上耸了耸肩，好像父亲在柏林真是白待了。这位尊贵的大使承认当时的确感到羞愧。后来，当他终于见到了爱因斯坦，并且有幸与他交谈时，他把这事告诉了爱因斯坦。

“我真不明白为什么会这样，”爱因斯坦一听，无奈地摇了摇了头，叹道，“因为写了几篇全世界只有几个人看得懂的文章，我就得到了这种声誉。”

另一个故事是：有一次，爱因斯坦与举世闻名的喜剧大师卓别林一起去一个剧院看戏，他们到达时，所有人都向他们欢呼。爱因斯坦感叹地说：“您真伟大呀，卓别林先生，您看大家都向您欢呼，您的东西他们都懂。”卓别林接口说：“亲爱的爱因斯坦先生，您更加伟大，我的东西他们懂才向我欢呼，可是您的东西他们不懂也向您欢呼呢！”

爱因斯坦一度到过世界上许多地方旅行讲学，所到之处经常万人空巷，无数普通市民夹道欢迎。当他在巴黎讲相对论时，坐在最前排的是一群贵妇，爱因斯坦演讲完离开后，这群平时雍容华贵、举止优雅的贵妇，竟然像打架一般地冲向讲台，为的是抢一根爱因斯坦用过的粉笔头！

有时，爱因斯坦的受尊崇程度不要他亲临也可以表现出来。据说，当一次纽约的自然科学博物馆放映一部反映爱因斯坦生平的影片时，成千上万的人群扑向博物馆，当时的局面就像是一场大骚乱，以至博物馆不得不请求警察帮忙平息。

爱因斯坦每天都要接到大量来自世界各地的崇拜者的信，有的信封上只写道：“爱因斯坦教授收”，它们竟然能够像地址详细的普通信件一样按时抵达爱因斯坦的府上。

我大学时读过艾柯卡·李的传记，这位当时美国最知名的企业家、世界最大的汽车公司之一的拯救者、亿万富翁，在谈到他青年时期的一段经历时，说到他有一次经过普林斯顿，竟然看到了在草地上散步的爱因斯坦！虽然已经过了几十年，仍然使他激动不已，深感荣幸，简直要得意扬扬了呢！

类似的事例举不胜举，总而言之，在那个时代，在人们心目中，只有上帝的地位能与爱因斯坦相比。

爱因斯坦的早年：平凡与不幸福　爱因斯坦全名叫阿尔伯特·爱因斯坦，1879年3月14日生于德国的乌尔姆。

爱因斯坦一家是地道的犹太人，他们家族已经在德国生活了几百年。他的父亲叫赫尔曼·爱因斯坦，是一个颇有天分的人，中学毕业后就开始经商了。后来他和斯图加特一个富有的面包商的女儿波琳·科赫结婚。他先在一座叫布豪的小城生活了一段时间，妻子怀孕后，就带着她搬到了乌尔姆。搬来的主要原因是这一带有爱因斯坦家的不少亲戚，大家也好有个照应。

赫尔曼的亲戚之一是鲁道夫，他们两人有复杂的关系。首先，他们是堂兄弟，但从两个人的妻子角度去看，他们又是连襟，因为他们的妻子是亲姐妹。鲁道夫有一个女儿叫艾尔莎，年纪与爱因斯坦差不多。在若干年之后，她将与爱因斯坦发生很深的关系。

赫尔曼一开始在乌尔姆开了一家电器商行，但不久后就关门大吉了，他带着才一岁的儿子搬到了慕尼黑。

一年后，他们的第二个孩子出生了，她就是爱因斯坦的妹妹玛雅。

在慕尼黑，赫尔曼继续干他的老本行，与一个弟弟开办了一家电器行。后来，到爱因斯坦5岁时，就在慕尼黑的郊区盖了一幢房子，在那里开办了一家生产小电器的工厂。

从这时候起，爱因斯坦有了一个家庭教师。爱因斯坦并不是一个聪明的孩子，3岁了还不会说话，父亲替他请家庭教师的目的之一就是希望能快点开发他的智力。但这一切似乎不怎么奏效。他仍然是一个沉默寡言的孩子，喜欢一个人待着，很少和同龄的小伙伴们玩。但他也并非全无爱好，例如一次偶然得到一个袖珍罗盘，他一下对它着了迷。

6岁时，父母又替他请了一个音乐教师，开始教他拉小提琴。爱因斯坦立刻对这个表示了兴趣，就这样一直认真地学了整整7年。这使他成了一个不错的小提琴手，这也将是他一辈子最大的业余爱好。

又过了一年，已经7岁的爱因斯坦该上学了。按规矩，作为犹太人的爱因斯坦应该上专门的犹太学校，但由于学校离家太远，他便上了附近一所天主教学校。这里的犹太孩子很少，爱因斯坦平生第一次尝到了作为犹太人的不幸——他被周围的大多数人排斥、蔑视甚至仇恨。这在他童年的心灵里留下了沉重的阴影。

爱因斯坦在学校里的表现十分一般，甚至相当差，据说老师都称他是朽木不可雕，母亲每每捏着他的成绩单摇头叹息。

大约9岁时，爱因斯坦进了路易波德高级中学，表现也与以前差不多，依旧不喜欢说话，是个安稳的、成绩一般的学生，也是老师最不注意的那类学生。老师对他最大的不满不是他成绩一般，而是说话太慢，每次向他提问都是考验老师耐心的时候。不用说老师是很难有这样的耐心的，爱因斯坦便很少有机会表露他对各门学科的理解了。

事实上，这时候在爱因斯坦沉静的外表下，他的内心已经开始荡起智慧的涟漪。

这与他遇到一个叫塔尔梅的人有关。他是一个贫穷的波兰侨民，在这里读医学。爱因斯坦家每周五请他来吃一顿饭，让他打打牙祭。他也不白来，经常给爱因斯坦带一些书来读，主要是一些科普书籍，例如《自然科学通俗丛书》之类。爱因斯坦对这类书着了迷，远过于对课本的喜爱。

1891年，爱因斯坦12岁了。这一年学校开设了几何课，爱因斯坦对之一见钟情，爱上了它。从这时候开始，爱因斯坦花了好几年时间专注于数学学习，他靠自学掌握了高等数学，包括难懂的微积分。

由于工厂不景气，赫尔曼又得走了，这次他更要远走意大利。因为住在那里的他妻子的阔亲戚们答应帮他。他仍与弟弟在一起，先是到了米兰，后来又到了巴维亚。然而他们的运气还是不好，开办的电器厂还是赚不了钱。最后只得又回到米兰，在那里，全靠着妻子亲戚的帮忙，厂子才勉强维持下来。

爱因斯坦并没有随父母回家，因为他中学还没有毕业。不过这样的逗留很快显出来是没有意义的，爱因斯坦根本不喜欢这所学校。在这所传统的德国中学，课程尽是些要求死记硬背的东西，像希腊文与拉丁文之类，爱因斯坦对这些真是烦得不得了，成绩当然也好不到哪儿去。加之学校那种普鲁士官僚体制的、充满了压抑感的气氛，一切都令爱因斯坦感到越来越难以忍受。

实际上，并不只有爱因斯坦烦学校，校方同样烦着他呢！这个犹太佬，每天独来独往，对同学甚至老师都不理不睬，一副若有所思的样子，仿佛他是什么哲学家或者贵人呢！简直是对学校的不尊敬！还有，他的成绩也怪，他对于优雅的希腊文与拉丁文毫不关心，偏偏专心去研究什么数学和物理，简直轻重不分，岂有此理！

这样冲突的结果可想而知，终于，爱因斯坦接到了校方的通知，他被勒令退学了！

爱因斯坦一点也不在乎，他径直离开了学校，离开了德意志，到意大利与家人团聚去了。这是1895年的事。

他先到了巴维亚，与正在那里的父母生活了一段时间，然后到瑞士去了。

他是去读大学的，报考的是著名的瑞士联邦工业大学，位于美丽的苏黎世。但结果不怎么理想，虽然他的数学成绩十分出色，然而其他学科，像外语、动物学、植物学等都不行，加之连中学文凭都没有，因此名落孙山。

这对爱因斯坦可是一个打击，他不得不再去上中学，一方面补补中学的课程，另一方面拿到中学毕业文凭。他到了一座叫阿劳的小镇，那里有全瑞士最好的中学之一。

去的结果令爱因斯坦意外地欣慰，这里的教学设施与教学方法同德国大不一样，很适合爱因斯坦的“胃口”，他与老师和同学们相处得也很好。总之一切令爱因斯坦流连忘返，也使得他对瑞士这个国家产生了极大的好感，甚至想到了要成为这个国家的公民。

不久之后，爱因斯坦设法弄到了一份文件，据说花了三个马克，证明他不再是德国公民。接着他申请加入瑞士籍，但瑞士籍可不是说入就能入，在随后的5年他实际上是一个无国籍人士。

爱因斯坦在阿劳中学只待了半年左右就在1896年春天获得了中学毕业文凭，它成了爱因斯坦进入联邦工大的敲门砖，得以免试入学。

独来独往，无所依傍，自行其是　爱因斯坦进的是联邦工大的教育系，这个系毕业后可以进中学当教师，这正是爱因斯坦将来想从事的职业。

这个联邦工大教育系与我们中国现在的教育系可大不一样，它主要培养数学和物理老师，实际上是数学–物理系。

爱因斯坦在这里选修的课程主要是数学、物理、历史、文学等，例如微分几何、力学、瑞士史、歌德著作研究等。对于他在中学时最讨厌的课程，像动物学、植物学、希腊语什么的，当然一门也没选。

即使这些课程爱因斯坦听得也不多，尤其是物理与数学方面的课程，他更是少去，因为老师讲的东西他已经全会了。其他课程怎么办呢？好办。

原来，爱因斯坦找到了一个好朋友，叫格罗斯曼，他是一个勤快的家伙，坚持不懈地上每堂课，而且都记详细的笔记。这样，不去上课的爱因斯坦便经常借格罗斯曼的笔记来，看上一看，抄上一抄，从作业到考试就都不怕了。

这里的学习环境很宽松，上大学四年总共只有两次挺容易的考试，只要通过就万事大吉了，平时也根本没人管你干啥。

爱因斯坦很珍视这种自由的气氛，对于他这样一个伟大的创造者、一个在寂寥无人的荒野中进行开拓的人来说，自由是开拓与创新的必要条件。他必须自由地走、自由地去寻找自己的路，没有人在后面指点约束，有些地方看上去荆棘载途，每每正是他要去的地方。

爱因斯坦的同学中有一位叫米列娃·玛里奇的塞尔维亚姑娘，在那时，一所理工科学院里，有一位姑娘是一件颇不寻常的事。她貌不惊人，喜欢物理，也颇有这方面的天分。不知何时起，爱因斯坦开始与她的接触多了起来。他们都喜欢阅读一些物理学名著，爱因斯坦还喜欢谈论它们，这时米列娃就成了忠实的听众，虽然她自己不喜欢说话，但有爱因斯坦在一边滔滔不绝就够了。

除格罗斯曼与米列娃外，爱因斯坦在大学时还有几个好朋友，有时候他们会在一起聚上一聚。但总的说来他远不是一个活跃分子，他在校园里来来去去时几乎总是单独一人，经常是一副心不在焉的样子，甚至在老师面前也这样，据说有一次竟然没有称老师为“教授”，而直呼“先生”，这是一种严重的失礼，有如我们现在直呼导师的名字。据说还有一次他随手将一块桌布当围巾就出门去了。

有三个词能够最好地表达他在大学里的生活态度与生活方式：

独来独往，无所依傍，自行其是。

这种生活方式的恶果很快就要显示出来了。

1900年7月，爱因斯坦大学毕业了，他总的成绩还是不错的，各科平均分差不多有五分（每门课的总分是六分）。他的同班同学几乎都留了校，他也很想这样，联邦工大这样的环境对于他的科学研究无疑是最有利的。然而他没能留下来，因为没有导师愿意要他当助手。

爱因斯坦得找工作，为生存而挣扎了。

想在瑞士找工作当然最好成为瑞士公民。其实上大学几年中他就一直在争取入瑞士籍，为此他几乎每个月都要花费一些钱，都是从他数目很少的每月生活费里省下来的，而这些钱都是他的亲戚们资助的。他的父亲这时候已经山穷水尽，再也无力帮助他了。

毕业不到半年，他正式成了瑞士公民。更加幸运的是，他没有被征入瑞士军队。

在瑞士这的确是一件不寻常的事，要知道瑞士是一个“武装中立”国，武装中立的特点是全民皆兵，以强大的武力捍卫自己的中立。全瑞士每个成年男子都要服兵役，除非因健康原因不适宜从军。爱因斯坦本来也要这样，不过体检时查出来他是平足，因而得免。平足虽然一般人得了没什么，大不了不跑步、不负重，但对当兵就不行了，就是现在我们中国平足症患者也当不了兵呢！

爱因斯坦的当务之急是找工作，他几乎跑遍了小小的瑞士，但直到1901年5月才找到了在一所中等技校当数学教师的职位，且是临时的，只干了不到两个月。后来他又在另一所私立中学当过一段时间的代课教师，有时也做家庭教师，当这些临时工都没有时，他便只有靠从家里带过来的一点可怜的钱活命了。

爱因斯坦到处求职，给许多大学发出了求职信，但都如石沉大海，杳无回音。

随着口袋里的钱一天天减少，爱因斯坦也一天天地惶惑了，想想吧，一个毕业一年多了的大学生，几乎身无分文，又找不到工作，仿佛是一个流浪者，一个被世界遗弃的人，这是什么样的生活啊！

普通职员　这样的日子一直要持续到1902年年中，格罗斯曼的父亲终于替他谋到了一份差事。

差事是位于伯尔尼的瑞士专利局的试用三级技术专家，负责专利申请的初审，年薪3500瑞士法郎，这并不是一份高薪，但对爱因斯坦已经很够了。

这时候爱因斯坦想到要解决终身大事了，这好办，事实上他早已经有了女朋友，就是他大学的同学米列娃。那时，当爱因斯坦在这个沉默寡言的女孩子面前大谈物理学时，已经萌发了娶她的念头。虽然她长得不漂亮，腿还有点跛，但要知道，一个贫穷的犹太人在瑞士有多少选择的余地呢！可以说，在那时她几乎是他唯一可能的选择呢！

不过，由于米列娃不是犹太人的缘故，他父亲反对这桩违反传统的婚姻。但他在爱因斯坦找到工作的这年10月就去世了，几个月后爱因斯坦便与米列娃结婚了。

爱因斯坦找到了一间阁楼，虽然狭小之极，但从它的小窗子就能饱览阿尔卑斯山的壮丽景色，爱因斯坦对此非常满意。这是1903年初的事。

第二年5月，他有了第一个孩子，长子汉斯，他后来成了一个出色的水力学家，加利福尼亚大学的名教授。几个月后，爱因斯坦正式被聘为专利局的三级技术专家。

至此，我们很难看出爱因斯坦是个了不起的人吧？说实在的，从他这以前的表现来看，不但压根儿不像个了不起的人，甚至连有出息都算不上呢！

但我们中国有句俗话：真人不露相，露相不真人。又说：不鸣则已，一鸣惊人。牛顿在大学时不也这样吗？此时的爱因斯坦就像一座智慧的火山，那火焰般灼热的创造力已经在火山的肚子里沸腾了好久好久，现在，当爱因斯坦终于能够坐下来，有了一方安静的小天地时，它们便迫不及待地要喷薄而出了——我们马上会看到，他就是在专利局里建立相对论的。

也许您会觉得奇怪，为什么爱因斯坦在一个专利局工作就能搞出这样伟大的成果呢？要是他像其他科学家一样进了大学，尤其是研究条件好的大学，例如剑桥牛津，那还会不会更牛了？

这是一种误会。表面上，爱因斯坦在专利局的工作不适宜于科学研究，然而恰恰适合爱因斯坦的研究。这里主要有三个原因：

一是爱因斯坦所从事的是理论物理研究，研究它不需要在大学实验室里才有的昂贵的仪器设备，需要的只是扎实的物理学与数学知识再加上天才的大脑。这些在专利局就可以做到了。

二是爱因斯坦所从事的工作乃是一种全面的创新，与某些传统观念格格不入，而这些传统在高校是最深入人心的。爱因斯坦的研究若在高校里进行，很可能一开始就会遭到那些老教授们的抨击与阻挠，说不定会将他赶出校门呢！在专利局却不会这样，没有哪个领导或同事会关心这些研究。

第三个原因是，像爱因斯坦这样伟大的理论研究需要时间，可能一个理论就需要很长的时间才能成熟发表。但在大学里，就像爱因斯坦自己后来在回顾专利局这段生活时所言：

“……学院式的环境迫使青年人不断提供科学作品，只有坚强的性格才能在这种情况下不流于浅薄。”

这种现象直到今天中国的高校仍然是普遍的，教师与研究人员，尤其是还没有评上教授的青年教师，被要求每年至少要发表多少多少篇文章，否则不仅职称难评，甚至可能饭碗难保。这样一来，有什么时间去进行一些有难度但更有意义的研究呢？人人都只想快出成果快发文章，在这样的情况下，要“不流于浅薄”真如爱因斯坦所言，要有坚强的性格才行呀，但几个人又有那样坚强的性格呢？

由于以上三个原因，我们不妨说，多亏爱因斯坦没有在大学工作。

在这段时期里，朋友们对爱因斯坦的研究工作也给了不少的鼓励与帮助。这样的朋友主要有两个，莫里斯·索洛文和哈比希特，他们都是在报纸上看到爱因斯坦刊登的广告而找上门来的。原来，为了补贴家用，爱因斯坦在当地的报纸上刊登过广告，说愿意私人授课，报酬是每小时3瑞士法郎。

这三个人经常在一起海阔天空地大聊特聊，无话不谈，从数学到物理，从哲学到文学。后来他们给自己的小组取了一个很气派的名字——奥林匹亚学院。在约三年的时间里，这个“学院”一直存在着，后来还加入了新成员。

神奇的1905年　正是在奥林匹亚学院，爱因斯坦向成员们介绍了正在他脑子里酝酿的新理论，就是后来的相对论。成员们一听，立即对爱因斯坦那如此创新的理论产生了莫大的兴趣。他们听得入了迷，有时还会提出一些有意义的建议，其中一个叫贝索的成员的建议无疑是最有用的，对爱因斯坦颇有启发。因此，爱因斯坦在他发表相对论的第一篇文章里特意对贝索表示了感谢。

以上都是发生在1903年到1905年间的事。到1905年时，由于索洛文与哈比希特先后离开了伯尔尼，奥林匹亚学院只好解散了，爱因斯坦很是遗憾。不过他们以后还保持着相当频繁的通信，在这些信里，爱因斯坦提及了他在这段时间里的研究项目：布朗运动、光量子理论和相对论。

特别是在1905年给哈比希特的一封信中，爱因斯坦谈到了他在这年要发表的四篇论文：

> 我答应回敬给您四篇作品。第一篇很快会寄去，因为我在等作者应得的赠阅本。它讲的是光的辐射和能量，是很革命的……第二篇的内容是通过研究中性物质稀溶液中的扩散与内摩擦来测定原子的实际大小。第三篇要证

明：根据热的分子理论，悬浮在液体中大小为1/1000毫米的物体进行着分子热运动引起的可以觉察到的不规则运动。悬浮物体的这种运动确实已经被生理学家观测到了，他们称它为布朗分子运动。第四篇作品是从动体的电动力学概念出发并将修改空间和时间的学说。这篇东西的纯动力学部分准会引起您的兴趣……您的阿尔贝特·爱因斯坦向您致敬。我的妻子和已满周岁好尖声哭叫的小家伙向您致以友好的问候。

这篇信中提到的四篇文章就是爱因斯坦在1905年一年内发表的四篇文章，它们中的每一篇都将在科学界引起革命性的震动，可以说这是物理学史上从来没有过的一年呢。

事实上，爱因斯坦在这一年发表的文章足足有六篇，以下我分别列出它们的篇名及发表时间：

3月，爱因斯坦完成了关于光量子学说的论文《关于光的产生和转化的一个启发性观点》。

4月，爱因斯坦完成博士论文《分子大小的新测定法》，在伯尔尼印刷后，再被递交给苏黎世大学。论文被题献给“我的朋友，格罗斯曼先生”。它是关于分子的布朗运动的。

5月，关于布朗运动的另一篇论文《热的分子运动论所要求的静液体中悬浮子的运动》被《物理学年鉴》接受。

6月，爱因斯坦完成《论运动物体的电动力学》，在这篇文章里提出了狭义相对论，同样递交给了《物理学年鉴》。

9月，完成第二篇关于狭义相对论的论文《物体的惯性同它所包含的能量相关吗？》，其中包括著名的质能关系式$E=mc^2$。

12月，完成关于布朗运动的又一篇论文。

这样，在短短的一年之内，爱因斯坦完成了6篇论文，它们涉及三个主题：光量子学说、布朗运动与相对论。每一篇都是钻石之作，分别在三个领域取得了划时代的成就。这不能不说是整个科学史的奇迹，也是人类智慧的奇迹，能够与之媲美的只有牛顿在1665年到1667年间待在家里的那段日子。

有趣的是，两个人都分别在三个领域齐头并进，牛顿是光学、经典力学、数学，爱因斯坦是光学、理论物理学、统计力学。不过，牛顿做出这些发现用了两年多，而爱因斯坦完成这些只用了一年。当然，无论牛顿，还是爱因斯坦，都不可能真的是在一年或两年内完成这一切的，而是有一个长期的积累过程，这短短的时间不过是最后的完善以及论文写作的时间而已。就像一座火山爆发一样，它爆发的时间可能只有一天甚至几个小时，然而累积爆发所需的熔岩要多久啊！

也许更令人惊奇的是，当他们取得如此伟大的成就时都是如此年轻：牛顿24岁，爱因斯坦26岁。

相对论我们将在本章的最后专门谈，这里只说说他在其他两个方面的创造性观念，即光量子学说与布朗运动。

其实我们在前面讲物理学是什么时已经谈过爱因斯坦的光量子学说了。我们在那里说到，德国物理学家普朗克认为所有电磁波的发射与吸收都不是连续的，而是一份一份地进行的。在这个理论的基础上，爱因斯坦提出了“光子说”，也就是光量子学说。他认为，在空间传播的光不是连续的，而是一份一份的，每一份叫一个光子，每个光子的能量与它的频率成正比，而与它的振幅无关。

爱因斯坦的光量子理论能够很好地解释光电效应，证明了光乃是粒子，同时它还奠定了量子力学的理论基础。

布朗运动大家可能不太熟悉，我们在前面并未提及。它指的是在许多物理现象中，一些微小粒子经常做的小而无规则的运动。最早研究这种现象的是英国植物学家布朗，因此被称为布朗运动。他偶尔通过显微镜看到花粉在水中做无规则的快速运动。一开始他以为是花粉独有的性质，后来发现，有许多种微粒，如玻璃、花岗石等的微粒都会做这种运动。

这种完全无规则也似乎不需要动力来源的运动渐渐吸引了许多科学家的注意。他们做出了各种各样的解释。但只有爱因斯坦和另一位科学家各自独立地做出了科学的解释。

爱因斯坦认为，布朗运动起源于构成物质的分子间的碰撞，使作用在这些微粒两侧的压力之间产生无规则的差异，从而使微粒产生运动。这就像我们从两侧同时推一个球，如果两侧的力一样大，球当然不会运动，但如果作用于两侧的力之大小有差异，球就会运动。爱因斯坦还说，较小的微粒、较低黏度的流体和较高的温度都会使这种运动程度加剧。经过一段时间后，微粒就会从起点处开始漂移，甚至可以通过数学公式来计算微粒在某一时间内向某一方向移动某距离的概率，还可以进一步绘出概率与运动距离之间关系的函数关系式，并可以绘出函数的曲线图，这也就是误差的正态分布的高斯规律以及与之相适的钟形曲线。我们在数学部分讲高斯时曾经提及过他的这一成就。

经过许多科学家的努力，爱因斯坦的布朗运动理论得到了证明，它的证明者因此获得了1926年的诺贝尔物理学奖。不过理论的提出者爱因斯坦没这运气。您猜如果爱因斯坦有这种运气的话，或者说他该得的诺贝尔奖都得的话，他应该得几个呢？

伟大的1905年过去之后，他的文章并没有马上在科学界引起热烈反响，不过他在专利局的工作受到了赞赏，第二年就被晋升为二级技术专家，年薪也增加了整整1000瑞士法郎。

在这年的11月他又发表了一篇重要论文，叫《普朗克的辐射理论与比热理论》，运用他的光量子理论来研究固体物质内部的分子运动。

到这时，爱因斯坦想，以他已有的科学成就在大学里谋个职位应该可以了吧。于是，他在1907年向伯尔尼大学提出申请，要求兼任其编外讲师。然而由于一个简单的原因，他没有向大学递交未曾发表、专门用以申请授课资格的论文，他的要求被拒绝了。

直到下一年他的申请才得到了批准，这是因为他老老实实地专门向大学递交了一篇那样的论文。也就在这年，一直由他照顾，在伯尔尼大学读书的妹妹玛雅毕业了，并以优异的成绩获得了博士学位，这样的女博士在当时可是凤毛麟角，连爱因斯坦也不免有些得意呢。

爱因斯坦继续在科学的道路上阔步前进，论文一篇篇出来。他的成绩终于开始得到承认了。这年他接受了两个不平常的荣誉：一是应邀参加日内瓦大学建校350周年的庆典，并在庆典上被授予名誉博士学位，这是他接受的第一个荣誉称号。

据说在这次庆典上爱因斯坦是最受瞩目的人物之一，不是因为他的成果，而是因为他的衣着：在穿着考究的绣花燕尾服、戴着高筒礼帽和白手套的绅士堆里，头戴草帽、身穿皱巴巴的廉价西服的爱因斯坦想要不受人注目也难哪！

这年的第二个荣誉来自苏黎世大学。他被正式聘为大学的编外教授。这是一种比较特殊的教授，虽然也是教授，但薪水只相当于副教授，与他在专利局的差不多。爱因斯坦高高兴兴地上任了，专利局只能眼睁睁地看着一位优秀的技术专家跳槽了，这是1909年的事。

爱因斯坦教授　在苏黎世，爱因斯坦正式走上了大学讲坛。他那没有详细的备课、仿佛是由当场沉思而来的讲课给许多学生留下了深刻的印象。其中一位听过他1910到1911年课的学生后来回忆道：

“在这里，我们目睹科学成果是通过什么样的独创方法产生的。”

不过，这并不说明他在大学里的地位有多高，他毕竟只是一个编外教授，薪水也不过如此，这时他已经有了两个儿子，开销很大，因此他必须寻求一个更好的职位。

爱因斯坦的第二个儿子生于1910年，名叫爱德华，可怜的他后来患上了精神病，死在精神病院里。

以爱因斯坦已有的名气，这样的机会自然不会来得太晚，事实上，他到苏黎世不过一年多后，就有大学请他当正教授了。

邀请来自捷克的布拉格日耳曼大学，它属于奥匈帝国，虽然名气不是很大，却是欧洲最古老的大学之一。它想请爱因斯坦来替学校争争光。当然，教授按惯例是要竞聘的，最好还要有一些有影响的科学家的推荐。据说当时最著名的物理学家普朗克对爱因斯坦的推荐是这样的：

“如果爱因斯坦的理论被证明是正确的——这也是我所期望的，那么他应该被看作是20世纪的哥白尼。”

同样著名的居里夫人不久后也为爱因斯坦写了如下的推荐信：

> 我非常钦佩爱因斯坦先生在现代物理学有关问题上所发表的著作。而且，我相信所有的数学与物理学家都一致认为这些著作是最好的。在布鲁塞尔，我出席一次科学会议，爱因斯坦先生也参加了。我得以欣赏他思想的清晰，引证的广博，知识的渊博。如果考虑到爱因斯坦现在还年轻，我们就有充分权利对他寄予最高的希望，将他看作是未来最优秀的理论家之一。

这次评价不是她为了爱因斯坦之去布拉格而做出的，而是为了他的重归瑞士，这事发生在他到布拉格不过一年之后。

被聘为日耳曼大学的正教授之后，爱因斯坦似乎并没有为这次的晋升而有太多欣喜，说实在的，他并不想离开瑞士，或者说，并不想到一个他并不熟悉的国家的一座不熟悉的城市里去。当然他还是去了，这是1911年3月的事。

在布拉格的生活很短暂，对于爱因斯坦只是权宜之计罢了，这年11月他就去参加了在布鲁塞尔举办的第一次索尔维会议。

索尔维会议在物理学界是鼎鼎有名的，它是物理学家聚会的最高殿堂。最初由一个富有且热爱物理学的比利时人索尔维出资主办，宗旨是邀请世界上最优秀的物理学家定期聚会，以探讨物理学的最新进展。会议到现在已经举办了约20次。

参加索尔维会议是一个物理学家能够得到的最大的荣誉之一，在物理学家们眼里它与诺贝尔奖金一样难得，不，甚至比诺贝尔奖更难。例如，有的物理学家可能是诺贝尔奖获得者，但完全可能不被列入索尔维会议的受邀者之列。其原因很简单，索尔维会议是一个小型会议，每三四年才举行一次，每次受邀请者最多不过十来人，有时候只有四五位。由于有的顶尖物理学家可能被邀请出席几届，同时它有时也邀请相关领域的科学家——例如化学界或者数学界的大腕——出席，因此每次分配给新人的席位很有限。而诺贝尔物理学奖每年都要颁授，一般每年都不止一个，而且极少颁给同一个人，加起来三四年就有十来个诺贝尔物理学奖获得者。这样一来，自然不能每个诺贝尔物理学奖获得者都能参加索尔维会议了。例如华裔科学家获得诺贝尔物理学奖的有五位之多，但参加过索尔维会议的据我所知不过杨振宁一人。

第一次参加索尔维会议的有爱因斯坦、普朗克、洛伦兹、卢瑟福、朗之万等。会议集中了当时物理学界的顶尖人物，此外还有伟大的化学家居里夫人、能斯特和数学家彭加勒，都称得上是各自领域的“老大”。也就是在这次会议里，居里夫人与爱因斯坦相识了，并为他写下了上面的推荐信。

这次居里夫人是要将爱因斯坦推荐到苏黎世去，在那里，爱因斯坦的母校瑞士联邦工业大学有了一个教授席位的空缺，爱因斯坦对这个职位很感兴趣。

1912年，爱因斯坦又回到了瑞士，成了联邦工大的教授，主持那里的物理学讲座。

在联邦工大，爱因斯坦最大的收获也许是又见到了老朋友格罗斯曼。这时格罗斯曼已经是联邦工大的数学教授，他帮助爱因斯坦了解了当时先进的、没多少人知道的非欧几何。这对于爱因斯坦建立完善的相对论体系是不可或缺的一步。

在这里爱因斯坦与格罗斯曼开始就相对论的另一部分——广义相对论——进行最初的探讨。

第二年，他们合作发表了《广义相对论纲要和引力理论》，广义相对论诞生了！

广义相对论比狭义相对论更要难以理解，我们像狭义相对论一样等到最后再去说它。

这些成果的发表使爱因斯坦已经隐约成为当代最伟大的物理学家。虽然现在普通大众还没有听说过他的相对论，但物理学家们已经听说了，而且，越是杰出的物理学家越能了解爱因斯坦，他们都感到一个新时代将冠以爱因斯坦之名，普朗克就是最早持有这种观点的人之一。

身为贵族的普朗克是伟大的德国物理学家，是量子力学的创始人之一，在德国科学界甚至政界都有相当的影响。

从《西方通史》第三十三章“山雨欲来风满楼”之“日益强盛的德国”一节中我们可以知道，这时候的德国已处在它强大的巅峰，到1910年时，它已经成为欧洲第一工业大国。德国人力图在各方面，例如政治、经济、军事、科技等方面领先世界。

科技上领先的野心的结果之一就是准备建立威廉皇帝物理研究所。骄傲的德国人决心要使之成为全世界最好的物理研究所，发展最先进的物理学理论。为达到这个目标，第一步就是要物色最好的物理学家来研究所。负责这件事的是普朗克。他接受这个任务后，第一个想到的就是爱因斯坦。

于是，在1913年春天，普朗克和另一个德国科学界的顶尖人物能斯特一起来到了苏黎世，十分诚恳地邀请爱因斯坦去柏林。他们向爱因斯坦提出的条件是这样的：他将被任命为即将成立的威廉皇帝物理研究所所长，并将被选入普鲁士科学院。他还将被聘为柏林大学教授，他在那里将有讲课的权利，而且可以讲授他自己选定的任何内容，但没有讲课的义务。同时，如果他愿意，他也可以在别的大学或者机构兼职。更重要的是，对于他的研究方向不做任何规定，他可以研究自己感兴趣的任何课题，对此德国科学界乃至政府都会提供尽可能的帮助。

这样的条件无疑是极其优厚的，尤其考虑到这种条件是来自什么样的地方时就更是如此了。

爱因斯坦当然也懂得这个邀请的含义，但他可不是那种一听见名利就“晕菜”的浅薄之辈。他要普朗克让他好好想想，过一段时间后再来苏黎世一次。他们约定，爱因斯坦将去火车站接他们，届时如果他手执一束红花就表示接受，手执白花就表示拒绝。

到了那天，当普朗克忐忑不安地到了苏黎世火车站时，看见了月台上手执一束红花的爱因斯坦。

爱因斯坦这样选择的原因是明显的：还有什么地方有更好的研究条件、能够找到更好的研究伙伴呢？据当时的一个著名物理学家朗之万的说法，全世界只有12个人懂得相对论，其中8个在柏林。

1914年，爱因斯坦一家四口正式来到了柏林。但没多久，他的妻子米列娃就带着孩子们回苏黎世去了。

她为什么要这么做呢？关于爱因斯坦夫妇之间的事我一直没有说，再等一下吧，让事情发展到最后一步再说。

与在苏黎世心情舒畅的日子相比，爱因斯坦在柏林的生活很难说有多好，研究条件无疑是好多了，然而心情却不大好，主要是他不习惯德意志人那种趾高气扬的民族沙文主义。而现在，这种沙文主义的情绪正像滔滔洪水，要将整个德国都淹没了呢！还有，正日益迫近的战争气氛也令他难受。

然而，历史是不会因为他的喜恶而改变的，即便他是伟大的爱因斯坦。他到柏林后不过四个来月，第一次世界大战就爆发了。

关于这次大战的情形，德国人一开始如何的牛气，最终又是如何失败，这场人类有史以来最大规模的战争又是何等的残酷血腥，例如仅索姆河一场战役双方就损失100余万人，4年战争总共死了近2000万人，我们都可以在《西方通史》最后两章“惊天浩劫”（上、下）中读到。

我们知道，第一次世界大战共持续了4年，从1914年到1918年，在这4年里爱因斯坦基本上都待在柏林，他在这段时间里主要做了两件大事：一是求和平，二是搞科研。

爱因斯坦天生爱好和平，就像他天生厌恶战争一样。刚踏上德国的土地时他就感到不安了，原因就是那帮如此“爱国”的德国人，甚至包括著名的科学家，例如奥斯特瓦尔德，他们成天挂在嘴边的就是德意志民族的优越性和德国的生存空间，似乎将战争看成一种好玩的游戏或者一宗他们注定会大赚其钱的生意。这一切都令爱因斯坦极其不安甚至反感。他在其《我的世界观》一文中曾说过这样的话：

> 一个人能够扬扬得意地伴随着音乐在队列中操练步伐，这已使我对他鄙视了。他长了一个大脑，只是出于误会，对他来说单单一根脊髓就够了。文明的这种耻辱，应当尽快加以消灭。由命令而产生的勇敢行为，毫无意义的暴行和讨厌的爱国主义，都多么使我深恶痛绝啊！在我看来，战争是多么卑鄙和丑恶的现象：我宁愿千刀万剐，也不愿意参加这种可耻的勾当。

怎么样？您看到过这样痛恨战争的人吗？第一次世界大战甫一开始，爱因斯坦就积极表明了其反战立场，尽管这种立场在他所处的环境里要么无人理睬，要么只有人喝倒彩，但他仍要说。

当看到自己的话在德国国内只会激起嘘声后，爱因斯坦将目光转向了国外，并且很快与另一个反战斗士联系上了，他就是著名作家罗曼·罗兰。

那时，在罗曼·罗兰周围聚集了一大批反战的学者、作家、艺术家等，他们成立了一个“新祖国同盟”，正展开一场反战运动，试图唤醒民众。爱因斯坦知道这消息后，立即给罗曼·罗兰写了一封信，表示要听从他及其和平组织的指挥。

第二年，即1915年，爱因斯坦乘着去苏黎世看孩子的机会在瑞士与罗曼·罗兰见了面，他们彼此留下了难忘的印象，从此爱因斯坦感觉他不再是孤立的了。后来爱因斯坦又联署了《告欧洲人书》，呼唤珍惜欧洲的文明，呼吁和平。这是爱因斯坦签署的第一个政治性文件，以后，随着他名气的进一步提升，他还要签署数不清的这类文件。

爱因斯坦在这时候对充满沙文主义与战争叫嚣的德国呼吁和平无异于对牛弹琴。战争仍在进行着，一天比一天残酷。

又一个丰收季　不过，战争似乎对爱因斯坦的科学研究干扰不大，反正只要在打，他就不在乎谁胜谁败。他安定下来，将精力投入到科学研究之中去。这使他在1915到1917年间走上了另一个创造的高峰。

在这第二个高峰期，爱因斯坦在三个方面取得了开创性的进展。

第一方面当然是广义相对论。

这时候，他开始努力宣讲自己的广义相对论思想，他的思想也得到了越来越多的支持。到1915年11月，他终于完成了广义相对论的逻辑框架，并在次年的一期《物理学年鉴》上发表第一篇系统阐述广义相对论的论文《广义相对论基础》。后来这篇文章出版成书，成了爱因斯坦的第一部专著。这年底他又完成了《狭义相对论与广义相对论浅说》，通俗地介绍了他的相对论思想。一下子让大众着了迷，也使他赢得了更多的崇拜者。

第二个方面是量子理论。

我们知道爱因斯坦是光量子学说的提出者。他在1916年又回到了这个题目上，一连发表了3篇内容有些相似的量子学说论文，其中提到了有关原子与分子的自发与受激辐射等内容。

所谓“原子与分子的自发与受激辐射”就是指分子或者原子当它们从高能态回到低能态时会放出有各种颜色的光来，这就是它们的“受激”而放光。倘若一个原子在受激的瞬间，有一个一定波长的光与之冲击，这原子就可以受激发射出与入射的光波类型相同而强度更高的光。而且这个过程可以不断地重复，当重复到一定程度时，就会产生极强的光束。这种光束就是激光。

激光对于我们生活的重要性不言而喻，我们看的光盘，无论是VCD、CD或者电脑光碟，还有如激光打印机、激光复印机、光纤通信，等等，都是用激光技术制造出来的。事实上激光的用途远不止于此。这一切都是以爱因斯坦的量子理论为基础的。

第三个方面是宇宙学。

它与爱因斯坦的广义相对论有关，或者说是广义相对论用之于宇宙探索的结果。1917年，爱因斯坦发表了第一篇有关宇宙学的论文《根据广义相对论对宇宙学所做的考察》。在这里他提出了一个极为新颖的观念：宇宙在空间上是“有限无边”的。到那时为止，所有有关宇宙有多大的说法都是纯粹或者几乎纯粹的猜想。但爱因斯坦在这里运用他的广义相对论对宇宙进行了科学的推理。他推出的结论有二：一是宇宙是有限无边的，二是宇宙在膨胀之中。对于第一点，我这里没时间做解释。对于第二点，在前面讲多普勒效应时我已经说过，现在科学家们根据多普勒效应已经发现了宇宙的红移，由之得出了著名的“膨胀的宇宙”和“大爆炸宇宙学说”，迄今都是最流行的宇宙模型与宇宙形成理论。

这一理论的鼻祖就是爱因斯坦。

除了以上三个外，其实爱因斯坦还有第四个探索，就是对引力波的探索。

爱因斯坦认为，引力也像电磁作用力一样，是一种波，他称之为引力波。他想尽一切办法想证明这种波的存在。然而，与前面不同的是，他的引力波至今没有得到完全的证实。它是爱因斯坦付出了无数心血而得不到结论的两大理论之一。另一个理论更加可悲，它耗费了爱因斯坦几乎整个后半生光阴，直至他生命的最后一刻仍一无所获。

这就是统一场论。

我们在前面讲物理学是什么时说过，宇宙间有四种基本相互作用，即引力作用、强相互作用、弱相互作用、电磁相互作用，它们被称为宇宙的四种基本作用力。爱因斯坦就是要将所有这些作用力统一起来，这就是统一场论，爱因斯坦一次悲壮的探索。

怎么样？这两年是不是又一次智慧的巅峰之旅？就这而言爱因斯坦比牛顿还牛，牛顿一生只有一次登上这样的智慧之巅，而爱因斯坦足有两次，纵观整个科学史，再也没有第四次了。

时间已经到了1918年，第一次世界大战在这年的11月结束了。早在这之前，连德国人自己都知道必败无疑。也许由于看到战败的德国一片荒芜，德国人连饭都吃不饱，更不要提搞科研了。于是，瑞士两所最好的大学，瑞士联邦工大与苏黎世大学，联合向爱因斯坦发出了邀请，希望他回到瑞士来，条件随他自己定。

按理说，这时的德国已经是一艘即将沉没在失败深渊里的破船，爱因斯坦完全有理由离开它。一则他现在又不是德国公民，没理由同它患难与共。二则他还在战前就力主和平，如果威廉二世听他的——当然这是一句笑话，德国何尝会落到如此可怜的地步？总之，爱因斯坦有120%的理由离开不过几天后就要战败投降的德国，到一直享受和平、风光如画的瑞士去。

然而，爱因斯坦不是那种人，他几乎毫不犹豫地拒绝了瑞士人的邀请。

这令我想起了麦考利用以评价培根的一句话：“为个人利益的智慧是老鼠的智慧，它们总是能赶在房子倒塌之前离开它。”

爱因斯坦绝不是那样的老鼠。

不过，紧接着的1919年，爱因斯坦有许多时间待在苏黎世，他一方面在苏黎世大学做了一系列演讲。另一方面，他的个人生活有了一个根本性的转折。

这个转折就是离婚。

离婚　爱因斯坦会离婚？如果您以前不知道这事，此时您大概会怀疑自己的耳朵。然而，这是真的。离婚很少与科学家扯上钩，却不幸与爱因斯坦扯上了。

要说起爱因斯坦与米列娃的婚事，还要从老早说起。

爱因斯坦夫妻间的不和，或者更为具体地说，是米列娃对爱因斯坦的不满，是很久以前就开始的事了。早在爱因斯坦还在专利局干活时，由于他经常同那些爱好科学的朋友们待在一块，要么是在家里海阔天空地神聊，要么是去咖啡馆大侃，要么是去爬山什么的，总之很少陪妻子。天长日久，自然使米列娃很不满。何况她的是一个禀性沉默寡言的人，很不喜欢这样热闹的场面。这样，行为与性格的双重冲突就使得双方关系受到了本质性的伤害。

米列娃一向身体不大好，患有骨结核和神经衰弱，我们知道，身体不好的人，尤其是女人，脾气往往也躁。不过米列娃不是那种喜欢争吵的人，然而也不是将不满埋在心底不加表露的人，她采取的对应措施是日益疏远丈夫。结果是，他们夫妻之间虽然很少争吵，但关系却越来越冷淡，甚至彼此之间好像互不相干。

他们的第一次正面冲突发生在1911年爱因斯坦要去布拉格工作时。米列娃不是一个爱动的人，对搬来搬去十分反感，当她要从伯尔尼搬到苏黎世时，已经啧有烦言了。这时，爱因斯坦竟然又要她离开空气清新、风光如画的瑞士，搬到遥远的布拉格去，这简直令她痛苦得愤怒了！也许她觉得丈夫太自私，完全不顾及她作为女人和妻子的感受。结果是，她与丈夫之间的关系进一步疏远了，简直有如陌路之人。

不过第二年爱因斯坦就回到了苏黎世，这令她稍感安慰。

然而她的安静日子过了不到两年，爱因斯坦竟然又要去柏林了，那个寒冷的“冰窟”！这叫米列娃无论如何也不能接受。这时候他们之间的关系已经如悬一线了，或者说已经名存实亡，彼此之间已毫无爱情可言。一开始，米列娃还是带着孩子们一起去了柏林。但不久她就带着孩子们回了苏黎世，夫妻俩正式分居。

但在柏林的日子爱因斯坦并不孤单，他的一个表妹兼堂妹，就是我们前面在本章一开始就提过的爱因斯坦父亲的堂兄弟兼连襟鲁道夫的女儿艾尔莎，此时正在柏林。她没了丈夫，与两个女儿还有父亲生活在一起，爱因斯坦经常去看望他们。他与艾尔莎是从小就认识的，两人年纪也相仿，虽不是青梅竹马，但两小无猜就差不多了。

艾尔莎温柔而俏皮，对爱因斯坦很好，爱因斯坦对她也不错。不过没到谈婚论嫁的地步，直到1917年，这年，爱因斯坦身体很不好，一连串的疾病，如肝病、胃溃疡、黄疸病等向他袭来，像一张痛苦的网一样纠缠着他。本来应该在身边照顾他的妻子却远在瑞士，不闻不问。这时候，艾尔莎来了，她无微不至地照顾起这位表弟兼堂弟来。这样的照顾不是一个月、两个月，也不是一年，而是几乎整整3年，直到那时爱因斯坦才完全康复。

爱因斯坦的感激自不待言。到1919年2月，他再次回到苏黎世，与米列娃解除了那段事实上久已破裂的婚姻。

3个多月后，他与一直在照顾他的堂姐结婚了。她的两个女儿也正式通过法律改姓爱因斯坦。这样爱因斯坦就有4个孩子了，两个亲生儿子，2个续弦带来的女儿。

对于爱因斯坦的婚姻及他们离婚的孰是孰非，我这里不好多谈。不过，我想说的一点是：爱因斯坦的婚姻与那种成名之后就将人老珠黄的原配夫人赶走，与年轻貌美的女子另缔新姻的陈世美是完全不同的。因为他的再婚对象既不年轻，也不貌美，甚至是带着两个孩子的寡妇。这样的婚姻从功利角度看无论如何是不划算的。因此这也就表明，爱因斯坦完全不是那种成名之后即见异思迁的男人。

那怎么评价爱因斯坦的离婚呢？这对于一个科学家毕竟不是平常事。

我的观点是：这是一场平常人——在这一点上爱因斯坦并不是一个像在科学领域内一样不平常的人——的平常不幸的婚姻，如此而已。

登上神坛　从上面这些我们可以看出，1919年里爱因斯坦的生活真的变化不小。

不仅是个人生活上的变化，在另一方面，爱因斯坦这年变化也很大。从这年起，他将正式被承认为是伟人，甚至是那个时代最伟大的人。

承认起因于他的广义相对论得到证实。关于广义相对论的具体内容我们后面再谈，我在这里只说它的三个预言之一。

爱因斯坦的广义相对论发表之后，虽然得到了许多科学家的赞美，然而它毕竟只是一套理论，在未经证明之前只是一种猜想。怎样证明呢？爱因斯坦从他的理论里指出了三个“效应”，或者说三个预言。这里最先得到证明的是第二个，即“引力场能够导致光线的弯曲”。

光线竟然能够弯曲！这在一般人眼中简直是天方夜谭，令人匪夷所思。不过，爱因斯坦正是预言了这样令人匪夷所思的事。如果他这样的预言能够得到验证，那么，对于人类，包括普通人的心灵将是一种什么样的冲击啊！何况与光线的弯曲相伴随而来的是另一个更加“可怕”的结果——空间的弯曲！

然而，他的这个可怕的预言竟然被证实了！

这次证实与英国著名的天文学家兼物理学家爱丁顿有关。他是相对论最忠实的信仰者与最深入的研究者之一，现在还流传着有关他的一则逸事，据说某次有人对他说，他是世界上真正懂得相对论的3个人之一。爱丁顿却露出困惑的表情。别人问他怎么回事，他说我正在想那另外一个人是谁呢！

他对相对论的最大贡献是提出了验证光线弯曲的办法。我们知道，所谓光线的弯曲就是当光受到天体巨大的引力作用时，它就像经过天体的其他物体一样会被天体吸引过去，至少其前进的路线会被弯曲。然而，由于能够为我们看到的天体，例如太阳、月亮或者星星们，本身就是带光的，因此光线经过它们时根本看不出来，更不要提能够看出它是不是弯曲了。

然而，爱丁顿提出了一个巧妙的法子能够看出来。他是这样想的：我们知道，太阳有巨大的引力，而且相对而言距地球又很近，因此当光线经过它时，不但会产生相当大的弯曲，而且因为距离近的缘故，相对而言这种弯曲也容易观察到，所以最好的办法是观察经过太阳时光线的弯曲。但太阳是如此之亮，在太阳还亮着时是不可能观察到经过它的光束的。爱丁顿又想了一个更巧妙的法子：在日全食时观察太阳。这时，太阳整个儿被遮住了，经过它旁边的光束当然能够看出来。不过，我们可不要以为真的是去看哪一束具体的光，那是没办法看的。爱丁顿想到的法子是拍照：先在晚上拍下天空某一区的照片，这时候太阳没有在天空，因此星光没有受到太阳的强大引力作用。当日全食发生时，那时太阳就在天空，不过看得见星星，当太阳经过早前那个在晚上拍星星照片的区时，再将这时候这个区的星星拍下来。

由于此时太阳正在天空，星光经过它的旁边时，必定会受到它的强大引力，因而光线会弯曲。如果爱因斯坦的预言正确的话，这时候看到的星星的位置应该与前一天没有太阳在天空时拍下的位置有所不同。这就像我们看到一个铁钉本来在某处，后来，有一块磁铁经过它旁边，虽然铁钉没有被磁铁吸走，但磁铁经过它时已经把它吸得动了一下。当我们再去看这个铁钉的位置时，它与前面的位置已经有所不同了。如果我们将这前后的情景也拍下照片来，就会在两张照片上看到铁钉前后位置的改变。

现在星光也是这样的情形，只要将两张照片一对照就会看到星星的位置是不是改变了。

当然，事情并不如我前面说的一样简单，好像任何一次日全食都可以进行这样的验证似的。它需要许多条件，例如必须在日全食时太阳附近刚好有一颗星星，而且必须是一颗比较亮的星，这样才好辨认其精确的位置。这样的机会并不多，一是日全食本来就很难看到，二是它通常只持续一分钟左右，这时候它旁边也不一定有一颗亮星。

这样的机会虽然很难得，但在1919年5月29日正好来了。不过，它只在南半球能够看到。

爱丁顿知道这是一次历史性的检验，百年难遇。他进行了细致的准备，派出了两支考察队，一支去非洲的几内亚，一支去巴西。

结果是，如我们前面所言的情景，两个地方都拍到了两张这样的照片，一对照，发现与爱因斯坦所预言的星星位置的改变，即位移度，正好一致。

这样的验证对于科学家们的冲击之大可想而知，因为这意味着他们必须改变毕生以来的许多基本观念，例如对时间与空间的基本理解，这简直等于要他们彻底改造自己的世界观呢。

对科学家如此，对普通人也是这样。

不久，大名鼎鼎的英国皇家学会与皇家天文学会举行了一次联席会议。皇家学会主席、著名物理学家汤姆孙爵士在开幕词中介绍了在几内亚和巴西进行的验证后，说出了这样的话：

> 这次发现的不是一个遥远的孤岛，而是新的科学思想的整个大陆。这是自牛顿时代以来最伟大的发现。

这一惊天动地的发现很快在新闻界传开了，《泰晤士报》《纽约时报》等大小报纸顿时大张旗鼓地将之公布于世，用的都是惊人的大标题："科学的革命""天上的光全是歪的，爱因斯坦的理论胜利了"，等等，大肆宣扬新的宇宙理论、新的时间与空间。时间能够静止甚至倒流、空间是弯曲的，诸如此类的说法一时大行其道。报纸上的话儿自然会传到普通大众耳朵里，对他们产生的冲击之大也可想而知。民众可不像科学家们那么冷静，他们顿时将爱因斯坦当成了歌星、影星之类，甚至将他当成了改造世界的上帝，狂热地崇拜起来。使爱因斯坦一时之间成了世界第一名人，超过无论什么星或者什么总理总统。

这些崇拜的情形我在本章的一开始就说了，这里不再赘述。

但仅仅是观点的新颖似乎仍难以解释为什么爱因斯坦作为一个科学家、相对论作为一种科学理论会获得如此之在通常情况下不属于科学家或者科学理论的盛誉是不够的，还可能另有其独特之原因，这独特之原因就如某位科学家所言：

> 这件事是第一次世界大战之后发生的。人们厌恶仇恨、屠杀与国际阴谋。战壕、炸弹、屠杀留下了悲惨的余悸。谈论战争的书籍没有销路与读者。每个人都在期待一个和平的时代并想把战争遗忘。而这种现象能把人类的幻想完全吸引住。人们的视线从布满坟墓的地面聚集到满天星斗的太空。抽象的思想把人们从日常生活的不幸中引向远方。日食的神秘和人类理性的力量，罗曼蒂克的场景、几分钟的黑暗，而后是弯曲光线的画面——这一切和痛苦的现实是多么不同啊！

一句话：人们之所以如此关注一种科学理论，除了理论本身对他们的冲击力之外，更为重要的是，人们只是想利用这种与现实相距遥远、有如梦幻的理论来逃避现实。

正因为爱因斯坦让他们找到了这种逃避悲惨现实的途径，他们才会如此崇拜爱因斯坦。

爱因斯坦不但在普通大众那里得到了名声与崇拜，在科学界也得到了无数的荣誉。这类荣誉有很多，主要分三类：

一类是各大学的荣誉博士和各个科学院、学会的院士或者会员。

他获得的各大学的荣誉博士学位有几十个，包括全世界几乎所有最知名的大学，如剑桥大学、牛津大学、巴黎大学、哈佛大学、普林斯顿大学等。也有许多是不那么知名的大学，如马德里大学、布宜诺斯艾利斯大学等，爱因斯坦从来不因为某所大学不那么著名就不接受其荣誉，就像从不因为它著名就更乐意接受一样。他之所以接受这些荣誉，只有一个原因——尊重。他是出于尊重授他荣誉者而接受荣誉，而不是看重荣誉本身。

至于院士和会员，同样很多，例如英国皇家天文学会会员，俄罗斯科学院院士，等等。

第二类是各种的勋章奖章，像美国的巴纳德勋章、英国的科普利奖章、德国的普朗克奖章、英国皇家天文学会的金质奖章等。与之类似的还有巴勒斯坦的荣誉市民、纽约市的金钥匙等。

第三类应当说是第三个，它也是最重要的一个，诺贝尔奖。

爱因斯坦于1922年的某天得知他被授予诺贝尔奖的消息，那时他正在海上去日本讲学的途中。不过他没有亲自去拿奖，而是由德国驻瑞典大使代表他出席。他的嘉奖状上写着这样的话："赠给A.爱因斯坦，由于他对理论物理的研究，尤其是发现了光电效应，特此嘉奖。"

具有讽刺意味的是，他的相对论连提都没有提，而光电效应的发现只是爱因斯坦许多重要成果中并不那么起眼的一项。如果他这样的成果也能得到诺贝尔奖的话——无疑那也是有资格得奖的——那么爱因斯坦应该得到多少个诺贝尔奖啊！

为了表示对他被授奖的感谢，爱因斯坦次年在瑞典的歌德堡举行了一次受奖演说，其中的内容完全是关于相对论的。看得出来，他自己也对因为光电效应而得奖有所不满呢！

第二十七章　神坛上的科学家（下）

爱因斯坦这时候的名声可谓如日之中天，其名声之响亮在科学家之中可谓空前绝后。然而，是不是他的生活中就是充满了这种火辣辣的阳光呢？不是，相反，这时候一场邪恶的风暴正向他袭来——沙文主义与反犹主义。

“相对论是犹太人炮制出来的数学神话”　还远在第一次世界大战之前，当德国人强大之后，就产生了强烈的民族沙文主义，这种沙文主义并不只停留在无知无识的普通民众之中，在科学家中间也大有市场。一个典型的例子是，那时爱因斯坦收到过一封信，是一批德国物理学家集体写的，信中怂恿德国科学家们不要引用英国与法国同行的成果，因为德国科学家们的理论远比英国或者法国人的来得深刻。

第一次世界大战之后，德国人并没有因失败的耻辱而从此改弦更张，抛弃可笑的沙文主义。相反，随着国力迅速地重新崛起，沙文主义又抬头了，而且抬得更高。与上次不同的是，这次不仅有民族沙文主义，更厉害的是反犹主义。

过去，德国报刊一向是将爱因斯坦称为“德国科学家”的，后来慢慢地，他被称为犹太人了。那些“高贵的”日耳曼德意志科学家甚至不愿意承认相对论，因为它不是由高贵的雅利安人发现的。具有讽刺意味的是，虽然爱因斯坦接受了几十个名誉博士学位，但其中只有一个是他长久生活于之的德国大学授予他的，而且是不知名的罗斯托克大学。

早在1920年，当他一次在柏林大学讲课时，课堂里就发生了骚乱，少数反犹分子试图扰乱课堂。从此，虽然有时明目张胆有时含沙射影，但对他及相对论的攻击从来没有停止过。

最臭名昭著的攻击者名叫勒纳德。

勒纳德是个相当有成就的实验物理学家，也是个极端的民族沙文主义者和反犹分子。据说在他的实验室里，对于安培这个电流强度的通用名词，由于安培是英国人，他也要用一个德国科学家的名字来称呼。相对论诞生之后不久，他就开始攻击之。不过，由于那时候纳粹还没有上台，他以爱因斯坦是犹太人为借口攻击得还比较少。到20世纪30年代，纳粹在德国大行其道之后，他就得意了。1933年，他在一份叫《人民观察家》的报刊上发表了一篇文章，其中有下面令人触目惊心的话：

> 爱因斯坦及其种种理论和由陈词滥调与任意拼凑炮制出来的数学神话，是犹太人集团对自然界研究的危险影响的一个最重要的例子。……在科学中以及同样程度上在科学外把爱因斯坦冒充为一个善良的德国人是何等的谎言。

这样的赤裸裸的无耻攻击竟然是由一名物理学家发出，听起来简直令人心寒。

从这时候起，爱因斯坦在德国的日子就难过了。不过爱因斯坦早就预见到了这一点，因此早在1932年他就接受了美国普林斯顿高等研究院教授的职位，在大西洋彼岸找到了一个安全的窝。

也就在这年春，他在国外讲学后回到了柏林。这时纳粹在德国已然肆无忌惮，对犹太人广泛的迫害也即将开始。在柏林，爱因斯坦在他的别墅里度过了最后一段时光，然后永远地离开了德国。

这不由令我想到了另一个犹太人弗洛伊德，他没有爱因斯坦这样的远见，不愿意离开也是德意志人为主的奥地利，最后落得个悲惨下场，历尽辛苦才逃离了纳粹的魔掌，那逃难的情景真是惶惶如丧家之犬。

以上我们讲了自1919年相对论得到证实以来直到他1932年永远离开德国时期发生的事。共分三个主题：一是他的离婚，二是他的荣誉，三是德国沙文主义者与反犹分子对他的攻击。

那么，在这段时期，爱因斯坦自己的生活如何呢？我们也来简单看看吧！还是像前面一样以时间为线索。

1920年，爱因斯坦仍一直待在柏林，但这时反对他的声音已经很响亮了，有次在出席一个会议时，他与勒纳德碰面了，两人发生了正面冲突。爱因斯坦总的来说是一个十分温和的人，但在原则问题上他可不是泥巴捏的。这时他对柏林乃至德国那让人难受的气氛已经感到警惕。因此，这年10月，他接受了荷兰莱顿大学的邀请，出任其特邀访问教授。这样的话他每年可以在国外待上一段时间。

也就是从这年起，爱因斯坦开始了一次行程十分广泛的旅行，此后，在漫长的日子里，爱因斯坦几乎一直在不断的颠簸中度过，几乎走遍了世界。为时长达约15年，即从1920年直到1935年。

家庭生活　在谈爱因斯坦那漫长的奔走之前，我们要先谈一下他在柏林的家庭生活。

爱因斯坦在柏林的住所位于哈贝兰大街，是比较高档的住宅区，周围环境很好，大街笔直宽阔，处处绿树成荫，绿草如茵，几乎每栋房子前面都有一个小小的花园。

爱因斯坦的住宅是租来的，房东是俄罗斯人，为有爱因斯坦做他的房客而自豪。爱因斯坦家里共有四个人：他们夫妻以及两个女儿伊丽莎和玛尔戈。他的母亲也在这里住过一阵子，直到1920年去世。

房子不小，有近10间，大部分房间里的陈设十分普通，与当时德国的普通小康之家没什么区别，如果谁想从这里面闻到浓浓的科学气息肯定会失望的。

爱因斯坦的书房在阁楼上，包括两个小房间，里头最引人注目的东西也许是他书桌上的一尊小雕像，雕着一个怪模怪样的犹太老人，是女儿玛尔戈的杰作，名字叫作“洋葱头拉比”。书房里的书并不多，试验仪器更是没有。据说有一次客人问起他的研究设备在哪里时，爱因斯坦诙谐地笑了笑，指了指自己硕大的脑袋。

爱因斯坦的作息时间也很简单：每天早晨8点起床，接着洗澡、吃早餐，然后开始工作。据他自己说，他一天只工作四五个小时。

他工作的主要方式是沉思。这时，他多半是歪着头坐在椅子上，时不时从并排摆在桌子上的三只烟斗中取下一只来叼在嘴里。

他每天都要花不少时间接待连续不断的来访者或者拆阅世界各地寄来的信件，这些信件中有的只写了“欧洲，爱因斯坦教授收”。他是一个“好好先生”，从不善于对人说“不”，对别人信中提出的要求总尽力满足，因此，他虽然只读由艾尔莎筛选出来的一小部分，但仍令他疲于奔命。以至于有一次他声称：“我最凶恶的敌人是邮递员。”

爱因斯坦的衣着也极为朴素甚至显得寒酸。他几乎总是穿着艾尔莎送的穿了若干年的一件旧咖啡色皮上衣，柏林的天气很冷，这时候他就会在外面套上一件旧羊毛衫，再冷就再围上一条围巾，也是艾尔莎的礼物。下身常穿的是一条褐色的毛线裤，并且赤着脚，脚上套着便鞋。只有在特别重要的场合他才被迫穿上一套黑色礼服——也是一样的旧。

关于爱因斯坦的个性，我只能这样说：他是个很和蔼的人，对谁都客客气气，他很爱笑，也爱开玩笑，他的笑声听起来十分天真，完全是孩子式的。

以上就是这时候爱因斯坦的家庭、住处、日常生活与个性了，很简单吧？至少较之他那深奥复杂的理论是如此。

现在我们来看看爱因斯坦那一段漫长的旅行。

爱因斯坦东奔西走，直到被迫离开古老而黑暗的欧陆　这次旅行当然是以他1920年去莱顿为开端的。

次年，爱因斯坦去了布拉格和维也纳，我们可以将这看作是一趟更为遥远的旅行的序曲。

这趟旅行就是爱因斯坦的第一次美国之旅，从1921年4月开始。

他踏上美国的土地之后才真正感受到了他的名声有多大。美国人的热情似火与相对而言要冷漠得多的德国人截然不同。当他在纽约上岸时，等候在那里想对这位当代最伟大人物一睹为快的群众已经是人山人海。记者们也几乎可以装满一艘巨轮，他们纠缠着爱因斯坦，一定要问问相对论的“本质”是什么。据说没有办法的爱因斯坦这样回答他们道：

“如果你们同意不过分苛求答案并把它当作一种玩笑接受的话，我可以这样解释：从前人们以为，如果所有的物质从宇宙中消失掉，时间和空间依然存在。而根据相对论，时间和空间将同物质一起消失。”

记者们还追着艾尔莎问她懂不懂相对论，艾尔莎这样回答道：

“哦，不懂。虽然他不止一次地向我解释过相对论，但这对我的幸福是完全不必要的。”

在美国，爱因斯坦访问了好几座城市，与当时的美国总统哈丁在白宫见了面，还接受了哥伦比亚大学的巴纳德勋章。最重要的行程是在普林斯顿大学的四篇演讲，它们后来出版，成为爱因斯坦对相对论的经典表述之一。

从美国归来的途中，爱因斯坦应邀顺道访问了英国。不过这时候的英国与德国已经因为德国科学家中的沙文主义而极不友好。一开始，英国的科学家们对来自德国科学界的爱因斯坦不大友好。但他们很快看出来，爱因斯坦同德国那些“雅利安人”科学家是完全不同的，于是他们很快认同了爱因斯坦。不过英国人那种古板烦琐的贵族礼仪与绅士风度令爱因斯坦颇不自在。

爱因斯坦在1921年7月回到了柏林。

对了，据说爱因斯坦这次之所以要去美国，主要是为筹建中的位于巴勒斯坦耶路撒冷的希伯来大学筹措资金——我前面没有说明，作为犹太人，爱因斯坦从早些时候起已经相当深地卷入了犹太复国运动，也就是说，要在巴勒斯坦重建犹太人的国家，这就是今天以色列国的起源。爱因斯坦对犹太复国运动影响很大，是其精神领袖之一。

回到柏林后，爱因斯坦立即感到这里的气氛已经很不适于他的生活与工作了。

次年3月，他到了法国。他在巴黎举行了一系列讲演，在一次由法兰西哲学协会主办的讲演上，他与当时最著名的哲学家之一、生命哲学的代表人物、诺贝尔文学奖获得者且同是犹太人的柏格森进行了一场争论。

从法国回到柏林后不久，他接到了来自日本的一封十分恳切的邀请函。也许是被邀请的诚恳所打动，也许是由于他对神秘的东方世界的好奇，反正爱因斯坦勇敢地接受了这个邀请，于这年10月动身前往东方。

路程不用说十分遥远，爱因斯坦一路行来，途中经过了许多国家和城市，如锡兰、新加坡、香港、上海等等。他在这些地方都做了短暂的停留与访问，领略了浓浓的异国情调，对这些地方的人民，爱因斯坦是这样评价的：

> 在那里，身强力壮、面庞清秀、温驯而安详的半饥半饱的人们迫使你用批判的态度对待欧洲人——他们的堕落、野蛮与贪婪却被认为是优越、能干……

经过一个多月的航行，爱因斯坦到达了日本，像在美国一样，他受到了万人空巷的盛大欢迎。这里的欢迎是热情的，但令爱因斯坦不自在的是，他需要翻译才能让似乎总在不停地鞠躬、永远毕恭毕敬的听众明白自己的话。

直到这年底，爱因斯坦都在日本访问，离开后他没有直接回欧洲，而是去了巴勒斯坦，于次年，即1923年2月抵达。作为犹太人，看到他们祖先的故国，想到就要成为今日犹太人的新家园，他不能不感慨万千。

回欧洲后，他们先到达法国的马赛港，然后去了西班牙一趟，随即返回柏林。

这年6月，爱因斯坦去了瑞典哥德堡，参加他的诺贝尔奖授奖仪式。

在授奖仪式上发生了一件不愉快的插曲。由于爱因斯坦一直在德国工作，又是普鲁士科学院的正式院士，且出生于德国，按理说他已经是德国人。但他毕竟早已加入瑞士籍，是法理上的瑞士公民。因此，这两国驻瑞典的大使都声称爱因斯坦是本国公民，争着当获奖者的国家代表。最后是瑞士人赢了——他们提出的要求毕竟更加“有法可依”。

我们知道，诺贝尔奖金的数额是很高的，现在每项高达约100万美元，如果按购买力来算，过去还不止这个数。但爱因斯坦一个子也没要，全部交给了前妻米列娃，我们别忘了，米列娃一直抚养着他们生的两个儿子呢！

此后几年，爱因斯坦又旅行了不少次，甚至去过遥远的南美洲，不过主要还是待在德国。这也是他最后一次长时间待在德国，从1923年直到1929年。

这段时间爱因斯坦的主要活动仍是三样：

一是科研——他发表了自己一生中最后几项重要的科研成果，例如1923发现康普顿效应，次年发现了玻色-爱因斯坦凝聚。这些成果如果落在旁人的身上无不是可以引为自豪的重量级成就，然而对于爱因斯坦，比起他先前那些伟大的成就，其重要性就差远了。

二是他更积极地参与了犹太复国运动。1924年时他正式加入了柏林的犹太人组织，成为缴纳会费的会员，并为希伯来大学的物理系编辑了一套论文集，还参与希伯来大学的董事会工作。

三是参加国际联盟的“知识界合作委员会”的工作。关于国际联盟这个成立于战争的阴影下，为了和平而工作却几乎毫无成效的组织，我们在《西方通史》中将要说。想想吧，整个国际联盟也不过如此，它下面的一个小组织又能怎样呢？因此，虽然爱因斯坦和当时许多知识界的精英做出了很多努力，但这些努力终究付之东流。

时间转眼到了1929年，爱因斯坦要过五十大寿了。

对于新闻界与科学界，这可是一件大事儿。但对于爱因斯坦可不是这样，他像自己的那个犹太人同胞弗洛伊德一样，特别不喜欢这种热闹。他在此前一天就躲到柏林附近一栋记者们找不着的小别墅里去了，在那儿与妻子女儿度过了愉快的一天。

柏林市政府现在也赶来凑热闹了，并正式表示要送给爱因斯坦一幢别墅。爱因斯坦开始倒也高兴，后来的发展却令他极为生气。一开始市政府划出了两块地皮，结果发现都不是市府能够自由支配的地皮，后来他们重新找了一块，又是属于私人的，市政府答应由政府出钱买下来。地主也同意了，于是别墅开工了。然而当这事拿到市议会讨论时，某些反犹主义议员——这样的人在柏林市政府有不少，提出反对。最后，忍无可忍的爱因斯坦终于正式发表声明，拒绝了市政府的赠送。但别墅已经动工，所有花费便只能由爱因斯坦自己掏腰包了。这花光了他所有的积蓄。当他被迫离开德国时，别墅是没法儿带走的，他便成为一个真正的无产阶级了。

这时已经是1930年，爱因斯坦的小儿子爱德华就是在这年发疯的。这事沉重地打击了爱因斯坦，使他一下衰老了许多，甚至令他的性格都有些变了，从前他十分随和，包括对那些授予他荣誉的人，总给人家面子，但现在他开始变得有些阴郁，也失去了惯有的幽默感。

这年他又一次去了美国，主要是去加利福尼亚理工学院讲学。在那儿他获得了一个有趣的称号，他访问印第安部落时被授予“首领”尊号，称为“伟大的相对性首领”，还穿上了印第安酋长的服装。

次年，他再一次来到了美国，还是在加利福尼亚理工学院，这已经是他第三次踏足美国了。

也就是在这年，爱因斯坦想到了要正式离开已经充满了纳粹气氛的柏林和德国，他在这时的一篇日记里写道：

“我决定不再定居柏林，变成一只飞鸟度过余生。海鸥像从前一样以自己不停的翱翔护送着航船，它们就是我的新同事。”

时光已经是1932年了，在《西方通史》中您将可以知道，这时候德国纳粹已经在疯狂地扩军备战，英法等也不甘落后，世界陷入了战争的危机之中。许多爱好和平的人士在为和平而奔走呼号。这年5月国联在日内瓦举行了世界裁军大会，爱因斯坦应邀参加。这时爱好和平有如生命的爱因斯坦已经成了世界爱好和平的象征。一个当时参加会议的代表描述了当爱因斯坦走上讲台时的情形：

> 这是一个令人惊异的场面。一个满头银发的人艰难地登上和平宫宽敞的台阶。远处数百人恭候着他。不止一次地见过爱因斯坦的记者们也没表现出他们甚至见到受过加冕的特殊人物时也会有的那种无礼举止。他们在离爱因斯坦几步远的地方就站住了。他转过头来说，待会儿他将和他们会面。然后，他走进会议大厅。报告人正在讲述空战的细节，他略停片刻，接着继续讲话。这沉默的一秒给在座的人留下的印象，比爱因斯坦受到热烈欢迎产生的印象更为强烈。所有的人都望着爱因斯坦，并在他身上看到了宇宙的化身。

这“宇宙的化身”也许有点夸张，然而，爱因斯坦那种超凡的个人魅力却是几乎每一个见过他的人都承认的。

爱因斯坦这时候已经知道战争不可避免，那些表面上要和平的政治家们，尤其是德国人，骨子里头却在煽动战争，在用种种卑鄙的方式挑起可悲的民族仇恨、种族歧视与沙文主义。他已经无力回天，只能用小提琴里悲怆的旋律来表达他的悲愤。

也就是在这年，爱因斯坦接受了美国普林斯顿高等研究院教授的职位。这年底，爱因斯坦带着家小离开了德国，他按计划又到了加利福尼亚理工学院讲学。

第二年，也就是1933年，年初，爱因斯坦回到欧洲。

他早就不准备回柏林的家了，隐居在比利时的一个小镇上。为什么要来比利时呢？因为他在这里有一个好朋友——比利时的伊丽莎白王后。

他是在1929年时认识伊丽莎白王后的，两人简直是“一见钟情”，从此结下了深厚的友情，这种友情将持续爱因斯坦此后的整个一生。在布鲁塞尔，他去王宫就像去自己的家一样方便自然。

爱因斯坦受到国王卫队的严密保护，这种保护如今变得非常必要。因为纳粹已经公然将爱因斯坦列入黑名单。那是一本大画册，封面是希特勒画像，第一页就是爱因斯坦的大幅照片。上面罗列了他的一大堆“罪行”，包括说他是反法西斯头领，并在末尾标记——“尚未绞死”。

这年3月，德国警察冲进了爱因斯坦在柏林的别墅，没收了他的一切财产，声称这些财产是爱因斯坦准备送给共产党人的。他的书籍也与马克思、弗洛伊德等犹太人学者、科学家的著作一起在柏林街头公开焚毁。

对德国人彻底失望的爱因斯坦在4月份宣布辞去普鲁士科学院院士，他与弗洛伊德之间的通信在这时出版，名字就叫《为什么要战争》，它成为著名的反战文献。

这年9月，为了迷惑正在到处找爱因斯坦的德国间谍，比利时官方发布消息，说爱因斯坦去南美了，实际上他悄悄去了英国。

他被一个相对论的崇拜者，也是一个贵族，带到了自己的领地，在那里受到严密保护，甚至有一支由穿便装的女兵——这是为了避免引人注目——组成的武装卫队环绕他的居所巡逻。

在牛津大学讲学一段时间后，爱因斯坦离开欧洲去了美国。

在他的有生之年，他再也不会回到这片古老而黑暗的大陆了。

在普林斯顿宁静的晚年生活　到达美国后，爱因斯坦不久来到了普林斯顿高等研究院，在图书馆街5号安了家。

此时爱因斯坦心境如何呢？曾在这个时期见过爱因斯坦的一个人回忆道：

> 在他身上仿佛有什么东西死去了。他坐在我们家的沙发上，一面把一绺白发缠在手指上，一面沉思默想地谈各种问题……他再也不笑了。

这是1939年底的事。

此后，爱因斯坦的一生还有漫长的16年，不过这16年与他前面的生活已经很不一样了……

总而言之，他始终过着一种简单的生活。

对于这段时间的生活，我将分两个方面来记录，第一个方面是他的日常生活，第二个方面是记录他一生中最后一件对世界历史产生重大影响的事——促成美国政府制造原子弹。

至于似乎应该说的第三个方面，他的科学研究，这里就不再说了，前面我们已经提过，爱因斯坦在1924年之后再也没有重大的科研成果问世，他此后的科学生涯几乎都在进行统一场论的研究，终其一生却了无结果。

我们先来说说爱因斯坦这16年里的简单生活。

在谈之前，我们先来谈谈普林斯顿高等研究院。

普林斯顿高等研究院是一所比较特殊的研究机构，它与我们在《西方地理通史》

中参观过的普林斯顿大学不是同一个机构。大约在1930年时，美国一对拥有亿万财产的兄妹俩准备为科学研究投资。他们请了当时美国一位著名的教育家来出主意。他告诉兄妹俩，现在普通的大学和研究机构已经很多，他们可以成立一个独特的、专门从事最高层次科学研究的有特色的研究机构。他的提议得到了赞同，这就是普林斯顿高等研究院的来由。

普林斯顿高等研究院没有学生，从大学生直到博士生都没有，只有专门的研究科学家，他们不需要上课，但拿着不菲的薪水，可以全心全意地研究自己感兴趣的任何问题。

每个科学家还可以配备自己的研究助手，助手们同时也得到科学家的指导，称得上是其弟子。

那位教育家负责替研究院招兵买马，他相中的第一个人就是伟大的爱因斯坦。当然，要爱因斯坦到那里去不是一件容易的事，但一系列的机缘巧合，主要是纳粹在德国的上台，使爱因斯坦最终来到了这里。

爱因斯坦在普林斯顿的生活十分简单。每天早晨，他从家里出发到研究院去上班，在那里与他的助手们见见面，问问他们的研究进展，然后回家。他从来都是步行，当时已经大行其道的汽车对爱因斯坦没有丝毫的诱惑力。

他经常在他用红砖砌就的不起眼的房子周围散步，这里到处是一片林荫与绿草。他家的布置与在柏林时基本上没有两样，仍然是普通人家的样子，因为它们仍然是作为普通人的艾尔莎全权负责布置的。爱因斯坦的书房也与以前差不多，只是书多了些，墙上还挂了几张肖像，包括他所崇敬的和平伟人甘地、他喜欢的物理学家麦克斯韦和法拉第等。

他生活最大的变化是亲人们的去世。

先是，艾尔莎的大女儿伊丽莎死在了巴黎，白发人送黑发人，女儿的死对艾尔莎打击极大，她亲自去欧洲带回了骨灰，回来后迅速地老了，身体越来越差，到1936年去世了。

此前，他最好的朋友之一埃伦弗斯特自杀了。

与爱因斯坦来普林斯顿的同一年，他的博士妹妹也来了。她与哥哥感情深厚，更令人稀奇的是，两人简直是一个模子里铸出来的，不同的只是爱因斯坦有胡子而已。兄妹不但外表像，性格也几乎一模一样。她死于1951年。

此后陪伴他的亲人只有女儿玛尔戈和秘书杜卡斯了。爱因斯坦与这个秘书感情很好，她对晚年的爱因斯坦帮助非常大。

爱因斯坦几乎再也不去其他地方，年复一年地待在家里，日复一日地步行去研究院，他在林荫道上踽踽独行的身影成为普林斯顿一景。

普林斯顿的居民们都认识爱因斯坦，他们知道爱因斯坦是当代最伟大的人物，也都很崇拜他，但从不表露出追星族的讨厌形状，至少在表面上他们都将爱因斯坦当作一个普通人。在路上遇到他的左邻右舍时，爱因斯坦总会停下来与他们唠几句家常，这对双方都是自然不过的事。您可能还听过那桩著名的逸事，爱因斯坦的邻居有一个小女孩，爱因斯坦很喜欢她，她也喜欢这个和气的白头发老人家，经常去找他玩。当爸爸问她和爱因斯坦做什么时，她笑眯眯地答道：他替我做数学作业，我给他糖吃。

原子弹："是的，我揿了按钮……" 现在我们要来谈爱因斯坦一生最后那件对人类历史影响巨大的事。

我们在本章前面已经说过，早在1905年9月，爱因斯坦完成了这年的第二篇关于狭义相对论的论文《物体的惯性同它所包含的能量相关吗？》，其中包括著名的质能关系式$E=mc^2$。更前在讲物理学是什么时我们讲过原子物理学，说明当原子被分裂时将释放巨大的能量。

这些就是原子弹的理论基础。

与爱因斯坦有着最密切关系的不仅是原子弹的理论基础，其实际诞生同样与爱因斯坦有着密切的关系。

事情起源于1939年7月。

我们知道，这年第二次世界大战正式爆发了，同年7月，两位物理学家，分别叫维格纳和西拉德，来到纽约长岛的海边，他们到处找人问这问那。

他们是在打听爱因斯坦的住址，这时爱因斯坦离开了普林斯顿，在这个地方避暑。

最后他们找到了一个小孩子，他与爱因斯坦是很熟的，告诉了他们爱因斯坦住哪一幢别墅。

他们顺利找到了爱因斯坦，向他报告了一个可怕的消息：德国人正在制造原子弹。这时一个德国科学家已经成功地进行了链式反应，而且他们所控制的捷克有着丰富的铀矿。各种迹象表明，德国人正在积极研究原子弹。

爱因斯坦对原子裂变可能产生的巨大能量一清二楚，顿时明了这种可能性的可怕——要是纳粹成功制造原子弹，对世界将产生毁灭性的后果。

他答应提供帮助。几天后，两位物理学家又起草了一封信件，是写给当时的美国总统罗斯福的，他们再次找到爱因斯坦，爱因斯坦便应他们之请在信上签下了自己的鼎鼎大名。

这封信原文如下：

阿尔伯特·爱因斯坦
老格罗夫路，
那索点，毕科尼克，长岛
1939年8月2日

致美国总统

罗斯福

白宫，华盛顿

阁下：

我从费米和西拉德的手稿里，知道了他们最近的工作，使我预见到不久的将来铀元素会变成一种重要的能源。这一情况的某些方面似乎需要加以密切的注意，如有必要，政府方面应迅速采取行动。因此，我相信我有责任请您注意下列事实和建议。

最近四个月来，通过约里奥在法国的工作以及费米和西拉德在美国的工作，已经有几分把握地知道，在大量的铀中建立起原子核的链式反应会成为可能，由此会产生巨大的能量和大量像镭一样的元素。现在看来，几乎可以肯定，这件事不久的将来就能做到。

这种新现象也可以用来制造炸弹，并且能够想象——尽管还很不确定——由此可以制造出极有威力的新型炸弹来。只要一颗这种类型的炸弹，用船运出去，并且使之在港口爆炸，很可能就会把整个港口连同它周围的一部分地区一起毁掉。

……

鉴于这种情况，您会认为在政府与那批在美国做链式反应工作的物理学家之间有一种经常的接触是可取的……

我了解到德国实际上已经停止出售由它接管的捷克斯洛伐克铀矿出产的铀。它之所以采取这种先发制人的行动，只要从德国外交部副部长的儿子冯·魏茨泽克参加柏林威廉皇帝研究所这一事实，也许就可以得到解释，这个研究所目前正在重复着美国关于铀的某些工作。

您忠实的

阿尔伯特·爱因斯坦

爱因斯坦的信在这年10月11日被呈交给了罗斯福总统。据说最初罗斯福总统对爱因斯坦的信并没有太深的印象，是他的一个助手提起了有关拿破仑的一则传说。这则传说是这样的：在拿破仑与英国作战时，由于他的陆军天下无双，只要能登上英国本土，他完全有把握在三个月内征服英国。然而他没办法做到这点，因为他的海军不是英国人的对手。主要是因为他的战舰没有英国人的好。这时候，一个叫富尔敦的美国人将他设计的蒸汽船图纸呈给了拿破仑，这种用蒸汽机作为动力的新型战舰比英国人的帆船战舰要好得多，可以说，只要法国人听从富尔敦的建议，建立起由蒸汽船组成的新舰队，法国海军将可以轻易地击败英国海军。这样的话，世界历史就很可能要重写了。遗憾的是拿破仑不相信富尔敦，最后落得个滑铁卢之败。

关于富尔敦制造轮船的事，我们在《西方通史》第二十二章“工业革命”之“运输革命：火车与轮船”一节中曾经说过。富尔敦的第一艘蒸汽船是1807年初次下水的，拿破仑的帝国直到1814年才完蛋，因此从时间而言上面的传说很可能确有其事。

这个传说让罗斯福总统有如醍醐灌顶，立即召见他的军事助手，筹备原子弹的制造事宜。

第二年，爱因斯坦又给罗斯福总统寄去了一封信，再次提醒他，这使得规模巨大的原子弹制造工程——“曼哈顿计划”——启动了，而且快速进展。

然而有证据表明，这之后不久爱因斯坦就后悔了，他想到了这事可能带来的严重后果。无论如何，这种武器一旦制造出来，对人类带来的灾难将是何等的可怕！这是一种不折不扣的毁灭性灾难啊！

果不其然，德国人的原子弹研究没有想象的顺利，直到第二次世界大战结束，连原子弹的影子都没有。然而，到1945年时，美国人却已经成功地制造出了原子弹，在西南部的沙漠里爆炸让人类看到了它惊人的毁灭之力……

这时候，那些科学家们，包括西拉德和爱因斯坦，立即意识到了事情的可怕。就如西拉德在这年所言：

> 到了1945年，我们就不再担心德国人会用原子弹来轰炸我们了，而我们担心的却是美国政府可能用原子弹轰炸别的国家。

而且他知道，在德国已经快要完蛋的情况下，倒霉的肯定是还在负隅顽抗的日本人。他又一次去找爱因斯坦，想阻止美国政府批准轰炸，爱因斯坦也竭尽全力这样做了。然而史实我们已经知道，他们既然已经从瓶子里放出了这个“魔鬼”，就再也收不回去了。

这的确是爱因斯坦一生最引为痛苦之事，他也将他生命中的最后10年投入了反核事业。

但他的努力谈不上有什么收获，美苏之间的核军备竞赛已然不可避免，人类从此将面临一种可能的毁灭性灾难。到现在，美国与俄罗斯拥有的核武器能够将地球彻底摧毁50次以上。我们虽然不能责备爱因斯坦，但这种后果的产生的确与他有着至为密切的关系，就像他自己后来所言：

“是的，我揿了按钮……”

爱因斯坦死于1955年。

4月13日这天，爱因斯坦感到不舒服，腹部右侧剧痛。医生们诊断是主动脉瘤，建议他动手术，但爱因斯坦拒绝了，他现在对生死已经淡然置之。

此后几天，他躺在医院的病床上，静静地感觉着自己生命之力的离去。

到17日，爱因斯坦感觉好了点，大儿子汉斯上午来看他，还有女儿玛尔戈，她也正在这里住院，爱因斯坦头脑清醒地与他们谈了话。

然而这已经是回光返照了。到晚上，深夜时分。这时他周围只有一个护士，她发觉老人呼吸困难，她正想请医生来，忽然听到爱因斯坦说了几句什么。她走近前去，想听听他说什么，发觉爱因斯坦已经死了。

这时已是4月18日凌晨1时。

爱因斯坦早就给自己订下遗嘱，遗嘱中要求不要举行宗教仪式，同样不要举行任何官方追悼仪式。甚至他下葬的时间、地点也不能公开，只要少数几位至爱亲朋送他前往火葬场。他的骨灰则要被撒在空中。

他的大脑被从他硕大的头颅中取出来，以备将来科学研究之用。

最后，我想用伟大的哲学家罗素的话来评价爱因斯坦，他1943年时访问普林斯顿，造访了爱因斯坦，这时科学家已经垂垂老矣，罗素是这样评价他与爱因斯坦的交往以及爱因斯坦本人的：

同爱因斯坦的交往可以得到异乎寻常的满足。他虽然是天才，满载荣誉，却保持着绝对的朴实，没有丝毫的优越感……他不仅是一位伟大的科学家，而且是一个伟大的人。

罗素的评价是恰如其分的。

第二十八章　相对论简说

现在我们就来谈谈爱因斯坦最伟大的成就——相对论。

谈相对论的主要特点之一是一个字——难。

记得我们前面的两个说法吧？一个说全欧洲只有12个人懂相对论，这是朗之万说的，另一个人说只有3个人懂，这是爱丁顿的观点。杰出的科学家尚且如此说，我们这些科学的门外汉要弄懂它当然更是“不可能完成的任务”了。然而，“到一座山上唱一首歌”，到了这里，我们也只好硬着头皮来唱唱相对论之歌了——不用说是通俗唱法。

狭义相对论：“飞船方一日，世上已千年”　我们知道，相对论分为两种：狭义相对论与广义相对论。我们先来谈狭义相对论。

讲狭义相对论，我们要从一个现象讲起。

以前，在中学物理里，我们已经学过参照系。例如，我们坐着一列以每小时100千米的速度行驶的列车，这时候，我们这些坐在列车上的人是怎么运动的呢？或者说我们的运动速度是多少呢？很简单，只要找一个参照系就行了。

例如，现在我们以列车为参照系，那么我们的运动速度就是0，因为我们坐在列车上，对于列车上的座位等我们是静止不动的。但若换一个参照系就不是这样的了。例如，现在我们换了车窗外面的树林作为参照物，我们的运动速度就由0变成了100千米/时。如果我们站起来，以每小时10千米的速度往车头走，这也就是相对于列车我们的速度是10千米/时，而相对于列车外的树林，我们的速度将是110千米/时。

这就是所谓的“古典速度合成原理”，这也是经典力学中的基本原理。在这里，只要两个参照系彼此间是以匀速相对运动，经过一些非常简单的运算，也就是我们上面那些运算，就可以把速度、距离之类从其在一个参照系中的量变换成在另一个参照系中的量。这种变换被称为“伽利略变换”，因为伽利略是第一个进行这种变换的。

然而，这种在牛顿力学甚至我们日常经验之中理所当然的东西在另一种力学，即电动力学中，就不对了。

我们在前面讲物理学是什么时讲过何谓电动力学，电动力学就是研究电磁场的基本属性、运动规律以及电磁场与带电物质间的相互作用的物理学分支。这里的电磁场也可以改为电磁波，或者更具体地改为光，因为光也是一种电磁波。

我们知道，电磁波，包括光的主要特点之一是运动速度非常快，达到每秒钟约30万千米，一般简称为"c"。当它代替我们坐在列车上时，会出现什么样的情形呢？是不是仍然会像我们人坐在列车上一样，当列车以每秒100千米的速度运动，那么，相对于列车，光速度就是30万千米，而相对于列车外的树林，光速就是（30万+100）千米呢？

答案是否定的。

具体而言就是说，光速对任何参照系，例如列车或者列车外的树林，其速度是完全一样的。更进一步地说，光速对于任何参照系速度都是一样的，无论那个参照系的运动状态如何。

这就是著名的"光速不变原理"，它也是狭义相对论的两个基本假设之一。

不过，这个假设已经不是假设，它早已经被迈克尔逊-莫雷实验证明。上一章中我们已经讲过这个否定了以太存在的实验，在这个实验中，与之同时被证明的就是光速不变。即光速无论在哪个方向，相对于什么参照系，其速度始终如一。更进一步的研究还表明，光速与其频率、光源的运动状态等均无关，其速度无论在什么情况下都是恒定的。

看得出来，这与我们的日常经验是大相违背的，而且听起来简直荒谬。如果将之拿到日常经验之中，就是说我坐在以时速100千米运动的列车上，然后我在列车上以每小时10千米的速度往前跑，那么我不但相对于列车的速度是每小时10千米，相对于列车外的树林的速度仍然是每小时10千米，简直岂有此理吧！

然而这是真的，狭义相对论之特殊意义就在于它提出了一个与人们的日常经验完全不同的理论，然而却又被众多科学实验证明是科学的。

也因此，倘若您真想了解狭义相对论，就要彻底打破以前的旧观念，树立新观念。

而且，狭义相对论所要打破的何止是这个旧观念！在它随之而来的结论里，进一步将人类千年以来对时间、体积、质量的概念通通打破了！

从狭义相对论得出的一个基本结论是：任何物体的运动速度都不可能达到或超过光速。为什么这么说呢？我们在后面将可以看到，倘若物体的运动速度达到甚至超过光速，将导致不可能的事情发生。

狭义相对论得出的另一个结论是：运动物体的长度、运动时间与质量都是不固定的，而与物体的运动速度有关。

我们分别来看这三个结论。

第一个是长度。现在我们设有一根棍子，它静止时的长度为l0，现在它以速度v沿着棍子所指的方向运动。这时候，它的长度将缩短。具体的计算公式是：$l=l0\sqrt{1-\frac{v^2}{c^2}}$。

从这个公式中可以看出，假如物体以光速运动，即$v=c$，那么它的长度将缩短为0，即l=l0。如果它静止，即v=0，它的长度就是静止时的长度，即l=l0。

当然，相对论认为，任何物体的运动速度都不可能超过光速，因此物体的长度为0这种不可思议的状态是不可能的。

这两种结果都没多大意思，但如果物体以很大但小于光速的速度来运动，我们就能看出差异了。例如，物体以光速的$\frac{6}{7}$来运动，即$v=\frac{6}{7}c$，这时候就可以算出来，棍子的长度约等于它静止时长度的一半。

第二个是质量。与运动物体的长度缩小不同，它的质量将增大。物体运动速度与质量之间的公式是这样的：$m=m_0\frac{1}{\sqrt{1-\frac{v^2}{c^2}}}$。

从上面的公式可以看出，物体的运动速度越大，它的质量也就越大。当物体的速度等于光速时，其质量将是无穷大。因为它实际上是m_0乘以无穷大。只要这个m_0不是0，其乘积当然必是无穷大了。

我想这个理由是最好的证明物体的运动速度不可能超过光速的理由。物体的长度为0甚至后面的时间为0都好理解，似乎也可能存在，然而质量变得无穷大却似乎超越我们所能理解的限度，要知道就是太阳的质量也是有穷的！不过这种现象在宇宙中似乎真的存在，就是黑洞，其体积趋向于无穷小，质量却可能趋向于无穷大。

关于运动物体的质量将增加已经不是一种猜想，而是已经得到了证明。物理学家们已经观测到，当电子高速运动时，其质量比静止时要大得多。

最后一个是时间。与长度的缩短相似，运动物体的时间将变慢。

这是什么意思呢？我举个例子吧。现在我们准备两根棍子，每根棍子上都绑着一块手表，它们上面的时间是精确同步的，例如都指向2000年1月1日1时1分1秒。现在一根棍子开始运动。这时这根运动着的棍子会发生什么现象呢？除了长度将变短、质量将变大之外，另一个结果是它上面的时钟将“走慢”。

这也可以用公式来表达。我们现在设静止时闹钟上的时间为t_0，现在它以速度为v运动，它上面的时间t将产生的变化即如下公式：$t=t_0\sqrt{1-\frac{v^2}{c^2}}$。

从这个公式可以看出，假如物体以光速运动，即$v=c$，那么它的时间将缩短为0，即t=0，时间将静止不动。

依据这个公式，我们还可以算出来，如果物体以光速的$\frac{6}{7}$来运动，即$v=\frac{6}{7}c$，这时$t=\frac{1}{2}t_0$。即运动的棍子上的时钟比静止时慢一半。

时间能够变慢吗？这简直是太神奇了吧！正是这样。而且这已经被证明了呢！

一个最直接的证明是1971年，两位科学家带着极为精密的原子钟乘坐非常快的喷气式飞机绕地球飞行，当他们在原起飞的机场着陆时，将飞机上的原子钟与原来放在机场的另一架原子钟进行比较，发现飞机上的时钟的确变慢了一点，而且经测量后与上述公式里经运算后应该变慢的数值一致。

此外，科学家们后来又观测到，同一种粒子，当它基本静止时的寿命与当它以高速运动时的寿命大不相同，后者比前者要长得多。

我还可以打个让人兴奋的比喻：假设一艘宇宙飞船能够以光速的99.995%航行，这时它的寿命将要长100倍。也就是说，假如20岁的您乘着这艘飞船漫游宇宙，漫游了整整一年——根据飞船上的时钟——之后，您想念女朋友了。于是飞回了地球。当您走下飞船时，您会发现什么呢？您会发现：您的女朋友早已去世。而您自己，根据地球人的时间，已经120岁高龄了！

我们中国人古代的说法是天上的一日等于人间的一年，这其实是可以用科学的办法实现的呢，只要您坐上足够快的飞船就行了。进一步说，只要您的飞船够快，无限接近光速，时间也就流逝得很慢，最后，达到“飞船方一日，世上已千年”也是可能的呢！

您可以试着算一下，看这样的话飞船要跑多快。

更有甚者，西方的幻想家们根据这个公式竟然想让时间倒流。

您看过《未来战士》或者《回到未来》吧？前者由施瓦辛格主演，后者的导演是大名鼎鼎的斯皮尔伯格。这两部影片里就讲了人类能够用科学的法子在过去与未来之间飞来飞去，简直就像从客厅到卧室，再从卧室到客厅一样方便！

这样做到的办法其实很简单：只要用超光速运行就可以了！即$t > c$。这时候，幻想家们说，时间将出现负值，即时光将倒流！这就意味着人类的“返老还童”不再是幻想！

也许您还会问：要是t=0呢？会有什么结果？那结果当然很简单啦，就是时间将静止不动，用一句更通俗的话来说，我们将“长生不老”了！

您还记得在前面讲牛顿物理学时他在《原理》的第一卷中旗帜鲜明地提出的绝对时空观吗？那里还引用了几句原文，如果拿来这里比比看看，那会很有意思呢！

除了上面这三个结论外，狭义相对论还有一个特殊而重要的结论，那就是质量与能量之间的关系式，即$E=mc^2$。根据这公式，一克物质如果完全转化为能量约相当于15000吨黄色烈性炸药，等于1945年美国在日本广岛投下的原子弹的威力。

以上就是由狭义相对论得出来的几个惊世骇俗的结论，它的每一个都与我们过去习以为常的老观念相对立吧？在这里，长度、质量甚至时间都成了不固定的东西，成了由物体的运动速度来决定的东西，而且在质量与能量之间有那种神秘而可怕的联系，实在太奇怪了！我想，它们在人类的心灵里激起的爆炸威力也不亚于一颗原子弹呢！

广义相对论：什么是“弯曲的空间”？ 爱因斯坦在提出狭义相对论，给人类的心灵一记老拳后，并没有就此罢休，相反，他更进一步地提出了广义相对论。

广义相对论较之狭义相对论更为复杂，因此在这里我也只能做更为简单的介绍。

广义相对论是与狭义相对论相对而言的，就像广义是与狭义相对而言的一样。如果说前面的狭义相对论研究的是时间的话，那么广义相对论研究的就是空间；如果说前面的狭义相对论研究的是匀速运动的话，那么广义相对论研究的就是加速运动。因此，我们可以近似地说，广义相对论研究的是关于空间与加速度的问题。

广义相对论的最基本原理是所谓等效原理。等效原理听起来很简单：它指的是处于引力场中的惯性参照系与加速度参照系是无法区别的。

它理解起来也不难。我们可以进行这样一个假设：我们假设自己正坐在一个完全封闭的太空舱中，正在距地球十分遥远的宇宙深处飞翔。本来，我们乘坐的飞船是在做匀速直线运动，这速度当然很快，也许接受于光速，但由于是匀速直线运动，因此我们感到很轻松，甚至根本不觉得自己在运动。这时，我们突然感到自己的身体猛往下沉，屁股紧紧地压着了垫子。这时候，您会想到是什么原因使自己感受到了力的作用。可能的原因有两个：一是它们已经进入了一个引力场中，二是飞船现在正做加速度运动。

但进一步的问题是，您能够区分到底是什么原因吗？不能！因为我们是在一个完全封闭的太空舱中，我们在运动中的惯性参照系，也就是船舱里的诸物体，与我们做加速运动的参照系实际上是同一些东西，在这种情况下当然不能做出区分了。

从这个原理出发，爱因斯坦对引力做了一种特殊的解释，即他把引力定义为质量或者集中能量的存在——这二者实际上是一致的，因为如$E=mc^2$中所体现的一样，质量本来就是集中能量——在时空连续系统中造成的局部曲率。

这个解释有点怪吧？本来，曲率是一个几何概念，爱因斯坦竟然将之作为引力的解释，上面这段话简化就是“引力就是局部曲率”，实在是别出心裁呢！

我们可以对之做这样的理解：力能够使某种东西弯曲，也能够令某物体的运动路线弯曲。例如我们折弯一根铁丝，或者当一颗铁钉沿直线滚动时在它旁边放一上块磁铁，铁钉的路线就会变成曲线。既然铁丝与铁钉都“曲”了，它们当然就有一定的“曲率”。这曲率乃是力作用的结果。于是我们同样可以近似地将力理解为其结果曲率。这就像一个大力士用力将一根本来直直的很粗的钢筋折成“（”形，然后洋洋得意地指着那弯儿说：“瞧，这就是力量！”

对这种说法您不会觉得没道理吧？其实，钢筋的弯儿何尝是力量呢？那也只是钢筋的“曲率”。但因为它是由大力士膂力造成的结果，这种说法又何尝不可？

这种曲率——也就是引力——的作用就是使运动物体的惯性路径不再是直线，而是某种形式的曲线。

于此我想不难理解，因为引力当然会使在其引力范围之内运动的物体不再是直线而是曲线，就像一颗本来沿直线运动的铁钉，如果我在它的旁边制造一个“引力场”，也就是放上一块磁铁，它运动的路线自然就不是直线了一样。

不过爱因斯坦的下一个结论就有点难明白了。他说，在整个空间——包括地球所在的空间——里做惯性运动的物体其路线都不是直线的，而是曲线的。

这是为什么呢？原因其实很简单。因为地球有着强大的引力，在其周围的广大空间制造了一个强大的引力场，因此，凡经过这引力场之内的物体无不受到引力的作用。从另一个角度也可以这样说：这广大的空间就是一个充满了引力的引力空间。凡在这引力空间之内运动的物体，其运动路线都是曲线——即使看上去是直线，实际上也是曲线。

这就像我们骑着骏马在一望无际的草原上奔驰，我们走的好像是直线。但实际上是直线吗？当然不是，因为地球本来就是球体，在它上面走怎么真的可能走直线呢？

更进一步地，我们是不是也能够这样说：由于位于整个空间中的任何位置的物体都将受到力的作用，使其运动路线弯曲，因此，我们不妨干脆说这个空间本身是弯曲的。

我不妨再打个比方来说。大家都知道“死海”，但死海真的是死的吗？当然不是，因为海又不是生物，怎么可能死呢！只是因为它里面的水含有比例极高的盐分，使进入它里面的动植物无法生存，因此便称之为“死海”了。就像“弯曲空间”一样，其实空间又不是铁丝，为何能够弯曲呢？只是由于空间中有引力的作用，因此空间之内的物体的运动路线弯曲罢了！

这里还有另一个更加深刻的原因，那就是爱因斯坦并不认为存在着纯粹的、其中没有物质的空间，也就是不存在牛顿所说的那种绝对空间。爱因斯坦认为，空间就是空间中存在的物质，除此而外别无其他。如果没有空间中存在的物质，那也就没有空间本身了。加上前面的情况，即由于受到强大引力场的作用，因此经过空间的物体的运动路线必定是曲线的。这时候，既然空间中的物体的运动路线都是曲线，而空间的物体其实就是空间本身，那么，当然也就可以说空间本身是弯曲的了。对此爱因斯坦自己也曾说过这样的话：

从前人们以为，如果所有的物体从宇宙中消失掉，时间和空间依然存在。而根据相对论，时间和空间将同物体一起消失。

这句话是爱因斯坦第一次访美时回答记者们什么是相对论的本质时所说的。虽然他是带着玩笑的口吻说的，但实际上绝不是玩笑，而是对相对论做出了根本性的概括，是切中肯綮的。这句中蕴藏着相对论中的两大玄机：一是不存在绝对的空间，二是空间是可以弯曲的。只要我们深思就能发现之、体味之。这两点，真可以说就是相对论的本质。

我们继续往下说。空间中的任何物体都要受到引力的作用，空间中的任何一点都存在着引力，而且在空间中任何一点的引力大小是能够测量的，这也可以说成，空间中任何一点的曲率是可以测量的。爱因斯坦为之建立了一个“场方程”，它既能描述时间与空间中任何一点的曲率，又能描述这点的能量或者质量，这个方程与自由落体沿最短路线运动的规律共同构成了广义相对论。这里要强调的是，在弯曲的空间里，两点之间的最短距离并不是直线——因为所有的路线实际上都是曲线。

广义相对论比狭义相对论更加深奥晦涩，如果不是它提出的几个预言得到了验证的话，我想几乎没有人会去或者敢去认真研究它的。广义相对论一共提出了三个预言，或者说三个效应。

第一个是解释水星近日点的进动。

长久以来，人们对于水星的认识都被一个现象所困扰，就是水星近日点每年都有所不同，会向前移动一点，这就是水星近日点的进动了。牛顿力学对这个问题根本无能为力，但爱因斯坦却用他的广义相对论成功地解释了这一现象。而且，根据广义相对论提供的公式的计算值与近日点的实际进动刚好吻合。

第二个是预言从大质量的星球射到地球上的光线，其谱线会产生红移。1924年通过对天狼星的伴星的观测也证实了这个预测。

第三个是强大的引力场会引起经过它的光线的弯曲。这是三个验证中最有名的一个了，我们前面在讲爱因斯坦的生平时已经讲了验证的经过。正是1919年的这个验证使相对论得到了科学界的全面承认，也使爱因斯坦一举登上了不朽者的殿堂。

除此而外，广义相对论还有其他预言，例如著名的黑洞与引力波就是从广义相对论引申出来的结论之一。引力波这里且不说，对于黑洞我们可是久仰大名了。

什么是黑洞呢？其实黑洞就是一个巨大的引力场。我们从广义相对论知道，光线是会受到强大的引力场吸引的，不过一般的引力场再强也只能使它的路线发生偏转，也就是使之“弯曲”。黑洞则根本不同，它的引力非常强大，强大到光线经过它时不是被偏转，而是被一口吸进去了，就像我们囫囵吞枣一样，刹时进了肚子看不见了。

止由于光线都不能从它上面挣脱出来，因此它就不可能发光，也就是说，它是漆黑一团，这就是“黑洞”名字的来源。

以上就是狭义相对论与广义相对论的具体内容了，它们合起来就是相对论。

到今天，虽然创立它的时间已经过了近百年，然而百年之后物理学并没有根本性的突破，甚至谈不上有多少重大突破。

当然，爱因斯坦之后物理学也不是全无发展，在物理学的几个方面，例如原子物理学、原子核物理学、粒子物理学、量子力学等方面都有新的理论与新的发现，这些，我们在前面讲物理学时都已经说过了。

但总的说来，爱因斯坦的相对论仍然可以说是最新的、最现代的物理学，现在的物理学家们工作的相当一部分仍然是在挖掘爱因斯坦的思想，那里直到今天还是一座金矿，有许多宝贝等待人去发掘呢！

第二十九章　化学是什么

根据《不列颠百科全书》上的解释，化学是研究物质的性质、组成、结构和它们发生的转变（即化学反应），以及转变中吸收或释放能量的科学。

这是个比较复杂的概念，我认为可以这样分成三步改写：

化学是研究物质的科学。它研究的是物质的性质、组成和结构等。它们可以总称为物质的“化学性质”。

化学是研究物质之间可能产生的化学反应的科学。

在这种反应之中，能够吸收或者放出能量。

上面这三步中许多的概念需要解释清楚。

第一个就是物质。

我们要强调的是这个“物质”与我们平常所称的物质不同，它专指那些有确定结构的物质。这种物质有两种，一类是单质，也就是由同一种原子构成的物质。例如我们所见到的金、银、铜、铁、锡等金属，还有我们见不到的一些气体，如氢、氧、氮等。第二类则是化合物，也就是由化学反应而生成的物质，例如氢与氧产生化学反应而生成的水，就是一种典型的化合物。

像以上的单质与化合物才是化学研究中的物质，它们的共同特点是有确定的化学成分。至于其他物质，像一块石头或者一根木头，就不是属于化学讨论里的物质了，它们的成分太复杂，不属于我们所称的单质或者化合物。

第二个是物质的性质、组成与结构，任何单质或者化合物都有这些特征。

我们来看单质，例如金，它是一种单质，是一种软而带亮黄色的金属元素。这软、亮黄色、金属元素都是它的物理性质，像比较稳定，不容易被腐蚀、生锈等，则是它的化学性质。至于组成，它当然是由金原子组成的，所有金属都是直接由其元素的原子组成的，这也是它的结构特征了。

再看化合物水。水是我们最为熟悉的化合物了。它无色、无臭、无味，在常温下呈液态，温度降到0℃以下则变成固态，升到100℃以上则成为气态，这些都是它比较明显的性质。还有一些性质则不那么明显，例如纯净的水是电的不良导体、它电解后可生成氢气与氧气等。至于水的组成，我们也很熟悉，它是由氢与氧两种元素组成的。其形成过程可以分两步去理解：第一步是由两个氢原子和一个氧原子产生化学反应形成一个水分子，用化学式是H_2O。第二步是许多的水分子合在一起就是我们所见到的水了。水分子的结构就比较复杂了，事实上，所有化合物的结构都比较复杂，水还是简单的。水是怎么由氢原子与氧原子构成的呢？我们先看氢原子与氧原子是如何构成水分子的——

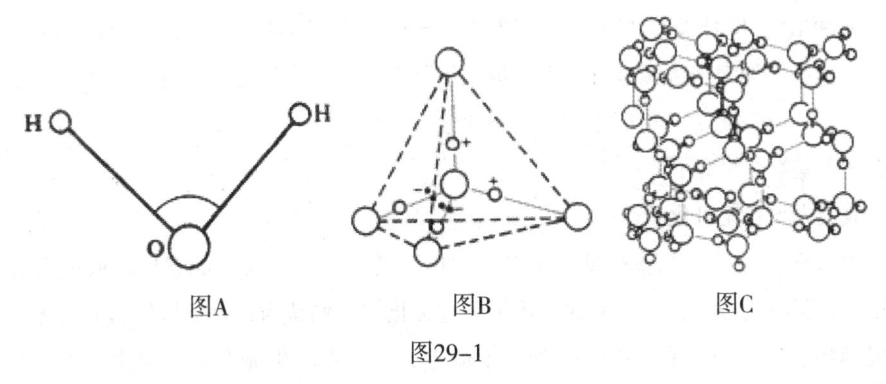

图A　　图B　　图C

图29-1

如图29-1中的A，我们看到，两个氢原子和一个氧原子构成了一个水分子。在图B中，是水蒸气大概的分子结构，那些大球是氧原子，小球是氢原子。图C则是冰的分子骨架结构。看得出来，一个大氧原子周围都粘着两个小小的氢原子，就像一个篮球上面粘着两个乒乓球一样。无数个这样的水分子有规律地聚集在一起就构成了冰。

我们要探讨的第三个概念是化学反应。

化学反应是化学中最基本的概念之一，可以说之所以有化学就是因为有了化学反应。

什么是化学反应呢？简而言之，化学反应是一些物质转换成另外一些物质的化学过程。

从这个解释中可以看出，化学反应的主要特点就是物质种类的转换，即通过反应之后，一些物质会转变成为另外一些种类的物质。例如我们前面讲过的氢与氧发生化学反应生成水，这就是化学反应。因为氢、氧与水无疑是不同的物质。还有一些更为常见的反应，例如木炭在氧气中燃烧，也是一种化学反应，生成的是二氧化碳。用化学公式写就是：$C+O_2 \xlongequal{点燃} CO_2$。木炭的主要成分就是炭“C”，我们将之点燃时，也不要特意放到氧气之中，只要在空气中点燃就行了，因为空气里就含有大量氧气。

至于为什么会产生化学反应，它的本质又是什么？化学反应中一种物质为什么能够变成另一种物质？这个过程是如何发生的？各种问题，我们在后面了解了物质的原子结构之后，就将一目了然了。

化学反应的另一个基本特性是它能够吸收或者释放能量。例如氢与氧反应生成水，就能够释放能量了，即热能。而当我们要将水通过电解分解成氢与氧时，它就要吸收能量了，即电能。化学反应能够吸收或者释放能量，尤其是能够释放能量，这种特性对于人类的生存是至关重要的。最鲜明的例子就是火，从万年之前的原始人钻木取火，到现在我们的用液化气烧饭，都是化学反应。没有这样的反应也就没有火，没有火也就没有人类文明，这句话恐怕不过分吧！

无机化学是化学大厦的第一层　　像数学或者物理学一样，化学也有大量分支，大大小小加起来大概有几十个，但归纳起来，可以分为五个大分支：无机化学、有机化学、分析化学、物理化学、生物化学。了解了这五个分支，我们对何谓化学也就有一个基本的轮廓了。

我们先来看无机化学。

大家都听说过无机和有机。这里的“机”类似于“生命”的意思。所谓无机即无生命，无机物也就是无生命的物质了。过去化学家们认为，自然界的物质大体可以分成两种：一种与生命有关，一种与生命无关。并将与生命有关的物质称为“有机物”，它能构成有生命的动物、植物、微生物，或者也可以由这些有生命的东西产生出来。与之相对，无机物就是与生命无关的物质了，它们既不构成我们所熟悉的生命体，又不能由生命体产生出来。前者如淀粉、蛋白质、脂肪等，后者如金属、岩石、各种矿物、水等。

当然，上面的无机物与生命“无关”是相对的，这些无机物从另一个角度来看不但与生命有关，而且大大地相关呢！例如水，我们人体质量的大部分就是水，我们每天要喝很多水，也要排泄很多水，怎么能说水与生命无关呢？因此，水自己虽然不是生命本向，却是生命的必要条件。这是真正的鱼儿离不开水、瓜儿离不开秧。

化学上还有一个更简单的办法来区分无机物与有机物。

这个简单的办法就是找碳。对于几乎任何一种化合物，如果我们要判定它是有机物还是无机物，一个最简单的办法就是在里面找碳，如果这种化合物中含有碳，就是有机物，否则就是无机物。例如某些含有碳的简单化合物，例如碳元素、二氧化碳、一氧化碳、碳酸盐等，它们虽然含有碳，由于它们结构简单，与结构复杂的有机物大不相同，因此也将之归入无机物之列。

弄清楚无机物与有机物之后，什么是无机化学也就清楚了。

无机化学就是研究无机物的组成、性质、结构和反应等的化学分支。

看得出来，这只是将原来化学的概念改头换面了一下，将物质变成了无机物。因此，我们对它的解释也像前面对“化学”一词的解释差不多了，这里无须多说。我们这里只要补充两点：

无机物是最基本的化合物，无机化学也是整个化学大厦的基础。

我们在本书的化学这一部分中，主要讲解的也是无机化学。

奇妙的有机物，复杂的有机化学　比起无机化学来，有机化学要复杂得多了。

与无机化学研究无机物的组成、性质、结构和反应等一样，有机化学则研究有机物的组成、性质、结构和反应等。

也许你要问这样一个问题：自然界有这么多种元素，为什么要将含碳的化合物单独列出来称为有机物呢？甚至还要有一门单独的有机化学来研究这些有机物？这里主要有三个原因：

一是科学家们在长期的研究中发现，这些有机物虽然数量没有无机物众多，然而却有着非常独特的性质。例如它们一般都可以在空气中燃烧，挥发性较大，且不易溶于水，等等。这些独特的性质使得用一种独特的方法去研究它们成为必要。

二是有机物对人类有极为重要的实际用途。在我们所熟悉的医药、染料、炸药、燃料等领域，实际上都是有机化学的天下，因为这些药品、炸药、燃料等都是有机物，它们对于人类的重要性不言而喻。

三是有机物不但在人类生活中有重要意义，也与人类自身有着密切的关系。前面我们说过，“机”有生命之意，有机物的确是生命之母，所有的生命，包括我们人，都是由有机物组成的。不但我们的躯体是由有机物组成的，而且我们一系列的生命活动，例如新陈代谢、遗传、变异等，也都是由有机物参与的活动。甚至可以这样说，对生命科学的研究就是对有机物的研究。当然，这里涉及的范围十分广泛，远非有机化学一科所能涵盖。

我们再来看看有机化学的简史。

“有机化学”一名起源于19世纪初。那时许多化学家相信在生物体内存在着一种“生命力”，这样它们才能产生特别的有机化合物。并且，这些有机物只能来自生命，是不可能由无机物产生的，也不可能在实验室里人工合成。基于这些独特之处，他们将研究有机物的化学称为“有机化学”，意即研究生命之力的化学。

然而，这种观念不久就被证明是错误的，一位德国化学家将无机物化合成属于有机物的尿素。这样，那个“生命力”学说就被证明是错误的了，但“有机化学”这个词却一直被保存下来。

有机化学诞生之后，人们最早的行动之一是制备有机化合物。虽然生命体是由有机物合成的，但它们的成分太过复杂，无法将之作为具体的研究对象，因此为了研究有机化学就必须制备出许多成分不那么复杂、可以对之进行确定研究的有机物。做这项工作最早的人之一是法国化学家拉瓦锡，他发现，有机化合物燃烧后产生二氧化碳和水。由此人们知道了有机物的成分主要是碳、氢和氧等。这是对有机物的最初认识。

但这种认识显然是模糊的，为了更详细地了解之，必须像认识无机物一样，找出有机物的分子式。

这个问题一直到19世纪中期才解决。这时一个叫凯库勒的德国化学家提出了“价键”的概念。

键与价是有机化学中两个关键性的概念。

我们知道，所有化合物的分子都是由不同元素的原子组成的，它们是怎么组成的呢？在这里科学家们提出了“键”的概念，他们认为，化合物分子是由其组成的原子通过键结合而成的，并且用一条横杠来表示，即“——”。我想在这里不妨把键设想成为一条绳子，是它将不同种类的原子捆在一起的。

那么这些不同种类的原子到底是怎么结合的呢？这种结合当然是有一定规律的，与不同原子的特性有关。由于在所有已知的化合物中，一个氢原子只能与一个别的元素的原子结合，氢就被选作一种单位。能够与这种元素的一个原子结合的氢原子的个数就是这种元素的价数。例如，1个氧原子能够与2个氢原子结合，因此氧是2价的。1个碳原子能结合4个氢原子，因此碳是4价的。

按照上面的价键学说，就能够用形象的图表来表示它们的分子结构了，例如，甲烷与乙烷的结构式是这样的：

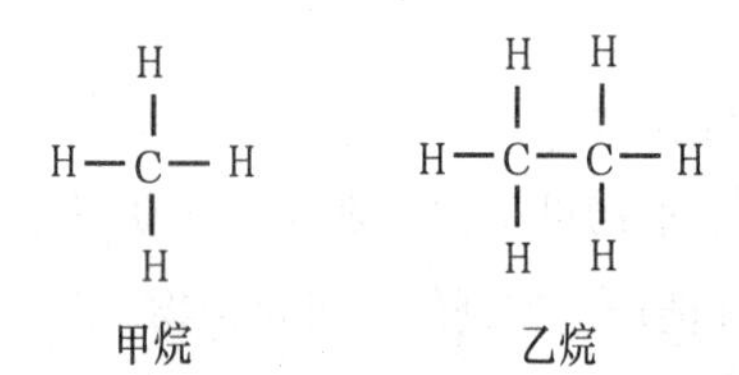

甲烷　　　　乙烷

看得出来，一个甲烷分子是由1个碳原子和4个氢原子合成的。而一个乙烷分子是由2个碳原子和6个氢原子合成的。

至于为什么这样结合，即一个甲烷分子要由1个碳原子与4个氢原子，而不是2个碳原子与4个氢原子或者1个碳原子与2个氢原子结合，这里也是有道理的。它与氢和碳的核外电子数有关。这些涉及化学反应的本质问题，我们在后面讲原子的化学结构以及元素周期表时还要仔细分析。

上面那样的有机物分子结构图是有机化学的基础内容之一，要了解一种有机物能够给出它的结构图是很重要的。

当然，这个结构图并不好找，也不好了解，要知道结构复杂是有机物的基本特点之一。例如一些有机物其实组成它的原子种类和数目都是一样的，但由于这些原子的排列形式不同，也会变成不同的有机物，这就是“异构”现象。

在这种现象里，一个分子中原子的种类及每个种类的个数是相等的，但结合而成的分子却不同。例如由5个碳原子和12个氢原子就可以构成三种不同的分子，而且它们的式子都相当复杂：

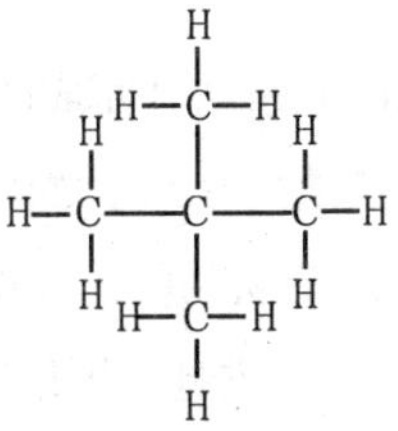

新戊烷 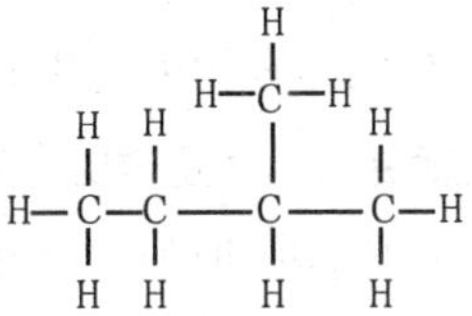　　异戊烷 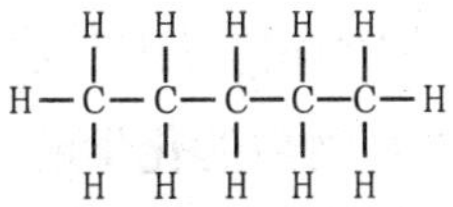　　正戊烷

这三种不同的有机物的名字我们都看到了，它们之所以不同，在于相同原子之间的结合特征不同。大家可能更熟悉另一种类似的现象，就是石墨与钻石。它们看上去是完全不同的两种物质，然而却是由相同的原子组成的，这就是碳原子。

到这里您也许会好奇地问：为什么碳这么怪呢，能够与这么多的其他元素结合成这么多种类的有机物；能构成生命，甚至仅仅排列的形式不同就能形成截然不同的物质？真是奇哉怪也！

不错，碳的确是所有元素中最奇异的元素，几乎无所不能：既能在自然界独立不羁地存在，又能与其他元素化合成无数种新物质，这些新物质中还包括万物之灵的生命。甚至，它就像魔术师一样，用一些完全相同的元素，什么新东西也不用加进来，就这么摇身一变，就成了别的物质，例如从新戊烷变成了正戊烷，从丑陋的石墨变成了美丽的钻石！

为什么碳竟然具有如此古怪的性质呢？这个问题等到后面我们讲元素周期律时就会明白了。那时我们会看到，一个碳原子最外层有4个电子，这个数目比较怪，不多也不少。因为最稳定的是最外层有8个电子，最不稳定的是只有1个。因此有4个电子的碳原子就有最大的机动性，可以与许许多多的元素结合，同时自己又比较稳定。就像这里有A、B、C三组人，分别有7人、4人、2人，现在要将之分成两组，请看各个组是去合并别的组呢还是被别的组合并？A组不用说是去合并别的组，因为它人最多，有7个，跑到别的组去太麻烦，最好让别的组的人过来。C组也很明显，应当是被合并，因为它只有两个人，分到别的组很容易。但B组就不好说了，它是4个人，不多也不少，因此既可以去合并C组，但也可以被人数更多的A组合并。碳原子也是这样的情形，用一句哲学化的话来说，它奉行了“中庸之道”，因此具有更大的灵活性。

正因为碳原子具有最大的灵活性，它能够与许多元素的原子结合形成许多新分子，最常见的是氢、氧、氮等，此外像硫、磷等也可以。这些分子中有的只含有2个碳原子，有的则可以有几十万个碳原子，例如我们熟悉的橡胶。而且如前面所说，结合的方式也多种多样。于是就出现了这样的情形：只要由碳原子与少数几种原子以不同的方式结合，就能够形成几乎无数种可能的有机物。

这样的结果就是，虽然有机物只是由碳一种元素与别的元素结合而成的，而且有几种还不算在内，然而它所能够产生的化合物种类几乎与其他所有元素之间反应生成的化合物一样多呢！而且其复杂程度更是远远超过所有其他非有机物的化合物。

如何分析物质的化学成分　我们要讲的化学的第三个分支是分析化学。

分析化学又被称为化学分析，是化学中另一个主要分支。从它的概念中就可以看出它主要的特点：它是用分析的方法来解决问题的化学分支。因此，分析化学与其说是化学的一个分支，毋宁说是研究化学的一种方法。

为了了解作为一种方法的分析化学，我们首先要了解的当然是这种方法。

分析化学的方法主要有三种：定性分析、定量分析、结构分析。

定性分析指的是分析对象中含有哪些成分，这经常是整个化学分析的第一步。这个分析可能是比较简单的，例如如果所要分析的对象只是一种普通的化合物。但也可能非常复杂，例如要分析一整车矿石中所含的矿物成分。总之，只要我们不知道眼前物质是由一些什么样的成分组成的，就要靠定性分析来帮忙了。

定性分析本身就是一个十分复杂的过程，又可以分出许多的具体方法，例如根据分析的对象不同，可以分成无机定性分析与有机定性分析，根据分析手续的不同又可以分成系统分析与分部分析等。这些具体的分析方法就不在我们的讨论之列了。

与定性分析相对应，定量分析所要分析的就是物质的量了。定量分析通常在定性分析之后进行，即当定性分析分析出对象中所含的物质种类后，再对每种成分的量进行分析。这个量又包括质量、纯度等不同的内容。

结构分析则是更进一步的分析。当我们通过定性与定量分析知道分析对象中所含的成分之后，这些成分通常已经是某单独种类的化合物，然后再对这个化合物进行更进一步的深入分析，包括分析其分子结构等。这些就是结构分析所要做的工作了。

在这三步分析完成之后，我们对所要分析的对象的化学性质就会有相当详细的了解。

当然，这三种方法都是方向性的大方法，而不是具体操作的小方法。在分析化学中，这些具体的小方法可不止三种，三十种都不止呢！我这里试举几种比较重要的：

一是微量分析。就是借助于显微镜，对十分少的对象，例如一微克，也就是千分之一克，进行分析。

二是过滤法。这种方法比较常见，在分析化学里常用的是用滤纸来过滤。它十分简便。

三是试剂法。我们知道，许多化合物遇到另外某些化合物时会变色，例如酸与碱，我们用试纸去试时，会变红或者蓝。

四是比色法。在化合物中，特别是其溶液中，当它达到某种浓度时，就会呈现某种特别的颜色。这样反过来，若想知道某种溶液的浓度，只要观察溶液的颜色就行了。

除了上面的几种外，还有质谱法、色层分析法、核磁共振——这种方法今天在医学上被广泛使用——等等。总之运用它们，就能够对所在研究的化学性质进行详尽的分析，找出它们的成分、剂量甚至内部结构等。进一步地，我们可以由之了解其性质、用途、制备方法等，所谓化学研究，无非就是做这样的事情。

用物理的方法来研究化学 我们所要分析的第四个化学分支是物理化学。

从这个名字就可以知道，物理化学就是用物理学的方法来研究化学而形成的化学分支，它属于物理学与化学之间的边缘学科，不过既然名之为物理化学，整体上还应当将之列入化学。

物理化学的内容也很丰富，包括许多分支，是今天化学领域内的显学。主要有三个，即化学热力学、化学动力学、结构化学。

化学热力学主要是研究化学反应的热效应问题与能量变化的问题。我们知道，大量化学反应都伴随着热量与能量的变化。最明显的例子就是燃烧，例如煤与汽油等的燃烧，它们就是一种化学反应，与化学反应同时产生的是大量的热与光。这时，通过对热与光等物理现象的研究，就能够对前面的化学反应做出研究，例如该化合物为什么会发热发光？与它的何种化学性质有关？等等。这就像看到苹果落地而研究使之落地的万有引力一样，都是由果而溯因的研究。

前面我们在讲物理学是什么时，已经讲过了它的分支之一热学，并且讲解了四个热力学基本定律。在讲化学热力学时，所运用的同样是这几个基本定律。

我们研究化学反应，不但要研究反应能否进行的问题，还要研究反应进行得有多快，反应速度如何，这就是化学动力学要解决的问题了。我们知道，车辆的行进需要动力，动力越大开得就越快，反之则越慢甚至开不动。化学反应也是这样，它也需要动力，动力越足进行得就越快，反之则越慢甚至没法进行。化学动力学正是研究这些问题，例如化学反应的速度以及影响这些速度的各种原因，并最终达到能控制反应速度。这对于化学工业是极为重要的，许多化学工业需要加快或者降低反应的速度，就像我们用煤气炉烹调一样。这时候煤气的燃烧也是一种化学反应，有时候需要火大，也就是反应快，有时候又需要火小，也就是反应慢。

大家都知道一种最普通的加速化学反应速度的方法，这就是使用催化剂。

物理化学的第三个分支是结构化学。所谓结构化学，就是从物质的结构入手去研究其化学性质。物质的性质与其结构有密切的关系，就像前面我们所讲的“异构”现象一样，三种“戊烷”中构成分子的原子种类与数目是完全一样的，只是由于结构不同，使得化学性质产生了大变化，成为两种不同的化合物，金刚石与石墨也是一样。

实际上，几乎所有化合物之所以具有某种性质都与其内在结构有关，这种内在结构可能与其分子之内原子的结构或者与各分子之间的相互作用有关，甚至有可能更进一步与分子中的原子结构有关，不过这已经不属于化学领域而进入我们前面讲过的原子物理学的领域了。但物理化学本来就是介于物理与化学之间的边缘学科，这样的“侵入”也是自然之事。

生物化学：探索生命活动的秘密　我们要讲的化学的最后一个大分支是生物化学。

生物化学与其他几个分支不一样，它不一定是属于化学的一个分支，有许多人认为它是生物学的一个分支。因此它既可以属于化学，也可以属于生物学。不过我们在这里还是将它当成化学的分支吧！它毕竟像物理化学一样，中心词是化学而非生物。

生物化学是研究发生在生物体内的化学反应过程以及参与这些化学反应的物质性质的科学。从这里看得出来，生物化学有两个大的研究对象：一是在生物体内进行的化学反应过程，二是参加这些化学反应的物质。

我们先来看第二个对象，即生物体内参加化学反应的物质。

这些物质包括两大类有机化合物：第一类是构成生物细胞基本成分的有机化合物，如蛋白质、脂肪、碳水化合物等。第二类是在生命活动中起关键性作用的化学反应中的关键性化合物，如核酸、维生素、激素等。

我想，这些名词大家都很熟悉吧？例如蛋白质，它是一种结构分子，在生物的细胞之内扮演着关键性的角色，细胞所有的功能之发挥都离不开它。作为一种分子，蛋白质也像一般有机物的分子一样，有其化学结构，它主要由氨基酸分子构成，其成分包括碳原子、氢原子、氧原子、氮原子等，一个氨基酸分子的结构图如下：

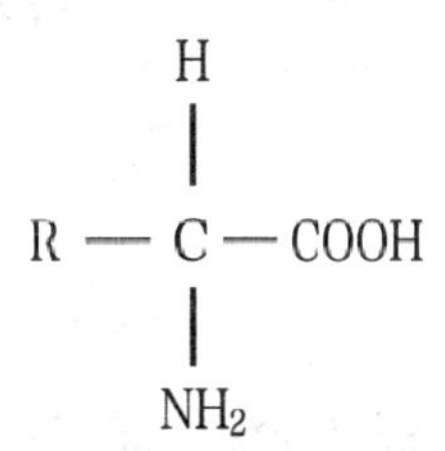

这里的R代表一个特别的侧链，正是这个侧链区别了各个氨基酸。

我们再来看第一个对象，即在生物体内进行的化学反应过程。

这些化学反应过程又包括两类：第一类是发生在生物细胞内的生物化学反应，例如蛋白质的合成、物种遗传性状的传递等。这些反应与我们一般见过的化学反应大为不同，一是极为复杂，许多到现在为止对于人类还是神秘莫测的；二是它们相互之间有密切的关联。

第二类是生物体内能量储存与释放时发生的化学反应过程，还有生物化学反应中酶的作用以及催化酶的作用，等等。

从它们的名字一看就知道这些反应也是很复杂的，有些连科学家们都没有搞清楚，我们在这里也不说了。如果您想知道生命的一些秘密，可以参考后面的生物学章节。

从上面也不难看出，生物化学中这两类研究对象的研究对于我们了解生命的秘密是至关重要的，因为它们涉及了生命活动的核心，是真正以科学的方法去研究生命的奥秘。

以上就是化学的主要内容了。较之前面的天文数学物理诸章，它的内容要少得多。这主要是因为一方面较之数学与物理的历史悠久与内容丰富，化学本来就要稍稍逊色一些。二是我将所要讨论的主要内容都挪到后面去讲。后面将包括讲述化学的发展简史及我们要讲的化学的主要内容——无机化学，例如化学反应的本质都属于这方面的内容。

第三十章　从炼金术到燃烧的秘密

化学的诞生伴随着伪科学、谬误与苦难，最终走向真理，为什么这么说呢？看下面的内容就明白了。

最早的化学是以古老的炼金术为始的，或者说，古老的炼金术乃是最早的化学。

古老的炼金术　我们这里所指的造就了科学的伪科学就是古老的炼金术。

炼金术是一门十分有趣的学问，几乎整个古代文明世界，从古代中国、埃及、希腊、阿拉伯文明中都有炼金术。

在古代中国，炼金术与炼丹术并称。二者当然也是有区别的，炼金术是炼金的，炼丹术则是炼丹的。在中国，炼丹比炼金更要让古人着迷一些。这“丹”是指能够使人长生不老的仙丹，就像太上老君的九转大还丹。古代的中国人从平头百姓到王侯将相以至于皇帝陛下，无不想望能够经由这种秘法炼制的仙丹而成仙得道，得享无量长寿。最有名的例子就是秦始皇与汉武帝了，他们都想通过吃仙丹仙草之类而长生不老。还有《红楼梦》里的贾敬，更是天天与炼丹术士为伍。这些人的结果我们都知道，纵使炼了千百金丹，最后仍离不了那个土馒头。

与古代中国的以炼丹为重不一样，古代西方人则是炼金。想要用不那么宝贵的东西，例如铅、铜之类炼出宝贵的黄金。西方人这种思想是有其久远的源流的，主要又是亚里士多德的理论。亚里士多德认为，所有物质的基础都不过是四种特性，即冷、热、湿、燥，这四种特性又可以衍生出水、火、土、气四种元素，例如水与火分别是由冷与湿、热与燥衍生出来的。更进一步地，如果变动四种特性的比例，这四种元素之间又可以互相转变。既然四种基本元素之间都能互相转变，那么不那么基本的元素之间当然更能转变了。这时，那些相信亚里士多德的聪明人自然想到了其他元素与黄金之间也能够有这样的转变，他们可不只是空想家，将这种信念投入了实践之中，这样就诞生了炼金术。

这些西方炼金术士们是这样炼金的：他们首先找到了各种各样比黄金要便宜的试

剂，例如铜、铁、铅、硫黄等，又制造出了各式各样特制的容器，然后将这些试剂放在容器里加热，加热的方法也有许多种，用柴火、木炭、煤、油等，有时还将这些加热物密封起来。其中最重要的一步当然是如何调配这些试剂，调配时既要注意试剂的种类，又要注意剂量的配合。有时还要加入一些“催化剂”，像各种油脂、水银，甚至鲜血，等等。总之，凡他们可以找到的各种大自然里有的东西几乎都用尽了，目的只是为了将除金子之外的任何东西变成金子。

这种炼金术从古希腊一直延续到文艺复兴，在中世纪的欧洲尤其盛行。那时他们从阿拉伯人那里翻译过来一些炼金术著作，而阿拉伯人的这些著作是融合了古代希腊与中国的炼金术之精华的，使欧洲的炼金术士们大开眼界，认为这下找着炼金的秘方了。在沉迷于炼金术的人中，以生活于14世纪初一个叫格贝尔的西班牙人最有名，他写了四本有关炼金术的著作。在这些著作中他神秘地指出，所有金属中都含有硫黄与水银。只要达到一定的条件，例如借助于“哲人石”，通过改变普通金属中水银与硫黄的比例就可以将这些金属转变成黄金。

格贝尔的书成了后来所有炼金术士的炼金指南，一直流传了数百年之久，直到文艺复兴。

我们知道，文艺复兴是一个科学开始昌明的时代，然而炼金术并没有因科学开始昌明就退出了历史舞台。相反，这个时期的西方人已经有了“资本主义”的苗头，更加把金银看得重于一切，更加渴望拥有金银，因此也更加重视炼金术了。许多达官贵人投入了炼金术的热潮中，他们争相聘请各种炼金术士到自己的府第，请他们帮助点石成金。许多贵族且不管有没有弄到金子，先给炼金术士们许多金子再说。这样，许多骗子就一哄而起，妄称自己能够炼金，乘机大发横财。有许多蠢驴样的贵族便这样给诈了去。例如神圣罗马帝国的鲁道夫二世就是这样的傻瓜。他迷恋炼金术，在自己身边养了一大群炼金术士，不断地给他们大笔赏赐，最后金子没找到，倒丢了自己的皇位。但也有许多炼金术士，他们并不是骗子，真的相信自己能够炼出黄金，但最后当然谁也没炼成，于是，许多这样的倒霉蛋就被他们感到上了当的雇主杀了。

虽然如此，仍然有许多炼金术在孜孜不倦地努力，慢慢地，他们中的许多人将目光从单纯的炼金中脱身出来，开始关注物质本身，特别是当他们看到自己的炼制虽然没有得到黄金，有时却能炼制出一些从来没有看到过的新物质时，他们的眼睛便不由自主地转向了这些新物质，努力研究它们，想要了解它们。这时候炼金术士们的器皿也有了不小的改变，变得更加科学化，式样也更多了，许多简直就像现在的化学试验器皿呢！如果你进入这样的炼金术士的“丹房”，会感到自己是进了一个地地道道的化学实验室。除了器皿之外，丹房里还有大量文献资料和书籍等，也很像现在化学家们的研究室。

于是，慢慢地，炼金术失去了其原来意义上的炼金意义了，炼金术士开始成了最早的化学家。他们研究的目的不再是为了炼出金子，而是试图从已有的自然物质中提炼出具有新用途的新物质。这已经与今天的化学工业有本质的相似了。

文艺复兴之后，原来地道的炼金术已经少有人理睬了，这时候科学已经越来越显示出强大的力量，科学家们对于炼金术士们发出了无情的嘲笑。特别是当科学的化学理论创立之后，炼金术就被正式宣判了死刑。

不过我们仍然不要忘记，虽然化学是科学而炼金术是伪科学，但这伪科学仍然是科学的基础，正像许多炼金术士乃是最早的化学家一样。

其实，从炼金术与化学的词源就可以看出它们之间的传承关系。英语中“炼金术”一词是“alchemy”，它源自拉丁语alchemia，后来这个拉丁词汇在德文中变成了chemie，在法文中变成了chimie，它们就是“化学”一词德文与法文的写法。而在英文中，它就变成了“Chemistry”。

第一位伟大的化学家　化学将传统的炼金术祖宗判处死刑，并取而代之的时间始于17世纪。这时候，在英国出现了西方历史上第一位伟大的化学家波义耳。

波义耳不但是第一个伟大的化学家，还是英国皇家学会的会长与主要创始人之一，他被尊为“化学之父”，所著《怀疑派化学家》至今仍是化学领域内的经典。

波义耳的主要贡献有三条：一是发现了波义耳定律，它指出在一定的温度条件下，定量气体的压强与体积成反比。二是提出了新的元素说。他反对亚里士多德的水火土气四元素论，认为存在着一种基本的元素，它不能再分解，它们是一些微粒，正是这些微粒数目、位置与运动等不同方式的结合产生了不同的物质。

波义耳的第三个贡献是指出了空气对于燃烧的必要性。他想法制造出了真空环境，并且发现在真空环境里，即使再易燃的东西也不会燃烧。从这个理论出发本来可以产生许多伟大的发现，例如发现燃烧所必需的氧气。但他的发现却没有被正确地推广，反而被一种新的不那么正确的理论所解释与代替，这就是燃素说。

燃素说是第一个系统化的化学理论，它也诞生于17世纪，是由一个德国人贝歇尔提出来的。这种理论认为，一切可燃物之所以能够燃烧，是因为在它的内部有一种“燃素”。一切与燃烧有关的化学变化都可以归结为物体的吸收与释放燃素。物体之内含燃素越多，燃烧起来就会越猛烈，反之则否。例如硫黄、磷、油脂、木炭等都是富含燃素的物质，而石头、炉灰、泥土等则不含有燃素，因此它们是不会燃烧的。当物体燃烧时，它里面的燃素就逸出去了。例如，当酒精燃烧后，它的燃素跑了，可燃的酒精就变成了不可燃的水。但燃素在某种条件下又可以回来，例如当我们煅烧金属时，由于它里面的燃素逸出，因此金属就会变成锻灰。如果锻灰与富含燃素的木炭放在一起燃烧时，它可以从木炭中吸收燃素，于是又会重新变成金属。至于为什么即使富含燃素的东西在燃烧时也一定需要空气，燃素说也能提供一个很好的解释：这是因为燃烧时燃素并不会自动从物质中出来，需要一个条件，那就是空气，是空气将燃素从可燃物中“吸”出来而发生燃烧的。

燃素说不仅能解释燃烧现象，还能解释许多非燃烧现象，例如为什么酸能腐蚀金属呢？这是因为酸将金属中的燃素夺走了的缘故。为什么天空中有闪电呢？这是因为大气中含有燃素。

如此等等，燃素说几乎能够解释当时发现的全部化学现象，由于它有这样大的本事，因此被许多人接受，成为统治几乎整个17和18世纪的权威化学理论。

“无中生有”的新物质 大约在燃素说大行其道的同时，化学家们在另一方面又不断地获取了新成就，这些新成就是从看上去一无所有的空气中取得的，即好像是“无中生有”的发现甚至“创造”了新物质。

波义耳虽然已经发现一无所见的空中并非一无所有，而是有空气存在，但他还是认为空气只是一种元素与一种气体。到了18世纪之后，人们开始从空气中发现了许多性质迥然不同的新气体，发现看上去那么纯净的空气原来是如此复杂、含有如此之多的不同气体。

空气中第一种被发现的气体是二氧化碳。

18世纪中期时，一个叫布莱克的苏格兰化学家在煅烧石灰石时，发现有气体放出来，这种气体可以被石灰水吸收，吸收的同时会在盛石灰水的容器底部产生沉淀，这些沉淀同样是石灰石。与此同时，原来被煅烧的石灰石质量竟然减少了差不多一半。这说明原来的石灰石中差不多有一半质量是那些放出去的气体。后来，布莱克对这种奇怪的气体做了进一步研究，他发现，蜡烛一进入这种气体就灭了，小老鼠在它里面也活不了几分钟。他认识到，这种气体的性质与空气是不同的，例如它不含有“燃素”。

第二种被发现的气体是氢气。

氢气的发现者是著名科学家卡文迪许。1766年时，他在一篇名为《人造空气的实验》的论文中公布了自己的发现。他将锌、铁或者锡块置入盐酸或稀硫酸中获得了一种气体，这种气体自己就能燃烧。他称为“易燃空气”。不过，他是一个燃素说的信奉者，认为这种气体不是来自酸，而是来自金属。当金属与酸作用时，它就从酸里逸出来。由于这种气体能够燃烧，他甚至认为就是物质中神秘的燃素。

几年之后，布拉克的一个学生又从空气中发现了一种新气体。他发现这种气体不但不能燃烧，甚至能灭火，也不能供动物呼吸，而且它也不像老师布莱克发现的气体一样能够在石灰水中产生石灰石。于是，他称这种新气体为“毒气”，其实就是氮气。

大约在同时，一个叫普里斯特利的英国牧师又弄出了一种新的、更加引人注目的气体。他的方法比较简单，将氧化汞加热，就产生了一种新气体。这种气体最主要的特性是虽然自己不能燃烧，但火焰如果放在它里面会燃烧得更旺。这位牧师先生也是个燃素说的信仰者，他认为之所以发生这样的事情，是因为这种气体里的燃素被去掉了，因此当燃烧的物体放到它里面时，会更快地从燃烧着的物体上进入这气体里，因此火也就烧得更旺。他称这种新气体为“去燃素气体”。这时，另一个瑞典化学家舍勒也发现了这种气体，他称之为“火气”，后来他还发现了有毒的氯气。

被斩首的拉瓦锡　这些新气体发现之后，尽管发现者大都以老的燃素说去解释它们，而且也似乎解释得通。但有一个人却不这么看，就是伟大的化学家拉瓦锡。

拉瓦锡1743年诞生于文化之都巴黎。是一个富有的律师的儿子。他早年就读于马萨林学院，在那里受到良好的教育，不但学习了传统的人文知识，还学习了先进的科学知识，如数学、物理学、天文学等。

他最初是打算像父亲一样学习法律，将来成为父亲一样的大律师与大富翁。但不久之后他发现自己的兴趣主要在科学上，于是将主要精力投入了科学研究。先是学习地质学，后来又学习了矿物学。他曾跟随当时一个著名的地质学家盖塔做过一次长途地质旅行。

才过20岁时，他已经得到了一大笔财产，成了富翁。不久他又取得了律师开业证书，准备真的当大律师了。但他不久便发现，自己的真正兴趣确实在科学上，于是便义无反顾地又一头扎进了科学研究。

虽然不过20来岁，但他的科学天才很快就使他崭露头角。22岁时他发表了第一篇论文，是有关石膏硬化作用的。次年他又发表了一篇关于大城市照明方法的论文。这篇论文立即赢得如潮好评，他因此被授予巴黎科学院的金质奖章。

到1768年时，他因为又写出了一篇有关水样分析的出色论文，被接纳入科学院，成了堂堂的院士，时年仅25岁。

就在同年，拉瓦锡不知道由于什么原因，也许是由于对财政经济问题发生了兴趣，或者是为了有更多的钱，反正钱多不扎手，他进入了一家包税公司。这些包税公司是最黑的地方，他们先向王室承包定额的征税任务，然后大肆敲诈勒索，反正多的都属于他们自己。他们的劣行遭到了法国民众的普遍痛恨。后来的事实证明，拉瓦锡这一步走得真是错了。

28岁时，他与一个名叫M.波尔兹的女子结了婚，她是一个冰雪聪明的女子，堪与老公相配，后来成了他事业上极得力的助手，一个出色的制图专家与雕刻家。

进入包税公司后，拉瓦锡开始与政府的上层人士有了密切交往，得以进入许多政府部门，例如他是国家火药研究所的研究员，政府农业委员会的秘书，国家度量衡调查委员会的委员，等等，后来甚至当上了议员。这些职务中最重要的应当是他在火药研究所的职位了，由于他在科学与组织方面表现出的出色才能，他在1775年时被任命为政府的火药总监。在这个职位里他的表现也十分杰出，使法国的火药生产面貌一新。

当上了总监后，拉瓦锡便在这年迁入了巴黎的兵工厂，不但把家安在了这里，还在这里建立了一个条件堪称当时最好的科学实验室。不久这里便成为法国乃至欧洲最优秀的科学沙龙，他的妻子成了一个出色的沙龙女主人。

这时候，由于在政府中担任着许多职位，拉瓦锡每天都有干不完的公务，不过他仍坚持不懈地进行科学研究，取得了一系列重要成就，这些我们后面再说。

拉瓦锡命运的转折点发生在1789年，法国大革命在这年爆发了。

法国大革命是一场平民革命，他们起来推翻封建特权制度。对于这些平民，只要谁不是与他们一样的普通市民，只要谁与哪个贵族沾上边，都是他们的敌人，科学家也不例外。那时的人搞科研基本上是出于个人爱好，不但没报酬，还得自己大掏腰包，因此一般情况下只有阔佬们才搞得起科学研究。由于科学家与贵族老财沾上了边，大革命后不久便成了革命之敌。

这样的结果是，革命后不久，巴黎所有科学研究机构都面临着被解散的危机，原来的科学家们，运气好的被赶回老家，运气不好的就进了大牢。到1793年时，连光荣的法国科学院也被取缔了，科学家们一个个失了业。

几乎从革命开始的第一天起，拉瓦锡的日子就不好过了。他作为当时最有影响的科学家之一，早就感受到山雨欲来风满楼的气氛。不过，他并没有退缩，在革命爆发的日子里，他还在为科学事业而奔走呼号，还在努力为同事们的研究筹措资金。他却想不到两股可怕的暗流正在逼近他。

这两股暗流一是马拉，我们在本丛书的历史卷中曾讲过马拉这位大革命的领袖之一，他在成为政治家前是一个相当有成就的医生和科学家，他也曾想在科学上取得大名声，曾向法国科学院递交过一篇论文，在审阅时遭到了拉瓦锡的批评。这一直使马拉耿耿于怀，现在他成了革命领袖之一，当然要找机会惩罚一下这个贵族兼反动知识分子了。第二个危险的暗流是一个叫弗克罗伊的化学家，他同样是巴黎科学院的院士，曾得到过拉瓦锡的许多帮助，现在却想暗算自己的恩人加上级了。自从1785年起，拉瓦锡就是科学院的院长。

有这样两个可怕的对手，而且他们都是躲在暗处放箭，叫拉瓦锡如何躲得过？这不，1793年11月的一天，魔爪终于伸过来了，拉瓦锡被投入了大牢，借口是他是罪恶的包税公司的一员。

这消息震动了科学界，许多人立即行动起来，设法营救拉瓦锡。他们称拉瓦锡是法国科学界的光荣，他为科学做出了多少多少贡献，这样的话语只是遭到了革命者们的哄堂大笑。他们的心理，就如同革命法庭的一个副庭长所言："革命不需要科学。"

拉瓦锡于1794年5月7日被正式处以死刑，审判像革命时期的所有审判一样，十分草率，持续不到一天，并且规定要在24小时之内执行。

第二天，拉瓦锡就在巴黎革命广场被送上了断头台，他泰然受死。

这是科学史上从来也没有过的耻辱，也是法国大革命主要的污点之一。

拉瓦锡被处死之后，另一个伟大的科学家拉格朗日慨叹道：

> 在一瞬间砍下的头，在一百年内将不可能产生相同的头。

燃烧的秘密　我们现在来看看拉瓦锡在化学方面的成就。

拉瓦锡的化学研究始于1770年左右，这年他驳倒了当时流传的一个错误观念，那观念认为水经过反复蒸馏可以转化成为土。他经过这样的实验发现，根本不是水变成了土，而是反复的高温蒸馏使实验器皿里面的一层被烧成了土的样子。由这个出发，他进一步反驳了亚里士多德的水火土气四元素说。

接着拉瓦锡开始专注于对燃烧的研究，并在这里为化学做出了划时代的贡献。

1772年，拉瓦锡向科学院提出了初步的报告，指出，当硫与磷在空气中燃烧时，质量会增加，这是因为它们吸收了"空气"，而一氧化铅与木炭一起加热后所生成的金属铅要轻于原有的一氧化铅，这是因为它失去了"空气"。

这时候，对于他而言，"空气"只是空中的一种还带有神秘色彩的气体，它能够与一些物质产生反应并且进入或从这些物质内脱离。至于空气到底是什么，由一些什么成分组成，他还不知道。

到1774年，这年普里斯特利来到巴黎，告诉拉瓦锡他通过汞的红色沉淀（即氧化汞）而得到了"去燃素气体"。拉瓦锡立即重复了这个试验，又进一步做了类似的试验，对之进行了更加仔细的分析，做出了一系列新发现。

其中之一是著名的煅烧实验。拉瓦锡将锡密封在一个曲颈瓶中，加热煅烧，使瓶中的金属变成煅灰，再称量瓶子的总质量，发现并未减少。当他打开瓶子后，发现立即有空气冲进瓶子里，这时再一称就发现瓶子和煅灰的总质量增加了。而且空气进入瓶子里增加的质量，与金属经煅烧后增加的质量正好相等。这说明是瓶子里的一部分空气进入了金属，与之化合，才形成了煅灰。

经过更加仔细的试验，特别是通过普里斯特利的氧化汞试验，拉瓦锡发现空气中只有一部分气体与瓶子中的金属产生了反应，而另一部分气体则没有参加反应。起作用的这部分空气就是普里斯特利所说的“去燃素气体”，拉瓦锡称之为“氧”，意即“成酸的元素”，因为他认为所有酸里都含有这种气体。还有，在这种气体里鸟儿们活得很舒服，格外活跃。另一部分气体他称之为“氮”，意即“无活力的空气”，因为拉瓦锡发现它不但不参加反应，而且鸟儿在它里面也活不下去。他还发现氧可以与碳化合，产生早已发现的“固定的空气”，其实就是空气中的二氧化碳。

到1777年9月，拉瓦锡向科学院递交了一篇正式的论文《燃烧概论》，正式对燃素说提出了批判，并提出了新的燃烧学说。他指出：

1. 燃烧时放出光和热。

2. 物体只有氧存在时才能燃烧。

3. 空气由两种成分组成。物质在空气中燃烧时，吸收了其中的氧，因而加重；所增加的质量恰好等于其所吸收的氧的质量。

4. 非金属燃烧后通常变为酸，氧是酸的本质，一切酸中都含有氧元素。金属燃烧后变成煅灰，它们是金属的氧化物。

总之，燃烧不是什么燃素释放的结果，而是燃烧物质与氧化合的结果。

6年之后，他又给科学院提交报告，指出水是“易燃空气”与氧化合的结果。这成果本是由卡文迪许最早发表的，不过他还是用错误的旧燃素说去解释之，称“易燃空气”是燃素。拉瓦锡却做出了新的正确的解释，指出“易燃空气”根本不是什么燃素，而是一种元素，是它与氧化合产生了水，并且他将这种“易燃空气”命名为氢，意思是“成水的元素”。

此后，拉瓦锡继续抨击旧的燃素说，由于他的抨击十分有力有理，燃素说逐渐被人们抛弃，越来越多的人接受了他的新理论。

到1787年时，拉瓦锡终于出版了名著《化学命名法》，对许多已知的元素与化合物进行了重新分类与命名。由于这种命名法更加科学合理，也更容易理解，因此迅速产生了广泛的影响。

1789年，拉瓦锡与他的同志们创办了《化学年鉴》，传播他的新化学思想，也产生了广泛而持久的影响——这份杂志到今天还在出版，并且是化学领域内的权威刊物之一。

同年，拉瓦锡出版了其经典之作《化学纲要》。书中以大量的实验为根据，系统全面地批判了燃素说，创立了氧化学说。拉瓦锡指出：元素“是化学分析所能达到的真正终点”，其他化合物都来自这些元素之间的化学反应。

书中拉瓦锡还庄严地宣告：没有东西可以真正创造或者毁灭，只有形式的更换与变化，并且变化前后的质量必定相等。——这就是我们这个物质世界的基本定律之一，质量守恒定律。

经过这些努力，旧的燃素说终于被人忘却了，化学也步入了一个崭新的时代。

第三十一章　终于认识了古老的原子（上）

拉瓦锡创立了新的化学理论并且被送上断头台不久，时光进入了新世纪——19世纪，在这个世纪里，化学又将前进一大步，一个像拉瓦锡的氧化说一样新型的理论诞生了，对化学产生了革命性的影响。

这个新理念就是新的原子理论。

西方人的原子理论我们前面已经提了若干次，例如早在古希腊时代就有著名的德谟克利特原子说，但在这里原子说才终于走向了科学，使我们终于认识了古老的原子。

新的原子论是由道尔顿提出的。道尔顿是英国人，生于1766年，既是杰出的物理学家，又是伟大的化学家。道尔顿虽然是物理学家兼化学家，但他最感兴趣的似乎是气体。他从20来岁开始就当起了业余气象观测员，终其一生不变，坚持做气象观测前后近60年。对气象的爱好使他对空气也产生了浓厚的兴趣。在对空气的研究中，他发现了气体的分压定律。即组成气体的微粒只排斥同类微粒，对不同类的微粒却毫无作用。

这是为什么呢？道尔顿做出了解释。他认为，物质都是由原子组成的，同种物质的原子，其大小、质量等都相同，不同物质的原子，其质量、大小都不同。因此，当同种气体混合时，由于组成它们的微粒质量、大小都一样，相互之间就会产生排斥，而当异种气体混合时，由于组成它们的微粒大小、质量等都不同，因此就不会产生排斥。

这不难理解。我们可以打个比方。在一个箱子里放许多橘子，然后再往上放一些别的橘子，请问后面的橘子会与先放的橘子混合吗？当然不能，因为它们都是橘子，每个的大小、质量都差不多，原来就放满了橘子的地方自然不能让这些新橘子钻进去。但如果我们再放上一些红枣或者黄豆呢？不用说，原来的橘子就不会排斥红枣或者黄豆了，它们会从容不迫地从橘子之间的空隙里钻进去。这就是因为红枣黄豆的大小与质量与橘子不同的缘故。

进一步地，道尔顿又将这一观念运用于对化合物的研究之中，他认为，化合物可能也是不同种类的原子之间的混合。他研究发现，在一氧化碳与二氧化碳之间，两种气体中碳与氧比例分别是5.4：7和5.4：14，同时它们之间氧的比例比为1：2。

为什么会有这样简单的整数比呢？道尔顿猜想，这可能是因为每种元素或者化合物都是由原子组成的，同种元素的每个原子的质量都是一样的。对于化合物，它是由几种元素之间由不同的原子数目组合而成的，例如一氧化碳，它是由一个碳原子与一个氧原子组成的，即在碳原子与氧原子之间数目的比是1：1，而二氧化碳则是由一个碳原子与两个氧原子所组成的，即在碳原子与氧原子之间数目的比是1：2。这样，在一氧化碳与二氧化碳之间，它们氧原子的数量之比就是1：2，质量之比也是1：2。

从这里可以看出来，原子的质量是一个关键因素，只要知道了每个原子的质量，就可以知道许多东西。因此，道尔顿开始想尽办法去测量原子的质量。

道尔顿的原子理论是第一种真正科学的原子学说，是现代科学原子论的基础。

1804年时，另一个英国科学家T.汤姆孙拜访了道尔顿，接受了他的原子学说，并在这个基础上提出了更为完整科学的原子学说，其基本观点是：

1. 化学元素是由非常微小、不可再分的物质粒子组成的，这种粒子就是原子。

2. 原子在所有化学变化中均保持自己的独特性质。且既不能被创造，也不能被消灭。

3. 一元素的所有原子的性质，特别是质量，完全相同。不同元素的原子的性质与质量不同。原子的质量是元素的基本特征。

4. 不同元素的原子以简单的数目比例相结合，形成化合物。化合物原子称为复杂原子，它的质量为所含各种元素原子质量之总和。同种化合物的复杂原子，其性质与质量也必定相同。

看得出来，这些理论已经基本上同我们现在流行的原子理论一样了，不同的只是现代的原子论里没有那个“复杂原子”。

不过，我们也看得出来，这个复杂原子的概念已经被另一个概念所代替了，那就是分子。

在讲分子之前，我还要讲一讲我们现在通行的元素符号是如何来的。

将各元素用各种方式表示，西方早已有之，例如炼金术士们，他们就用各种符号来表示诸元素，例举如图31–1所示。

图31–1

这些符号怪里怪气，太不实用，因此，道尔顿后来提出了他自己的符号系统，特点就是用不同特点的圆圈来表示所有元素及其化合物，如图31-2所示。

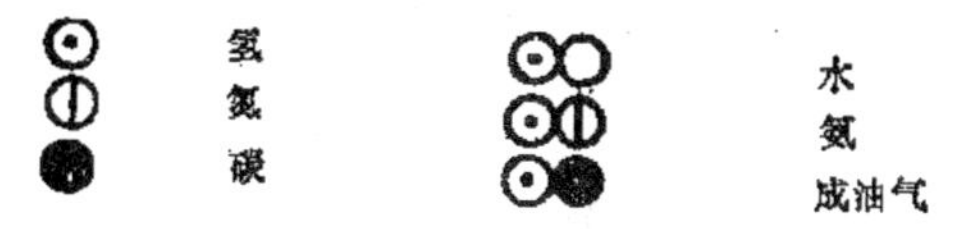

图31-2

这样表示是因为道尔顿认为所有原子都是圆形的，因此这样形象一点。但这种方式的不方便也是显而易见的，而且也并不形象，因为我们并不能看到圆形的原子呢！

提出我们熟悉的现代形式的化学元素符号的是一个叫贝采里乌斯的人，他在1813年时建议用每种元素的拉丁文名称的开头字母作为化学元素的符号，如用O表示氧，用C表示碳，它们的拉丁文名字分别是：oxygenium、carbonicum，如果第一个字母相同，就再加上下一个字母，如S表示硫，sulphur，Si则表示硅，即silicium。

他后来又提出了表示化合物的方式，例如用CO_2表示二氧化碳，看得出来，这种方式也现在也差不多，只是那个“2”从右上角移到右下角来了。

贝采里乌斯方法的好处是显而易见的，不但简单明了，方便记忆，而且能直接地表示化合物的组成及其中每种元素的原子个数实在是高。经过一番折腾后，这种美妙的方式终于被化学界广泛采用。

上面我们提到了汤姆孙理论中的复杂原子，它确实是道尔顿原子论里遗留的最大毛病，由于这个毛病的存在，使原子论还不能解释许多现象。完成这一步的是盖-吕萨克和阿伏伽德罗。

盖-吕萨克是一个法国化学家，开始时他是想知道空气的组成是否与地域分布有关，他特别想测定空气中氧的含量。具体而言是用定量的氢在定量的空气中点燃，使氢氧化合成水，经过一系列精巧的试验，他发现了一个有趣的现象，就是无论在什么地方，当氢氧完全反应时，参加反应的氢氧体积之比永远是2∶1。他想，是否其他元素之间的反应也存在类似的情形？进一步实验的结果表明这种情形确实广泛存在，例如氮与氢反应生成氨时的体积比是1∶3，氧与一氧化碳反应生成二氧化碳的体积比是1∶2，等等。

由此，盖-吕萨克得出了一个简单的结论：气体在相互化合时，参加反应的气体的体积之间是一个简单的数值比。

随后他又进一步测定了参加反应物与反应物三者之间的体积比，得出它们之间同样存在简单的整数比，例如在一氧化碳与氧生成二氧化碳的反应中，三者的体积之比是2∶1∶2。在氢与氮生成氨的反应中，三者的体积之比是3∶1∶2。这说明，反应后生成的气体与参加反应的气体的体积之间也是一个简单的整数比。

这时候，他想到了道尔顿的理论：在化学反应中，原子是以简单的整数比相结合。这样就有了两个整数比：一个是两种反应物之间体积之比，一个是两种反应物之间原子的个数之比。是不是这两个整数比间有某种联系呢？当然可能。而这种可能性之下只有一个可能的结果，那就是：在同温同气压下，相同体积的不同气体，且无论是单质还是化合物，都含有相同数目的原子。

这样一来，就把两个整数比统一起来了。我们前面讲道尔顿的原子论时说过，不同元素的原子以简单的数目比例相结合，形成化合物。现在，由于在同温同气压下，同体积的气体含有的原子数目也相等。因此它们反应时气体之间的体积之比也必定成一简单的整数比。

盖-吕萨克得到这个结论后，以为是为道尔顿的原子论找到了一个最好的证明，道尔顿应该感谢他，想不到道尔顿不但不感谢，反而起来反对他的理论。道尔顿认为，说同体积的不同气体内含有相同数目的原子是不可能的，因为不同元素的原子大小不同，如何能够在相同的体积内装下相同数目的原子呢？这就像一边是大苹果，一边是小李子，能够在一样大的箱子里装上相同数目的苹果与李子又将它们同时装满吗？这显然是不可能的。还有，前面说过，一体积的氮与一体积的氧化合后，会生成两体积的氧化氮。根据这种说法，就要将每个氧原子与每个氮原子剖成两半，然后让它们形成一个氧化氮原子，使氧化氮原子的个数扩充两倍，这样一来才能充满那两个体积。这显然也是荒唐的。

应该说，道尔顿的反驳是十分有力的，因此盖-吕萨克招架不住。

但招架不住并不等于他错了，只是说明他的武器还不够完好，这完好的工作是由阿伏伽德罗来完成的。

阿伏伽德罗正是从盖-吕萨克理论的不完备之处出发的。他最大的创新是提出了“分子”的概念。

阿伏伽德罗指出：原子是参加反应的最小微粒，但原子并不总是独立存在，它们能够相互结合在一起形成分子。当单质或者化合物存在时，它们并不是以原子的形态存在，而是由若干个原子一起构成分子。化学反应则是由不同物质的分子内各原子的重新组合。

进一步地，阿伏伽德罗只将盖 吕萨克的理论改了一个字，就形成了阿伏伽德罗定律：

在同温同压下，等体积的各种气体含有相同的分子数。这是由阿伏伽德罗在1811年提出来的，只将盖-吕萨克理论中的“原子”改成了“分子”。

这样一来，盖-吕萨克理论遭遇的那些诘难便迎刃而解了。例如，为什么一体积的氮与一体积的氧化合后，会生成两体积的氧化氮呢？这是因为氧与氮的分子都是由两个原子组成的，反应后，就是由一个氧原子与一个氮原子组成一个氧化氮分子。这样，氧化氮分子的个数就比氧分子的个数扩大了一倍。因此，它所占据的体积也就要扩大一倍了。从它们的反应式就可以明显地看出来：$N_2+O_2 = 2NO$。

更绝的是，聪明的阿伏伽德罗还进一步找出了测定物质相对质量的一个好办法。

我们想想，既然任何物质变成气体后，在同温同压下，相同体积内所含的分子个数相等，那么，只要称出这时候这个体积气体的总质量之比，这个比值也就是每个分子的质量之比了。这是一个简单的数学问题，大家不难明白。

从此出发，要测量任何元素的原子量——也就是原子的相对质量——就不是难事了。例如要测出氢与氧原子的相对质量，只要准备两个体积一样大的盒子，将之置于同温同压下，然后在里面分别充入氧气与氢气。将它们称一下，再将这两个值一比，所得到的比值就是氢与氧原子之间的质量比了。当然，这里还有一点要说明，那就是每个氢分子与氧分子都是由两个原子组成的。

其实，不但可以测定气体，就是液体与固体的原子量也测得出来，只要将它们变成气体就行了，这并不难做到。

现在我们测定原子量的法子正是用的阿伏伽德罗办法，采用的是氢原子的质量作为标准。因为它最轻，其余元素的原子量就是依之而来的，即它们与氢原子质量的比值。

阿伏伽德罗定律诞生之后，在以后相当长一段时间里，化学家们的主要工作就是用这个办法来测定各元素的原子量了。当然有时也测定各化合物的分子量，仍然是与氢原子质量的比值。

阿伏伽德罗提出他的理论后，由于他当时还是一个无名之辈，因此他的理论没有得到足够的重视，直到1860年，通过一位叫康尼查罗的意大利物理学家的努力才渐渐为化学家们接受。这一年，100多位物理学家在德国聚会，讨论化学问题，尤其是原子量的问题，康尼查罗就是在这次会议上详述了阿伏伽德罗理论及他对之的发展，也正是他的阐述使人们注意到了阿伏伽德罗的理论。

在参加这次会议的人中，有一位来自俄罗斯的化学家，他的名字叫门捷列夫，阿伏伽德罗的理论让他大开眼界，顿开茅塞，一个更新的、革命性的理论就此在他的头脑里酝酿了。这就是我们下章要讲的元素周期律。

第三十二章　神奇的元素周期律

这一章我们要讲神奇的元素周期律。

可以这样说，元素这个神妙无比的周期律的发现乃是自化学诞生以来最为重要的发现，它直到今天都构成了我们对于元素、对于化学甚至对于整个世界最为基本的、科学的认识之一。

自然界存在着许多种元素，在古代，人们就已经知道有金、银、铜、铁、锡、锌、汞、碳、硫等元素。炼金术出现之后，炼金术士们虽然没能炼出金，但也发现了一些新元素，像砷、铋、锑、磷等。

早期的探索　当化学诞生之后，通过波义耳与拉瓦锡等化学先驱者的努力，发现了许多新元素，特别是存在于空气中的新元素，如二氧化碳、氧、氢、氮等。不仅如此，化学家们又发现了许多新的金属元素，像钴、钼、镍、锰、铂、钨、铀等。

到19世纪初，科学家们发明了一种寻找新元素的好办法，那就是电解法。

所谓电解法，即用电去分解之意。具体方法就是在一个叫电解槽的容器里盛入一些化合物溶液，然后两边分别插上电源的正极与负极，再通上电。这时候，原来溶液里的化合物就会发生分解，还原为单质，并且分别附在电解槽的阴极与阳极上面，那通常是一块导体，例如铁板、镍板、石墨条等。电解法是最有效的从化合物还原单质的办法之一，直到现在还被广泛运用，例如用电解水的办法来制造氢气与氧气，用电解铝矿石与铜矿石——也就是含有铝与铜的化合物——来冶炼铝与铜直到今天都是最通行的炼矿法。

电解法发明之后，立即掀起了一个发现新元素的高潮。现在，科学家们只要找到了含有某种元素的化合物，就能够将这种元素还原出来。如果这种化合物里含有新元素的话，新元素就能这么轻易地被发现了。

电解法发明后的短短40年里，就发现了30余种新元素，例如钾、钠、锂、钙、钡、钛等金属元素和硼、硒、碘、溴等非金属元素。

当用电解法能够发现的新元素发现完之后，发现的高潮就停止了，直到1860年德国化学家本生发明另一种新办法——光谱分析法。

光谱分析法的原理很简单，就是认为每一种元素都有自己独特的光谱线，而且在某种条件下会发射这样的光谱线。因此只要分析其光谱线就能确定是什么元素，同样，如果发现某些从来没有发现过的独特谱线，那么发射这种谱线的就可能是某种未知的新元素。

通过这种方法，科学家们又发现了几种新元素，例如本生发现的铯和铷，后来又发现了铟和铊，等等。到1869年，共发现了63种元素。

知道自然界存在这么多种不同的元素之后，化学家们自然而然会想到，在这些元素之间是不是有什么关系呢？是不是可以找到一条内在的线将它们连接起来呢？

有许多人早就做过这种努力，像拉瓦锡、奥地利化学家贝莱纳等。不过他们的努力都没多少成效。关键原因是这时候的原子量还很不精确。

这种情形直到阿伏伽德罗的理论被广泛接受时才得以改变。我们前面说过，如果用阿伏伽德罗的办法，那么测定原子量就是一件相当容易的事了。借助这种办法，科学家们不久就测定了已经发现的所有元素的原子量。

依靠已经测定的原子量，化学家们开始从这里出发寻找各元素之间的内在联系了。

第一个系统地提出自己理论的是法国化学家兼地质学家康古图。他设计出了一张螺旋形状的元素表，将已经发现的元素绘在一条带子上，然后将这条带子缠绕在一根柱子上。他发现，这时，如果垂直地从上往下看，就会发现这些元素之间有某些相似的性质。这等于说，每隔一定距离的元素之间有性质的相似。

不久，1864年左右，英国化学家纽兰兹提出了一个更为科学的元素排列表。他将所有元素按原子量的大小依次排列。结果发现，如果将这些元素排列成行，每行7个，那么每隔6个元素，例如第1、第8和第15号元素之间，第9和第16号元素之间，有许多相似的性质。纽兰兹认为它们就像音乐中的8度音阶，故称之为元素的“八度律”。

但他们两人的成果都没有得到时人的承认，纽兰兹甚至还遭到了嘲笑。

但另一个人的命运就不同了，他也在做着同样的发现，并且因这发现而永垂不朽。

这人就是门捷列夫。

门捷列夫　门捷列夫1834年生于俄罗斯西伯利亚的托博尔斯克。他的父亲名叫伊万·巴甫洛维奇，毕业于圣彼堡大学的师范学院，后来被派到西伯利亚的托波尔斯克城一所中学担任校长。在那里他与一位叫玛丽娅·德米特里耶夫娜的姑娘成亲，两人感情很好，先后生了14个孩子，最后的一个就是我们这里要讲的门捷列夫。

门捷列夫生下后不久家里就遭到大不幸。本来，靠他父亲当校长的收入，一家大小可以衣食无虞，然而门捷列夫出生不久，校长先生就患上了严重的眼疾，导致双目失明。一个盲人怎能当老师？他只得退职。门捷列夫一下尝到了鲁迅小时候也尝过的那种家里“由小康转入困顿”的生活。

这时，多亏了门捷列夫的母亲，她虽然没念过多少书，但人既聪明，身体又健康。她看到这样下去是没法养活一大堆孩子的，便毅然带领全家回到了自己隔得不远的家乡。在那里她娘家有一座制造玻璃的工厂，现在已经关门了。她把它接手过来，重新开工生产。凭她出色的管理，工厂不久就运转起来，开始赢利了。

有了工厂的收入，门捷列夫一家子又过起了好日子。

7岁时，门捷列夫上学了，去的是父亲担任过校长的吉姆纳捷姆中学。

在学校里，门捷列夫的数学和物理等成绩很好，但痛恨拉丁文。据说，为了发泄这种痛恨之情，毕业那天，门捷列夫与一个同伴一起在学校后面的山上将拉丁文课本烧成了灰。

门捷列夫家的好日子过得并不久，到他13岁时，父亲拖着病体离开了人世。

所谓祸不单行，工厂这时候也已经步履维艰，父亲去世后不久，更是被一把火烧了个精光。

怎么办呢？门捷列夫的母亲这时候将生活的全部希望寄托在了聪明的儿子身上，她决定带儿子去莫斯科上大学。

她是个性格刚强的女人，办事也雷厉风行，一打定主意便带着儿子上路了。

从西伯利亚到莫斯科的路途非常遥远。然而，当他们历尽艰辛到达目的地后，等待他们的并不是成功的喜悦。由于门捷列夫在学校里有些功课不行，例如拉丁文，加之他来自边远地区，各门功课底子都不怎么样，想进俄罗斯最好的大学莫斯科大学简直是墙上挂帘子——没门。

但坚强的母亲并没有就此放弃，她立即带着孩子踏上了新的旅程，去首都圣彼得堡。

又经过漫长而艰苦的奔波后，终于到达了目的地，母子俩直奔圣彼得堡大学。

一开始也不顺利，因为门捷列夫的入学条件实在不怎么样。最后他们找到了圣彼得堡大学附属的师范学院，或称圣彼得堡师范学院，这里是他父亲的母校。此时的校长正好是父亲的老同学，他看到母子俩的情形，怜悯顿生，立即让门捷列夫入了学，还给了他一个官费生名额，这样大学四年就用不着母亲为学费操心了。

然而，长久以来的艰难生活已经使他可怜的母亲筋疲力尽。此前她强撑着为儿子打拼，儿子安排好后，她终于可以放心了。这时，她一直强撑着的身体终于“油尽灯枯”。她死于1850年，这时门捷列夫只有16岁。

父母双亡，一个人孤零零地待在一座举目无亲的冰冷的城市，门捷列夫的孤苦伶仃可想而知。在这样的环境下，支撑他工作下去的仍是对母亲的怀念，他不能让自己辜负母亲对自己的厚望，就像他后来在其《水溶液》一书的卷头献词中所言：

> 这项研究是为了怀念母亲和献给母亲而作的。我的母亲作为一位妇女来经营工厂，用她的汗水抚育幼子，以身示范熏陶我，以真诚之爱激励自己。为了能让儿子献身于科学事业，从遥远的西伯利亚长途跋涉来到这里，耗尽了她的全部物力与精力。临终之前还告诫我说：“不要依靠幻想，不能依靠空谈，应该依靠实际行动，应该追求自然之神的智慧、真理的智慧，并要经久不倦地追求它。”

从这段话中我们可以看到门捷列夫的母亲是一位何等伟大的母亲。她令我想起了“数学之王”高斯的母亲，她在高斯的人生与科学之路上也尽力地维护、帮助儿子，没有她们的努力，儿子能够取得那样伟大的成就吗？她们都是何等伟大的女性啊！

在大学里，贫困的门捷列夫成了最勤奋的学生之一，他的天赋也逐渐崭露出来。毕业之时，他已经是全校最优秀的学生了，荣获金质奖章。

此后，他到俄罗斯南部的克里米亚当了一名教师，但不久又回到了圣彼得堡，在圣彼得堡大学攻读化学硕士学位。第二年就完成了学业，获得硕士学位，被留校任教。这是1857年的事，门捷列夫时年23岁。

两年后，门捷列夫被派往德国的海德堡大学进修。我们在上章说过，1860年时，在德国，超过100位化学家在这里商讨如何测定原子量的事，门捷列夫参加了这次会议，并且在会上第一次听说了由康尼查罗宣讲的阿伏伽德罗的理论，并被深深打动了。后来他回忆这次会议时说：

> 我的周期律的决定时刻在1860年。我参加了卡尔斯鲁厄代表大会，在会上我聆听了意大利化学家康尼查罗的演讲，正是他发现的原子量给我的工作以必要的参考材料……而正是在当时，一种元素的性质随原子量递增而呈现周期性变化的思想冲击了我。

在海德堡，门捷列夫的导师就是大名鼎鼎的本生。在这里学习两年后，门捷列夫回到了圣彼得堡，先在一所工学院当化学教授，1865年时获得了圣彼得堡大学的博士学位。又两年后，他成了受人尊敬的圣彼得堡大学的化学教授。从此他就专心待在大学里教他的书，做他的学问了。

此后20余年，他的生活甚少变化，他将主要精力放在著书立说上，先后出版了《有机化学教科书》《化学原理》等著作，翻译了《分析化学》《化学工业大全》等。其中1870年出版的《化学原理》最有名，正是在那本书里他提出了元素周期律。

1890年时，门捷列夫的生活才有了变故。这年，圣彼得堡大学的学生们起来反对在学校里试行警察制度，门捷列夫支持他们的行动，并亲自将学生们的请愿书转交给当局。然而当局根本不屑于接受之，更甭提里面的要求了。这令门捷列夫极为愤怒，事实上这也是当局对他的侮辱，他立即辞职，离开待了30余年的大学。

门捷列夫失业的事在社会上激起了不小的反响，他毕竟是俄罗斯，也是整个欧洲最伟大的科学家之一，当局这样做只会令他们在更加文明的英国人、法国人或者德国人面前丢脸。于是，政府当局赶快为门捷列夫安排工作。他们将门捷列夫请进了政府部门，先是要他主持全国化工产品的进口工作，1893年时更任命他担任国家度量衡局局长。这时门捷列夫还不到60岁。

进入政府部门后，门捷列夫显示了他不但是一个卓越的科学家，而且是一位出色的管理者，他不但要管理度量衡局的工作，还为许多政府部门提供了大量的建议，例如农商部、财政部、陆军部与海军部等，给他们出了许多好主意。

因此，门捷列夫的晚年可以说是过得怡然自得，如果不是1904年爆发的日俄战争让他痛苦之外，他简直没什么痛苦呢！他看到自己为之付出了那么多辛勤汗水的政府竟然那么不堪一击，被小小的日本打得惨败，心中之痛难以言喻。

带着这样的痛苦，门捷列夫死于1907年，埋葬在母亲身边。

了不起的发现　门捷列夫最了不起的成就当然是发现了元素周期律。

前面我们已经讲到了他在德国参加那次关于原子量的大会，正是在那次大会上他脑海里浮现了元素周期律的概念。

回国后，他埋头钻研各元素的性质，试图将它们按某种规律分类。据说他用厚纸剪成扑克牌模样的卡片，然后将各元素的名称、原子量、有关的氧化物等各种物理的与化学的性质写在上面，一个元素占一张卡片。当时一共发现了63种元素，他便制作了63张卡片。

以后的日子里，他经常将这些卡片摆来摆去，想知道它们之间有些什么内在联系。

决定性的日子在1869年2月17日来临了。这天，当他试着将这些元素按两种方式排列时，有了惊人的发现。

他先是将各元素按原子量的顺序由小到大排列，排列到性质相似的元素时，就另起一行，也就是说，让性质相似的元素上下对齐。这样，它们之间的内在联系顿时显露：每一横行的化学元素的性质都相近，每一纵行化学元素的性质都是从金属变成非金属。更令他又惊又喜的是，整个已经发现的元素基本上都呈这种周期性的变化。

门捷列夫立即对这个规律做了更深入的研究，并且做了两件一般人不敢做的事：

一是对已知元素的原子量根据他所发现的规律进行订正。因为他发现，元素的性质与其原子量有密切的关系，而且周期表中元素的性质与他所发现的周期律是完全符合的，但有些元素的原子量却不那么符合。我们知道，那时原子量的测定手段还相当原始，可靠性并不大，这些科学家们众所周知。相对很可能发生错误的原子量，元素的性质却是看得见的，错误的可能性当然要小得多。于是，门捷列夫就大胆地根据元素的性质来修订它们的原子量。

二是他发现，在表上，元素的性质一般而言是慢慢地改变的，就像梯级般一级级均匀地上，然而在某些地方相邻元素的性质却大为不同。他便勇敢地猜测在这些元素之间应当还有未曾发现的新元素。他就毅然在这两种性质大不相同的元素间留下了适当的空位，并预言这空位里还有新元素等待人们去发现。他甚至大体给出了新元素的有关性质与原子量。

经过一番辛苦之后，门捷列夫完成了他的第一张化学元素周期表。大致如下：

H=1			Cu=63.4	Ag=108	Hg=200
	Be=9.4	Mg=24	Zn=65.2	Cd=112	
	B=11	Al=27.4	?=68	Ur=116	Au=197?
	C=12	Si=28	?=70	Sn=118	
	N=14	P=31	As=75	Sb=122	Bi=210?
	O=16	S=32	Se=79.4	Te=128?	
	F=19	Cl=35.5	Br=80	I=127	
Li=7	Na=23	K=39	Rb=85.4	Cs=133	Ti=204

当然，上面只是摘取了其中一个片段，看得出来，门捷列夫是按元素原子量的大小从小到大、从上往下排列的，例如氢（H）是1，锂（Li）是7，铍（Be）是9.4，硼（B）是11，等等。

完成这张表后，门捷列夫将之用法文和俄文印出来，寄给了许多同行，并准备在1869年3月份举行的一次俄罗斯化学学会会议上宣读相关论文。

遗憾的是这天他突然病倒，论文由他的一个朋友宣读，名为《元素属性与原子量的关系》，文中提出的主要论点如下：

一是化学元素原子量的大小决定元素的化学性质。

二是将各种元素按原子量的大小排列起来，将呈现明显的周期性。

三是在排列中，原子量跳跃过大的地方有新元素有待发现。

四是可以根据元素在周期表中的位置修订测得不准确的原子量。

大致与此同时，一个叫迈尔的德国化学家也绘制出了相似的元素周期表，不过还是门捷列夫的表的影响更大。

在第一张表的基础上，经过两年努力，门捷列夫又绘制出了第二张元素周期表。

这张表最大的一个改革是由从上到下、由小到大改为从左至右、从小到大。这样，在竖行里我们就能看到同一族元素，在横行里则看到了元素的周期性，十分明白。这些特征与现在我们看到的周期表已经基本上一样了。

至此，元素周期律的发现工作告一段落。一开始它并没有被广泛接受，有人表示怀疑，有人甚至公开讥笑。将怀疑打破最有效的办法当然是像爱因斯坦的相对论一样使其预言得到证实。

这证实不久就来了，1875年8月，一位叫布瓦博德朗的法国科学家在一个山谷里找到了一些闪锌矿石，用光谱分析时发现里面有一种新元素，这就是镓。

镓发现之后，布瓦博德朗公布了它的有关性质，不久他就接到了来自一个叫门捷列夫的陌生人写来的信，告诉他镓的比重应该不是他公布的4.7，而是5.9。

布瓦博德朗不用说大为吃惊，这世界上只有他手里有点儿镓呢，这个门捷列夫怎么知道它的比重呢？但他还是尊重同行的意见，重新测量了比重，竟然发现与那个人的所言真的一致。不仅如此，那人在信中预言的镓的其他物理、化学性质竟然都相当准确！

这一下他对门捷列夫理论的怀疑迅速地消失了，门捷列夫的理论也很快传播开来，人们纷纷根据他的预言去寻找新元素。不久，被门捷列夫预言过的那些元素一一被发现，如1879年发现了“类硼”，这也就是钪，1886年发现“类硅”，即锗。这些新元素的性质与门捷列夫预言过的几乎完全一样。

至此，元素周期律就被广泛接受了，它成为化学科学最基本、最重要的理论之一。

元素周期律的发现对于化学甚至整个科学的意义是显而易见的，可以说，自化学诞生以来，还没有哪个理论具有如此重要的意义呢，事实上，直至今天，还没有哪个化学理论有如元素周期律一样对整个科学乃至人们对世界的认识有如许重要的意义，它以一种直截了当的态度向我们揭示：

自然界并不是神秘的，它有其内在的规律，只要我们去寻找，就可以能够找到它。

同时，只有找到这种规律，我们才能认识自然，使自然在人类眼中从无序混沌之境达于有序的清晰画图。

第三十三章　终于认识了古老的原子（下）

至门捷列夫止，人们对原子已经认识得相当深了，并且，这些西方人像古希腊先祖一样，相信这种原子就是构成物质的最小微粒。

然而两个发现将这种信念打破了，这就是X射线与元素放射性的发现。

神奇的发现　关于伦琴之于X射线，我们在前面已经略提过两次，这里再比较详细地说一下，因为它乃是整个科学史上最具革命性意义的发现之一呢！

伦琴是德国人，1845年生。早年毕业于瑞士苏黎世的一所技术学院，毕业后在五六所大学当过老师，例如法国的斯特拉斯堡大学，德国的吉森大学、慕尼黑大学等。1888年任维尔茨堡大学物理研究所的教授和所长，1894年起担任该校校长。1900年转到慕尼黑大学，在这里一直任物理学教授直到1920年退休。3年后去世于慕尼黑。

伦琴不是化学家，而是物理学家，他对科学最大的贡献是发现了X射线。

X射线是伦琴无意中发现的。本来，他研究的是阴极射线管的放电现象。所谓阴极射线管就是一种玻璃管，先将里面的空气抽去，再通过高压电流，这时候，在它的阴极一端会发出某种看得见的射线，科学家们称之为阴极射线。

伦琴对这种神秘的现象也深感兴趣。1895年11月的一天，他为了保护这些阴极射线管，把它用硬纸板包好，外面再盖上锡箔。这时候，即使通电从外面也看不见阴极射线了。他甚至将硬纸板涂黑，并且把房间弄黑，再去看管子，直到确实看不见管里发出的阴极射线为止。当他确信管子已经被包裹得好好的后，就准备开灯了。

这时候，他突然看到，在管子前面不到1米处的一个小工作台上闪烁出微光，就像是一点淡淡的荧光或者极微弱的电火花。

这现象让伦琴大吃一惊，觉得不可思议，他又一次通电，又一次看到了那神秘的闪烁，而被包裹得严严实实的阴极射线管里仍没有一丝光线透出。他还看出来，这光线是由阴极射线管使工作台上一张亚铂氰化钡小屏上发出来的。这亚铂氰化钡我们可以将它看作是一卷密封好的胶卷，而这神秘的射线能够使已经密封好，连太阳光照射都没问题的胶卷曝光。

这曝光的原因是明显的，一定是从阴极射线管里发出来某种看不见的光使之曝了光，也就是说使亚铂氰化钡小屏发光。

伦琴对这神秘的、从来没有人记载过的现象着了迷，全神贯注地研究起来，达到了废寝忘食的程度。

他发现这神秘射线最大的特点是具有极强的穿透性，无论他将书本、木块甚至铝板挡在前面，后面的亚铂氰化钡小屏都会发出荧光，唯一的例外是铅板，它似乎能够完全阻挡神秘射线的穿透。

更有意思的是，当他手执小铅板放到阴极射线管前面时，在亚铂氰化钡屏上出现的不但有铅板的轮廓，竟然还有他手指浅浅的阴影，最神奇的是，他竟然在手指的阴影里看到了它骨骼清晰的轮廓。

能够看到活人的骨骼，这简直是大白天碰见了鬼！伦琴在震惊之余，更加深入地研究起来。他想到，要是能够将骨骼的轮廓留下来就好了，他想到了一个好办法。

那时候已经发明了最早的照相机，伦琴也知道照相机的原理。于是他想到了，要是将手放在神秘的光线与照相底片之间，神秘光线会使底片感光，那时候，在底片之上不就会留下阻挡神秘射线的物体的影子了吗？

想到这个妙招之后，伦琴立即行动。这天晚上，刚好他夫人来了，他立即当了说客，游说夫人接受他神奇的实验，不用说，夫人乍一听到这怪主意，如何敢轻易接受，但拗不过他，只得将手伸到了阴极射线管前。

一刻钟之后，她将手挪开了。过了一会，丈夫递给她一张照相底片。在那张底片之上，伦琴夫人竟然看到了一只张开五指的手，上面只剩下骨头！她吓得半死，当她听丈夫说那就是她自己的手，上面那只漆黑的小团就是她手上的戒指时，她简直吓得魂儿都飞走了！

这就是世界上第一张X光片。

这年12月，伦琴写出了著作《一种新射线》，文中详细地介绍了他发现的这种神秘的射线。

因为当时根本不知道这是一种什么射线，他称之为“X射线”。我们知道，西方人习惯用“X”来表示未知的东西，连方程中的未知数都用“X”来表示。由于是伦琴发现的，后人又称为“伦琴射线”。

次年1月，伦琴的著作正式出版了。这可是科学史上从来没有过的神秘发现呢！而且，这发现可不像门捷列夫的发现，只对科学家们有意义，伦琴的神秘射线能够照出每一个人的骨骼来呢！不管它是科学家还是文盲都一样。一个人竟然活着就能看到自己的骨头，竟然还一点也不痛，这样的奇迹就像是上帝创造的，叫人们如何不又惊又喜，甚至欢呼雀跃呢！

在相当长的一段日子内，欧洲各大小报纸上充斥着关于神秘的X射线各种奇迹般的用途。其中有的更是写得神乎其神，似乎耶稣就是在这种神秘的光线里复活了呢。其中有名大报《法兰克福日报》中的一条新闻是这样写的：

> 一个惊人的发现——科学界正在热烈地讨论维尔茨堡物理学教授W.C.伦琴的发现。如果这个发现实现了人们所期待的情况，它将给精密科学提供一个划时代的研究成果，这成果必然会在物理学以及医学方面带来令人感兴趣的影响……

这则报道毕竟来自权威大报，还是比较客观的，它也看出了X射线的另一大用途——在医学上的用途。我想对这个大家没有意见，现在它已经成为最基本也最重要的医疗技术之一了。

从此伦琴一举成名，在社会上的知名度只有此前的牛顿能够相比。

我们前面已经说过，X射线实际上是一种波长很短的电磁波。

X射线被发现之后，大批科学家展开了对它的研究。其中一个是法国物理学家贝克勒尔。

他知道有一种叫硫酸双氧铀钾——或称为铀盐——的化合物能够发出荧光，便想知道这种荧光中是不是含有X射线。他先将照相底片用黑纸严严地裹好，这样即使放在大太阳光底下也不会曝光了。然后再将一些铀盐放在上面，因为太阳光能够激发出铀盐的荧光。放了一段时间后，他再带回实验室，打开黑纸包，发现底片果真感光了。他以为这就证明了荧光里含有X射线，而且与伦琴的X射线可能有所有同，因为它用不着阴极射线管帮忙就能发出X光。

随后几天贝克勒尔都在做这个实验。后来有一天是阴天，他没法儿找到太阳晒，便将包好了的底片与铀盐放在一起塞进暗房的抽屉。等天晴后，他取出来时，竟然发现底片也感光了。而这时铀盐并没有发出荧光。

这个现象让贝克勒尔大为奇怪，不过他也没有深究，只是将之公布出来。

对这个现在更感兴趣的是居里夫人，她对于这种放射性做出了进一步研究并且发现了具有强大放射性的钋与镭两种新元素。

关于居里夫人这位西方科学史上前无古人、恐怕也后无来者的最伟大的女科学家的故事我们后面要专章讲述，这里先且略过。

终于认识了古老的原子 伦琴发现X射线，贝克勒尔发现元素的放射性，居里夫人对这种放射性做出进一步研究并且发现有强大放射性的钋与镭之后，科学界对之做出了什么反应呢?

科学界的反应无疑是热烈的，因为元素放射性的存在给传统的两个基本定律：即物质与能量的守恒定律提出了挑战。根据传统的守恒定律，物质与能量应该是守恒的，既不会无中生有，也不会从有化无。然而放射性的存在却似乎否定了这个定律。因为放射性元素根本不需要什么动力就能够自己放射出强大的能量，既不知它的能量从何而来，又不知它们归于何处。这自然会激起科学家们要解决这一问题的决心。

其实，早在伦琴发现X射线之前，英国物理学家汤姆孙就很关注阴极射线了。

汤姆孙是英国人，生于1856年，死于1940年。他一辈子都待在剑桥大学，先是当学生，后来是做老师，还是一个杰出的领导者。担任剑桥著名的卡文迪许实验室主任后，他把这里建成了当时全世界最重要的实验物理研究中心。许多优秀的科学家在他的麾下工作，在他的科学家当中，包括他自己和他的独生子小汤姆孙，先后共8次获得诺贝尔奖。

1895年，伦琴发现X射线后，对阴极射线进行进一步研究成为可能。借助伦琴射线，汤姆孙发现阴极射线是一些带电微粒，它不仅会被磁场偏转，还会被电场偏转，它带的是负电。他还测出了这种微粒的质量约为氢原子质量的1/2000。经过进一步实验，汤姆孙发现，所有化学元素的原子里都有这种微粒。

如此，汤姆孙得出了这样的结论：所有物质，无论其来源是什么，都包括同一种粒子，这种粒子的质量要比原子小得多，而且是原子的组成者。

汤姆孙理论的革命性是显而易见的，它终结了千年以来西方人认为的原子不变、原子是构成物质的最小微粒的理论，因此，汤姆孙一时被称为“原子的分裂者”。

他所发现的组成原子的微粒就是电子，它是围绕原子核高速运动的极小的带电微粒。

发现电子后，关于原子不变的古老传说自然消失了，人们认识到原子也是有其结构的，汤姆孙也提出了一个原子组成的模型，在这个模型里，原子是一个球，而电子则镶嵌在原子里，就像将葡萄干粘在面包上一样。

这种模型当然有其合理性，但很快又被否定了，因为另一个英国物理学家、汤姆孙的弟子卢瑟福做了一个绝妙的实验，得出了一个新的、更加合理的原子结构模型。

我们先来简单地说几句卢瑟福的实验。我们知道那些放射性元素像有无数子弹的机关枪一样，能够自动地发射出一些微小的粒子，正因为如此它们才被称为“放射性元素”。钋就是这样的放射性元素，它能够发射出一种叫α的粒子。卢瑟福就想到了用这些粒子去轰击原子，看能轰击出什么物质来。

于是他找来一块很薄的金箔，又用一个盒子装了一点钋，只在前面挖了一个小孔。然后他将这块金箔放在小孔前面，又在金箔后面装了一架显微镜。

这一切布置好后，他通过显微镜看到了什么呢？他看到了绝大多数α粒子能够顺利地从金箔穿过，就像穿过空气一样，路线都没有改变。但却有极少数的α粒子方向发生了明显甚至很大的改变，有的竟然改变了180°，就像子弹打到了防弹玻璃上一样被弹了回来。此时已经知道原子中有电子，而且知道电子的质量是极小的，根本不足以抵挡α粒子的轰击，这就是为什么绝大多数α粒子能够自由穿过金箔的原因。但那一小部分的α粒子方向偏转说明了什么呢？说明在原子内部有一些质量比电子大得多的微粒，正是它们阻挡了α粒子的轰击。依据之，卢瑟福提出了他的原子结构观念，他认为：在原子中心有一个很小的核，原子的全部正电荷和几乎全部质量都集中在这个核里，带负电的电子则在核外的空间里绕着核旋转。

这个假设与上面的实验很符合，因此很快被接受了，但不久又遇到了难题。例如是一种什么力能够让电子不停地绕着原子核旋转呢？为什么它不会被拉进原子核？就像人造地球卫星久了会被拉进地球的大气层烧毁一样。

为了解释这些问题，另一个物理学家玻尔提出了新的原子结构模型，这个模型已经与现在我们对原子的认识差不多了。以后，等我们前面说过的量子力学诞生之后，就构成我们现在的关于原子结构的完整的认识了。下面我就完整地说一下人们现在所认识到的原子。

原子按其定义是这样的：原子是仍保有元素化学属性的最小单位。

原子当然是可分的，但如果再分的话，它就不能保有原来元素的属性了，例如铁或者氦的原子便具有铁或者氦的属性，但如果将铁或者氦的原子再加以分割的话，它就不再是铁或者氦了，而成了别的元素的原子或者别的微观粒子。

就体积而言，所有的原子大小大致相同。每个原子的直径大约是2×10^{-8}厘米，它有多小呢？难说，比一根头发丝都要小不知多少倍，不但不可能用肉眼看到，甚至用一般的显微镜也看不到，据说电子显微镜可以看到某些种类的原子，但也十分朦胧。

由于原子这样小，因此需要很多原子才能组成哪怕是一小块物质，例如在一般的固态物质上，一厘米的长度内就有多达5000万个原子紧紧地靠在一起排列着，而一立方厘米这样的物质之内就有约10^{23}个原子。

就质量而言，不同原子的质量是不同的，其中最轻的是氢原子，如果将它的质量定为1，那么最重的铀是238，也就是说，一个铀原子的质量是238个氢原子的质量。

至于原子的大致构成我们都知道，它是由原子核及环绕着它高速旋转的电子组成的，这些电子由于运动速度太快，简直像一团云雾笼罩在原子核外，于是被形象地称为电子云。其中原子核又由质子与中子构成，不过其中的氢原子核没有中子，只有一个质子。

这就是原子的大致奥秘了，正是在认识原子的基础之上，我们认识了化学反应的本质，这就是我们下一章要讲的内容了。

第三十四章　什么是化学反应

我们下面来讲有关化学的一个核心内容，即什么是化学反应，它可能有点啰唆，得仔细看才能明白，但没办法，因为化学反应就是这么啰唆的。

核外电子的排列　我们刚刚说过，电子是围绕在原子核周围运动的，它们运动得十分快捷，因此虽然只有一个或者几个，然而由于速度极快，因此看上去像是一团云雾笼罩在原子核周围，被称为电子云。而在正常的原子核周围，电子的个数与原子核中质子的个数是相等的。由于电子带负电，质子带正电，因此分别被称为核外电子数与核电荷数。我们可以用这样的等式来表达：质子数=电子数=核电荷数=核外电子数。

至于原子的质量，即原子量，通常是指原子核中质子数与中子数的相加。因为质子与中子的质量是大体一致的。电子的质量则极小，在原子总质量中所占比重极小，因此一般情况下被忽略不计。

电子的质量虽小，但它占有的空间却不小。因为原子核的半径只有整个原子半径的约十万分之一，体积只占原子总体积的几千万亿分之一。这个比例有多大呢？如果设想原子有一座举办奥运会开幕式的巨大体育场那么大，原子核就只相当于体育场中央一只小小的蚂蚁。因此可以说整个体育场巨大的空间都是电子运动的场所。

在这样一个大天地里，电子当然可以像在太空一般自由遨游。

然而这里就有了另一个问题：在这处大天地里，电子到底是怎么个遨游法呢？特别是当原子核外面有好几个电子时，这些电子怎么个运动法呢？不会没有任何规律吧？因为它们简直像云一样充满了整个体育场呢！要是没个规律，个个都天马行空，不会像几万几十万只小鸟在那里乱飞一样，不相互间撞个你死我活才怪！

不错，电子的运动的确是有规律的。这规律首先体现在它的排列上。

我们知道，不同元素的电子数是不相同的，有的很少，例如氢，只有一个，因此它也就无所谓排列。有的则很多，例如碳有6个，钋有84个，而镄有多达100个。这么多电子在原子核外面怎么“行兵布阵”呢？

电子排列的规律归结起来有三个：

一是电子的能量有大有小，因此距原子核的距离有近有远，能量大的距原子核的距离远，能量小的距原子核的距离近。我们可以将电子看作是一些小精灵，而原子核是千手如来，它想将所有的精灵抓住，而这些小精灵则总想往外面跑。但一般情况下还是逃不过千手如来的掌心。只是小精灵们力气有大有小，力气大的跑得就远一些才被抓住，力气小的跑几步就被抓住了。然后被迫在如来周围转来转去。就像地球绕太阳转一样。

二是电子在原子核外面是分层排列的。即原子核外面的电子哪几个力气大，哪几个力气小，这都是有一定的数量限制的。力气差不多大小的电子就在原子核外面形成单独的一层，它们只在这一层运动。这样，电子们就在原子核外面形成了一层一层的排列方式。

三是无论对于什么元素，每层可以排列的电子数都是有限制的。而且排列时总是先满足距原子核近的一层，然后依次往外。

以上就是核外电子排列的三个规律。现在我们着重来讲讲第三个。

我们现在从里到外，将原子核外面的电子层分别用1、2、3、4、5、6、7来表示，它们一般又分别称为K、L、M、N、O、P、Q。即第1层称为K层，第2层称为L层，第7层称为Q层，等等。

这些层每层分别能够排列多少个电子呢？它们分别是这样的：

K层是2个，L层是8个，M层是18个，N层是32个。至于O层、P层和Q层等，我们就不要管了，那些结构复杂的元素我们在这里且不去讨论，我们只讨论一些基本元素。

还有，无论是何种元素，无论有多少个电子，其最外层电子数最多只能有8个。也就是说，N层本来可以有32个电子，但如果N层是最外层，那么它最多只能有8个。此外，第1层，即K层，最多只能有2个电子。我们还是举个例子吧！

元素氙的核外电子数是54，则它各层的电子数从内至外分别是2，8，18，18，8。看得出来，本来N层可以排32个，但由于最外层最多只能排8个，因此只排了18个，另在外面多了一层，刚好为8个。这样的元素是最稳定的，就是所谓的惰性气体。

我们在中学时都学过元素周期表，也就是门捷列夫制订的元素周期表，在那个表里，根据元素原子量的大小，将所有元素从小到大排列起来。事实上，更精确的说法是，元素周期表是根据原子核内质子数或者核外电子数的顺序由小到大来排列的。之所以说成原子量，一是因为当初门捷列夫的确是根据原子量，即元素各原子间的相对质量来制订元素周期表的；二是因为除了极个别的情况，例如碲与碘之间、钴与镍之间，这两个顺序乃是一致的。不过，如果我们想要根据周期表去简明地判定元素的性质的话，最好还是将之当成质子数。这样一来，元素在周期表上的位置就与其核内质子数或核外电子数有了精确的对应。只要了解了元素的质子数，我们就能够方便地了解它的各种性质。

所有的元素，其质子数是从1开始的，然后依次是2，3，4，5，6，7，8，9，…，目前共找到了超过100种元素，即核内质子数最多已经超过了100个，这个质子数也就是它在元素周期表中的位数，例如周期表中第6号元素是碳，也就是说它的核内质子数是14个。不过位于第94号元素钚后面的诸元素都是人造元素。也就是说自然界并不存在，必须通过人工方法才能够制成。

我想大家在中学时都学过元素周期表，这里就不再多说了。我记得老师那时要求我们能够背诵前20号元素，即“氢氦锂铍硼，碳氮氧氟氖，钠镁铝硅磷，硫氯氩钾钙。”我就将它当作四句诗来背。

化学性质的秘密　了解了元素的核外电子数后，我们就基本上可以由之了解元素的各种化学性质了。

那么元素的性质与核外电子数之间到底有什么关系呢？

一是与其总数有关，二是与最外层电子数有关。

对于一个原子而言，电子的总数越多，就要分更多的层次来排电子。而越往外，电子受到的原子核的引力就越小，或者说电子的能量也就越大。这样一来，电子就更容易摆脱原子核的束缚，甚至能自己逃将出去，因此元素也就越不稳定。当然这种说法只具有近似的意义，或者说只对于一些核外电子数特别多的元素有用，例如放射性元素，它们具有放射性的原因之一就是因为电子不断地摆脱原子核的束缚而逃逸出去，同时释放能量。而且，之所以94号元素钚之后的元素都是人工元素且是放射性元素，也是因为这时候由于核外电子数太多，在95个以上，因此元素自然不能稳定，在自然状态下甚至根本不能形成这样的元素，必须人工施以强大的作用力才能形成。

与元素性质关系最密切的是最外层电子数。

我们上面说过，一个原子的最外层电子数，除了第一层最多只能有2个外，其余各层不尽相同，但最外层最多只能有8个电子。

这时您当然会问，如果少于8个电子会出现什么样的情形呢？那么我们要说，无论它最外层有几个电子，这都将对它的化学性质产生根本性的影响。

首先，当一个元素的原子最外层有8个电子时，它是最稳定的，因为它达到了最大数目，不多也不少。这时候，无论要它吸收电子还是释放电子都十分困难。这样的元素也就是最稳定的元素，它被称为“惰性气体”，“惰性”就是“懒惰”的意思，即这种元素相当懒惰，不喜欢与其他元素一起组成化合物。这些惰性气体大家都知道，分别是氦、氖、氩、氪、氙、氡六种。它们的最外层都是8个电子。例如氙是第54号元素，它的核外电子数共分五层，从里到外，即K、L、M、N、O分别是2、8、18、18、8个电子。这里有一个例外就是氦，它的最外层只有两个电子，但也是惰性气体。其原因当然是因为它加起来也就两个电子。前面说过，第一层有两个电子就是最稳定的，因为它最多也就这么多。

其次，如果最外层少于8个电子呢？它又要分好几种情形。

首先，最外层的电子很少，只有一个或者两个，这时候会出现什么样的情形呢？我们知道，元素的最外层电子从第二层开始最多可以达到8个，而一个或者两个都与8个相差甚多。这时候的元素，用一个词来说就是“比较活泼”。我们可以这样看，元素的最外层电子总是趋向于达到8个，也就是达到稳定的状态。我们可以把这8个想象成60分，这是一条及格的线，因此凡参加考试的人自然都希望达到这条分数线，并且愿意为之采取各种办法或者手段。如果达不到，考试者的心就会定不下来，总想着怎么才能弄够分数，而且在两种情况下人可能最急，第一种是只有一二十分的人，第二种是超过50分的人，前者觉得太丢人现眼，这时候，他会宁愿把这一科的成绩去掉，也不要留在成绩单上丢人——因为他只有这一科一二十分，其余几科都有八十分呢！后者则因为只差几分，极想把这几分补上来，达到60分。

元素也是一样，它的最外层也趋向于8个电子。如果不够，或者少得太多，这时候它就会变得不稳定，也就是容易与别的元素产生化学反应。在前一种情况下，即最外层只有一两个电子时，它们就像那些只考了一二十分的学生，特别想干脆把这科的成绩去掉，好只让人看到他们其余几科的好成绩。原子也是这样，它总急于将这一两个电子丢掉，反正它下一层的电子是满的。这样，元素所表现的性质就是不稳定、活泼。

在元素周期表上，我们看最左边那一竖行或者两行，会看到锂、钠、钾等，它最外层只有一个电子，然后往右一竖行是铍、镁、钙等，它的最外层只有两个电子。这些元素的主要特点之一是极不稳定，在自然界中甚至无法用单质的形式存在。因为它只要遇到空气，就会马上与空气中的氧产生反应。如此一来，怎么能够单独存在呢？

第二种情形是最外层电子很多，例如有6个或者7个电子，这时候，它就类似于那些某科考了五十八九分的学生，急于增加一两分以达到60分之数。元素也是一样，既然它最外层有了六七个电子，当然想急于达到8个电子之数，想从别的原子那里弄几个电子过来。于是，它也表现得不稳定，容易与别的元素产生反应，从别的原子那儿弄几个电子来。它们在自然界中也基本上不能以单质的形式存在，例如氟、氯等。原因也与上面差不多，它们只要放在空气中就能与空气中的许多元素发生化学反应，变成化合物，这样一来，自然就难以单质的形式存在了。

这第一与第二种情形下元素的性质都很活泼，它们有什么区别呢？这后面我们就可以看到了：前一种情形由于电子太少，干脆赶紧丢掉，最外层一个也不要。第二种情形相反，急忙把别的元素的电子弄过来，使自己的最外层电子数达到8个。这两种情形都表现在化学反应里。前者叫“失去电子，化合价升高，被氧化”，后者叫“得到电子，化合价降低，被还原”。这我们后面还要说。

第三种情形是最外层电子不多也不少。例如3个、4个、5个，这时候元素的特点我们就可以想象得到了，它的核外电子数虽然不够8个，但总的来说还是不少也不多。这时候，就像那些才四五十分一门的学生，反正多几分也及不了格，又不至于少到只有一二十分丢人的地步，因此，较之前面的两类学生他们是比较安稳的，不会急于得分及格或者干脆将这一科的成绩去掉。对于元素，就是元素的性质相对来说比较稳定一些。例如氮、氧、碳、硅等，都是这样。它们在常温下都不怎么活泼，不大容易与别的元素起化学反应。

以上就是核外电子数与元素性质的关系了。这里要强调的是，这种说法完全是一种大略的说法。要深入了解元素的化学性质及其成因还得进行深入具体的研究才行。这从我们看元素周期表就知道，在这周期表里，除了我前面说的核外电子数是1到8的元素外，还有一大片是不能算在这一堆里面的，也就是说，它们的性质不能够这样来看，它们被称为“过渡元素”，包括下面的镧系与锕系元素，它们加起来足足有一大堆，占了所有元素数目的一半以上。这些过渡元素全是金属，其中包括我们所熟悉的铜、铁、锌、金、锰等。对于这些元素的化学反应，可不能根据上面的核外电子数的规律来分析，而且它们之内各种元素的性质也大不相同，有的还具有放射性，有的甚至在自然界的化合物中都不存在，只能靠人工方法强力合成，合成之后也是转瞬即逝。对于这一切的深究，在我们这本书里是不能完成的了。

化学反应的本质　到这里，我们可以正式来讲讲化学反应的本质了。

所谓化学反应，其实就是元素之间最外层电子的结合。

我们举一个例子来说，例如钠与氯反应生成氯化钠。我们知道，钠原子的最外层是1个电子，而氯原子的最外层是7个电子。这样，当钠与氯反应成氯化钠时，就是一个钠原子失去它的那个最外层电子，而氯原子则得到这个电子，这样双方就结合起来共同组成了新的氯化钠分子。

在这个反应之中，那个失去电子的钠称为“被氧化”，而得到电子的氯叫“被还原”。至于这里有没有氧大家就不要管了，它只是借用氧之名而已。就像我们俗话所说的“挂羊头卖狗肉”。

我们还可以用另一种常用的方式来表达这些，就是“化合价”。什么是化合价呢？我们还是举上面的例子来说吧！在钠与氯反应之前，它们都是单质，其化合价都是0，因为两种原子都没有得到电子，也没有失去电子。化学反应之后，当钠原子失去一个电子时，它就带上了一个正电荷，就说它的化合价升高，并且是由0价升高到了+1价，而氯则得到了一个电子，带上了一个负电荷，就称它的化合价降低，由0价降低到了-1价。

至于为什么失去电子是带正电，得到电子是带负电，这好理解，因为电子带的是负电荷，因此，得到电子自然就是增加了负电荷。而原子在失去电子之前，其质子数与电子数是相等的，因此原子显示不带电，但失去电子之后，质子就多了，而质子是带正电的，因此原子也就带正电。而且我们会看到，在化合价数与得到或失去的电子数之间，有着精确的一一对应关系。

综合以上所说就可以得出以下结论：在化学反应中，失去电子的一方称为被氧化，其化合价升高，升高的量与失去电子的个数是一致的；得到电子的一方称为被还原，其化合价降低，降低的量与得到电子的个数是一致的。

从上面看出，氧化与还原反应是相伴而生的，它们就像一个硬币的两面一样，有阿一就有阿二，有阿二就有阿一，因此被称为“氧化-还原反应”。

看得出来，所有有化合价升或降的反应或者所有存在着电子得失的反应都是氧化-还原反应。

当然并不是所有的化学反应都是氧化-还原反应，凡不是氧化-还原的反应被称为非氧化-还原反应。

什么是非氧化-还原反应呢？就是反应中没有电子得失的反应。我们来看一个例子吧！

在初中化学中我们讲过有四种基本化学反应，即：化合反应、分解反应、置换反应、复分解反应。这四种基本化学反应中，转换反应必定是氧化-还原反应，化合反应与分解反应中有一部分是氧化-还原反应，另一部分则不是。复分解反应则全部不是氧化-还原反应，即全部是非氧化-还原反应。

我们就以一个复分解反应为例子来讲非氧化-还原反应吧！

我们知道，氢氧化钠与氯化氢反应生成氯化钠与水。氯化氢就是我们平常所说的盐酸，而氯化钠就是我们平常所说的盐。

这个反应的化学式是这样的：$NaOH+HCl = NaCl+H_2O$。在这里，每个元素都不存在化合价的升降，例如氯反应前后都是-1价，而钠都是+1价。因此这个反应自然不是氧化-还原反应。

既然不是氧化-还原反应，自然不存在电子的得失。那么，这反应是不是与电子无关呢?

当然不是，要知道所有的化学反应都与电子有关。在这个反应中的情形是，反应中虽然没有电子的得失，但仍然存在电子结合方式的变化。例如钠，虽然它的化合价没有变化，但在前面，它是与氢氧根离子——在这里氢氧是一个整体，称氢氧根离子，为-1价——结合的，更具体地说，它把那个最外层电子丢给了氢氧根离子，从而与之结合成了氢氧化钠分子。反应之后，钠就不再与氢氧根离子结合了，而是与氯结合。即钠原子又将它的那个最外层电子丢给了氯，从而与之结合成了氯化钠分子。

其他的非氧化-还原反应都是这种情况，即在那里，虽然没有电子的得失，但却有电子结合方式的不同。就这点来说，它与氧化-还原反应是一致的，即都存在电子结合方式的差异。要知道，电子的得失也是结合方式差异的一种形式啊!

所有化学反应的本质都是如此，即都是元素原子间电子有了变动：或者有原子得到电子，或者有原子失去电子，或者虽没有原子失去或者得到电子，但却有原子的结合方式发生了变化，就像上面“$NaOH+HCl = NaCl+H_2O$”中的情形一样。

这就是化学反应的本质。

第三十五章　最伟大的女科学家

居里夫人的大名我们早已耳熟能详了。她是整个西方科学史上无与伦比的最伟大的女科学家，在这里我要郑重地将她推荐给大家。

至于为什么要在这里推荐给大家，当然是因为她虽然获得过诺贝尔物理学奖，但也获得过诺贝尔化学奖，并且她的主要身份与成就是属于化学的，她的这些成就与我们前面刚刚讲过的内容即原子内部的秘密以及化学反应的本质有关。

勤苦的天才　居里夫人原名玛丽·斯克罗多夫斯卡，因为她的丈夫姓居里，因此她结婚后就按习惯被称为居里夫人。

女子出嫁后随夫姓，是西方一个古老的传统。有时候还出现这样的情况，某个女子嫁了某个丈夫，后来与这个丈夫离了婚，可她还得继续用前夫的姓，一直到她再结婚，用上另一个男人的姓为止。就像美国前女国务卿奥尔布莱特，她本来的名字可不是奥尔布莱特，叫玛德琳，只是嫁了个姓奥尔布莱特的丈夫，而且早已经离婚，然而即便她后来贵为美国国务卿，仍然被称为奥尔布莱特。

居里夫人也是这样，她之所以被称为居里夫人，乃是因为她是居里的夫人，至于她的本名，一般人是不知道也不关心的。

居里夫人是波兰人，与伟大的哥白尼是同胞。她于1867年出生在波兰的首都华沙。这时候的波兰早已被列强瓜分豆剖，华沙一带属于俄罗斯帝国。她的父亲斯克罗多夫斯基是中学数学与物理教师，据说懂得八种语言，曾在俄罗斯的圣彼得堡大学就读。她的母亲也受过良好的教育，曾经当过一所女子寄宿学校的校长。玛丽是家里第五个孩子，上面有三个姐姐和一个哥哥，由于孩子多，收入不多，玛丽从小饱尝了贫困的滋味。

斯克罗多夫斯基家的孩子们个个聪明，因此当玛丽才4岁便在姐姐的指导下学会了读书时，大家一点也不感到奇怪。

两年后，玛丽上学了。她不久就以记忆力闻名全校，因为她能够背诵出老师教她背的任何东西，而且俄语说得十分顺溜。不过，她对这些东西压根儿不感兴趣，就像她讨厌经常来学校折磨学生的那个俄国督学一样。

玛丽家的日子并没有与玛丽的成绩那样一天比一天好，当她父亲失业后就更是雪上加霜了。她9岁那年，母亲因为积劳成疾去世了，她的一个姐姐也因斑疹伤寒死了，更兼父亲因为将全部资产投入到兄弟办的一个厂子，结果厂子破产，投进去的钱全化成了灰，家里的境况更是惨得不能再惨。

玛丽默然忍受着所有的痛苦，埋头学习，她知道取得好成绩就是给父亲最好的安慰。而她的成绩，从小学直到中学，几乎从来就是第一。

1883年，玛丽中学毕业了。因为成绩十分优异，她被授予金质奖章。

接下来怎么办呢？以她的资质与成绩，理当上大学，然而在当时的波兰是不可能的，俄国人对波兰实行愚民政策，根本不准许女孩子上大学。唯一的办法是去国外，例如法国。但那需要许多钱呀，家里是无论如何出不起这笔钱的。这时候，玛丽的二姐布伦尼娅也面临着相同的问题。姐妹俩一合计，想出了一个办法：去招些学生，为他们上课来筹集学费。

她们立即行动，由于在学校时她们成绩十分优异，玛丽还得了金质奖章，她们顺利招到了一批学生，大都是有钱人家的小孩子，每天得跑上很远的路去给他们上课。

一年之后，姐妹俩将挣来的钱一算，根本不够俩人同去巴黎上学的费用，但一个人还是勉强够了。玛丽立即要姐姐先去，好像这是理所当然的。从小她就是一个无私的孩子，长大后依然如此。

布伦尼娅怀着感激的心情乘上了开往巴黎的火车，她暗下决心要快点毕业赚钱，好让妹妹也早日去巴黎。

然而这又何尝容易啊，她在巴黎只是一个学生，除了学习什么也不能干。而她可怜的妹妹呢，在此后漫长的6年里，日复一日地奔波在路上，去为各式各样的学生上课赚钱。

为什么要持续这么多年呢？因为玛丽不但要为自己筹措路费，甚至还要继续往巴黎寄钱，使姐姐能够学习下去。据说她还谈过一次恋爱，对象不明，以失恋告终。

到1891年，玛丽终于攒足了去巴黎的费用，她惜别了老父，踏上了去异国他乡的求学之路。

到了巴黎后，她考入了著名的巴黎大学，读的是物理系。这是法国也是全欧洲最好的大学之一，她来自落后的波兰，而且是个女子，能够进这里着实不容易，简直是奇事一桩呢。这时候的巴黎大学常被称为索尔本，这是它校园所在的地方。

校园鸳鸯　入学后，她在学校附近租了一间光线昏暗但租金便宜的小阁楼，将自己的整个灵魂都投入了学习之中。

一开始，由于底子较差，波兰学校的条件当然不能与法国相比，她成绩还有点落后，语言也不大习惯。但她凭着过人的天资与勤奋很快赶了上来，每次考试成绩都名列前茅。她还特别擅长做实验，成了教授的得力助手。她的老师们很快发现了这位女学生不寻常的天才，对她也相当爱护，她由此结识了许多成名的物理学家。

1893年，仅仅入学两年之后，玛丽就毕业了，成绩名列全班第一，被授予物理学学士学位。

这样难得的优秀学生老师自然“肥水不流外人田”，她的老师之一G.李普曼把她招到了自己的研究室当助手。

玛丽一边在实验室干活，一边还在大学继续攻读，毕业第二年，就又获得了数学学士学位。

对于这段在艰苦中不断进取的岁月，玛丽——那时候她早就是著名的居里夫人了——回忆道：

“那段专心致志地攻读的孤独岁月，给我留下了不可磨灭的最美好的回忆。”

这时已经是1894年了，正是这一年，玛丽遇到了居里。

居里全名叫彼埃尔·居里，是地道的巴黎人，比玛丽大8岁。当他遇到玛丽时，已经是卓有声誉的科学家了，在许多领域都取得了重要成就，并且是巴黎物理和工业化学学校的总监。

居里最擅长的研究领域之一是磁学，在这个领域内有重大成就，例如发现了磁性材料的“居里点”。他与玛丽相识的契机也是磁学。这年，玛丽因为要进行磁性研究，但却没有条件做实验，她找到一个也在索尔本的同胞帮忙，那个同胞正好认识居里，就介绍他们俩认识了。

这时的居里已经可以说是功成名就了，但他从不恃才傲物，十分亲切地对待玛丽。一阵倾谈之后，他发觉自己遇到了一位难得的科学天才，不由对这位年青瘦削的波兰姑娘既惊讶又佩服。玛丽也不由对这位衣着朴素，有些不修边幅，然而才华横溢的男子产生了好感。

这时候的玛丽已经27岁，居里则35岁了，男未婚女未嫁。

从此，两人经常会面，不久就坠入了情网，边搞科研边谈恋爱，真是一举两得。

两人的感情发展很快，第二年，也就是1895年，就步入了婚姻的殿堂。

据说两人的蜜月是骑自行车到巴黎近郊的乡间了无目的地漫游了一番，回来后就一头扎进了实验室。

这时候，玛丽，不，应该叫居里夫人了，发现了一个有趣的研究对象。

前面我们说过贝克勒尔发现铀盐能够自己放射出奇怪的射线的事，居里夫人后来称之为放射性，他自己没有深究之，但居里夫人却凭她那灵敏的科学鼻子感觉这里头有些古怪，值得好好研究研究。

这时候她不再是哪个教授的助手了，成了人妻和独立的科学工作者，但她这时连正式的职业都没有，更甭提自己的实验室了，然而巧妇难为无米之炊，她总得找到地方做实验才对。费尽千辛万苦之后，她才总算在丈夫执教的学校里借到一间又小又潮又黑的地下室。

这是第一步，接下来的一步是寻找各种各样有放射性的矿物来研究。居里夫人找到了许多种矿物，发现不但是铀，另一种元素钍也具有放射性。更重要的是，当她研究某种沥青铀矿的放射性时，发现它的放射性竟然比纯铀还要大上两、三倍！

居里夫人立即敏锐地觉察到，这些沥青铀矿里一定有某种放射性比铀还要强的新元素。

彼埃尔立即感觉，这是一个十分重大的发现，他立即抛开自己的研究，全心全意地投入了妻子的项目。

怎么搞这项研究呢？说起来其实也不难，就是要从沥青铀矿里将那种神秘的元素提炼出来。他们首先找到了够多的沥青铀矿，将它们装在几个大桶中，加入一些化学试剂和酸，然后煮沸。煮时，要用一根沉重的铁棒不停地搅拌这些像岩浆般沸腾的又黏又稠的东西，更可怕的是，它们还会释放出难闻的毒烟，对健康十分不利。

然而居里夫妇对这一切视而不见，全心全意地工作着，将各种元素不停地从这些沥青铀矿中分离出来，每分离一种，他们就朝新元素迈近了一步。

经过三年，一千多个那样的日日夜夜，他们终于将最后一种多余的元素从沥青铀矿中分离出去，得到了一种新元素，它的放射性要比铀强400倍。

居里夫人给这种新元素命名为钋，以纪念她苦难的祖国波兰。——它的拉丁文名叫Polonium，与波兰，即Poland的词头一样。这是1898年7月的事。

取得这一重大的发现之后，居里夫人根本没有休息，因为她又从一些沥青铀矿里发现了一个大秘密：它发出的放射性竟然要比钋还要强。这说明它里头一定还有一种放射性更强的新元素。

居里夫人立即像先前一样投入了研究之中，这次劳动可谓驾轻就熟了，几个月之后，她就发现了又一种新元素，她命名为“镭”。

1898年年底，居里夫人正式向法国科学院报告了自己的发现。

然而她的报告没有得到那些科学家们的喝彩，只听到了喝倒彩。说实在的，叫尊贵的院士们随便相信这样一个外国人，而且是个女人的话，简直大丢面子呢！他们声称：既然没有看到镭这种元素，怎么能说它存在呢？如果要他们相信，就请拿点纯净的金属镭来给他们看看吧！

居里夫人没有退缩，她接受了他们的挑战。经过一番交涉，好话说尽，她又从丈夫的学校里弄到了一间“更好的”实验室——一个久已废弃的棚子，屋顶的玻璃已经碎了若干块，外面下大雨屋里就下小雨，“地板砖”是泥巴做的，到处散发出一股霉味。

这次提炼的程序差不多，然而工作量与难度都要大得多。首先是沥青铀矿不好弄。镭在沥青铀矿中的含量极小，因此需要大批这样的铀矿才可能提炼出一点点金属镭。而这样的沥青铀矿很贵，就是掏空他们夫妇的口袋恐怕也不够，他们又没有一毛钱政府的科研经费。怎么办呢？正在束手无策时，他们得到了一个消息，奥地利的铀矿里有一些被弃而不用的废铀矿渣。虽然里面没有铀，但镭还是有的。他们到处找门路，后来在奥地利科学院的帮助下，免费弄到了整整一吨。

下一步的工作就是提纯镭了，为了提高效率，夫妇俩决定分工合作：彼埃尔负责研究镭的各种化学性质，玛丽则负责提取镭。

过去由夫妇俩人完成的艰苦卓绝的提炼工作现在要由玛丽一个人来完成了，而工作量则是以前的若干倍。

在这里要说出那是一段什么样的岁月是很难的，日复一日、月复一月、年复一年地，居里夫人，一个身材纤瘦的30多岁的女人，在盛满沥青铀矿的大锅里搅拌着，任由毒烟将她的脸熏得乌黑，她的手掌布满厚茧，粗糙得像一个农妇。而工作，也比预想的还要困难，镭在沥青铀矿中的含量实在太小，一吨不够，他们只好又去讨了一吨，为了支付昂贵的运费，居里夫人还得去别的学校打工上课。一到上课的时间，她便匆匆从盛满黑乎乎的沥青铀矿的大锅边跑开，抹一把乌黑的脸，跑去挣几个小钱，上完课后回来马上接着干……

一年过去了，两年过去了，三年过去了，还没见着镭的影子。

直到第四年，她已经搅完第8吨矿渣后，才终于得到了一点氯化镭，1/10克。

它被小心地装在一个玻璃容器里，当夫妇俩看见它在黑夜里闪烁着微蓝色的微光时，万千的辛劳化作了滴滴喜悦的泪水。这是1902年初的事。

镭的发现对世界产生的轰动效应几乎与X射线的发现不相上下了。因为镭不同于钋，它像X射线一样，用途十分广泛。例如，它对癌症有特效，是迄那时为止最好的抗癌药物，还有，由于镭在黑暗中能够自己发光，它被广泛用于那些需要夜光的东西，例如夜光表等等。

镭的发现与提炼给居里夫人带来了巨大的荣誉，也能够带来巨大的财富——如果他们愿意的话。懂得镭的重要性的企业家们争相向居里夫妇提出购买镭的提炼秘方，有朋友建议他们申请镭的专利，这样的话，他们一夕之间就能成为百万甚至亿万富翁。但居里夫人毫不犹豫地拒绝了这样的提议。她这样说道：

“我们应该公开发表我们的研究成果。这是唯一的道路。获取专利权将是违背科学精神的。”

他们的作为更是引起了科学界一片赞美之声，各种荣誉纷至沓来，令他们简直应接不暇。最为重要的荣誉是三个：一是巴黎大学宣布授予她博士学位。仅仅因为成就卓著就获颁博士学位，这在索尔本是极不寻常的，何况居里夫人还是一个外国血统的女子。二是英国皇家学会授予他们“戴维奖章”，这是皇家学会的最高荣誉之一。三是荣获诺贝尔物理学奖。

这三大荣誉均来自1903年，最重要的当然是第三个了。同时获奖的除了居里夫妇外，还有贝克勒尔，放射性的发现者。

获得诺贝尔奖后，夫妇俩都成了世界闻名的科学家。第二年，索尔本就正式聘彼埃尔为物理学教授，居里夫人也被聘为丈夫物理实验室的主任。

按理说，这时的居里夫人经济情况有了改善，还找了份不错的工作，在历经漫长的30余年贫苦的生活之后，生活总该走上一条康庄大道了吧！然而命运又一次捉弄了她，最残酷地打击了她。

孤独与辉煌　这时是1906年4月的一个下午，巴黎的天空一片灰暗，小雨淅淅沥沥。在这样的天气，人不便感到身上冷，连心也有些发凉。在塞纳河附近的一条马路上，由于下雨的关系，那马路是又湿又滑的，一个人戴着礼帽，裹着大衣，正穿过马路。突然，一辆马车朝他冲过来，马车上的车夫焦急地挥着鞭子，但显然已经控制不住那匹发狂的烈马了。它带着马车径直朝过马路的男子冲去。要知道这是一辆载重马车啊！那男子怎经得住这样一撞，他倒下了，他的头正好倒在车轮前，车轮继续前进，从他的头上辗了过去。

这位不幸的男子就是彼埃尔，诺贝尔奖金获得者，居里夫人至爱的丈夫。时年只有47岁。

要说出这件事对她是何等的沉重打击是困难的。我只能用一些普通的字眼来说：

居里夫人悲痛欲绝。她失去的不但是十余年来相濡以沫的丈夫，她两个孩子的父亲，还是事业上最重要的伙伴。总之，她几乎失去了一切。

但她没有倒下，她还要将他们的孩子养大，还要为丈夫完成他们未竟的事业！

正是这些促使居里夫人很快从有如行尸走肉的生活中醒来，她擦干泪水，重新投入了战斗。

她拒绝了法国政府向她提供的抚恤金，将原来彼埃尔正在进行的科研甚至教学工作都接了过来。索尔本这时候也显示了它人性化的一面，把彼埃尔留下的物理学教授职位交给了他的夫人，这时距彼埃尔遇难不到一个月。

居里夫人就此成了高贵的索尔本的第一位女教授。

居里夫人不但要完成原来准备由夫妻俩完成的工作，甚至还要做得更好，以告慰亡夫的在天之灵。她工作的勤奋程度有如疯狂，在她的日程表上，只有工作、工作、工作，几乎没有休息的时间。

实践表明，失去丈夫之后，居里夫人仍各方面都做得极为成功。

教学上，她在索尔本开设了最成功的化学讲座，讲授元素的放射性，现在应该称之为放射学了，她就是这门学科的创始人与最高权威。

研究上，她建立了当时全世界最好的科学实验室之一，将之发展成为享誉全欧洲的物理学与化学研究中心，尤其是元素放射性研究的主要中心。她还发表了许多重要论文论著，精确地测定了镭的原子量，并提炼出纯净的金属镭，从而全面了解了镭的各种化学与物理性质。

家务上，或者说子女的教育上，居里夫人同样取得了惊人的成功。她与同为著名科学家的朗之万等合办过一个儿童学习班，对许多科学家的子女进行早期的科学教育。这些孩子中包括她的大女儿伊雷娜。

伊雷娜生于1897年，父亲死时只有9岁，主要在母亲的教养下长大。她后来也成为伟大的科学家，是人造放射性元素制造与研究的开山鼻祖，并因之获得1935年的诺贝尔化学奖。早在1939年，她就知道如何制造核反应堆，但怕成果被纳粹知道而不敢发表，只能将有关论文写好用火漆封好秘密存放到巴黎科学院。

更有意思的是，她也是与丈夫一起进行科学研究的。她丈夫原姓约里奥，与妻子结婚后改为约里奥–居里，并且是在妻子的指导之下进行最初的科学研究的，后来也成为著名科学家，夫妇俩还同时获得了1935年的诺贝尔化学奖，他们在科学史上称为约里奥–居里夫妇，几与居里夫妇齐名。

上面的一切都说明居里夫人是何等伟大的人物，尤其考虑到这一切伟绩都是在丈夫死后、一个还要拉扯两个孩子的寡妇完成的，就更是在整个西方历史上都无与伦比的了。

1908年，居里夫人成为索尔本的荣誉教授，又由于她成功分解出纯镭，于1911年被授予诺贝尔化学奖。成为诺贝尔奖历史上第一个，也是唯一一个同时获得物理学奖与化学奖的科学家。

至此，居里夫人达到了她荣誉的巅峰。是时，爱因斯坦的相对论尚未被证实，因此，居里夫人可以说是全欧洲乃至全世界最知名的科学家。在科学这个传统领域内，一个女性能拥有如此之高的地位，的确是一个不折不扣的奇迹，整个科学史上也是前不见古人、后不见来者，绝无仅有。

她得到的各种荣誉，如荣誉学位、各科学院的院士、各种奖章等数不胜数。仅各种科学奖金就有近10次，各种类奖章与勋章近20枚，她还是20多个国家的100多个科研机构的会员或荣誉会员，她第一次去美国时就有近10所美国著名大学授予她名誉博士学位。许多报纸也常连篇累牍地发表对她的科学成就的述评，许多崇拜者向她寄来了各种各样的信件，仿佛她不是一个科学家，而是总统或者电影明星呢！

面对这一切，居里夫人只能用一个成语来形容：心如止水。可以说，从来没有哪一个人像她那样对普通人趋之若鹜的荣誉毫不放在心上。这使得同样也视荣誉如粪土的爱因斯坦感佩不已。他遇到居里夫人之后，说过这样的话：

> 在所有的著名人物中，居里夫人是唯一不为荣誉所颠倒的人。

对荣誉如此，对金钱同样如此。按理说，她从小就受穷，应该懂得金钱的重要性。然而居里夫人从不如此。自从得到诺贝尔奖金，并且成为教授后，她成了富翁。要知道，诺贝尔奖金现在每项还有100多万美元呢，两项就是200多万美元。那时票面上虽然没这么多，但考虑到物价的因素，实际上比现在还多些。要是她再为自己的发明发现申请几项专利的话，更会豪富无比。但居里夫人没有这样做，即使对得到的金钱，她也是视之如粪土。直至离开这个世界，她一直过着清贫的生活。

那么，她的那些钱是怎样花掉的呢？全给人家了。

一是给外人，就是与她没有任何亲戚关系的人。她经常赠款给需要帮助的穷人，经常资助别的科学家搞研究，尤其对来自祖国波兰的贫穷学子更是慷慨。

二是给亲戚朋友。对于自己的兄弟姐妹以及去世了的丈夫的亲戚们，居里夫人都十分爱护，很是大方。例如她一个姐姐想盖座疗养院，她便送了一大笔钱给她。

三是两个国家：一是她苦难的祖国波兰，二是法国。例如第一次世界大战爆发后，居里夫人就将她第二次获得的诺贝尔奖金全数捐给了法国政府。

现在第一次世界大战已经爆发，欧洲陷入一片血雨腥风之中。居里夫人没有对这场战争坐视不管。她运用自己的科学知识为国家效力。她与女儿伊雷娜一起，在军中全力推广X射线，用于抢救伤员。我们知道，X射线对于诊断伤员的病情，尤其是战场上受伤的士兵，有极其重要的意义。伤兵哪里受伤，弹片在身体的哪个部分，用X射线一照就出来了。居里夫人先后领导装配了几十辆有X射线的救护车，在医院里装备了几百个X射线诊断室，培训了数以百计的懂得使用这些设备的学员。先后治疗了上百万的士兵。这时，已经年届五十的她甚至学会了开汽车，亲自驾车到各前线医疗站，做现场指导。她甚至写了一本书，名字就叫《放射学与战争》。

当然，这一切并不说明居里夫人喜欢战争，相反，她憎恨战争，她这样做只是出于人道主义情怀，她没有参加战争，只是救护伤员，就像那位伟大的南丁格尔女士所做的一样。

事实上，居里夫人是一个反战争的和平主义者。第一次世界大战结束后，她与爱因斯坦一样，是国际联盟“知识界合作委员会”的成员之一，积极争取和平与裁军。

战争结束后，居里夫人重新投入了科学研究。据说，在1920年的一天早晨发生了这样一件事。一个美国女记者，名叫麦隆内夫人，来采访居里夫人，她问夫人：“若是把世界上所有东西任你选择，你最愿意要什么？”居里夫人回答：“我会要一克镭来继续我的研究。”

这位记者得知伟大的居里夫人，镭的发现者自己竟然没有一克镭，不禁唏嘘不已，她立即回到美国，在全美国妇女中展开了募捐活动，为她们这位世界上最伟大的同胞购买一克镭。要说明的是，一克金属纯镭的价钱可不是一笔小数目，抵得上若干千克黄金，市价在100万美元以上。

这个活动成效卓著，无数美国妇女捐了款。第二年，居里夫人接到那位记者的信：她渴望的一克镭已经有了，并邀请她去美国接受。

就这样，1921年5月，居里夫人来到了美国。当时的美国总统哈定亲手将这一克镭放在了居里夫人手上。

这样的事迹有些令法国政府感到尴尬，自己最伟大的科学家竟然如此清贫，她清贫的原因只是因为把钱给了别人，包括政府。于是，1923年，法国议会和政府特意通过一项法案，每年授予居里夫人四万金法郎作为“国家酬劳”，且她的女儿对之享有继承权。

居里夫人一生办的最后一件大事也许是为祖国波兰建立一所镭学研究所。我们知道，波兰本来是俄罗斯的殖民地，直到第一次世界大战结束后才重新赢得了独立自由。居里夫人的高兴劲可想而知，她曾在写给哥哥的信中说：

“我们降生在受奴役的人世间，一生下来就被套上了枷锁。我们一直梦想祖国的复兴，现在我们终于盼到了这一天。”

居里决心为振兴祖国的科学事业尽一份力，建立一所大型的镭研究所。她为此积极奔走呼号，筹措资金，并将自己加上姐姐的一大半财产贡献出来。后来，这事又得到了那位美国记者麦隆内夫人的帮助，又在美国募集了一大笔资金，并购买了一克镭。居里夫人又一次亲赴美国，这次是从胡佛总统手中接过了美国人民珍贵的礼物。

1932年5月，波兰举国上下沉浸在一片欢腾之中，无数波兰人会集在首都华沙的街道上，欢迎他们最伟大的儿女归国。这时的居里夫人已经满头银发，仍是瘦弱而谦逊，亲自主持了镭研究所的揭幕典礼。研究所由她的姐姐布伦尼娅担任所长。

这时的居里夫人已经是一个老妇人了，由于长期与放射性元素相伴，她的健康久已受到严重的伤害。但居里夫人从来不关心自己的健康，她仍然拼命工作，她的实验室现在已经是享誉世界的科学研究中心，每年都有大批年轻科学家来这里学习。居里夫人总是尽心竭力地为他们提供最好的研究条件，她尤其关心那些来自像她的祖国一样不幸的、落后国家的学生，例如波兰甚至遥远的中国，不但关心他们的学习，还关心他们的生活，犹如慈母。

在这样辛苦的工作中，居里夫人的身体一天天地垮了下去，病魔——由放射性伤害导致的血癌——迅速地吞噬着她残留的生命。

1934年7月4日这一天，病魔终于完成了它罪恶的使命。

居里夫人被以最简单、最安静的仪式安葬在巴黎郊区一个普通的乡村墓地里，她的棺木放在彼埃尔的棺木上面，她的哥哥和姐姐向墓穴洒下了一抔从波兰带来的泥土。

第三十六章　地球与四季

从这一章起我们来讲地学，不过，与前面的天文、数学、物理、化学不同的是，这一章我们不再讲地学史了，也不再专门讲某个伟大的科学家了。为什么呢？因为地学虽然是距我们最“近”的学科——它讲的就是我们脚下的大地即地球，但它既是一门比较年轻的学科，因此没有专门的地学史好讲，也没有诞生过哪些我们耳熟能详的伟大科学家，也就没有人好讲了。但这却并不意味着地学没东西好讲，相反，它可讲的东西多得很、重要得很而且有意思得很。这从我们下面要讲的章节名称就可以看出来了，例如我们要讲地球的结构、起源与演化，要讲时间的起源与春夏秋冬的产生，这些即是既重要又很有意思的呢！

地学是地球科学的简称，是研究地球的科学。

地学其实是一个笼统的名字，在它下面包括大量其他学科，而且这些学科基本上都相互独立、互不隶属。主要有：地理学、地质学、气象学、海洋学、土壤学、水文学、测量学等，多得很。

但我们在这里不打算具体地介绍这些学科，而是直接来了解地球。

地球概况　在辽阔无垠，或者以爱因斯坦的说法“有限无界”的宇宙之中的某处，有一个普通的星系，那就是银河系。

银河系整体的样子像一个圆盘，天文学家们称为银盘，其直径约10万光年，组成它的恒星约有1000亿颗。

在位于银河系比较边缘的地方，距银河系的中心约3万光年之处，有一个太阳系。

地球就位于太阳系之内，是围绕太阳运转的一颗行星。

地球有四种运动：

第一种是宇宙大爆炸后与所有其他天体一起不断地从爆炸的中心向四周飞散。

第二种是与太阳系其他天体一起环绕银河中心的运动。其速度约是每秒260千米，一天则超过2000万千米。

第三种和第四种就分别是公转和自转了。

地球的公转 公转简言之就是地球绕着太阳运转。不过，这听起来好像地球在绕着太阳这个球体的球心在旋转，这是不对的。事实上，地球所绕之旋转的是地球与太阳的共同质量中心，太阳与地球在同时环绕这个中心旋转。不过，由于地球与太阳之间的质量太过悬殊——太阳质量是地球的30多万倍，这样一来就使得地球与太阳的共同质心几乎就是太阳的中心了。

我打个比方说吧，现在我与一只蚂蚁来压跷跷板，怎样才能让跷跷板保持平衡呢？我必须一条腿站在跷跷板的一边，两条腿的中心就是跷跷板的中心，而蚂蚁的质量几乎可以忽略不计。

还有，由于太阳系里除地球外还有其他许多天体，特别是八大行星，它们也在与地球一样公转，因此太阳实际上还不是处在它与地球的共同质量中心，而是整个太阳系的共同质量中心。当然，即使这样，这个中心也几乎就是太阳的中心。

地球公转的轨道总的来说是一个椭圆，其半长轴为149600000千米，半短轴为149580000千米，周长为940000000千米。不过，由于椭圆的偏心率只有160，扁率只有1700，这个椭圆已经非常近似于圆了。

我们知道，椭圆有两个焦点和一个中心，中心就是长轴与短轴的交点，所谓偏心率就是中心与焦点之间的距离。如图36-1所示。

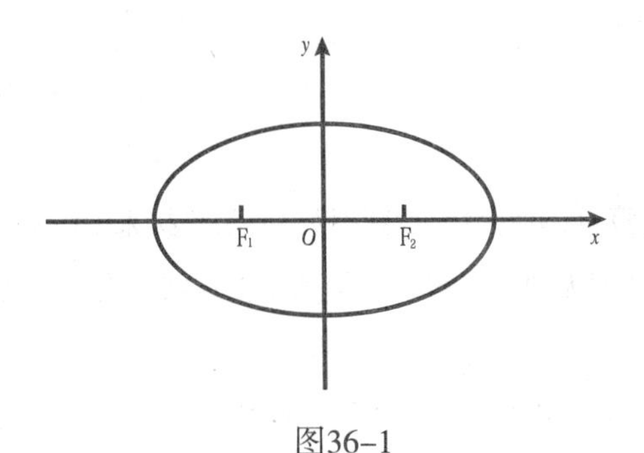

图36-1

太阳就位于F_1、F_2两个焦点之一上，这个图看上去比较扁，它只是一个标准的椭圆，而不是地球公转轨道的真实形状。

如图36-1，由于地球处在椭圆轨道的边缘而太阳处在椭圆的焦点，就必然使得地球公转时在不同时间与太阳的距离也不同：有时距太阳近，有时则远，这就是近日点与远日点产生的原因。

还有，由于地球绕太阳公转一周的时间是固定的，因此也使得这种近日点与远日点之间交替出现，大约在每年1月，太阳经过地球的近日点，每年7月则经过远日点。

这时也许您会问，为什么在太阳距我们最近时，反而是最冷的冬天呢？而当太阳距我们最远时倒是最热的夏天了，真是奇哉怪也。这等到后面我们讲四季的形成时就明白了。

地球公转一周的时间是一年，但在天文学上有四种年，分别是恒星年、回归年、近点年和交点年。

我们知道，所谓一年其实就是地球绕太阳公转一周所需要的时间，太阳是年复一年地公转着的，要测量公转一周所需要的时间，就得先找准一个参考点，然后等太阳第二年再转到这儿来时，看要花多少时间，这就是一年的长度了。

这样的点可以找到四个，分别是恒星点、春分点、近日点、黄白交点。当地球以这些点为起点绕太阳一圈时，它们分别构成了恒星年、回归年、近点年和交点年。

这些起点中，春分点和近日点比较好理解。前者指地球上春分那一天地球所在的位置。两个春分点之间的时间间隔就是一年。这样一年的长度约为365.2422日，被称为回归年。近日点就是地球最靠近太阳的那一天所在的位置，太阳连续两次经过近日点的时间间隔就是一个近日年，其长度是365.2596天。

四个点中最不好理解的是交点年，要理解交点年首先要理解交点，要理解交点则先要理解黄道与白道。

黄道与白道是天文学中两个十分重要的概念。大家都知道，地球在绕着太阳转时并不是垂直的，就像直立在桌子上的铅笔一样，而是像我们用铅笔写字时的样子。这时，笔杆与桌面之间就有了一个角度，大概是这样的：“__∠__”。

我们可以看到，在铅笔与桌面之间有一个交角，地球在绕太阳转时正是像这时候的铅笔的样子。也就是说，地球是斜着身子转的，地球的轨道平面，即黄道面，与天球赤道面之间有一个交角，约为23° 26′。什么是天球的赤道面呢？就是我们将整个的天穹，以地球为中心假想成为是一个巨大的球体，即天球。既然它是一个像地球一样的“天球”，那当然也像地球一样有赤道、两极等了。它的赤道就是天赤道，而赤道平面所截的平面就是赤道面，极就是天极。而且，由于天球是地球的延伸，因此天赤道其实也就是地球赤道假想向天空无限的延伸，而天极就是地球自转轴与那个天球的假想交点。

这些都可以用下面的图36-2来表示：

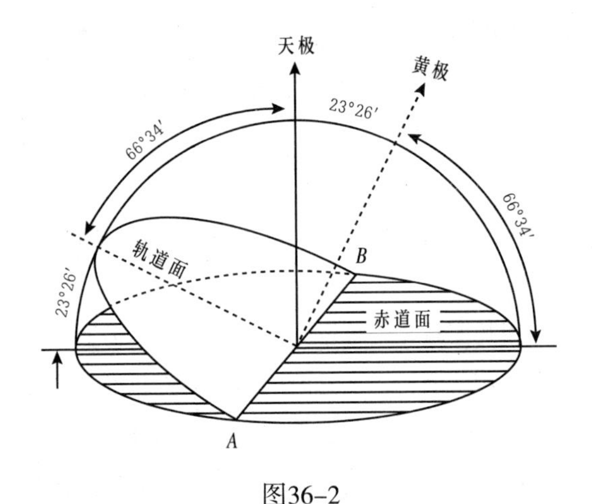

图36–2

从图36–2中我们看得出来，那个标着轨道面的就是黄道面，它外面那一圈就是黄道。标着赤道面的就是天球的赤道面了。在天球赤道面与黄道面之间有一个23° 26′的夹角，而在天极与黄道面之间则有一个66° 34′ 的夹角，它们合起来正好是90° 。地球就是这么斜着身子绕太阳转的。这个23° 26′ 的夹角被称为黄赤交角。这个角度也是地球一年四季的成因，这些我们后面还会细谈。

我们还看得出来，黄道与天赤道有两个交点*A*与*B*，它们就是春分点与秋分点了，它们又被称为白羊宫第一点和天秤宫第一点。

前面我们谈了黄道，并顺便谈了天球与天赤道，除了它们而外，还有一个白道。所谓白道，简而言之就是月球绕地球公转的轨道，它所形成的白道面与黄道面也有一个交角，就像前面天球赤道面与黄道面有一个交角一样，并且，白道与黄道像天球赤道与黄道之间有两上交点一样，它们也有两个交点，称为黄白交点。

至此，什么是交点年就清楚了：它就是地球两次经过同一黄白交点的时间间隔。它长约346.6200天。看得出来，这个年比前面的回归年与近点年都要短了十多天，这是因为黄白交点每年都要沿着黄道向西走不少距离，称为“交点退行”。这就等于是它自己跑上前去迎接转过来的地球一样，当然所需的时间最短。

恒星年很简单，但却是最为真实的一年，因为只有它才是真正地球绕太阳运转一周天，即整整360° 所需要的时间。这是为什么呢？原因很简单：因为这里的参考物才是固定不动的。

前面回归年的基点春分点、近点年的基点近日点、交点年的基点黄道与白道的交点，都有一个共同的特点：它们是不固定的，而恒星年就不同了。恒星年就是以天空中某一颗可以看作是静止不动的恒星为参照物，从它这次经过的瞬间算起，再到下次又经过之时的时间间隔。不用说，在这期间地球才是真正地公转了一个周天，因此它的时间间隔才是最为精确的一年。

虽然恒星年最为精确，不过我们习惯上还是采用回归年作为纪年的标准。因为回归年有一个特点：它精确地反映了地球的季节变化周期。因为它是根据黄赤交角来定位的，而黄赤交角的存在决定着地球上一年四季的变化。

地球公转平均速度约每秒30千米，平均每天约运行260万千米，比所谓的“坐地日行八万里”要快多了！

自转与一天的产生　　自转就是地球绕着自己转动，就好像芭蕾舞演员踮起脚尖像个陀螺似的打转儿一样，因此被称为“自转”。

地球自转是自西向东，呈逆时针方向。

也许这时有人问：为什么地球是转动的呢？我们可感觉不到呀。因为按常理说，要是我们真的站在一个不断自己转动的球上，不给转得晕晕乎乎才怪！

对这个诘问只能这样回答：这是因为地球实在太大了的缘故。我们之不能亲身体验出地球自转带来的晕乎就像不能体验公转时那高速的运动一样。上面刚说过，地球公转的速度达每秒30千米，比地球上最快的飞机都不知道要快多少倍，可我们地球上的人压根儿也体验不到，感觉好像地球是固定不动的一样呢。更玄乎的是，既然地球是一个球，那么我们生活在地球“反面”的人为什么不会往下掉呢？假使这时候是朝上的吧，但总得有个时候朝下，那时我们周围的东西连同我们自己为什么不噼里啪啦往下掉呢？我们甚至根本感觉不到自己是朝下的呢！

这一切都是为什么呢？为什么我们不会有按常理来说应该有的感觉？对所有这类问题的回答，我们都只能回答：这是因为地球实在太大了的缘故，因此人的感觉会变。在星球这样的大尺度下，靠感觉与经验是不行的，就像爱因斯坦曾经说过的一样：

> 直接观察所得出的结论不是常常可靠的，因为它们有时会引到错误的线索上去。

我们要真正理解天体的运动、理解宇宙、理解科学，首要做到的一点就是必须能够超越日常的经验。对于我们这些向来缺乏科学传统、更加重视经验的中国人更是如此，我们那句古老的格言“眼见为实”，当我们面对科学时，在很大程度上必须被抛弃。

地球自转的基本特征是环绕自己一根假想的轴——地轴——在旋转，这根轴对于我们理解自转是很重要的，我们理解地球自转的许多性质都得依靠它。例如我们前面说过的黄赤交角也可以看作是地轴——也就是上图中标着天极的那根轴——与黄道平面的交角，也就是地球的斜着身子转时的倾斜程度，它的度数为66° 34′ 。

除了单纯的自转外，地轴还有一个重要的运动，就是由于太阳与月亮的引力作用而产生的岁差运动，它导致了恒星年与回归年之前的岁差。

我们称地球自转一圈为一“天”，又把一天分成24个“小时”，这大家都知道，但这并不是那么精确的。为了测定地球自转一周需要多长时间需要一个参照点，在这里也可以有不同的参照点，且由于参照点的不同，产生了三种“一天”，分别叫恒星日、太阳日、太阴日。

恒星日就是地球相对于某一颗恒星完成一次自转所需要的时间，太阳日则是太阳经过同一条子午线两次所需要的时间，太阴日就是月亮两次经过同一条子午线需要的时间。太阴乃是中国古人对月亮的雅称。

这三个不同的“日”之间是有区别的，其中只有恒星日是地球自转的真正周期，因为只有恒星在天空是相对比较不动的，它在天上静静地等待着地球的两次经过，因此在恒星日地球真正地旋转了360° 。太阳与月亮就不同了，它们自己也在向东做运动，因此，当太阳经过某一条子午线后，它并没有在那里傻傻地等地球自转一圈，等那根子午线再经过它一次，而是继续向东，这也就是说，当那根子午线回到原来太阳所在的地方时，太阳已经往东跑了一段距离，子午线必须再往前走一段才能追上太阳。这样一来它实际上跑了不止360° ，而是多跑了近1度。太阴日也是一个道理。

虽然如此，人们历来还是采用了太阳日，这是因为太阳实在比某颗恒星要好认得多，测定它两次经过同一个地方或者同一条子午线所需要的时间也很方便，因此人类自古以来就以太阳日为标准的一天，而且将其等分成24份，即每天的24小时。这样一来，一个恒星日就没有24小时了，它只合约23小时56分4秒，按比例来说比一个太阳日要短1/365。

还有，地球自转的速度并不是一成不变的，它有多种变化，例如长期变化、季节变化与不规则变化。

地球自转速度长期变化的主要原因在于太阳与月球对地球潮汐产生的作用。潮涨潮落，它们会对地球不可避免地产生影响，主要是它所产生的摩擦作用产生阻力，对地球的自转起到了“刹车”的作用，使其速度渐渐地变慢。这也就是说，它绕地轴转同样大的一圈所花的时间会慢慢增加。这就意味着一天会慢慢延长。同时，由于地球公转的时间仍然是一样的，因此这就意味着一年中所包含的天数会慢慢减少。据科学家们研究发现，在距今约3亿7000万年前，一年中约有400天。也就是说，当地球公转一圈，地球能够自转400圈。

地球自转会产生许多结果，最明显者当然是昼夜的交替了。

由于地球是一个不透明的球体，因此太阳光在同一个时间只能照亮它的一半，那被照亮的一半就是昼半球，而没有太阳光照射的一半就是夜半球了。它们之间的分割线叫作晨昏线。

早晨，当太阳升起在某地东方的地平线时，那就表示某地所在的地球的这一部分已经是昼半球了，此后，地球继续自转，大约过了12小时，它便又沉没在西方的地平线下了，这时候，该地所在的半球便变成了夜半球。如此循环往复、轮流交替、永不停息。

地球自转产生了昼夜的交替，而地球公转产生了春夏秋冬四季的循环。

四季的成因　地球四季形成最根本的原因我们前面刚刚讲过了，就是因为地球公转时是斜着身子的，这样一来，就在天球赤道面与黄道面之间有一个23°26′的夹角。正是这个夹角形成了地球的四季。现在我们来更加详细地分析之。

地球在绕日公转，如果从太阳上看地球，当然是地球在绕着它转，但如果从地球上看太阳，则是太阳在黄道上运动。如图36–3所示。

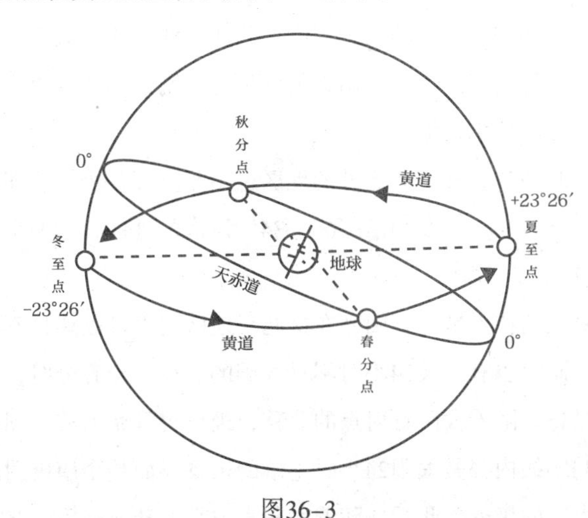

图36–3

这个图中，中间的地球上与地轴垂直的有三条线，中间的一条是赤道，上下两边的分别是南、北回归线，外边的标着二分二至点的小圈就是太阳了。从图中可以看出来，在四个节气的位置上，太阳光的直射点是不同的：在春分点时直线赤道，在夏至点时直射北回归线，在秋分点时又直射赤道，在冬至点时直射南回归线。在冬、夏至点旁边标注的23° 26′ 就是黄赤交角，也是南、北回归线的纬度。

更精确地说，以一年为期，太阳是这样运动的：

我们从春分点开始说起。这时，太阳正位于赤道上空，也就是说它的直射点位于赤道上。此后，太阳按逆时针方向移动，对于地球而言，就是阳光的直射点逐渐北移，一直到夏至时，它移动到了北回归线，即北纬23° 26′ 线。从这时候起，太阳的直射点停止北上，改为南下。又移动黄道的14圈后，到达秋分点，这时太阳光再次直射赤道。此后，直射点继续南下，又移动黄道的14圈后，到达南纬23° 26′ 线，即南回归线。此后，直射点不再南下，又转而北上，直到回到赤道，这时已经又是春分点了。

如此，太阳在从春分到夏至，从夏至到秋分，从秋分到冬至，再从冬至到春分的过程中，完成了为期一周年的运行。年复一年地，太阳的直射点就这样往返于南回归线与北回归线之间。这种运动就是太阳的回归运动，太阳完成这样一次回归运动就是一个回归年。

这里要说明的是，上面的四个节气都是对我们所在的北半球而言的，南半球则相反，我们的春分是它们的秋分，我们的冬至是它们的夏至。

从上面也可以看出来，地球上有机会受到太阳光直射的地区是南、北纬23° 26′ 线之间的地区，太阳直射点一到达这两条线，即不再继续往南或往北移，而是回转方向，这也是南、北回归线名字的由来。南、北回归线一年有太阳直射一次的机会，南、北回归线之间则每年有两次被太阳直射的机会。南回归线以南、北回归线以北的地区，则永远没有太阳直射的机会。

不过，在南、北纬23° 26′ 线之外的地区也不是全都一个样，那里还有一个特别的地区，就是北纬66° 34′ 以北和南纬66° 34′ 以南的地区，这两个地区就是北极圈和南极圈了。

这两个地区最大的特点是，太阳光在这两个地区之内可以终日不落，形成一天24小时的“极昼”，同时也有一天24小时不见太阳的极夜。当春分时，在地球之最北的北极点开始出现极昼，随着太阳直射点的北移，极昼也开始南移，到夏至时，整个北极圈即北纬66° 34′ 线内都是太阳24小时不落的极昼，而整个南极圈即南纬66° 34′ 内都是终日没有太阳的极夜。此后，随着太阳直射点的转而南下，北极圈内的极昼开始北退，到秋分时，太阳再一次直射赤道，北极圈的极昼消失了，北极点的极夜随之开始，先是北极点，然后渐渐南移，当太阳直射点到达冬至点时，整个北极圈内终日24小时不见太阳，这就是极夜了。此后，太阳直射开始转而北上，极夜开始从北极圈内往北慢慢消退，直到春分。这时候，太阳再次直射赤道，北极点也从长达半年的茫茫极夜中苏醒，准备再次享受长达半年的极昼了。这时，太阳也正好完成了一年的旅程。

地球的这种运动也决定了地球的四季。

所谓四季，无非就是将一年时间划分成四段，为什么要划分成四段呢？就是因为在这四段中昼夜长短与气温高低显著不同。

就说我们中国大部分地区所在的地方吧，这里被称为中纬度地区，因为它们没有到回归线，离北极圈也很远，纬度不高不低。

这一带也是四季交替最为明显的地区。

春天一到，开始还有些儿冷，但不久就会感觉白昼越来越长，黑夜越来越短，气温也越来越高。一派春暖花开、阳光明媚的大好景象。

夏天一到，天气就从温暖变成了炎热，太阳终日火辣辣地炙烤着大地，出门就挥汗如雨。更要命的是，这时白天也格外地长，等到清凉的夜晚来临时，已经是晚上六七点以后了。

秋天一到，天气开始转凉，一天的白昼反而没有夜晚长了，万木萧萧，黄叶飘零，一派肃杀的气氛。

冬天一到，天气便由凉变成冷了，冷得人出门就得缩起脖子，连阳光都好像是冷的。这时候有阳光的白昼短得可怜，晚上四五点钟天就擦黑了。

这就是四季，这样的季节绝大部分中国人都体味过吧！它们就是由上面的原因形成的，这只要看它的特点就明白了。

上面是感觉上的四季，天文学上的四季则更为精确，它规定了四季明确的起止区间。

春季：从春分日到夏至日，长92或93天。

夏季：从夏至日到秋分日，长93或94天。

秋季：从秋分日到冬至日，长89或90天。

冬季：从冬至日到春分日，长88或89天。

这，联系起前面刚提过的北半球二分二至的起止日期，即春分是每年的3月21日，夏至是6月22日，秋分是9月23日，冬至是12月23日，我们就知道一年四季的起止日期了。当然，这些日子都是约数，并不是绝对精确的，但差异很小。

我们日常生活中哪会记得这么详细的春夏秋冬起止日期，因此在日常生活中流行的是一种四季的通俗版：每年的3至5月为春季，6至8月为夏季，9至11月为秋季，12月至翌年2月为冬季。

这四季的划分并不具有普遍的意义，它只对地球上既不太冷，也不太热的中纬度地区有意义。所谓中纬度，我们大体可以看成是北半球的北回归线以北至北极圈以南的地区加上南半球的南回归线以南至南极圈以北的地区。

至于两个极地地区和南、北回归线之间的地区，则四季不分明。南北两极圈之内的地区一年到头气候苦寒，只有短暂且只是不那么冷的夏天，春秋两季很不明显。南、北回归线之间的地区则一年四季艳阳高照，冬天可以穿裙子T恤，昼夜长短也差不太多，连花儿都可以四季常开，果实也可以四季常熟，堪称四季常夏。

第三十七章　时间的起源

这一章我们来讲时间的起源，在讲它之前要先讲解一下关于地球的一项基本知识——经纬度。

经度与纬度　在很早以前，人类就有了方位的观念。最初的观念也许是从太阳的东升西落来的。将日出之处命名为东方，将日落之处命名为西方，最早的方位就是这么确定的。并与之相对确定了南方与北方，东南西北四方的确定乃是所有方位确定的基础。

后来为了更加精确地测定方位，就出现了经纬线以及与此相应的经纬度。

确定经纬线的方法很简单，就是以地球南北两极为端点，在这两个端点间连上一条直线，这就是经线了。

经线又被称为子午线，更精确地说，子午线乃是经过地球地轴的一个平面与地球表面的交线，由于地球总的来说是一个球体，因此这交线乃是一个大圆。这个大圆以南北两个极点为界分成两条经线。如图37-1所示。

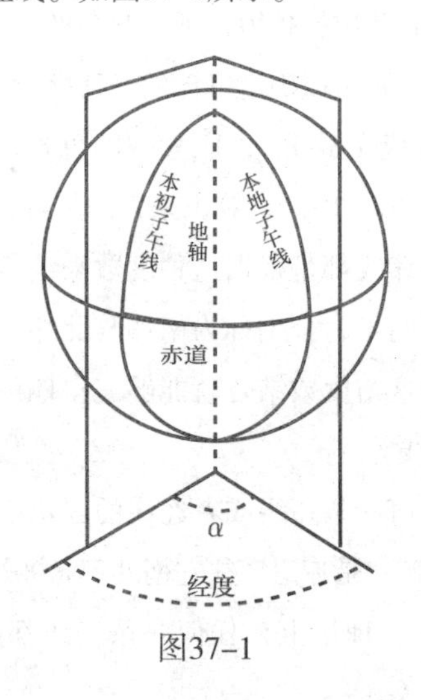

图37-1

上图中间那根虚线就是地轴，因位于地球内部，在外面是看不出来的，只能用虚线表示。事实上，所有经过地轴的平面与地球的表面的交线，或者说地球的割线，都是经线。这样地球上就有无数条经线。

定好了经线，我们现在来看纬线。

纬线很好定的，就是作一些与地轴垂直的平面，它与地球表面的交线就是纬线了，如图37–2所示。

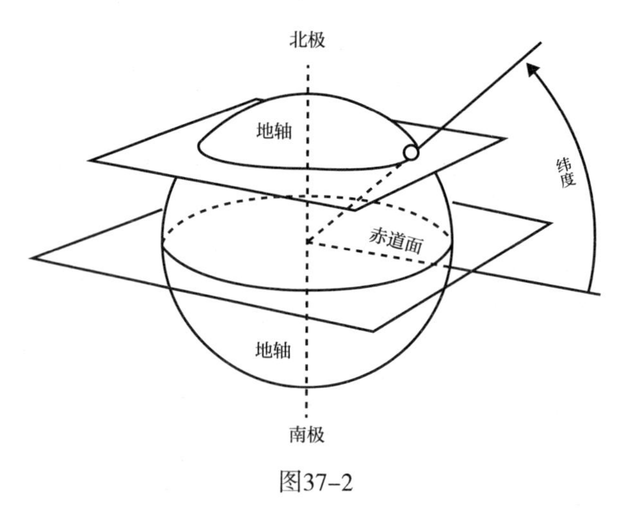

图37–2

看得出来，纬线也有无数条。

从图上我们可以看出经线与纬线的差异，例如经线是一个半圆，而纬线是一个整圆。所有经线的长度几乎都一样，而纬线圈的长度就大不一样了，其中最中间的那条最长，被称为赤道。越往南北两边就越短，到了两个极点，纬线圈的长度为0。

经线与纬线定出来之后，就可以确定具体的经纬度了。

地球的大圆即赤道被分成了360°，而大圆的总长度是确定的，大约是40000千米，这样的话，经线1°就是40000/360，算出来大约是111千米，同样十分好记。

地球上绝大部分经线与纬线都是根据这种度数来编号的。不过，在编号之前，先将南北向的纬度分成了南半两半，分别称为南纬与北纬。而将经纬分成了东西两半，分别称为东经与西经。再将这与度数结合就能够完整地称呼每条经线与纬线了，例如北纬30°纬线，东经25°经线等。

显然，为了能够标明任何一条纬线或者经线的固定度数，必须找一条固定的纬线与经线作为起点。纬线好办，就是赤道，往它南北都是90°，好办得很。

但经线就不那么好办了，理论上，任何一条经线都能担当这个重任，而且有许多国家都想争这个荣誉，都想用通过它的首都或者什么地方的一条经线为所有经线之起点。为此，1884年在美国首都华盛顿举行了一次国际子午线会议，会上当时国势鼎盛、雄霸天下的英国人取得了胜利，将通过英国最大最著名的天文台格林尼治天文台的经线定为0° 经线，即本初子午线。从本初子午线往东，就是东经，往西就是西经，各有180° 。

本初子午线定下来后，其他地方的经线就好办了。对于任何一个地点的经度，就是经过这一点以及地轴的平面与经过本初子午线及地轴的平面之间形成的夹角。如上面图1中角a的度数就是经度。

当然，我们不可能真的这样去测量经度，还有一个比较简单的办法。我们知道，地球24小时自转一周360° ，这也就是说1小时旋转15°，4分钟旋转1°，4秒钟内旋转1′。通过这个办法，我们可以很轻易地计算出任何一个地点的经度。例如，现在某地是正午12点整，我想知道这个地方的经度，怎么办呢？好办，只要知道现在格林尼治的标准时间是多少，做到这点有很多办法，例如打个电话，上网查查，都行。打听到格林尼治的精确时间后，就可以直接算出要求的经度了。例如格林尼治的时间是下午3点15分。这时我只要简单地以3.25乘以15° 就行了，结果是48° 45′，这就是所要求的经度。当然这里他已经事先确定了是西经，因为本初子午线的时间比它早，太阳已经先它通过本初子午线，因此它在本初子午线之西，是西经。

再看纬线。纬线是垂直于地轴的平面与地球表面相交得到的圆。任何一个地点的纬度理论上如图2，它乃是这点与地球的球心的连线与赤道面形成的夹角。

纬度的南北纬也很好区分，赤道是地球的大圆，赤道以南就是南纬，以北则为北纬，赤道的纬度则是0° 。

另外还有两个有特殊意义的纬度，即南北纬的23° 26′，它们分别被称为南回归线与北回归线。就是太阳能够直射的最南与最北的纬度。它对于地球五带与四季的形成有决定性意义。

看得出来，纬度最大的就是90° ，也就是南北两个极点。

相对测定经度而言，测定一个地方的纬度要难得多，我们既不能真的向地心挖一条线，也没有格林尼治时间什么的做参照物。不过我们还是可以找到比较简单的测量办法。其中最简单者就是利用北极星，只要测出北极星的高度角就可以测出该地的大致纬度了。这是因为北极星位于北极点上空，对于北极点而言，北极星与北极点的连线与经过北极点的地平面成90° 角，即它的高度角是90° ，因此北极的纬度是90° ，同样，在赤道，北极星就在地平线上，即它的高度是0° ，说明这里的纬度也是0° 。

通过上面的办法测量出一个地点的经度与纬度之后，我们就能够确定这个地点的位置了。因为地球上任何一个地点的经纬度都是独一无二的，绝不会重复。这样的道理很简单，我们知道，同一平面上两条直线相交，有且只有一个交点，而地面上任何一点都可能看作是这样两条直线的交点，这样当然也就只有一个交点了。而且这个交点可以用两个度数来表示。例如中国上海的经度是东经121° 16′ ，纬度是北纬31° 12′ ，也就是说，它位于这两条经线的交点。地球上任何一点都可以这种方法来表示。

从上面看出来，经纬度本质上是一种规定，即人类为了自己的方便而给某一个地方规定某一个经纬度，这完全是一种人为的赋予。与此类似，地球的时间也有这样的特点，即它也是一种人为的赋予，是我们出于方便而对自然界人为制定的某种规定性。

时间的起源　时间是一个非常古老的概念，对于时间的概念性解释应该说是哲学家们的事，只有他们热衷于用抽象的术语来解释什么是时间或者空间，对于不大懂哲学的人而言，时间就是事物的运动以及发展的过程，如此而已。例如太阳东升西落，我们慢慢地长大、变老，花开花谢、落日余晖、黄叶满地，等等，无处不让我们看到时光与时光的流逝。这些就是时间。

也正是上面这些现象，使人类很早以来就有了时间的观念，于是进一步地，他们想要测量时间了。

用什么办法来测量时间呢？关键是要找到一个标准。这个标准必须具备一些条件。例如首先它必须是明显的，大家都看得到。其次它必须是经常的，我们能经常地看到这个现象。三是它必须是持续的，让我们能从容不迫地感觉到，不能喘口气儿就过去了，就像人的心跳一样。四是它必须是有规律地重复的，而且每一次重复给人的感觉都是一样长。这条件也是必须的。测量时间的标准就像测量长度的尺子一样，必须有一个标准的长度。

最符合这些标准的是哪个呢？显然是太阳的东升西落。

于是，它便成为人类第一个时间量度的标准。在各种各样的古代文化里，它有各种各样的称呼，不过意思都是一个，就是现在我们所说的“天”或者“日”。

这个“天”产生之原因也就是地球昼夜之交替，正是这种由于太阳东升西落而引发的昼夜交替是使人们产生“天”这个时间观念的原因。

当然，天还有更加科学的起源，就是我们上面刚刚讲过的地球的自转一周所需的时间。

月的形成是月亮绕地球转动的结果。

我们前面讲过，月球绕地球公转一周所需的时间平均约为27.32166天，这就是一个恒星月，即当月亮绕地球转过一圈之后，在地球的上空将出现同样的恒星背景，所以就叫恒星月。

除恒星月外还有朔望月，就是月相重复出现的时间。月相就是我们平常所看到的新月、半月、上弦月、下弦月、满月等，这样一个朔望月长约29.5306天。朔望月之所以比恒星月长，是因为月球在绕地球公转的同时还随着地球一起绕太阳转，这样就延长了朔望月的时间。

这就是“月”这个时间概念的起源了。

“日”、“月”加上前面所讲过的“年”是三个最基本的时间概念，因为它们都有着与之相应的各自独立的、独特的且不断循环往复的现象为依托：“日”有东升西落、“月”有阴晴圆缺、“年”有春夏秋冬，无不显然，无不令人感到时光的流逝。

除年月日外，其他的时间概念都是以它们为基础得来的，例如小时，它就是将一天等分为24份，每一份就称为1小时。因为小时的时间还太长，人们又将它再等分为60份，每一份称为1分钟；为了计量更短暂的时间，又将1分钟等分成60份，每一份称为1秒。这就是小时、分钟与秒钟的简单起源了。

在一天之上还有一星期，它就更是“人造日期”了，这里还有优美的传说。

原来，西方的古人们有了一天与一月之后，由于两者之间长短太悬殊，达1∶30，非此即彼很不方便，例如休息吧（古人也是要休息的），如果一个月休息一天呢太少，连着休息两天或者三天再干活呢又不合理，于是就感到需要一种新的计时法，它必须介于天与月之间。这就是星期产生的最初动因。

一星期的最大特色是它每天都有固定的名称，并且每个名称都有特殊的含意。

例如星期日，Sunday，即是“太阳日”；星期一Monday，它被指定为月亮日，即Moon’s day；星期二Tuesday被指定为火星日，也就是战神日；星期三是水星日；星期四是木星日；星期五是金星日；星期六是土星日。

从上面的名称可以看出来，时间与星宿相对，这正是古人发现时间的方式，这也是我们称之为“星”期的缘故。

各种各样的历法　我们前面谈过了“年月日时分秒”等计时方法，它们都可以称之为自然的计时周期，但实际上这些还远不足以计时，这只要看看某天的日历就知道了。例如2002年11月11日星期四，这是什么样的时间呢？2002年是什么意思？难道是要说地球绕太阳转了2002年圈吗？那么11月11日又是什么意思？这些仅仅用上面的时间计量法显然是不够的。

这是为什么呢？因为时间实际上应该有两种，一种是动态的但不具体的时间，它表示某事物经过了一个过程，例如地球自转一周、吃了一顿饭、走了一段路或者人的寿命等等，用现在的时间表示就是1天、1小时、1分钟、100年等。这样的时间用上面的计时办法就行了。

但我们实际生活中的时间并不只有这种，还有另一种静态的、具体的时间，它标示某一个固定的时间段或者时刻，例如1818至1883年是卡尔·马克思的有生之年，1818年5月5日则是他诞生的具体日期。这样的时间显然与第一种时间有所不同，它更为具体、明确，它表示的主要不是时光的流逝，而是指明某段或某个具体的、特别的时间。

如何来表达这种静态、具体的时间呢？如1818年5月5日又是什么样的时间表示法呢？

这些就是历法。

历法就是一种计时系统，它将“年月日时分秒”等时间的量度按一定规则组合起来，就能够确定并记录某件事发生的具体时间或者持续的具体时间段，而且根据其法则，这些具体的时间与时间段具有唯一性。

对于历法而言，其特征取决于它所采取的规则。由于这种规则在很大程度上是人为的，并没有什么自然规则来加以限制，因此历史上的几乎每个民族、每种文化都根据自己的需要或者根据对自然现象的认识创造了自己独具特色的历法，并且这种历法通常成为这个民族文化的主要特色之一。

阴历是太阴历的简称，太阴就是月亮的雅称，因此阴历是以月亮的圆缺变化为周期而制订的历法。

由于是以月相为依据制订的历法，因此阴历的每一天基本上都与特定的月相相对应，例如每月的初一都是新月，十五或者十六是满月，等等。

在一个朔望月，每一种月相，从新月到满月都会出现一次，它的周期约合29.5306天。一个月应当是由整数天构成的，因此阴历就规定了两种月，大月与小月。大月30天，小月29天。不过，阴历的大月与小月不是固定的，即不是一个大月一个小月地轮流转，也不是如阳历那样每年的哪个月有多少天都是一定的，而是要根据历法家们的计算而定，平均大约是每15个月中有8个大月，7个小月。阴历一年也是12个月，它的总长度就是$12 \times 29.5306=354.3672$天，即使隔3年加一个闰年闰一天，也只有355天。这与我们平常所知的一年365天差了约10至11天。也就是说，每年阴历年的新年都要比阳历年早10天或者11天，只要过上3年左右，就会提早达一个整月，要是过十六七年，就会寒暑倒置，冬夏易位。这样的历法自然不行，根本不敷生活之需。因此，当更加合理的阳历诞生之后，它就像件旧什物一样被扔掉了。

虽然阴历不精确，但在所有的历法中它是最早被制订出来的。其原因很简单，因为它最容易制订。月亮圆缺的规律是十分明显的，只要一双普通的眼睛就行了，因此，即使没有多少知识的古人也不难从中总结出规律从而制订出历法。比通过观察没有明显圆缺规律的太阳再制订历法要容易多了。

现在阴历已经基本上消失了，唯一还在广泛使用的阴历是穆斯林们用的回历。这个“回”就像中国的回族一样，就是穆斯林的意思。然而由于阴历实在太不精确，所以穆斯林们一方面为了宗教的缘故仍用阴历，但另一方面他们也用太阳历，这就与通行的阳历没多大区别了。

您知道阴历为什么不能准确地反映地球的实际情况吗？例如四季的交替、寒暑的轮换？道理很简单，因为决定四季交替、寒暑轮换的根本不是月亮。

那么，是哪个决定了四季的交替与寒暑的轮换呢？是太阳。以太阳年为基础制订的历法就是阳历了。

我们上章说过，地球每绕太阳公转一圈就是一年，因为起点的不同有几种年，如恒星年、回归年、近点年和交点年。在这里，阳历所采用的是回归年，它一年的长度约为365.2422日。每年的天数当然不能有小数，于是就省去了。

当然，不可能真的不考虑这尾数的0.2422天，等四年后它就会达到将近一天了，于是，每隔四年，阳历就会闰一天，加在天数最少的2月份，因此阳历的闰年就有366天。这个闰年也是很好计算的，只要年数能够被4整除就行了。

不过，我们又看到，四年并没有真的达到一整天，而只有0.9688天，因此四年一闰就多加了0.0312天，再累积400年后便又多了3天。这3天必须被去掉，也就是说，400年中本来有100个闰年的，现在只能有97个了。去掉哪个呢？具体做法是凡碰上世纪年的，只有能被400除尽才能算是闰年，否则不是，因此，1700年、1800年、1900年虽然能够被4除尽，但却不能算是闰年，2000年就是了。这样的话，就刚好去掉了3年。

其实这样也还不绝对精确，400年中还会多出近3个小时，但要将它凑成一天需要长达3333年，这样小的误差就被认为是无须考虑的了。

除了上述三种历法外，我们中国还有一种十分独特的历法——农历。

农历又被称为夏历，它还包含有二十四节气，中国的广大农民很早很早以前起就是根据它来安排全年的农事的。

二十四节气能够表示太阳在周年运动中到达的黄道位置，它按太阳黄经，把黄道等分为24弧段，全年相应地分为24时段，这就是二十四节气，各节气的弧段相等，每节气合黄经15°。

在我国，二十四节气通常是指24个交气时刻，即两气相交的时刻，它刚好与黄道上的24个等分点对应。在二十四节气中，最重要的是春分、秋分和冬至、夏至，合称“二分二至”，相应地，在黄道24点中，最重要的是春分点、秋分点和冬至点、夏至点，合称“二分点”和“二至点”。为了便于记忆，我们的老祖宗还编了一首诗：

春雨惊春清谷天，

夏满芒夏暑相连。

秋处露秋寒霜降，

冬雪雪冬小大寒。

与中国的二十四节气相似，西方也有黄道十二宫之说。就是根据太阳黄经，把黄道等分为十二宫，分别以黄道十二座命名，例如白羊宫、天秤宫、巨蟹宫、摩羯宫等等。每宫跨黄经30°，相当于我国的两个节气。

第三十八章　地球的结构与气候的产生

在古代西方，关于地球的形状有许多传说，有的说地球是一张周围环绕着无边的大海的方桌，有的说大地像根高耸的圆柱，如此等等。

不过，西方人很早就认识到了大地的形状不是方台或者圆柱形，而是一个球体，因为这可以从观察得来：在航海中，古希腊人很早就发现，如果站在远方看船儿驶来，最先映入眼帘的是桅杆的顶端，接着是桅杆下面，总之先看到船的上部，再看到船的下部。这自然令他们想到大地的形状是一个球。

地球大体像只橘子　现在人们已经认识到，说地球是球体只是一个大概的说法。地球的精确形状是一个稍扁的球体，如图38-1中A：

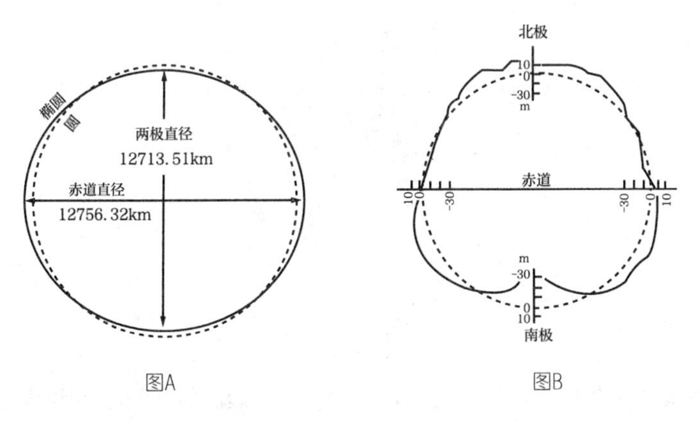

图38-1

图A中，用虚线勾勒出来的是一个正圆形，用实线勾勒出来的则是地球的实际形状。可以看出地球的两极较扁，赤道半径则较鼓。这就使得其两极的直径要小于赤道的直径：前者约12714千米，后者则约为12756千米，相差近42千米。

不过，上面这个形状仍然不是地球的真实形状，更为精确地说，地球是一个不精确的扁球体。因为精确的扁球体的赤道必须是正圆，经线必须是椭圆，但地球都不是：它的赤道不是圆，经线也不是椭圆。它的南北两半球甚至不对称，整个球体的几何中心也不在赤道平面上。总而言之，地球可以说是一个不规则的扁球体，地球的真实形状如上面图1中的图B。

这个图中，虚线勾勒的是一个精确的扁球体，实线勾勒出来的则是地球比较准确的形状。

从这里可以看出来，地球的南极比真正的扁球体要凹进去一些，为数约30米，而北极要凸出去一些，为数约10米。当然，凹凸出来的30米、10米较之地球几千千米的半径来说，几乎可以忽略不计，只有科学家们才会去研究得这样精细。

事实上，如果这么精确地考虑的话，那只能说地球根本没什么形状，因为如大家亲眼看到的，大地到处充满了高或深达几十几百米的山岳与海洋。它们也是地球形状的一部分。这样无数的各种地形加在一起，地球能够有什么规则的形状呢？

当然，就大体来说，它像只橘子，这是可以从图上看出来的。

地球的结构：从表面到核心　　地球包括三层，即地壳、地幔与地核，请看如下的图38-2所示：

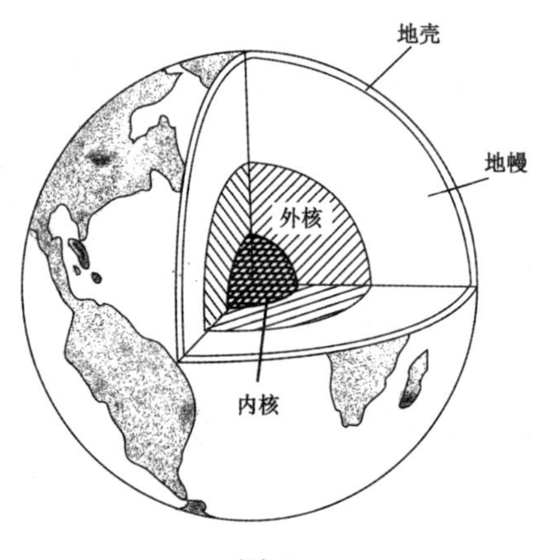

图38-2

地壳是大地的最外层。它实际上是包裹在整个地壳表面的一个壳，因此被称为地壳。

地壳是一层包裹在整个地球外部的薄壳，就像橘子皮一样，质量只占地球总质量的约1/500。

地壳的主要特点之一是在大陆地壳与海洋底部地壳之间有比较明显的区分。

在海洋底部，地壳的厚度很小，加上海水的深度也只有2～11千米，平均厚度约7千米。它主要由一些镁铁质的火成岩组成，例如玄武岩和辉长岩，在这些岩石上面覆盖着一层遥远的年代以来形成的海洋沉积物。

陆地的地壳即陆壳比海洋地壳要厚得多，薄的地方也有15千米左右，厚的地方则达80千米，平均厚度为35千米。主要由火成岩、变质岩和沉积岩组成。与神秘的海洋地壳相反，陆壳的表面我们每天都在看着，上面铺满鲜花、黄沙、泥土与青草之类，还有一个个由人类构建起来的城市与乡村。

与可以直接了解的地壳不同的是，人们对于地幔与地核的了解不是直接的，而主要是根据对于地震波的分析与推测而间接地得到的结果。

地幔的成分不同于地壳，主要是橄榄岩，这是一种富含铁、镁的硅酸盐岩石。根据地震波传播速度、方向、连续度等的不同，地幔又可以分成三层，即上地幔、过渡层与下地幔。我们主要看一下上地幔。在上地幔内有一些可能是熔岩类的物质存在。在上地幔顶部则是一些固体的岩石，现在一般将地壳以及这部分岩石称为岩石圈。

岩石圈的厚度在地球各地很不一样，在大洋中间最新形成的地壳部分只有7千米左右厚，最古老的大洋底部厚度则有100千米左右。在大陆，岩石圈的厚度则在100到400千米。

到了岩石圈下面，地球的组成部分就由坚硬的岩石变成了相对较软的物质，称为“软流层”。

地幔之下的部分是地核，它是地球的核心部分。地核又分成外地核与内地核两部分，分别距地面2900千米和5100千米，其中外地核是由液态物质组成，可能是液态的铁，此外还有约10%的镍以及其他15%的其他较轻的元素，如硫、硅、氧等。

内地核则是由固体组成的，而且，在地球核心巨大的压力之下，虽然其温度已经超过4000℃，仍能保持固态，且十分坚硬。它的主要成分是铁与镍的合金，总质量约占地球总质量的33%。

以上是地球的大致结构，但对于我们人类而言，也许更重要的是“三圈”，即由大气圈、岩石圈与水圈结合在一起构成的人类生活于之的家园。

地球的三圈　　大气对人类的意义是不言而喻的，可以说没有大气就没有地球上的一切生命，人类及其文明就更无从谈起。

大气的作用大得很，例如能提供动植物呼吸所需的氧与二氧化碳等，它还含有生命体的重要组成部分水与氮。它能保护我们不受太阳光的过强照射，替地球上的生命阻隔致命的紫外线。它随时都在悉心呵护着地球上的生命，给我们一个温暖的家。

大气共分五层。

第一层是对流层。它是最靠近地面的那一层。对流层有三个特点：

一是其厚度随纬度而变化，在赤道地区在17至18千米之间，在中纬度地区约为12千米，在高纬度的极地区域则只有约8千米。

二是温度随高度增加而降低，一般而言，在对流层里，高度每增加1千米，则温度降低约6.5℃。

三是空气活动剧烈。在对流层，厚厚的空气十分活跃，从无停止之日，这些剧烈的活动是产生地球上复杂多变的气候与天气的主要原因之一。

第二层是平流层。从对流层往上就是它，厚度约50千米。平流层的主要特点是两个：

首先是温度随高度增加而升高，这与对流层相反。因为平流层的热量大都来自臭氧吸收来的太阳紫外线的热量，而臭氧主要位于平流层顶部。在这里，紫外线被臭氧大量地吸收过来，使平流层温度升高。

其次是对流弱。在平流层里，空气对流比较弱，在对流层十分活跃的空气的上下对流这里几乎没有，空气只有一些水平方向的流动，因此才被称为平流层。

第三层是中层。顾名思义，它就是五层中位于中间的一层。从平流层顶直到距地面85千米左右。这一层温度随高度的增加而降低并且上下之间的空气有相当强烈的垂直对流。

第四层是热层。它从中层顶直到250甚至500千米的高空。这一层的特点就是温度特别高，白天时甚至能够达到1000℃。

第五层即最后一层是外逸层。这一层距地面已达500千米以上，空气已经十分稀薄，密度非常之低，空气中的氢和氦等较轻的原子很容易就能挣脱地球的束缚，奔入自由的太空。

地球表面主要是由岩石构成的。这些岩石主要是岩浆岩。也就是说，它们本来是地球内部灼热的岩浆，后来随着火山喷发等而来到了地面，遇冷凝结而成岩石。这是岩石圈最古老的部分。不过这些岩石往往并不直接位于地球的最表面，地球最表面往往还有一层沉积岩。

沉积岩本来是一些松散的沉积物，例如土壤、森林里厚厚的枯枝败叶等，这些东西经过若干年之后就会凝结起来，变成坚硬的岩石，称为沉积岩。

水圈是地球表层水体的总称。水对人类的意义是不言而喻的，地球上有大量的水，这正是地球的主要特征之一。在这些水之中，有97.3%是喝不得的海水，另外有2.1%则以冰的形态凝结在南北两极，剩下的可怜的0.6%才是我们所熟悉的江河湖塘中的淡水。

水圈与岩石圈我们其实可以用另外两个词更为明确地说，即陆地与海洋。

地球的总表面积约为5亿平方千米，其中海洋面积约3.61亿平方千米，占总面积的近71%。陆地面积1.49亿平方千米，占总面积的约29%。也就是说，海洋面积是陆地面积的两倍半。而且，地球上的海洋都是连成一体的，即它们之间都有通道相连，形成一片全球统一的浩瀚水面。但陆地就不同了，它被分成了好几块，并被海洋分割包围。

这种海陆兼备，以海洋为主的地表结构是地球表面的最大特色。

这两个特征对地球各方面的特征，特别是与人类关系密切的气候特征，有着极为深刻的影响。

我们知道海水的比热比陆地大，也就是说，陆地热得快也冷得快，这种温度的迅速升降对生物是很不利的，人生活在这样的环境里也会很不舒服，甚至会因为昼夜温差过大而无法生存，就像月亮上一样，昼夜温差可以达到百度以上。但地球上因为有面积巨大的海洋，它吸收了太阳纳入地球的大部分热量，然后像电池一样将之储存起来。等到陆地因季节或昼夜的变化而热量散失时，它就将自己储存的巨大能量释放出来。这就使得陆地既不因太阳的照耀而过热，也不因太阳的不再照耀而过冷。

这种效果只要比较一下所谓大陆性气候与海洋性气候就可以知道。例如在深处亚洲内陆的西伯利亚，天气极冷，而且冬夏温差很大，降雨量也小。而临海的法国则冬不冷夏不热，冬夏温差小，降雨丰沛。这主要就是因为海洋。

地球上的海洋包括太平洋、印度洋、大西洋、北冰洋等四大洋，各大洋又包括许多的海。

地球上的陆地则被分成七大块，总称七大洲，分别是：亚洲、欧洲、南美洲、北美洲、非洲、大洋洲、南极洲。

上述地球的大气圈、陆地与海洋以及太阳光照等共同造就了地球上另外一种现象，那就是不同的气候类型。

气候的产生　在说气候类型之前先要解释一个概念，那就是“季风”。有许多气候类型里带有“季风”两个字。它是什么意思呢？

季风，就是季节风的意思，即言这种风的风向是随季节而变化的。我们知道，陆地上岩石和土壤的比热容小于水体的比热容。具体地说，把同样的热量给水和岩石，如果岩石的温度升高了5℃，水只会升高1℃。这样，夏天时，大陆太阳一晒，气温马上剧升；天气一冷，气温马上剧降。而海洋则相反，夏天温度升得慢，冬天也降得慢。这样，冬季里陆地就会比海洋冷，大陆上为冷高压，因此近地面的空气就会从陆地吹向海洋。夏季里陆地比海洋暖，大陆上是热低压，因此近地面的空气就会从海洋吹向陆地。

这样的结果就造成冬天里有风从陆地吹向海洋，夏天里则有风从海洋吹向陆地。我们又知道，冬天从大陆去的风是干燥而寒冷的，在它影响之下的陆地气候自然干燥而寒冷。夏天从海洋吹向大陆的风则满载着海洋的水汽与热量，在它影响之下地区的气候当然炎热而湿润。

除了季风外，对气候类型影响最大的就是“五带”。

五带简言之就是人们根据地球上在同一时间内，不同纬度地区气温不同、同纬度地区气温大致相同的特点而划分出来的五个带状地区。如图38–3所示：

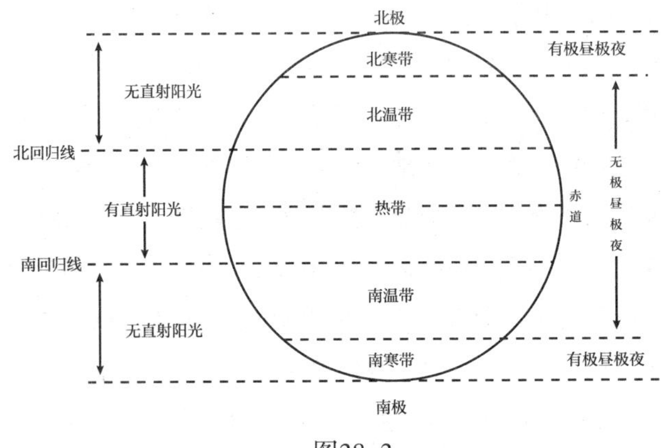

图38–3

从这个图上我们可以知道五带是哪五个带以及它们各自在地球上的位置，这五个带其实可以合并为三个：即热带、温带与寒带。因为南、北温带与南、北寒带的气温特征差不多，只是季节相反罢了。

大部分气候类型就是以“五带”中的一个来作为第一个词的，例如热带雨林气候是以“热带”为第一个词，温带大陆性气候是以“温带”为第一个词，这就说明了决定气候类型的第一个因素是所处的温度带，这也决定了其气候的主要特点。例如热带雨林气候，既然在热带，主要特点当然是气温高，而亚寒带大陆性气候的气温当然是低的了。

我们再来看“温带大陆性气候”。它的第一个词是“温带”，其意思我们前面已经说过，第二个词是“大陆性”，这就说明了决定其气候类型与特征的第二个因素是它所处的位置是大陆。

我们前面说过，地表海洋面积广大与海陆的分布不均对地球气候特征有着极为深刻的影响。由于陆地的岩石、土壤之比热容与海洋的水体比热容不同，因此大陆夏天升温快，冬天降温快，冬夏之间气温差距大，海洋——这里指受海洋影响的大陆——则夏天升温慢，冬天降温也慢，冬夏气温差距小。这就形成了气候的“大陆性”与“海洋性”。气候的这种大陆性与海洋性特征在温带影响特别明显，因此就形成了温带大陆性气候与温带海洋性气候。

例如法国西临大西洋，且地势西低东高，因此有利于海风自西向东吹入，又由于法国从纬度上而言处于北温带，因此这一带地区形成典型的温带海洋性气候。这个气候带的特点是冬天温和而夏天凉爽，冬夏气温差距一般不超过10℃。又由于西风常年从海上带来湿润的海风，这个气候带里的降水相当丰富，一般每年约1000毫米，足够为生活生产提供充足的水源。不仅如此，它的降水一年四季相当均匀，这就更是难得了。

大陆性与海洋性的差异还造就了季风，形成了季风气候。这种受季风影响的气候在热带与温带都有。例如有温带季风气候与热带季风气候。俄罗斯亚洲部分的东南部，包括库页岛在内，以及中国的东北三省和北京都是这种气候类型。这一带夏天由于受到来自太平洋的季风影响，既热又湿，降水也较多，冬天则受大陆气流影响，干燥而寒冷。

由于这一气候类型同时受大陆影响甚巨，也可以并入第一类大陆性气候，只要在温带季风气候中间加个“大陆性”就是了，称为“温带大陆性季风气候”。

至于热带季风气候，由于它处在热带，因此冬天也不冷，只干燥，而夏天则高温多雨。中国的海南岛、广东与云南南部、中南半岛都是这种气候。这里每年分干湿两季，每年11月到第二年5月吹东北风，是来自亚欧内陆的风，所以比较干燥，降水较少，形成旱季。6月到10月吹西南风，它来自湿热的印度洋，所以降水很多，形成雨季。

中国南方的大部分地区被称为亚热带季风气候，它就位于热带季风气候之北的温带地区，由于靠近热带，因此被称为亚热带。它的气候特征与热带季风气候同中有异，同者是夏季都高温多雨，冬天都干燥少雨。异者是亚热带毕竟不是热带，而是温带，这里没有太阳直射，气温当然比热带要低，冬天尤其如此，受大陆内部来的冷风控制，寒冷而干燥。又由于在温带，这里四季分明。

对了，除了温度带、海陆特征、季风等能够决定气候类型外，还有一个因素对气候类型也有重大影响，那就是降雨。雨水对于人类环境的意义是不言而喻的，因此，一个地方如果雨水很多或很少，它就也可以成为这个地方气候的主要特征而并入气候的名称之中。

这样最典型的例子就是热带雨林气候与热带沙漠气候了。同在热带，同样高温，大陆性与海洋性不显著，也不受季风影响，却产生了两种很不相同的气候类型。就是因为雨水不同的缘故：一者降雨量很大，形成了到处是茂密的森林的热带雨林气候。一者降雨量很小，形成了到处一片黄沙的热带沙漠气候。我们中国的南方也是一样，这里的亚热带季风气候又可以称为“亚热带季风性湿润气候”，从这个名字就可以看出它是多雨的气候。

此外还有一个比较特殊的气候类型，即高山气候，对于其起决定性作用的则不是所处的温度带以及季风之类，而是地势之高低。典型的如中国西藏东南和喜马拉雅山南坡的高山峡谷地区，由于地势迭次升高，气温逐渐下降，气候发生从热带或亚热带气候到温带、寒温带和寒带气候的垂直变化。“一山有四季，十里不同天”在这里得到了最真实的体现。

第三十九章　原始的地球

我们在前面已经大致讲过了太阳系的形成过程，而地球的形成与太阳系的形成是一体的。我们这里所要讲的地球的形成与演化乃是那一过程的延续。

地球的产生从太阳系的形成开始　我们先来回顾一下太阳系的形成过程。这也就是经过现代科学进行了一定修改的康德与拉普拉斯星云假说。它认为，在很久很久以前，太阳尚未形成之时，在茫茫宇宙里有一团巨大的云雾状气体，主要成分是尘埃和气体之类，它的范围非常之广大，远远超过今天太阳系的范围，它总的质量也同样巨大。这团气体最主要的成分是氢和氮，占了总质量的99%以上，此外还有极少量的重元素，例如各种金属元素。

这团巨大的东西可以称为星云。它的主要特点是在不停地运动，从整体到组成它的每一个分子都在动。就总体而言，它有如一个旋涡，在绕着自己的核心旋转。而且，由于它有巨大的质量，就必然会产生引力，这种引力是一种向心力，它有如一只无形而无比强健的手，将星云中所有物质都往核心拖去。这样的引力作用有两个结果：一是星云的密度不断增大，二是使它以自己的核心为轴的旋转越来越快。这种旋转产生的巨大的离心力终于使一些位于最外层的星云物质被甩出去，它们中的一部分就变成了我们现在看到的彗星。

形成彗星之后，星云还在继续收缩，并且自转的速度还在加快。收缩到这个时候，星云早已不是当初那一团稀薄的云雾了，密度有了很大的提高，而且成了一个大致呈扁平状的球形，越往中心密度越大，隆起得也越高，这个球形可以称为“原太阳”。在原太阳的外围，那些原来的小尘埃也不再那么微小，而是集结成了大得多的粒子，这些大得多的粒子自己也有了不小的引力——根据牛顿的引力定律，物体的引力与其质量成正比。它们开始从周围捕获其他的微小粒子，像水、氨、二氧化碳等。而中心的原太阳，它这时仍在不停地收缩，除密度增大外，收缩的另一个主要结果是中心开始发热，就像空气受到压缩而释放热量一样。这时，太阳就开始具备它最基本的特性——发热了。

当这种引力增大到一定程度时，组成它的最内核的物质的原子由于受到极其巨大的压力，终于引发了核聚变反应。所谓核聚变反应简言之就是当原子的温度达到一定程度时，两个或多个较轻的原子就会迎头相撞，融合在一起，形成较重的原子核，这又叫热核反应，我们前面讲物理时已经说过它。由于太阳的质量巨大，就为以后太阳的“燃烧”提供了几乎是无穷无尽的燃料。

在太阳外围，那些已经有了一定体积的大粒子还在不断地吸收新的微小粒子，体积也变得越来越大了，随着体积不断增大，其引力也在增大，反过来又进一步增大了它的体积。这样循环往复、日积月累，慢慢就形成了原太阳周围绕着它公转的原行星。

您也许会问：为什么它们没有形成像太阳一样的恒星呢？这是因为这些行星质量虽然比较大，然而远远没有太阳大，也就是说，它内核的压力与温度没有达到能引发核聚变反应的程度，这样自然变不成太阳。

形成了太阳、彗星、行星等后，太阳系就基本形成了。

据天文学家们说，这个日子距今大约46亿年，而它在此前的形成过程花了大约1亿年。

原始的地球　太阳形成之后，虽然不是没有变化，然而直到现在的变化都很小，不像地球那样形成后又历经了剧烈的演化过程。

地球这个剧烈的演化过程像太阳的形成过程一样，也只是一个假说，虽然是科学家们比较普遍接受的假说。

形成之初，地球还是一团原始的物质，没有现在的地核、地幔、地壳等的区分，当然更没有大气。这时，在原始地球周围的空间有着巨量的各种小天体，它们有的是形成原始太阳系的那团巨大的云雾状物质的剩余，有的则是新从宇宙空间闯入原始地球所在的这片空间的。由于没有大气层的阻隔，它们毫无顾忌地撞向原始地球。

这种撞击的结果就是原始地球不但增加了物质，还带来了能量。据科学家们估计，当一颗约4000吨的天体以每秒30千米的速度撞击时，就会释放出相当于约1000吨级核爆炸所产生的能量。这些能量大部分会被散射入茫茫宇宙空间，但也有一小部分被地球保留下来。这主要是因为这种撞击是极为频繁的，当一次撞击产生的能量还未被完全抛入宇宙，另一次撞击又来了，于是新产生的物质就把上次撞击产生的能量覆盖起来。这样就使得原始地球内部的温度不断升高。此外，不断产生的新物质使原始地球的质量不断增加，而质量与引力成正比，因此其内部的压力不断增大，这也会导致内部热量增加，这就像我们给自行车打气时，不断地挤压气筒中的空气，会使得打气筒变热一样。

使原始地球产生热的第三个因素是放射性元素的衰变。原始地球中含有一定量的放射性元素，例如铀与镭等，它们虽然在地球上含量不高，但由于地球质量巨大，因此总的含量还是可观的。它们不断地因衰变而发射出各种粒子，并转变为不同的元素。这些粒子不断地撞向周围的物质，当它们被这些物质阻挡或者吸收时，它们的动能就会转变为热能。经过上十亿年后，其产生的能量总量也蔚为可观。

由于原始地球是热的良导体，这些在原始地球内部集聚的热量会顺着组成原始地球的物质不断地向中心传导。这就使得原始地球内部的热量不断地升高，而且越往内，集聚的热就越多。

科学家们曾经设计了一个数学模型，根据这个模型，在地球形成之后10亿年左右，在距地表400至800千米的深处，温度已经上升到了铁的熔点。

铁在原始地球中含量十分丰富，大约占总质量的1/3，而且它比一般元素要重，因此，当它熔化后形成大量的铁水时，就不可避免地会向地球的中心沉降。本来处在地球中心的那些较轻的元素被沉重的铁水顶了出去。甚至可以说，这巨量的铁水的沉降有如由铁水形成的巨大激流，它们在向地球中心冲击的过程中产生了巨大的冲击力，这冲击力也会被转化成为热量。如此，当这些铁水冲到地球核心时，它们产生的热量已经使所经之处升高到了约2000℃的高温。

铁水产生的高温使地球大部分都被熔化，这就像我们在一堆塑料里放进一团铁水一样，塑料势必会被熔化。

大部分成为液态对于原始地球有着极为重要的意义。我们知道，液态物质有一个特点，就是不同密度的成分可以分层排列。就像我们在一个瓶子里装满油与水，会分明地看到它们不会混合在一起，油将漂浮在上层，这是因为油比水轻的缘故。现在成为液态的地球也是这样，它那些成为液态的物质轻的开始上浮、重的开始下降。此前，地球是一个“均质体”，也就是说，它在不同深度所含物质的类型基本相同。现在，当它熔化后，便成为一个分层的球体，物质由轻到重、从外至内地排列起来，最外层是最轻的物质，中间是较重的物质，中心则是最重的铁核。还有，这种分层活动一开始，成为液态的地球当然再也关不住内部存在的气体——可以相信，此前，原始地球内部是存在着许多气体的。现在，这些气体便跑出去了，这样地球就成了一个实心球体。

这一分层活动对地球来说意义重大。当它结束后，也就是说当熔化了的铁水老老实实地待在核心之后，没有热量补充的那些被熔化了的物质便开始冷却，它们现在已经分了层，冷却后就形成了地球现在大致的分层结构：核心是地核，上面是地幔，最上层是地壳。

生成地壳主要是由较轻的物质组成的岩石。

这个过程进行的时间大概是在距今约40亿年。此前地球的历史因为这次彻底的分层重组，没有留下任何痕迹让我们能够追溯它具体的情形，我们只能推测而已。不过，在此之后，我们对于地球的历史就有了一定的实物根据，而不是全然的推测了。这实物就是岩石。现在地球上发现的历史最早的岩石是罗得西亚-卡普瓦尔古陆的片麻岩，它的生成年代大约是38亿年前。不过这块岩石未必是地球上最早的岩石，就像现在发现的类人猿化石未必是地球最早的类人猿的化石一样，还可能有更早的有待我们去发现。还有，地壳凝结、冷却形成这片麻岩的过程也需要时间。故据此也可以推测地壳形成的年代肯定要早于38亿年前。

这时，我们看到，地球只有核心还是灼热的。地壳内部这时会怎样呢？从前面我们可以看到，地球这时候越往里去就越热，而核心最热。外壳则已经冷却了。这样就会产生一种新的运动形式——对流。发生对流的一个基本条件就是下面比上面热。就像我们烧开水一样，当我们在下面烧火时，下面的水升温了，上面的水还是冷的。根据热胀冷缩的原理，物质受热后就会膨胀，这时它的密度就会减小，也就是说，下面的水的密度变得比上面的水的密度小，因此下面的水就会流到上面去，这就像一块密度比水小的木板会往水面浮一样。而流到下面的水受到下面火的加热，不久就会变得比上面的更热，于是又往上流，如此交替下去就是对流了。在地球内部也是一样，由于中心的液态物质温度最高，密度变小，就会往上流动。到上面后，与上面较冷的地幔一接触，就变冷了，而下面的物质温度还是高的，于是它再一次往下沉。如此对流下去。我们可以相信，正是这种对流使地幔很快地冷却下去。

在地壳、地幔与地核中，首先降温的当然是地壳。它直接与外面的空间接触，空间的温度比起灼热的地壳来当然要低多了，因此地壳很快就冷却了。我们前面说过，地壳是很薄的，因此它下面的地幔通过它也能够相当快地将热量散失到空中，也冷却了。

然而地核却不能这样，当它对流时，它上面的热量只有通过较冷的地幔才能散失掉。地幔这时候已经凝固了，要散失热量只能通过它慢慢地将热量往地壳传去，然后又通过地壳散失到宇宙空间。我们前面讲过，地幔是很厚的，与地壳加起来有近3000千米，要通过这么遥远的距离用传导的方式散发热量谈何容易！我们知道，地幔也是由岩石构成的，石头虽然能够导热，但那速度是很慢的。我们可以想象：现我们将一根近3000千米长的石头柱子插在铁水里，你在3000千米外的一头摸着石柱，看要多久才能感到热量传过来！还有，要通过这石柱使那铁水冷却——我们必须知道，除掉了这石头柱子的传热，铁水没有任何别的途径能够将它的热量散失掉——那该需要多长的时间啊！

地球也是这样，地幔虽然冷却了，但要使远在地壳之下近3000千米的地核冷却那该需要多少时间啊！至少地球诞生至今的45亿年是远远不够的。

这时候也许您会产生这样一个疑问：根据上面的说法，我们要判定地壳、地幔、地核有哪些元素，或者什么元素排列在地球的什么部分是很容易的事呀，只要打开元素周期表看它们的原子量就行了，因为元素单质的密度与它们的原子量大体是相当的。原子量最大的元素，例如铅、金和汞，就在最核心；最小的元素，例如锂、铍、硼，就在最上面。

实际上不全是这样。确实，像金、银、铂这类重元素在地壳是很少见的，因为它们在地球上本来就不多，而且大都沉到了地核。还有，地壳中轻元素含量确实也很丰富，例如地球上90%的物质是由铁、镁、氧、硅组成的，它们在地壳中含量也很高，但含量最高的铁元素在地壳中的含量还不如其他三种元素高，这是因为大部分铁都沉到了地核的缘故。其他一些轻元素，例如硅、铝、钙、钾、钠等，它们在地壳中的含量要远远高出它们在整个地球的含量。但同样有些比较重的元素在地壳中含量也比较丰富，同时这些元素的分布也不是垂直的，而是在地壳内四散分布。这又是为什么呢？其原因很简单，因为化学元素在地壳中主要并不是以单质的形式存在，而是以化合物的形式存在。因此，决定元素分布在哪个位置并不决定于元素单质的密度，而是决定于其与别的元素所组成的化合物的密度，还有它的熔点、化学亲和力等特性。例如某些由钙、钠、钾、铝、氧等轻元素组成的化合物长石，它们在地壳中含量很丰富。这就是因为这种长石熔点相对较低，较易熔化，当它们熔化时，它们的密度就变得更小，即变得更轻。在前面地壳形成的过程中，它们自然率先升到地面，因此，它们在地壳中的含量十分丰富，是非常常见的矿物。

与轻的长石相反，主要由铁、镁、硅、氧等组成的橄榄石比较重，因此它们便成为地幔的主要组成者。

还有一些比较重的元素，例如铀和钍这些比铁还重的放射性元素，它们没有沉降到地核中去就是因为它们与氧、硅等结成了较轻的化合物，因此上升到地壳并且富集于之。

至此，地球的三个层面，即地壳、地幔、地核已经大体形成了。下一步的形成过程将主要在地壳之上进行，即地壳上面的大气、大陆与海洋的形成。

原始的大陆和海洋　关于地球大气的形成我们在上章讲地球的结构时已经说过了，现在来看看大陆与海洋的形成。

这个形成过程简而言之是这样的：地壳形成之后，它只是上面薄薄的一层，并不坚实，后来，由于雨水的侵蚀、风的吹蚀、火山与地震的破坏等，地壳上层的岩石变得支离破碎。这些岩石的碎片并没有离开地壳，而是在地壳上沉积下来，变成沉积物。当这些沉积物变厚时，它们又会受到地壳下层的高温的作用，它们犹如被放在一口大锅里蒸煮一样，甚至重新变为熔岩，此后，或者它再顺着地壳的一些裂缝上升至地表冷却而成为新的岩石——这就是火山喷发，或者再次下降而像上次一样重新参与地下的循环。

如此，又不知经过几世几劫之后，便形成了今天的原始大陆。据说科学家们计算几十亿年以来火山喷发所产生的熔岩，得出的结论是其体积与大陆的体积几乎相同。

在形成大陆的同时，由于各种侵蚀，地壳支离破碎，地面出现规模巨大的凹凸，凸者成为高山，凹者成为深谷。这时候大气已经诞生，大气中有大量的降水，它们随时用滔滔大水填满地壳产生的凹陷。

当然，这些水最初来自地球内部，就如我们在讲述大气形成时所言，地球上的大气起源于距今约40亿年前，那时年轻的地球刚刚形成，还是非常不稳定的一团相当松散的原始物质。它到处是喷泉一样的眼孔，不停地向空中喷射出各种气体，例如水汽、二氧化碳、氯气、硫化物、氮气、氨气、氢、氦等。这些被喷出来的气体在空中游荡了一阵后，又渐渐地产生了变化，例如水汽冷却下来后就凝结成了液态水，并以雨水的形式降落到地球表面，二氧化碳则大部分与同样飘散在空中的一些尘埃发生化学反应，变成了地面的岩石等。那些水就渐渐地在地球的凹陷处积聚起来，日积月累，越来越多，终于形成了浩瀚的海洋。

因此，海洋与大陆实际上是在同一时间形成的，或者说，它们是同一过程的两个结果，就像母亲同一次生育诞下的一对双胞胎一样。

由以上过程所形成大陆与海洋只是一块原始的古代大陆，它与今天我们看到的地球七大洲是大不相同的。那时候它是一种什么样的情形呢？科学家们说，那时候地球基本上只有一整块大陆，称为“联合古陆”，它包括今天的欧亚大陆、美洲大陆、非洲大陆。在它们周围则是巨大的海洋，我们不妨称之为“联合古海”，后来联合古陆的分离才形成了今日诸大陆的模样。

第四十章　高山与大海的成因

上章我们说到后来联合古陆的分离才形成了今日诸大陆的模样。

这联合古陆为什么会分开呢？这就是地质学上今天最时髦的权威学说——板块构造说。

板块构造说　我们前面说过，地壳的下面是地幔，地幔有上地幔和下地幔，上地幔的上层是坚硬的岩石，再下面有一些熔岩类的物质存在，叫作“软流层”。现在一般将地壳以及上地幔那部分岩石称为岩石圈。看得出来，岩石圈是在软流层上面漂浮着的，就像船儿浮在水面一样。

我们也说过，这岩石圈不是到处一样厚的，一般而言在大陆比较厚，在大洋部分则比较薄。

在岩石圈的下面是软流层，它们是由灼热的岩浆组成的，并且像一锅沸腾的开水一样在不停地运动，而它上面的岩石圈则像个锅盖一样紧紧地捂着它。这些沸腾的岩浆们由于高温膨胀，体积增大，当然会尽力往上顶，想要冲出包围。在大部分地方，它们的努力白费了。但在有的地方，遇上了比较薄弱的岩石圈，或者当它们力量特强的时候，就是比较厚的岩石圈也不怕。这时它们就会拼命往上拱，在它们巨大的拱力之下，上层的岩石圈受不住了，终于被拱开了一道裂缝，一道巨大的裂缝，那些熔岩就乘机从裂缝处喷涌出来。它们这样做等于是用力往两边挤，使裂缝进一步扩大。那涌出的熔岩当然有限，就像沸腾的水壶顶开盖子后，它并不会把全部水冲出来，而只是将因为高温而体积扩大的那一部分水溅出来。这里也是一样，熔岩只会涌出一部分，远不足以填满巨大的裂缝。

我们知道，联合古陆的两边是汪洋大海的，这条裂缝一出现，海水们哪有不乘机冲进来的道理？慢慢地，裂缝越来越宽，终于变成了今天的大洋。而分裂开来的两块联合古陆也变成了两片各自独立的大陆。

这过程一次次发生，使联合古陆不断发生分裂。

当然，这是一个漫长的过程，耗时动辄以千万年计。例如大西洋就是这样形成的，它耗时约1亿5000万年。

在这条裂缝的底部还会不断地从软流层涌出来熔岩，它们在下面剧烈活动，使裂缝进一步扩张，它们不断地涌出，不断地冷却，冷却的一部分就与两边的板块融合到了一起，变成了板块的一部分，使板块进一步加大。这种在海底发生的使板块扩大的活动就叫作海底扩张。这是板块构造说的一个重要概念。

与海底扩张的同时还发生着另一件事。

我们前面说过，地球的大陆最初主要是一块巨大的联合古陆，但这块联合古陆并非整个岩石圈，而只是它的一部分，只是突出地面的比较厚的一部分而已。那么整个岩石圈又怎样呢?

这时候，整个岩石圈被分成了十大块，称为十大板块。

这十大块是相对独立的，也就是说，它们之间有某种空隙，例如交界处岩石圈比较薄弱，正是这些薄弱之处才使得软流层的熔岩有可资突破之口。前面软流层熔岩的突破口很可能就是这些板块之间的交界处。

这时候，如果我们进一步思考，会想到这样一个问题：当一个板块因为被熔岩冲破而向一边移动时，它向之移动的那边的板块又会怎样呢?

答案是明显的，就像我推你，你旁边还有一个姑娘或小伙，我把你推动时，你也会把他或她推动一样。这一个被推动的板块也会将它另一边的板块推动。于是，被推动的板块反过来又去推别的板块。这时，两个相撞的板块会发生什么样的情况呢?

它发生的情况是这样的，由于这两个板块有大有小，有轻有重，相遇时，轻的那个板块显然顶不起重的那个板块，而重的那个板块顶得起轻的那个板块，这就像一块铁板与一块铝板相挤，重的铁板肯定会将轻的铝板顶起来。现在也一样，那个重的板块便将轻的板块顶得往上升去。它自己呢，这时，在轻板块升起后，由于轻板块实际上是整个的岩石圈，它下面乃是由熔岩组成的软流层，现在，等于是这些熔岩来与重板块相挤了，结果自然是固体的重板块一头扎进了液体的软流层里。在灼热的熔岩作用之下，一部分板块将重新化为熔岩，重新参与前面熔岩做过的事，例如又到别的地方去在板块之间找薄弱点突而破之。

现在，在两个板块相撞的地方，我们可以猜想肯定会发生许多事，因为这么两块巨大的板块相撞，产生的能量不亚于10颗原子弹爆炸呢！比两列最大的火车相撞还要壮观千百倍——只是我们看不见，因为这种撞击虽然剧烈，但它是极为缓慢地进行的，比蜗牛的速度还要慢千百倍，我们这些凡人用肉眼在有限的生命里自然是看不出来的。

这种运动到现在还没有停止，还在继续进行着，我们虽然看不见它正在进行的运动，然而它进行千万年之后的结果我们却是看得出来的。这些结果有多种，例如海底的高山——海岭，这些海岭如果突出海面便成为岛屿，又或者是地面上的崇山峻岭。到底是哪样要视情况而定，主要看是什么样的板块相撞、碰撞发生在什么地方、那重的板块力量有多大、能够将轻板块顶起多高等等。

此外，还有一个重要的结果是，如果形成的是岛屿，一般而言，会在岛屿附近形成很深的海沟，这是一种自然的结果，如图40–1所示。

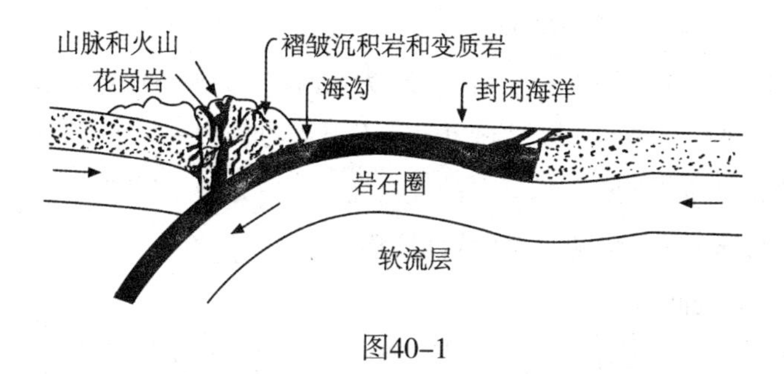

图40–1

上图就是某个海洋板块与大陆板块相撞的结果，从上面可以看到，海洋板块向下滑入软流层，从而将大陆板块高高撬起，在那里形成山脉与火山，而在旁边的海底形成海沟。

与上图碰撞情形类似的例子在地球上可以找到很多，例如大洋洲的岛国新西兰是由一南一北两个大岛组成的，分别叫南岛与北岛。其中南岛是由太平洋板块及澳洲板块相撞而形成的。为了更详细地了解之，我们先来研究一下新西兰附近海底的地壳变动。

在北岛东边有个与北岛大致平行的希克兰基海沟，顺着这海沟的方向，向北又有个东加克马得海沟，在东加克马得海沟的西边，有一个与它平行的东加克马得洋脊，这个洋脊的南边即是北岛，事实上，北岛、南岛都可以看作是这个洋脊突出海面的部分。

我们从更为广大的范围内来看。我们先来看南太平洋及印度洋。在南太平洋上，有个由南美附近的东太平洋隆起向西移动的太平洋海底–太平洋板块，在印度洋上也有一个由印度洋中向东移动的印度洋海底–澳洲板块，这两个板块来到新西兰附近便撞在一起，于是太平洋板块就在北岛东边的东加克马得海沟和希克兰基海沟没入澳洲板块的下方。而南北二岛及其东部的海沟就是这么形成的。

一个更为明显的例子是地球上最壮观的山脉喜马拉雅山，它北起阿富汗，南迄缅甸，形成一道大屏障，把印度次大陆与亚洲大陆隔开，主峰珠穆朗玛是世界第一高峰。

几千年以来，许多民族曾在喜马拉雅山脉之下生活，它产生了许多优美的神话、宗教、文学等等。旅行家、探险家、登山者及科学家们在对喜马拉雅悠然神往之余，不禁心中一直在想：这条山脉为什么会在这里？有此山脉以前这里是什么？山脉年龄有多大？是什么巨大的力量造成？为什么它如此之高？

这些问题直到板块构造理论问世后才由地质学家们给出满意的回答：喜马拉雅山脉曾是印度板块和亚洲大陆之间的古地中海海底的沉积岩。距今6000万年至2000万年前，印度板块向亚洲板块推进和挤压，使亚洲板块高高隆起，渐渐形成了一座雄伟的山脉，就是今日之喜马拉雅山脉，它形成的时间距今不过200万年左右，是地球上最年轻的大山脉之一，据说还在继续升高。

大陆漂移说　以上就是板块构造说的大致内容了，我下面想介绍一个与板块构造说同样著名的理论，并且是板块构造说先声与基础的学说——大陆漂移说。

大陆漂移说是地质学史上最著名的理论之一。它是最早能够系统地解释地壳运动、海陆形成与分布等的学说。所谓大陆漂移，在这里指的是大陆彼此之间以及大陆相对于大洋底部地壳间的大规模水平运动。

大陆漂移说认为，地球上所有大陆在中生代以前曾经是统一的巨大陆块，这就是我们上面提过的联合古陆。从中生代——这些地质时代的意义我们下面马上就要解释——开始，泛大陆分裂并开始漂移，经过漫长的年代之后，逐渐达到了我们现在所看到的各大陆大洲的位置。

大陆漂移说最早也许是由伟大的英国哲学家弗兰西斯·培根提出来的，他在1620年左右曾经提出美洲大陆与非洲曾经相连的可能性，那原因是明显的：因为它们看上去是那样的契合。这我们只要看看地图就一目了然了。

数十年后，一个叫普拉赛的法国人又认为在大洪水以前，美洲与地球的其他部分不是分开的。到19世纪末，奥地利地质学家修斯注意到南半球各大陆上的岩层非常一致，因而将它们拟合成一个单一大陆，称之为冈瓦纳古陆。

到1912年，魏格纳正式提出了大陆漂移学说，并在1915年发表了《海陆的起源》一书，在其中对他的大陆漂移说做了具体而有力的论证。

魏格纳是德国著名的地学家与气象学家，1880年11月1日生于柏林，1905年在柏林大学获得天文学博士学位，后来担任过德国马堡大学、奥地利格拉茨大学教授。他也是个著名的探险家，从1906年起多次去北极与格陵兰岛探险，1930年11月在格陵兰考察冰原时不幸遇难。

魏格纳以倡导大陆漂移学说闻名于世，他在《海陆的起源》这部不朽的著作中努力恢复地球物理、地理学、气象学及地质学之间的联系——这种联系因各学科的专门化发展被割断了——并用综合的方法来论证大陆漂移。魏格纳的研究表明科学是一项富于美感的人类思维的创造活动，并不是像蚂蚁一样机械地收集客观信息而已。

魏格纳提出大陆漂移说后，并没有马上得到人们的承认。这一是因为虽然少数杰出的人有勇气打破旧框架、提出新理论，但相对保守的人们往往不习惯于接受之；二是因为当时的科学发展水平有限，还不能解决一些由大陆漂移说带来的疑问，例如这种漂移的动力在哪里？也正由于解决不了这些疑问，大陆漂移遭到了当时许多学者的非议，无人愿意接受之。

直到魏格纳去世30年后，奠基于大陆漂移说之上的板块构造学说席卷全球，人们才终于承认了大陆漂移学说的正确性。

为什么到这时候人们愿意接受板块构造说与大陆漂移说了呢？这是因为科学家们找到了证据，解决了疑问。

我这里就提出几条这样的证据：

一是古生物学的证据。

世界上很多生物分布在同一时代的不同大陆之上，这些大陆间现在有辽阔的海洋阻隔，显然这些生物不可能飞越或游过如此广阔的海洋。例如一种石炭二叠纪的羊齿植物名叫Los sopteris，现在遍布南美洲、南部非洲、澳洲、印度、南极洲各地。但这类植物的成熟种子很大，无法由风越洋吹送，故可以证明这些南半球的陆地原来是相连的。又有一种二叠纪的大爬虫Mesosaurus，和另一种三叠纪的爬虫 Ynognathus，只见于大西洋两岸的南美洲和南部非洲，如果这两类爬虫能游水，就不会只在上述两洲的南部出现，这可以证明这两洲原来是相连的。另外有一种大爬虫名叫 Lystosaurus，完全是陆上的生物，无法游泳渡海。但是这种爬虫类曾在南部非洲和南极洲的三叠纪地层中被发现，也在中国、印度、俄罗斯等地发现，这可以证明这些地方原来是位于同一片大陆上的，后因漂移而分散。有人曾试图以各大洲间曾经有陆桥相连来解说这许多生物的普遍分布，但这种陆桥如果真的存在应该是可以发现其在海底的遗迹的，然而经海底测量并未发现之。再是就生物演化的研究也可以发现大陆曾经漂移的证据。古代的哺乳类动物可以分为两大类，一是胎生类，另一种是有袋类，就化石研究的记录，有袋类先于胎生类动物出现在地球上，在7000万到1亿年以前，有袋类动物曾遍布整个地球，表示当时地球是连成一块的陆地，在以后的几百万年内，胎生类动物出现在地球上，它们生性凶残，就把有袋类吃食殆尽。但是约在7000万年以前时，大陆开始分离漂移，有的甚至分开后又再重合，只有澳洲大陆分开后就不再和其他大陆相连，因此这些有袋类动物就在澳洲残存下来。库克船长在1770年登陆澳洲时，曾为在那里发现的哺乳类动物都有一个那样奇怪的育儿袋而惊诧不已呢!

第二个证据是大陆边缘的吻合。

这种吻合当然以非洲西部边沿与南美洲东部边沿之间最为明显。然而不止于此。现在经科学家们利用计算机进行数据模拟，以大陆斜坡的中心为基准，把大西洋东西两侧的陆地结合起来，发现可以拼凑得十分吻合，简直像拼七巧图一样。同时大洋两岸陆地上的岩性构造也非常吻合，就好像原来是一张报纸，现在被撕成两半一样。地质构造和其他方面类似的证据也很多。许多地质现象在大西洋一边的海岸突然中止，而在其对岸属于另一片大陆的海岸又出现了。例如东西向的褶皱山脉在非洲南端的好望角突告中止，但是在南美洲阿根廷的布宜诺斯艾利斯又有同样构造的山脉出现。又如北美洲的阿巴拉契亚山脉向东北延到加拿大的纽芬兰突然中止，而越洋到爱尔兰的海岸又再度出现了。其他的构造和岩石性质也在大洋两侧可以彼此配合，甚至许多金属矿带，如锰、铁、金和锡等，都可以在大西洋的两边陆地上彼此遥相接连。

此外，另一个十分重要之点是大西洋两侧陆地地质相同情形只发生在白垩纪以前的地层中，白垩纪以后就没有这样的现象了，这与大陆漂移说认为的大陆漂移乃是发生于白垩纪以前的侏罗纪恰好一致。

第三个证据更为明显，就是古气候学的证据。

现在科学家们已经在南极洲发现了大量煤矿，这证明现在冰天雪地的南极洲以前肯定位于湿润的植物生长区。这最直观地证明了大陆曾经漂移。要知道在南极洲这样的冰天雪地里是不可能生长出茂密的植物的，当然也不可能形成由这些植物化成的煤炭了。唯一的可能性是这块大陆以前并不位于南极洲，而是从温暖得多的北部地区漂移过来的。

至此我们已经说了许多有关地球起源的事，从它最初的诞生直到各大陆的形成。有关地球形成的过程我想到这里就没什么可讲的了，因为地球直到现在也基本上还是这个样子呢!

地质年代　我们还可以用另一种方法来描述，而不是解释地球的起源。这种方法能够告诉我们地球在什么时候出现了什么东西。

这就是地质年代。

地质年代着重的不是解释“为什么”，而是探索“有什么”。并为此将地球的历史分成许多特别的年代，各有其名。我们前面提过的一些概念，像白垩纪、侏罗纪等等，都是地质年代之一。

在阐明什么是地质年代之前，我要解释一下另一个问题，即我们是如何测定地质年代的。

测定地质年代的方法有许多种，但现在用得最多，也最为精确的方法是用同位素年龄进行的测定。

我们前面讲物理学是什么时曾说过同位素。同位素就是那些原子核内质子数相同而中子数不同的元素。由于中子不带电，因此原子中它的地位比较特别，一个原子核中跑了一个中子其元素的基本性质仍然保持不变，即仍然是这个元素的原子。但这并不意味着它什么也不变，它变成了“同位素”。例如氢就有三种同位素，即氕、氘、氚，它们仍然是氢元素，不过与原子核中没有中子的氢原子不同，它们分别含有一个、两个、三个中子。因此性质也发生了一定的改变。例如它们往往具有放射性，被称为放射性同位素，这种性质对于人类是极有用处的，用同位素来测定地质年代就是它的主要用途之一。

如何用同位素的办法来测定地质年代呢？我们知道，放射性元素具有衰变特征，即它能自发地放射出某一些粒子，同时变为其他物质。而且，它放射出微观粒子以及衰变为其他元素都是极有规律的，即多少年衰变出多少，二者之间有着精确的规律。还有，有的元素衰变周期十分漫长，甚至需要数十亿年才能产生有限数量的衰变。此外，放射性元素通常不是单独地存在的，而是混杂在其他矿物或者岩石之中。这样一来，自然出现了这样的结果：只要我们能够准确地测量出某种矿物中放射性元素的“母体”与“子体”的相对丰度，例如每一克放射性物质母体产生了多少克衰变后的“子体”，而放射性元素的衰变周期是科学家们已知的，这样一来，不就可以测定这种放射性元素自从进入这块矿物或者岩石后所经历的时间了吗？这也常常就是该种岩石或者矿物的形成时间，因为放射性元素常常是在这种矿物或者岩石形成时就进来了的。这就是同位素年龄测定法的简单原理了。

当然，实际的测定远不是这么简单，它还需要所测定的对象满足许多条件，例如衰变最终的子体必须是稳定的，它不能中途就变成了别的物质，也必须能够精确测定放射性元素的母体及其衰变成的子体的相对丰度，等等，种种条件缺一不可。

现在科学家们用得最多的是钾–氩法、铷–锶法、铀–铅法、碳–14法等等，有许多种，这四种都是比较常用的方法，相对较易测定且比较精确。

除了这种能够测定岩石等准确的绝对年龄的方法外，科学家们也喜欢用一些办法来确定相对的地质年代。主要用“地层层序律”来确定之。这种方法的原理很简单，就是认为在形成岩层的过程中是有一定规律的，也就是说先形成的岩层在下面，后形成的岩层在上面。于是，当我们想判定两层岩石中哪个更古老时，只要看哪个在更下面就成了。还有，科学家们是知道某些岩石或者矿物形成的年代的，例如一种条带状磁铁石英岩只形成于太古宙至元古宙，煤仅出现在寒武纪以后，如果某种化石或者矿物出现在煤层之上，那就说明它肯定也出现在寒武纪之后。如此等等，都能够以之确定相对地质年代。

此外，古生物学家和地质学家们也用化石来鉴别地质年代，这也是一种可靠的办法，因为每个物种产生于什么时代、什么时代能够有化石这是可以大致确定的，因此只要在这个地层里找到了某种化石，就能够大致确定这处地层的年代了，这种方法被称为生物地层法。

知道了科学家们是如何测定地质年代的后，我们现在来看看他们到底将地球分成了哪些地质年代。

最后，让我们清晰地看看地球的演化史　科学家们将整个地质年代分成三个宙，即太古宙、元古宙和显生宙。

其中太古宙和元古宙分别又分为早、中、晚三期。

显生宙则分为古生代、中生代、新生代。

古生代从早至晚又分为寒武纪、奥陶纪、志留纪、泥盆纪、石炭纪、二叠纪。

中生代又分为三叠纪、侏罗纪、白垩纪。

新生代又分为第三纪和第四纪。

如此等等，更详细的情形请参见表1的地质年代表。

表1　地质年代表

<table>
<tr><td colspan="4">地质年代</td><td rowspan="2">距今近似年数（单位：百万年）</td><td rowspan="2">生物演化</td></tr>
<tr><td colspan="4">宙代纪</td></tr>
<tr><td rowspan="12">显生宙</td><td rowspan="3">新生代</td><td colspan="2">第四纪</td><td>1.64</td><td>人类出现</td></tr>
<tr><td rowspan="2">第二纪</td><td>新第三纪</td><td>23.3</td><td>近代哺乳动物出现</td></tr>
<tr><td>老第三纪</td><td>65</td><td></td></tr>
<tr><td rowspan="3">中生代</td><td colspan="2">白垩纪</td><td>135</td><td>被子植物出现</td></tr>
<tr><td colspan="2">侏罗纪</td><td>208</td><td>鸟类、哺乳动物出现</td></tr>
<tr><td colspan="2">三叠纪</td><td>250</td><td></td></tr>
<tr><td rowspan="6">古生代</td><td colspan="2">二叠纪</td><td>290</td><td>裸子植物、爬行动物出现</td></tr>
<tr><td colspan="2">石炭纪</td><td>362</td><td></td></tr>
<tr><td colspan="2">泥盆纪</td><td>409</td><td>节蕨植物、鱼类出现</td></tr>
<tr><td colspan="2">志留纪</td><td>439</td><td>裸蕨植物出现</td></tr>
<tr><td colspan="2">奥陶纪</td><td>510</td><td>无颌类出现</td></tr>
<tr><td colspan="2">寒武纪</td><td>570</td><td>硬壳动物出现</td></tr>
<tr><td rowspan="4">元古宙</td><td rowspan="2">晚</td><td colspan="2">震旦纪</td><td>800</td><td>裸露动物出现</td></tr>
<tr><td colspan="2"></td><td></td><td></td></tr>
<tr><td colspan="3">中</td><td>1000</td><td>真核细胞生物出现</td></tr>
<tr><td colspan="3">早</td><td>1800</td><td></td></tr>
<tr><td rowspan="3">太古宙</td><td colspan="3">晚</td><td>2500</td><td>最原始生命出现，如各种菌类、低等蓝藻等</td></tr>
<tr><td colspan="3">中</td><td>3850</td><td></td></tr>
<tr><td colspan="3">早</td><td>3960</td><td></td></tr>
</table>

从表中我们看得出来，地质年代由大至小分为宙、代、纪三种，纪下面还有世以及亚世，例如晚第三纪下面还有上新世与中新世，甚至它们下面也还有亚世，即早上新世与晚上新世。

根据这个地质年代表，我想大家可以看出地质年代的大概内容了。例如它的名称、相应的年代、在该时期对应出现的动物等，看上去有些眼花缭乱吧？这是难免的。我们只要注意一部分有意思的内容就行了，例如生命诞生于太古宙的晚期，距今约38亿5000万年，人类出现于显生宙之新生代的第四纪，距今在164万年以后。当然，这些数字只是科学家们目前的主流看法，将来完全有可能变化。

我这里还要补充两点：一是太古宙与元古宙又总称为前寒武纪。二是这里的时间对应长度与实际长度不成比例，因为若完全按比例的话就简直没办法画表了。像前寒武纪，它实际上包括5.7亿年前的整个地质年代，占整个地质历史85%的时间。我们在表上面并没有体现它的历史时期如此漫长。主要是因为这段时期地球还比较原始，生命还没有大量出现，地球大部分地区仍一片死寂。只有等到显生宙之后，地球上生命才开始大量出现，地球呈现一片盎然生机。

这就是我们接下来要讲的内容了——地球生命的起源。

第四十一章　生物、细胞与代谢

生物学是有关生物的科学，那么什么是生物呢？简而言之，生物就是有生命的物质。也就是说，生命乃是生物之最基本特征与第一要素。

一个拥有生命的生物是有许多特征的，其中最主要的是两个：一是由细胞构成，二是具有新陈代谢的能力，我们下面就从这两个方面去了解生物。

细胞组成生物　细胞是生物的结构与功能的基本单位，它与几乎所有的生命现象——例如新陈代谢、生殖与生长、遗传与变异、对外界环境的刺激做出反应等——都有密切关系。

细胞是1665年左右由英国科学家R.胡克发现的，胡克是显微镜的发明者，当他以之观察一种软木薄片的结构时，发现它是由许多蜂窝状小室组成的。他便将这种小室称为cellulae，这就是“细胞”一词的来源，它的英文名就是cell。

到19世纪末，德国生物学家施莱登和施旺用改进了的显微镜对大量植物与动物细胞进行了细致的观察，并得出结论，认为从单细胞生物直到高等动植物都是由细胞组成的，从而创立了著名的细胞学说，它被认为是19世纪最伟大的科学成就之一。

根据结构，人们通常把细胞分为两大类：原核细胞和真核细胞。世界上绝大部分物种、包括所有比较高级的物种都是由真核细胞构成的，原核细胞仅见于一种细菌和蓝绿藻。

我们先来看看结构较为简单的原核细胞。它的主要部分包括细胞膜、细胞质、核糖体，以及由一条裸露的DNA双链所构成的拟核。这拟核只是一个未成形的细胞核，这是其与真核细胞的主要区别。此外，它的体积也比真核细胞要小得多，只有前者的约1/10。

虽然原核细胞较真核细胞简单，然而它并不真的很简单，例如其化学成分就相当复杂。像大肠杆菌大小只有 1微米×2微米左右，却含有约5000种不同的化学成分。支原体是已知最小的细胞，大小只相当于最大的病毒，然而它们的遗传物质，即我们后面要说的DNA也能指导合成1000多种蛋白质。

真核细胞的结构要比原核细胞复杂得多。真核细胞的结构从内到外包括细胞核、细胞质和细胞膜。在其细胞质内包括多种也由细胞膜围绕的结构，叫细胞器。它们负责一些具体的功能。细胞核也有一层膜包裹着，它里面有携带遗传密码DNA的染色体。

以上只是细胞的大致结构，我们下面看看它们较为详细的结构。

我们知道，生物体是由一个个细胞组成的，然而细胞并没有充满整个生物体，在细胞之间还有着广阔的没有细胞的空间。在这个空间里充满了一种“细胞间基质”，它是一种由糖构结成的胶一样的东西，含有大量的水，因而像撑饱了的肚皮一样显得鼓胀。在这片像胶水一样的基质中间还漂浮着一种蛋白质纤维，它们像绳子一样将细胞们系在一起，构成完整的组织。

至于单个的细胞，从外面看，整个细胞都由一层“半透膜”包裹着。所谓半透，就是说这层膜既不是完全封闭的，也不是完全开放的，膜既能起到保护细胞的作用，又能与周围环境交换物质。看得出来它有点像玻璃的半透明，既能透过光线，但又不能透过很多。

无论是真核细胞还是原核细胞，它的细胞质内都有一种称为核糖的小东西，蛋白质就是在这里合成的。

在真核细胞的细胞质内还有许多细胞器，它们互相分离、互不隶属、各有其独特的功能。

这些细胞器对于真核细胞意义重大，例如植物细胞中有质粒，其中有一种就是叶绿体，它是植物进行光合作用的结构。

细胞核是真核细胞独有的，它也是真核细胞的控制中心。在细胞核外面也有一层膜围绕着，核内还有携带遗传物质的染色体，而染色体内就有著名的DNA。正是它指挥细胞合成蛋白质，而蛋白质乃是构成生物体的主要成分。DNA也是遗传密码的携带者，生物物种的遗传靠的就是它。

总之，细胞是一个有高度组织性的整体，其不同的结构和组织在功能活动上既有独立性，同时又通过分子和能量的流动而达到相互的联系和协调，以保证各种生命现象有序地进行。

新陈代谢与光合作用　生物体与外界环境之间物质与能量的交换，以及生物体内物质与能量的转换过程就叫作新陈代谢。

新陈代谢每时每刻都在生物体内进行着，是生命的标志之一，在绝大多数情形之下，生物的新陈代谢一旦停止，也就意味着其生命的结束。

新陈代谢包括两部分内容：第一部分是生物与外界环境进行物质与能量的交换，第二部分是生物体内物质与能量的交换。其中的第一部分又包括两个步骤：第一步是生物从外界获取食物、吸收养分，第二步则是将食物消化之后的残渣排出体外；第二部分则是食物在生物体内消化并成为生物体之一部分、为生物生命的延续提供能量的过程。

整个新陈代谢过程又通常被分成同化作用与异化作用两种作用。同化作用指的是生物将从外界环境中摄取的营养物质变成自身的组成物质，同时储存能量。看得出来，在这个过程中，本来属于外界环境的物质被同化成了生物体的一部分，因此叫同化作用。异化作用则是生物体又把组成自身的一部分物质加以分解，释放其中能量，并将最终的代谢物排出体外。同样看得出来，在这个过程中，本来是生物体一部分的物质与能量最终不再是生物体的一部分，并被排出了体外，因此称为异化作用。

要注意的是，同化作用与异化作用不是不同的两个过程，而是同一过程——新陈代谢——的两个方面，它们在生物体内同时进行，相辅相成，构成了统一的新陈代谢。例如同化作用需要能量，这一能量就来自异化作用；异化作用需要物质，这种物质就来自同化作用。没有同化作用，组成生物体的新物质就没法产生，细胞就得不到建立与更新，也就没有异化作用的物质基础与能量来源。没有异化作用，生物体内储存的能量不能释放出来，同化作用所需要的能量也就无从供应，一切生命活动也就无法进行了。生物就是这样不断地与外界进行物质与能量的交换，在体内也进行物质与能量的转换。这些就是生命。

生物的新陈代谢是一个极其复杂的过程，要将树叶、水果、牛肉乃至垃圾最终变成生物体的一部分，变成毛毛虫身上的毛、变成参天大树的枝桠、变成人身上的肉，甚至变成屎壳郎头上的那只角，这是一个多么巨大的变化过程！其间要经过的变化是如何的巨大！所以需要进行巨量的化学反应，生物体内每分钟每秒钟都有成千的这种化学反应在进行着。要完成这项工作仅凭生物体内参加反应的物质是不行的，它还需要一样物质的大力协助——酶。

酶是一种具有催化功能的蛋白质，它是细胞能够生存的条件。细胞新陈代谢所需的所有化学反应几乎都要依赖酶的催化作用才能顺利进行。酶的催化作用有以下两个特点：

一是催化效率极高，比一般的无机催化剂，例如高锰酸钾，高10^6至10^{10}倍，因此少量的酶就能够起到很强的催化作用，例如1份淀粉酶就能够催化100万份的淀粉，使之分解成为麦芽糖。

二是每一种酶只能催化一种或一类化学反应，对于其他的化学反应则没有作用。这样一来，由于生物体内的化学反应种类极多，就使得生物体内酶的种类同样地多。研究与制备这众多种类的酶，使之能够促进人类所需的化学反应的生物工业乃是一项重要的化学工业，就叫酶工程。

对于植物而言，最主要的新陈代谢就是光合作用。

光合作用的科学原理是由美国生物学家卡尔文在20世纪50年代发现的，由于这个发现，他获得了1961年的诺贝尔化学奖。

大多数植物细胞都含有各种色素，例如绿色的叶绿素、黄色的叶黄素、红色的胡萝卜素等，这就使得植物的叶子一般都带有各种颜色。例如叶绿素使得植物的叶子在春天一片碧绿，叶黄素则使叶子在秋天时一片金黄。这些色素中以叶绿素最为普遍，因此植物的叶子大都呈绿色。

这种使得叶子呈绿色的叶绿素之主要功能就是进行光合作用，植物的光合作用是在叶绿体中进行的，而叶绿素就存在于叶绿体中，其中植物的叶片部分含量最多，因此光合作用也主要在这部分进行。

什么是光合作用呢？光合作用就是绿色植物在叶绿素的参与下，利用太阳的光能，把二氧化碳和水转变为葡萄糖。它可以用如下的化学反应式来表示：

$$6CO_2+12H_2O\xrightarrow[\text{叶绿素}]{\text{光}}C_6H_{12}O_6+6O_2+6H_2O$$

我们可以看到，光合作用后生成的物质不但有葡萄糖，还有氧气与水，从这个公式就可以知道光合作用对地球上的生物有多重要了。

光合作用是植物的新陈代谢，对于动物而言，新陈代谢有体内细胞的物质交换、物质代谢、能量代谢等。

有些很原始的动物，例如单细胞动物，由于它的细胞很少，因此能够直接用其细胞与环境进行物质交换。由于它们生活在水中，就直接从水中吸收氧气与有机物质，再直接送到细胞内部进行消化。

但对于比较高等的动物就不能这样了，它们通常由数以亿计的细胞组成，这些细胞居于体内，并不与外界环境直接相通，它们又如何与外界进行物质交换呢？

我们就以人为例来分析吧！我们知道，人体内有大量液体，即体液，它们占了人体总质量的60%以上。体液在细胞之内外都有，其中存在于细胞内的就叫内液，存在于细胞外的就叫外液，细胞外液包括组织液、血浆、淋巴三种。我们看下面的关系：

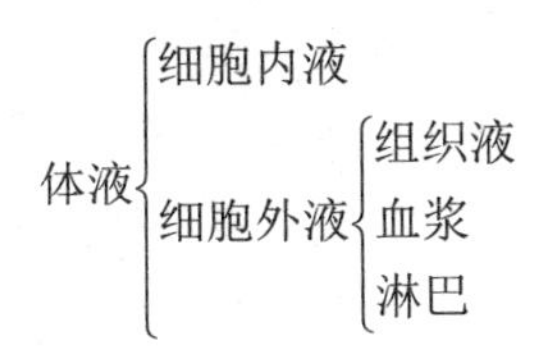

存在于细胞外的外液自然构成了细胞的生存环境，由于外液是液体，因此细胞们都像浸在水里一样，细胞生活的这个环境就叫作人体的内环境，与内环境相对的当然是外界环境，即外环境了。

组成内环境的三种成分之间是可以互相交换水分与营养物质的，例如组织液与血浆之间只隔着毛细血管壁，水分与许多营养物质都可以穿透毛细血管壁，在二者之间互相交换。组织液还可以渗入毛细淋巴管，成为淋巴。而细胞当然是可以与它“浸泡”于之的内环境间有物质交换的，只要透过薄薄的细胞壁就行了。这种交换包括两部分：一是细胞所需要的氧、水、营养物质等通过它的内环境进入细胞，二是细胞新陈代谢所产生的废物也要通过内环境排泄到外界环境。

上面细胞与内、外环境之间进行的物质交换其实也就是其物质代谢了，但这只是物质代谢的开头与结尾，只是一个大概的过程，实际上动物体内的物质代谢过程要复杂得多，像人这种结构复杂的高级动物更是如此。在这开头与结尾之间的过程之复杂简直令人匪夷所思，其中许多人类都还不知道呢！

据科学家们估计，人体细胞内每分钟要发生几百万次化学反应。要顺利完成这么多化学反应除了反应的设备与原料——也就是细胞自身以及各水分、氧、营养物质——要具备外，另外就是要有酶，我们前面说过，没有酶的帮忙要完成这么多的化学反应是不可想象的。

多亏了酶效率极高的帮助，人体的物质更新速度非常之快，皮肤、肌肉等组织中的蛋白质约300天就要完全更新一次；血液中的红细胞每秒钟就要更新200多万个，大约每隔120天全部红细胞就要完全更新一次；肝与血浆中的蛋白质则只要20天左右就要完全更新一次。据统计，一个人只要活60年，那么他一生中与外界环境交换的各种物质的数量是：水约50吨、糖类10吨、蛋白质1.6吨、脂肪类1吨。加起来各种交换物质的总量约相当于人体总质量的1200倍，也就是说按质量而言每年要将人体彻底更新20次，一个月近两次。

那么人体是如何将这么多的外界物质摄入体内，并且变成身体之一部分的呢？这要靠人体的消化系统的帮助，是它完成这项艰巨任务的，这个消化系统又分成两部分：一是消化器官，包括口腔、食道、胃、小肠、大肠、肛门等。二是消化腺以及它们分泌的消化液。例如唾液腺，它分泌的就是唾液；胰腺，它分泌胰液；肝脏，它分泌胆汁；胃腺，它分泌胃液；肠腺，它分泌小肠液。

这些消化液中，除了胆汁外，其他都含有各种各样的酶，这些酶的作用就不用说了。而胆汁对消化也有着重要作用，它可以使比较难消化的脂肪类变得比较容易消化。

在这些消化器官中，最重要的不是胃，而是小肠。食物在进入小肠后，里面的主要营养成分，例如糖类、蛋白质、脂肪等被消化液分解成为人体可以吸收的各种小分子有机物。例如淀粉被分解成葡萄糖；脂肪被分解成脂肪酸和甘油；蛋白质被分解成为氨基酸。

这些葡萄糖、脂肪酸与氨基酸各自再经过一系列变化，最终将变成生物生存所必需的东西：例如糖变成能量、脂肪酸变成人体的脂肪，蛋白质则被合成为人体的蛋白质组织。

我们知道，细胞主要就是由蛋白质组成的，蛋白质的含量占人体的皮肤与肌肉不含水时质量的70%~80%，占血液的干重更是高达90%。大多数重要的生物催化剂，即酵素，完全是由蛋白质组成的。可以这样说，动物被构造成一个什么样子、有什么样的新陈代谢，这都要看它体内含有哪一种蛋白质。

如此，新陈代谢的结果是，本来是水、氧气、食物等，在经过各种方式的代谢后，就成为生命所必需的能量与营养物质，成了生物体之一部分。

当然，在这一切过程中伴随的并不只有利用，还有排泄。对于空气、水与食物中那些不能被人体利用的，或者已经被利用过了的东西，都要通过各种方式，例如流汗、吐痰、大小便等被排出体外，这就是不言而喻的了。

第四十二章　更深刻地理解生命

这一章里我们要从化学的角度来理解生命，这是对生命一种更为深刻的认识。

大家都听说过“DNA”“RNA”等字眼，这些字眼是与生命紧密联系在一起的，当我们用这些字眼来看生命时，就是从另外一个角度来理解生命了。

这个角度就是化学的角度。

我们知道，生命的基本特征之一就是生物的多样性。在大千世界，我们看得到生命种类繁多，各种看得见的动物、植物，还有无数看不见的微生物，遍布整个地球。这些生物的多样性曾经弄得生物学家们焦头烂额，现在人类已经用一种新的方法将这如此多样的生命统一起来，变成了一种相对而言简单得多的方式。这种新方法就是化学的方法，或者说，是生命的化学基础。

我们知道，世界上的物质虽然变化万端，然而也有其共同之点，即它们都是由原子构成的。世界上所有的原子种类不过一百余种，其中最丰者不过十来种而已，它们加起来占了地球上物质总量的绝大部分。

这些元素中最主要的是碳，它可以说是生命与生物的象征之一，除了碳外，其他在生物体中扮演重要角色的有氢、氧和氮三种元素。这四大元素结合起来就占了组成人体活细胞中原子总数的约99%。剩下的1%主要是另外12种元素，它们对于生命的存在与存活同样是不可或缺的。例如磷，它是我们下面要讲的核酸中的重要成分；硫则是蛋白质中的重要成分；钾、钠则在传递神经冲动时有重要作用；铁在比较高等的动物，例如人的血液中不可或缺；镁原子则是叶绿素分子的一部分。此外，像碘、硒、钙、锌等在人体中同样重要，如果缺乏的话就会导致各种各样的疾病。因为在生物体中含量少，它们又被称为微量元素。

据说有科学家进行过统计，如将一个标准体重的人身体中的化学元素提取出来，可以制成如下的日用品：例如脂肪，可制造出 7 块肥皂；提取出来的碳，可炼成20磅焦炭；将磷聚集起来，可做成火柴220根……凡此种种全部加起来值多少钱呢？不过十来个美元而已。

这是就生物体中含有的元素种类与数量而言。但我们也知道，这些元素在人体中当然不是以单质的形式存在的，它们构成了有机化合物。

令人惊奇的事实是：按理说，构成生物体的有机化合物应当也是复杂无比、种类繁多的。然而，科学家们惊奇地发现并非如此，事实上，地球上所有的生物体都是由相对来说为数并不多的若干种有机化合物构成的，而且，这些有机化合物甚至在地球尚未有生命以前就存在于地球上的。也就是说，我们可以大致确定，地球上的生命就是以这些构成了生命的主体却早在生命诞生以前就存在于地球上的有机化合物为始祖的。

这样的化合物主要只有如下四种，以它们对于生命的重要性排列如下：

核酸、蛋白质、脂肪和多糖类、叶绿素。

蛋白质是生物体内主要由氨基酸组成的一种生物大分子。

这里有两个我们以前没见过的概念：氨基酸和生物大分子。氨基酸就是既含氨基又含酸性基因的有机化合物。生物大分子则是一些有相对较高的分子量的有机化合物，它主要就是指蛋白质、核酸以及其他一些有相对较高分子量的碳氢化合物。

作为一种分子，蛋白质也像一般有机物的分子一样，有其化学结构，它主要由氨基酸分子构成，其成分包括碳原子、氢原子、氧原子、氮原子等，一个氨基酸分子的结构如下：

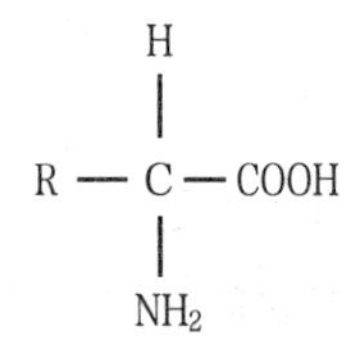

这里的R代表一个特别的侧链，正是这个侧链区别了各个氨基酸。这种构成蛋白质的氨基酸种类有限，共有约20种，但个数就多了，可以是几个，也有许多蛋白质含有多达1000个以上的氨基酸单元。就具体结构来说，每个蛋白质都是由一个个的氨基酸按照一定的次序连接起来的，就像一根长长的链条一样的分子链，只要任意改变其中的一个氨基酸的秩序就会生成不同的蛋白质。如此一来，区区20种氨基酸就有多达20^{1000}种不同的聚合方式，就是能够组成这么多种蛋白质，这等于是无数种了。正是这无数种蛋白质构成了生物体复杂多样的组织。

蛋白质与核酸一样是生物体内最基本的物质，担负着生命活动过程中许多极为重要的功能。例如细胞主要就是由蛋白质组成的，蛋白质的含量占人体的皮肤与肌肉不含水时质量的70%~80%，占血液的干重更是高达90%。大多数重要的生物催化剂，即酵素，完全是由蛋白质组成的。可以这样说，动物被构造成什么样子、有什么样的新陈代谢，这都要看它体内含有哪一种蛋白质。

脂肪与多糖类也是生物大分子，它们是构成所有生物活细胞的重要成分。就化学元素而言，它主要是由氢与碳构成的，此外还有少许然而重要的氧。生物细胞中许多功能的执行，例如植物的光合作用，都必须依靠改变脂肪层的结构。多糖类则是光合作用的主要产物，例如纤维素和淀粉就是这样的产物，它们也是动物的主要食粮。

叶绿素是植物进行光合作用的主要工具，也是树叶之所以呈绿色的原因。它是一种叫“镁卟啉”的化合物，这种化合物中含有碳、氢、氧、氮和镁，是一种很复杂的生物大分子。

叶绿素的意义在于它是植物能够进行光合作用的工具，这我们在上章中已经讲过了，没有光合作用就没有植物，也就没有地球上动物所需要的粮食，甚至没有地球上的氧气。

最后我们来讲讲构成生物的四种化合物中之最重要者——核酸。

核酸是集中在生物细胞的细胞核内的一种化合物，它是由少则数十、多则数十亿个核苷酸通过特定的途径形成的一种长链状的生物大分子。

这里的核苷酸也是一种有机化合物，不过结构比核酸要简单一些，它主要由更简单的有机化合物碱基、糖、磷酸盐构成的。

因为核酸主要位于细胞核内，又带酸性，因此被称为核酸。

核酸对于生物之所以如此重要，是因为它乃是一种带有遗传讯息的化学分子，它的性质决定着生物个体的遗传特质。可以说，我本人之所以有幸是一个人而不是一条毛毛虫甚至一只讨厌的蟑螂，主要就是核酸的功劳呢！

核酸共有两种，一种叫脱氧核糖核酸，另一种叫核糖核酸，分别简称为DNA与RNA。其中DNA更是大名鼎鼎。我们这里先讲一下不那么有名的RNA，再来讲著名的DNA。

RNA与DNA的结构差不多，二者都是生物大分子，具有复杂的结构，只是在构成它的碱基、糖、磷酸盐三种成分中，构成它的糖是核糖，而DNA则是脱氧核糖。RNA的主要功能是在蛋白质的合成中起作用，并且能够在某些情况下代替DNA而作为遗传密码的载体，例如在某些病毒中。

DNA是deoxyribonucleic acid 的简称，汉语意译为脱氧核糖核酸。它是存在于染色体上的一种高分子有机化合物，染色体乃是一种蛋白质与DNA的复合体。它一般都相当长，像一条链子。更准确地说，是像两条链子互相缠绕，形成一种双股的螺旋体。如图42-1所示。

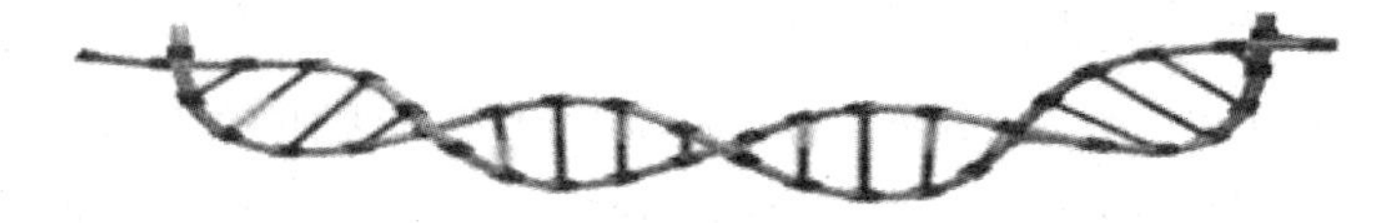

图42-1

这就是DNA著名的链式结构。组成它的成分我们前面说过了，主要是核苷酸，或者说是组成核苷酸的碱基、脱氧核糖、磷酸盐三种成分。其中碱基又分为四种，即腺嘌呤、鸟嘌呤、胞嘧啶、胸腺嘧啶。

DNA的主要功能是携带遗传密码。中国有一句俗话说，“龙生龙，凤生凤，老鼠的儿子会打洞”。为什么如此呢？即为什么龙生的是龙，凤生的是凤，老鼠生的是老鼠而不是猫？并且是会打洞的老鼠而不是会飞的老鼠呢？

这就是DNA的功能了。所有生物世世代代相传的遗传信息就是被记录在这些DNA分子上的。一个生物之所以属于这个物种而不属于另一个物种，之所以具有这个特点而不具有另一个特点都是由其DNA所携带的遗传密码决定的。就像上面的例子一样，老鼠之所以是老鼠而不是猫，老鼠之所以会打洞而不会飞，都是因为它的DNA所携带的遗传密码的缘故：正是这些DNA使得老鼠长得像老鼠的样子，尖嘴有须，腿脚灵便，还有打洞的本事。

任何生物的特性不但由其DNA所决定，同样重要的是，存在于其细胞中的DNA还能够将这种特性传递给它的下一代。具体地说就是，当细胞快要分裂时，存在于它之中的含有遗传密码的DNA便迅速地自我复制一个，然后快速传递到新生的细胞，使之也带上了遗传密码。我们知道，物种的繁殖，从最简单的到最复杂的，实质上都一样，都是这种细胞的复制过程。例如人，女性排的卵子与男性排出的精子都是一种细胞，卵细胞还是人体最大的细胞。它们在被人体中制造出来时，自然也复制了原来的DNA，带上了原来的遗传密码。当它们正式准备参与受精或授精时，就是成熟的卵子或者精子了。这时每个精子或者卵子所含的染色体数目只有母细胞染色体数目的一半。也可以说是含有一半的遗传密码DNA，这就是所谓的减数分裂。如果卵子与精子能够顺利结合，它们就又构成了一个完整的新细胞——受精卵，它里面的染色体数目就又与减数分裂前一样了。只是这时候的受精卵已经接受了卵子与精子双方的染色体，用一句通俗点的话说，就是接受了父母的遗传，成为既有父亲的遗传又有母亲的遗传的子女了。我们人类正是这样生殖的。

当然，孩子不一定像父母，弟不一定像兄，外甥不一定像舅舅。这同样是常见的现象。这又是为什么呢？这里的原因就是与遗传相对应的变异了。什么是变异呢？就是说，DNA复制遗传密码时绝大多数情况下都不会像复印机一样完全拷贝——只有同卵双胞胎是这样，而是会在整体相似的前提下在细小处有所变化。这样就使得复制出来的新DNA带有一些新密码，这就是遗传之中的变异了。这些细节上的变异是很难找到其规律的，它受到许多因素的制约。正是这些因素使得DNA中有所变化，而这个变化最终就产生了我们上面说的像与不像了。不过，在某些情况下，DNA复制时由于受到某些强力因素的干预，例如受到放射性元素的照射，会引起大变化，产生与原来DNA中的遗传密码完全不同的新信息，这时候，这个新密码又会指挥细胞制造出新的蛋白质，最终结果是某种与原来的物种有较大差别的新物种。这就是一种突然的、强烈的变异了，称之为“基因突变”。

既能够遗传，在遗传之中又有变异，这乃是生物的主要特征之一，也是物种进化的根本动力。

第四十三章　生命起源三部曲

关于地球上生命的起源有许多种理论，现在最流行的或者说权威的理论是生命的化学进化论。是1924年时由苏联生化学家奥帕林提出的，与他提出了类似观点的是英国生物学家霍尔丹。我们现在要讲述的主要就是这个理论。

这个起源可以分成三步，所以我们称为生命起源的“三部曲”。

从无机物到有机物　讲生命的起源还得从地球的形成说起。

我们前面讲过了地球形成的过程，地球诞生于约45亿年以前，最开始是一团原始的“均质体”，后来由于受到宇宙间天体的撞击，内部逐渐变热，直到达至约2000℃。这时候，地球整个成为熔岩状，由于熔岩的分层活动，冷却后就形成了地球现在大致的分层结构：核心是地核，上面是地幔，最上层是地壳。这是距今大约40亿年前的事。

此后就是地球大气的起源了。这时候年轻的地球还刚刚形成，是非常不稳定的，到处是喷泉一样的眼孔，不停地向空中喷射出各种气体。例如水汽、一氧化碳、二氧化碳、甲烷、氯气、硫化物、氮气、氨气、氢、氦等。这些被喷出来的气体在空中游荡了一阵后，又渐渐地发生了变化。例如水汽冷却下来后就凝结成液态水。久之，大气中主要的组成部分就成了一氧化碳、水汽、甲烷、氨、氢等。我们可以看到，这时候空气中还没有或者极少氧气，这种大气被称为“还原性大气”。

这时，下面关键性的一步又来了。我们知道，这个原始的地球大气内无疑经常有许多剧烈的现象发生，例如闪电、暴风等等。更为重要的是，有一种东西正在猛烈地作用着大气，这就是紫外线。

要知道太阳能的主要组成部分之一就是紫外线，每时每刻都有巨量的紫外线射向地球。紫外线虽然对现在已经形成的生命有破坏作用，是生命之杀手，然而它对于原始的大气却不是这样，是提供给原始大气的重要能源。

正是由于有了这些能源——紫外线、闪电、风暴等，它们长久地、一再地作用的结果，终于使得原始地球产生了一样新的东西——有机化合物。我们可以用这样的公式来大致表示：

（一氧化碳、水汽、甲烷、氨、氢等）+（紫外线、闪电、风暴）=有机化合物

这个说法可不是科学家们的主观揣度，更不是空穴来风，而是经科学家们用实验证明了的。

1952年时，美国芝加哥大学研究生米勒与其导师尤里合作，进行了模拟原始大气的实验。在实验里，米勒设计了一个模拟原始大气的环境，他先在特制的玻璃器皿里放上与原始大气相仿的一氧化碳、水汽、甲烷、氨、氢等，然后模仿闪电对之进行放电，经过一段时间后，再检查玻璃器皿里的气体，结果发现了多种有机化合物。

我们知道，有机化合物与无机化合物之间有本质的区别，这里的“机”就是生命之意，因此，有机化合物与生命之间的距离较之无机物要近得多。

后来，经过进一步实验，米勒又得到了氨基酸。而蛋白质就是由氨基酸组成的，蛋白质又是组成生命体的主要成分。现在组成天然蛋白质的20种氨基酸中，除了精氨酸、赖氨酸和组氨酸3种以外，其余17种都可以用这样的模拟大气实验的方法产生。

我们上章刚说过，组成生命最重要的成分是核酸，核酸分为两种，即RNA和DNA。

RNA与DNA的结构差不多，二者都是生物大分子，具有复杂的结构，它们都是由碱基、糖、磷酸盐三种成分构成，其中构成RNA的糖是核糖，而构成DNA的糖则是脱氧核糖，它们可以被称为生物小分子。组成核酸的这些生物小分子也大都能通过类似的模拟实验形成。

这些科学实验表明，几乎所有组成现存生命的有机化合物都可以从不含这些复杂的有机化合物甚至不含有机物的原始大气中获得，而获得的条件也并不复杂，是原始大气在当时的情况下几乎肯定具备的。

我们可以想象，也可以相信，亿万年之前，与上面类似的过程都曾在原始地球上发生过。到这一步，原始地球上就产生了氨基酸——它是组成蛋白质的基本成分，还形成了核糖、脱氧核糖、腺嘌呤、鸟嘌呤、胞嘧啶等等——它们是组成核酸的主要成分。有了这些可以称为生物单体或者生物小分子的东西之后，形成生命就是早晚的事了。

类蛋白的形成　这些生物小分子，或称生物单体，被合成之后，下一步会怎样呢？那时地球的生存环境无疑是严酷的，这些脆弱的小分子如果被紫外线一照射或者被闪电风暴等一吹打，就会被重新分解成分子甚至原子。

这样的过程的确也发生在产生的绝大部分生物小分子身上，但也有一些却逃脱了这样的命运，这些幸运儿形成后刚好落在了附近的尘土上，这种尘土在当时的地球必定是非常之多的，而且它们的构造也适合于这些小小的有机分子的吸附，例如它们的表面往往凹凸不平，像一个个小避风港一样，这些生物小分子刚好可以钻进去躲灾。当然，这样小的避风港只能暂时帮一下忙，久了就不行了。不过不用很久，那时候，地球表面已经形成了辽阔的海洋，这些微尘很容易掉入大海。这下等于说是找到了一个最可靠的大救星。为什么呢？因为海水能够阻隔致命的紫外线，空中的闪电与风暴也影响不到它们，这样生物小分子们躲在这里就十分安全了。

一度，在原始海洋里这种生物小分子必定是非常之多的，甚至会像上面霍尔丹所言，最后整个原始的海洋都是一锅由生物小分子构成的“热而稀薄的粥”了。

请想想吧，在占据地球表面大部分面积的辽阔海洋里，这锅由氨基酸、核糖、脱氧核糖、腺嘌呤、鸟嘌呤、胞嘧啶等等组成的“稀粥”，在太阳照射下、在奔腾咆哮的波浪里怎么会不产生某种反应呢？的确会。正如科学家们在实验中所得到的结果，他们在稀释的水溶液中，这有类于原始无生命海洋的环境，将这些生物小分子放进去，发现它们可以形成长链状的生物大分子，例如蛋白质、核酸、多糖类、脂肪，等等。

此后，由于原始海洋中经常有大风大浪，这些风浪会将海水与氨基酸一起冲上岸边，在岸边可能有一些坑坑洼洼，海水就留在了这里，同时，它附近可能有火山口、地热或者温泉之类，不久这些热量便将池子里的水蒸干了，温度将继续升高到120℃左右，这时氨基酸就会被变成像蛋白质的聚合物，以后，再一次大潮又将海水送到了这个坑里，于是已经变成某种类蛋白的氨基酸就再次进入了大海。它们在大海里将可以与那里的无数生物小分子或者别的类蛋白之间发生无数可能的反应，而这反应的结果之一将是生命的萌芽。

类蛋白产生之后，还有一个过程必须完成，那就是过渡到真正的生物大分子，乃至过渡到真正的细胞。这一过程是怎么完成的呢？

这是由类蛋白自己完成的。

这些类蛋白具有这样的性质，就像上面的自我催化一样，它们也能够自我聚合，形成一些特殊的小球状物质。奥帕林和美国化学家福克斯都成功地做过这样的实验。

也许到这里您会产生这样一个疑问：为什么这些并不是生命的东西会这么聚在一起呢？这个问题看起来很复杂，其实并不如此。这种将不同物质与不同元素结合在一起的力量我们在前面讲化学时就已经说过了。即19世纪中期凯库勒提出的“键”与“价”这两个有机化学中关键的概念。所有化合物的分子都是由不同元素的原子组成的，它们是由其组成的原子通过“键”结合而成的，键可以用条小横杠来表示，即“——”。在这里不妨把键设想成为一条绳子，是它将不同种类的原子捆缚在一起的。而生命形成过程中所有这些与生命有关的有机化合物的形成过程，归根到底都是一些化学反应，因此它们都必须遵循化学反应的本质特征。即依然是元素之间互相取舍电子后，结合在一起形成了各种各样的化合物，从最简单的水到最复杂的、由少则数十多则数十亿个核苷酸通过特定的途径形成的一种长链状的生物大分子——核酸，就其本质而言都是这样构成的。

前面已经形成了类蛋白，这个类蛋白已经有了类似于生命的迹象，例如有了类似于细胞膜的界膜，能够自我繁殖，等等。有的人认为它们已经是生命了，即一种非细胞的生命。但至少，类蛋白已经算得上是生物大分子了。

然而它要成为真正的生命还要具备一个基本条件——成为真正的细胞。我们知道，细胞是构成生物体的基本单位，生物是由细胞构成的，从微生物到植物到动物一直到人都是如此。因此，一旦真正的细胞诞生，那么就可以宣告生命已经诞生了。

真正的细胞　类蛋白要成为真正的细胞，即由生物大分子进化成原始的生命，还必须解决两个重要的问题：

一是产生生物膜。我们知道，类蛋白已经有了界膜，界膜与生物膜——也可以称为细胞膜，有些相似，然而毕竟不是真正的生物膜，只有界膜真正变成了生物膜，类蛋白才可能真正演变为原始的细胞。

现在科学家们一般认为，一种“脂质体”可能是原始生物膜的模型。脂质体是一种人工制造的细胞样结构，由脂质分子双层包围着一个含水的小室构成。如图43-1所示。

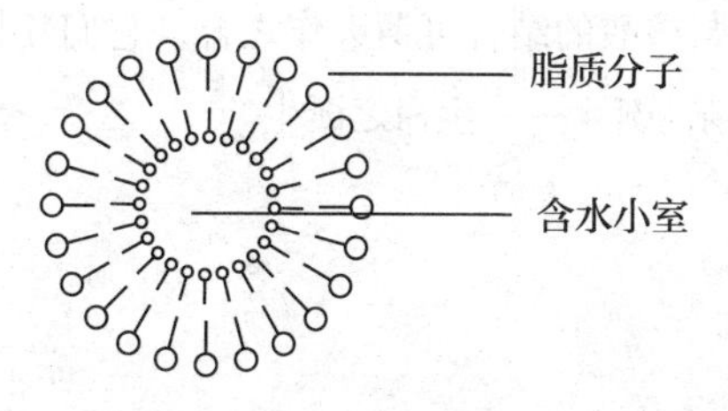

图43-1

脂质体用人工方法不难得到，只要将磷脂放在水中进行一些处理即可。磷脂是广泛分布于动植物组织中的一种有机化合物，属于含磷的类脂化合物，之所以称为“类脂”，是因为它们的分子结构都与脂肪相似。一般磷脂分子中都含有一分子饱和脂肪酸、一分子不饱和脂肪酸、一分子磷酸和一分子甘油。这些并不是复杂的化合物，科学家们一般认为原始海洋中肯定有磷脂形成，有了磷脂就容易形成脂质体。脂质体如果再嵌入已经形成了的类蛋白，经过长期演变就可能发展为原始的生物膜。

生物膜的出现，使生命有机体的内环境与外环境之间建立起一层半渗透性的屏障，提高了生命有机体的内部结构的稳定性，对外界环境具有更大的相对独立性。这就是具有生命的细胞产生的正式前奏。

但仅有生物膜是不够的。我们知道，对于一个生物体而言有两样东西最为重要，一是蛋白质，它是构成细胞体的主要材料；二是细胞核中的核酸，即DNA与RNA，它们具有遗传的功能，能够将生命的信息代代相传，这是生命延续与进化之基础。现在蛋白质可以说已经形成，剩下的就是核酸了。

前面刚说过，一度整个原始的海洋都是一锅由生物小分子构成的“热而稀薄的汤”，科学家们认为，事实上，在这个时候，海洋里并不仅仅在形成类蛋白。由于那时海洋中已经充满了各种有机化合物，各种有机化合物都可能碰到一块，就会结合或者产生化学反应。这些结合形成的有机化合物之中就包括蛋白质与核酸，并且还有蛋白质与核酸之间相互结合以及产生新的物质，当然还会有无数种别的化学反应或者化合物之间的结合，并且产生无数各种各样的新物质，它们具有各种各样的结构与特性，但有的由于不大适应环境，从而被淘汰了，但有的却被保存下来。这保存下来的最重要的一种就是由蛋白质与核酸结合起来而形成的原始细胞。

在蛋白质与核酸结合之后，就共同组成了一个新的、有强大生命力的东西——细胞。

细胞产生之后，它不但有了自己复杂而独特的结构，是一种与以前地球上的任何物质完全不同的新物质——生命，而且能够将这个特色一代一代地遗传下去，并且在遗传之中还会不断地完善自己——这就是生命的演化。

由上可见，蛋白质与核酸的结合可谓天作之合，它们互相补充、共同形成了地球诞生以来最伟大的一次新的诞生——生命之诞生。

第四十四章　达尔文传

大体而言，生物学和地学一样，缺乏大众性的科学名人，但生物学界也有一个例外，这个人的大众知名度可以说不亚于前面的任何一个科学家。

这个人就是鼎鼎大名的达尔文，进化论的伟大的创立者，他的理论不仅是最重要的生物学理论，也称得上是重要的哲学理论、文化理论，因为他对哲学乃至整个人类文化都产生了莫大的影响，值得我们在这里大书特书。

达尔文全名查尔斯·罗伯特·达尔文，英国人，1809年诞生于英国什罗普郡一个叫什鲁斯伯里的地方。

纨绔子弟　达尔文出身名门，他的祖父伊拉斯谟斯·达尔文也是英国历史上的名人，具有多种身份。他是英国最著名的医生之一，皇家学会会员，英王乔治三世曾经要礼聘他担任自己的御医，但他拒绝了。他还是知名的哲学家、作家与诗人，喜欢用优美的文笔撰写科学著作，有《植物园》《自然的殿堂或社会的起源》等名作问世。他甚至是最早提出物种进化观点的人之一，在其《动物生物学或生命的规律》中提出了一种比较原始的进化观念。

达尔文的父亲亦非等闲之辈，他名叫罗伯特·韦林·达尔文，曾就读于著名学府荷兰莱顿大学，获医学博士学位，像父亲一样成了名医，在21岁时来到什鲁斯伯里开业行医。他异常魁梧，身高近1. 9米，肩膀宽阔，相当肥胖，性格开朗，富有同情心，是什鲁斯伯里最受欢迎的人物之一。他也是皇家学会会员。

不但父系一方了不起，他的母系一方也是英国历史上的名人，例如他的外祖父名叫乔赛亚·韦奇伍德，是著名的企业家和陶瓷专家，他的工厂所生产的瓷器举世闻名，是陶瓷史上数得着的名品。

在达尔文的亲人中唯一有些“缺憾”的是他的母亲。她本名苏珊娜·韦奇伍德，人聪明睿智，但一向身子单薄，嫁给罗伯特·达尔文这样一个魁梧强壮的男人后就更差了。结婚才6年，他就让她连生了4个孩子，这使她本来就虚的身体更加脆弱。后来她又生了两个孩子，身体终于垮了，撒手人寰时只有53岁，她的第五个孩子就是我们要讲的达尔文，这时才8岁多一点。

不过，失去母亲后的达尔文并不孤苦，一则家里有钱，物质上不愁。二则他上有四个兄姐，下有一个妹妹，他们对他都非常好。他还有慈详和蔼的外祖父家可以去玩。因此他在感情上也不缺少爱。这样的结果是，虽然纪年丧母被称为人生一大悲剧之一，但达尔文从来没有体验过这种悲伤呢！

也许由于从小受到骄宠、无人管束的缘故，幼年时的达尔文十分顽皮，经常捣蛋，甚至还爱撒点儿小谎。例如他有一次从自家果园里偷了一大堆顶好的水果，把它们藏在外面的灌木丛里，然后跑回去告诉家人说，他发现了一堆被别人偷走的苹果。他这样做无非是想大家表扬他一下，满足一下他可怜的小虚荣心。还有，他为了让邻居的大人小孩们夸他跑得快，就经常去偷摘自家的水果，然后飞跑着去送给他们，好让他们赞美一声：哇，我从来没有看到一个小孩跑得这么快！他甚至还发明了一个巧妙的偷苹果法子。我们知道，花盆的底部有一个出水洞，小达尔文就在里面插了一根长棍子，将花盆固定在上面，然后将棍子伸过果园的墙去摘里头的果子，他一顶，水果就落到了绑在棍头上的花盆里，这样他就轻易地不进果园而摘到了里边的果子，而且果子一点摔伤也没有。

母亲去世这年，他被送进了由凯斯牧师主持的日校，在那里学习西方人的基本知识，就是有关《圣经》和上帝的知识，成绩很一般。

第二年，达尔文又被送到了由一位叫布特勒博士的人所办的中学，这应当算是他学习生涯的正式开始。

从进学校起，达尔文就显示出自己不是一个好学生，他对学校讲授的古典语言之类毫无兴趣，古典诗歌也掌握得很不好。虽然他能够在一个早上背下四十甚至五十行维吉尔或者荷马的诗篇，但两天后就忘得一干二净了。这样他的成绩当然也好不起来。他在这里学习了整整7年，基本上没学到什么有用的东西，很久后回忆起来，他还对这段几乎毫无意义的学习生涯耿耿于怀呢。

他是在16岁时离开布特勒博士的学校的，这时候，他还丝毫没有显示出任何过人的才智，事实上，他甚至表现得不如常人，他的父亲与老师们都认为这个达尔文智力低下。这令他父亲感到既失望又愤怒，据说有一次竟然对他说了这样的话：

“除了打猎、养狗、捉老鼠以外，你什么都不操心，这样你将来会玷辱自己，也会玷辱你的整个家庭！”

当然，达尔文并不是真的一无是处，的确，他对课堂上讲的东西毫无兴趣，但他有自己的爱好，而且是很强烈的爱好，主要有两样：一是科学，二是打猎与收集。

还在很早时，他有一位家庭教师教了他欧几里得几何学，达尔文对欧氏论证的清晰有力留下了深刻印象。他还喜欢化学，他哥哥在自家院子里装备了一间相当不错的化学实验室，达尔文就成了他大多数化学实验的小助手。

达尔文还喜欢打猎，他经常扛着猎枪出门，即使在没法儿出门的日子，他也会拿着枪在宿舍里打着玩：他让一个朋友手里捏着一根蜡烛晃动，然后用空枪打，只要瞄得准，枪里排出的空气就能将蜡烛打灭。由于这时候枪总是放出“啪啪”的响声，他的一个老师评论说：“真奇怪，达尔文似乎要花很多时间在屋子里抽马鞭子。当我走过他的窗户时，总是听到啪啪的声响。”凭着这些，后来达尔文练就了一手好枪法。

他也喜欢收集，用一个雅点儿的词说是爱好博物学，这似乎是达尔文天生的爱好。就像他在自传中所说的一样：

> 当我还在日校的时候，我对博物学，特别是对采集的嗜好好大大地发展了。我试着为植物定名，并且采集各种各样的东西，如贝类、印记、书信上的印章、钱币和矿物。可以引导一个人成为分类的自然科学家、美术品收藏家或者守财奴的这种收集欲在我很是强烈，而这种欲望显然是生来就有的，我的姐妹兄弟没有一个人曾经有过这种嗜好。

他曾收集过的东西还不止上面那些呢，连鸟蛋他都收集过，他还十分喜欢观察鸟类。总之，这时的达尔文像一只小蚂蚁一样，因为怕冬天没东西吃，就把所有能吃的东西都收集起来。像《死魂灵》里的泼留希金一样，把一切都收藏在自己的屋子里，的确，这种品质有时候看起来是有点像守财奴的样子。

不管怎么说，达尔文在学校里混得不好是秃子头顶的疤——明摆着的事，他的父亲看到这情形，感到再没有必要让儿子这样留在学校里了，正好这时候他哥要去爱丁堡大学，便将他一起送了去。这是1825年的事。父亲的这个做法无疑让达尔文大为满意。

不过他在爱丁堡大学的功课也好不到哪儿去。在所有课程中，他只比较喜欢一门，就是霍普教授的化学课，其他所有课程，他认为都一概地“索然无味”。

他哥哥只在爱丁堡大学待了一年就回去了，一开始弟弟感到很孤独，但事实证明并不是坏事，不久他就结交了好几个志趣相投的新朋友。这些朋友中有安斯沃斯，后来成了一位优秀的地质和考古学者，曾领导过亚述的考古，还有科尔特斯里姆博士、哈迪、葛兰特博士等，他们都在生物学上有相当造诣。

达尔文在爱丁堡认识的最特别的人是一个黑人，他也是一个制作标本的高手，达尔文常向他请教，达尔文认为这黑人是一个有趣的也很聪明的人。

达尔文经常与朋友们在一起讨论生物学或者博物学方面的问题，有时还一起出去采集各种标本。在爱丁堡大学有一个“普林尼学会”，是由爱丁堡大学的王家博物学教授和爱丁堡博物馆馆长詹姆森教授创立的，主要是为了给爱好博物学的学生们一个发表自己见解的场所，达尔文是积极的参加者之一，并且在上面宣读过几篇论文，介绍他的新发现。例如他发现一种靠鞭毛运动的微生物藻苔虫的卵其实是它的幼虫。这称得上是达尔文最早的科学发现。

达尔文在爱丁堡大学一共待了约两年，在两年的暑假中，他经常长途旅行，偶尔骑马，大部分是走路，有时候一天甚至要走上百千米，中间还得爬山。

他最大的爱好仍是打猎，他经常到各地打猎，反正他到处都有亲戚朋友，而且都是有钱人，很多人有专门的猎场。由于达尔文枪法高，死在他枪下的鸟儿不知有多少，他对打到的每种鸟都会做详细的记录。

快乐时光　到1827年，他的父亲已经看出来儿子根本不愿当医生，似乎也没有这方面的天赋。他便建议儿子将来做一名牧师。对于像他这样一个富家子弟而言，这是最一般的出路了，但总是一条出路，比成天吊儿郎当地打猎游玩好。

达尔文考虑了一下，觉得自己的确相信上帝，对《圣经》里的每一个字也不怀疑，就同意了。

当牧师首要的条件之一是大学学位。虽然达尔文在爱丁堡大学待了两年，但并没有读完，学位当然也没有拿到手。怎么办呢？显然他必须再去上一次大学。去哪所大学是好选的，除剑桥就是牛津，他决定去剑桥。

这时他才发现，他在爱丁堡学到的可怜的一点东西已经全还给老师了，他对大学的基本课程，例如希腊文，甚至连字母都忘了。这样一来他便没办法按常规在这年的10月份入学了。他只得先请了一个家庭教师来补习希腊文、数学、古典文学等，不用说那简直是受罪。

第二年初，他终于完成补习，进了剑桥。

达尔文后来称在剑桥的这几年是他一生中最快乐的时光。在剑桥除了有许多的科学团体外，还有另外一种“团体”，就是由一帮公子哥儿组成的“吃喝玩乐团”，成员大都是些放荡不羁的纨绔子弟，达尔文就参加了这样的团体，经常同团员们一起，要么就在剑桥喝酒唱歌玩扑克，要么就出去打猎骑马。真是痛快。

不过，达尔文并没有像其他团员一样，只讲究玩乐，相反，他在这几年间收获不小。

收获首先来自他一些杰出的老师，与他们的交往使达尔文受益匪浅。

这些老师中最重要的是亨斯洛。直到晚年，达尔文都认为与亨斯洛的友谊是他一生中最重要的事件之一，给他以最大的影响。亨斯洛是剑桥的植物学教授，也是一位牧师。他知识渊博、待人诚恳、品德高尚。他创办了剑桥哲学学会，经常在家里接待剑桥那些爱好科学的师生，与他们一起探讨。达尔文通过一位表兄威廉·达尔文·福克斯受到了亨斯洛的邀请。不久就成了亨斯洛的忘年交，师生二人经常在一起做长距离长时间的散步，以致达尔文有了一个外号“与亨斯洛一道散步的人”。他经常应邀去亨斯洛家里用晚餐，在那里与亨斯洛交谈，实际上亨斯洛是灌输给他各种各样的知识，从植物学、昆虫学到化学、矿物学、地质学，等等，在这些学科上亨斯洛都有着敏锐的洞察力与渊博的学识。也许更为重要的是亨斯洛那极为高尚的品德，他谦逊诚恳，毫无虚荣心且极富同情心。这一切都使达尔文终生难忘，对他的影响也至为深远。

另一个达尔文与之有过密切交往的教授是塞奇威克，他是剑桥的地质学教授，亨斯洛教授将达尔文推荐给他，请他带达尔文一起去考察地质，他便带着达尔文在北威尔士进行了一次短期的地质旅行。不用说这样的考察活动对达尔文是很有意义的，为他后来在“贝格尔”号上的活动做了一番预习。

除了这两位外，还有其他剑桥的杰出人士，如剑桥的校长、著名哲学家休厄尔，以及麦金托什爵士等，都与达尔文有过交往，同他散过步、谈过话。多年后回忆起这些来，达尔文还带着一丝困惑与得意，他说：

> 回想起来，我推论我身上一定有某些比普通青年稍为优越的地方，不然的话，上述那些人，比我年长那么多，比我的学术地位高那么多，是决不肯同我交往的。

在剑桥的第二个收获仍然是他的收集活动。与以前的什么都收集不一样，现在的他只专注于收集一样东西——昆虫。

达尔文的这个爱好以前就有，现在重新焕发出来的原因之一是受到了他的那位表弟福克斯的影响。达尔文想出各种办法来收集昆虫，除了亲自采集外还找了一个工人在冬天去刮老树上的青苔，将它们放到一个大口袋里，他还要这样去搜集船底的垃圾。工人将这些奇怪的物事带回来后，达尔文便在里面仔细翻捡，往往能找到罕见的甲虫。这时他就会将这些罕见的昆虫给一位斯蒂芬先生看，他正在编辑一部《不列颠昆虫图解》。当达尔文看到书上的某种昆虫旁标注着“查尔斯·达尔文先生采集”

时，那心情丝毫不亚于爱好诗歌小说的年轻人看到自己的处女作发表时的欢欣呢！在他的自传里有一段描述他是如何采集昆虫的：

有一天我剥去一些老树皮，看到两只罕见的甲虫，于是我一手抓了一只，就在这时候我看见了第三只新种类的甲虫，我不忍把它放走，于是我把右手那只一下放进口里。哎呀！它排出了一些极辛辣的液体，烧痛了我的舌头，我不得不把这只甲虫吐出来，它便跑掉了，而第三只甲虫也没捉到。

到1831年初，达尔文通过了最后的考试，这年春天就离开了剑桥。对于剑桥这三年的生活，正如达尔文自己所描述的：

总之，在剑桥的三年，可以说是我的幸福生涯中最快乐的时光。

伟大的科学之旅　在北威尔士考察完地质，达尔文回到了家里，他发现家里有一封信正在等着他。信是亨斯洛写来的，信中告诉他一个消息：英国皇家海军考察船“贝格尔”号准备去考察南美洲东西两岸和太平洋上的岛屿，并沿途建立一系列测时站，船上需要一位志愿的博物学家。他已经向海军部推荐了达尔文，说他观察敏锐，是一个出色的博物学者。

接到这个消息后，达尔文很高兴，他一直想去看看外面的世界，增长博物学知识。然而他父亲反对，不过他也没有一口回绝，他对儿子说：如果你能够找到任何一个理智的人赞同你去，我就可以答应你。一向尊重父亲意见的达尔文当晚就写了一封信回绝了亨斯洛的好意。第二天，舅舅乔赛亚叫他过去，他过去了，顺便把亨斯洛教授的提议告诉了舅舅。想不到他舅舅立即表示这是一个好主意，对他会有好处。并且立即同他一起到了达尔文家去劝说他父亲。由于他父亲一向认为乔赛亚舅舅是最有理智的人，立即表示了同意。

由于达尔文在剑桥的生活一向奢侈，花了父亲很多钱。他便安慰父亲说：“在‘贝格尔’号上，如果想多花钱，那得想出聪明的法子才成呢。”他父亲微笑着回答：“但我听说你十分聪明哪！”

事实上，达尔文在“贝格尔”号上的航行花费的确也不小，虽然不要船票钱，但每年他要付伙食费30英镑。此外他要准备很多行李，例如书籍、研究设备、将来的考察费用等等，3年大约要花500英镑，这在当时已经是一大笔钱了。当然，比起他在家待着的奢侈开销而言，他父亲还是节省了不少。

去“贝格尔”号上的事就这样定下来了。这是一次预定为期3年的长途考察——事实上后来延长到了5年，要做的准备工作之复杂自不待言。

1831年9月11日，达尔文见到了舰长费茨罗伊。他出身高贵，父亲是勋爵，爷爷是公爵，据说还是查理二世国王的非婚生后裔，自己贵为海军中将。他是一个缺点与优点都十分鲜明的人，优点是忠诚、勇敢、意志坚定、慷慨大度等，具有一个贵族军人的典型品质；缺点是脾气很坏、多疑、缺乏自制力。他经常将手下骂得狗血淋头，手下在他面前有如老鼠见了猫、兔子碰到狼。他同达尔文将来也会有不少冲突，不过舰长不是一个记仇的人，过后就好了。

由于天气不好，船两次起锚都给挡了回来，一直等到12月27日才得以从普利茅斯港出发。

达尔文这次搭乘的“贝格尔”号原来是一艘装有10门炮的双桅帆船，载重量200余吨，是艘小军舰，这次为了长途航行进行过重新改装，成了一艘三桅船，通体用桃花心木制造，坚实而美观。

达尔文在船上有一间很不错的舱房，由于兼作绘图室，比舰长的舱房还要宽敞。同时费茨罗伊舰长还同意他可以自由使用他的舰长室，他吃饭也与舰长在一起。不用说，达尔文一开始就对自己的这次航行极其满意，就像他在出发前给费茨罗伊费茨罗伊舰长写的一封信中所言：

我的第二次生命将从那个时刻开始，它将是我今后生活的起点。

要在短短的篇幅内说完这整整5年的复杂经历是不容易的，在这几年内达尔文之所见所闻所思所想以及最后之所成就是写一本书也要厚点。

当然我们不能这样做，在这里我准备将这三年的经历按时间顺序来总体地简述一下，最后写写他的收获。

航程A：巴西　我们现在先来讲第一部分，也就是“贝格尔”号的航程。

我们说过，“贝格尔”号12月27日从普利茅斯港出发了，往南方挂帆而去。经过十来天的航行，于次年1月6日到达了大西洋中距非洲海岸不远的加那利群岛。在群岛南部，达尔文进行了第一次野外工作，在这里他就显示了他是一个出色的生物标本采集者，找到了一个采集海中浮游生物的妙招。

10来天后，船到达了更南的佛得角群岛，达尔文在这里第一次登上了热带海岸。这里见到的一切都让他震惊，他写道：

我到达海岸，在火山岩上漫步，听不知名的鸟儿鸣叫，看到从未见过的昆虫在盛开的花丛中飞舞……这是辉煌的一天，我就像一个盲人见到了光明一样。我为眼前的所见不知所措，也很难理解发生的一切。这就是我的感觉……

此后，达尔文就开始努力理解这种感觉，决心探索在这纷繁多样外表下的奥秘。

1832年2月17日，“贝格尔”号跨过了赤道。按军舰的惯例为第一次跨越赤道的船员举行了一个仪式，达尔文先被几个船员用满桶的水兜头浇下，又被扔进一个大水桶里，被人用各种油彩之类涂了个满头满脸。

此后船一直往西航行，横越大西洋，于2月28日抵达南美的巴西。

我们知道，现在的巴西还是世界上动植物种类最丰富的国家，达尔文在这里停留了3个月，他经常骑马走上几百千米去采集巴西极为丰富的动植物标本，从海里到陆地，从珊瑚贝类到昆虫植物都有。回营地后便开始埋头整理。他的工作成果不用说十分丰富，例如仅仅在6月23日这一天就捕捉到了鞘翅目的昆虫近70种。

鞘翅目就是我们通称的“甲虫”，因为它们的翅膀呈硬壳状，好像身上披了一件盔甲一样，这是它最鲜明的特色，此外，它们的上翅特化成硬鞘，所以称为“鞘翅目”。咱们常见的屎壳郎、金龟子、可恶的天牛等都是。

航程B：阿根廷　7月初，“贝格尔”号离开了巴西，向南前往乌拉圭和阿根廷，由于这两个地方政局不稳，船暂时继续往南，到了阿根廷的巴塔戈尼亚。巴塔戈尼亚位于南美洲最南部，是地球上最荒凉的地区之一，天气异常寒冷。不过动植物种类还是很丰富的，达尔文在这里吃到了他一辈子最怪的食物，像烤犰狳、鸵鸟蛋，甚至吃过一只死老鹰。

也正是在这里，达尔文第一次见到了巨大的树懒化石，比现在还活着的树懒要大得多，它们的影子将牢牢留在他的脑海里，也许他最初的进化论思想就是这么来的：这些古代树懒显然是现代树懒的祖先，为什么大变样了呢？

因为要取到了乌拉圭的邮件，“贝格尔”号再次航行到了乌拉圭，在它的首都补充了给养，接着继续南行，又经过阿根廷，一直往南航去，到达位于南美洲之最南端的火地岛后已经是1833年初了。

在火地岛，达尔文看到了最原始的人类，这些火地岛人说话就像我们清嗓子一样，无论天气多冷，他们都赤身裸体地睡在地上，靠最原始的采集过活。

“贝格尔”号得在火地岛找一个地方登陆。我此前没有说，这次“贝格尔”号上有三个特殊的乘客——三个火地岛人，他们是英国传教士几年前从这里带出来的，在英国接受了基督教文明的训练。训练完毕后，教会打算将他们送回火地岛，与他们同行的还有一个英国传教士，他们将试图让火地岛人信仰基督教，让他们过上比较文明的生活。他们的努力失败了，火地岛距文明实在太遥远，远比非洲的黑人愚昧，是一群名副其实的原始人。

火地岛之行后，他们又往北退回去了，到了与阿根廷隔海相望的福克兰群岛，现在英国人与阿根廷人都认为它属于自己国家。不过事实上是在英国人手里。“贝格尔”号在这里停泊了一个多月。因为这里距大陆不远，越过不宽的海峡就是荒凉的巴塔哥尼亚，他可以经常在大陆与岛屿之间转来转去。他在福克兰群岛上采集了许多标本，主要是地质标本。他又去了大陆，由向导带着，在巴塔哥尼亚到处奔波考察。他发现了一个驼鸟新种，后来被命名为“达尔文鸵鸟”。

由于船一直不走，达尔文在这里待了近一年，在这段时间里，他对巴塔哥尼亚进行了相当细致的考察，上千千米的远征就搞了4次，获得了丰富的地质与古生物第一手资料，对他将来的研究大有裨益。

直到1833年底，“贝格尔”号才离开阿根廷，再一次往南驶去，又沿着巴塔哥尼亚到达火地岛。他们又一次登上火地岛，看见了去年回到岛上的一个火地岛人，他像快要死了，但根本没有想到要跟他们一起回到欧洲的文明世界。他燃起了一堆篝火与这群文明世界的人告别。

由于船的龙骨受损，他们又一次折返巴塔哥尼亚，在圣克鲁斯河口抛锚，费茨罗伊船长带领大家进行了一次往西的探险，他们逆圣克鲁斯河而上，已经接近了雄伟的安第斯山主脉，距太平洋不到百千米了。

修好龙骨后，“贝格尔”号再次往南，于1834年6月穿过麦哲伦海峡，进入太平洋。

到现在，算来他们已经航行两年半了，他们预定的航行时间是3年，但南美洲西海岸的绘图考察工作还没有开始，显然必须延长考察时间了。

7月底“贝格尔”号抵达了智利著名的海港瓦尔帕莱索，他立即准备攀登雄伟的安第斯山，这里简直就是一座活的地质博物馆，达尔文不久就坚信，这里的平原一定是从前的海底，因为他在海拔400米的地方发现了许多海贝，它们距今显然不太久远，因此那里在不太遥远的时代以前应当还是大海。

但他并没有去成安第斯山，病痛袭击了他。先是，他染上了伤寒，接着又染上了南美锥虫病，这种病来自一种叫勃猎蝽的昆虫的叮咬，它们有点像海南的山蚂蟥，吸血的本事远远超过蚊子，还能传染锥虫病，这种可怕的疾病将缠绕他以后的一生。

航程C：加拉帕戈斯　这一段旅程达尔文走过了许多地方，包括智利和太平洋中有如人间天堂的塔希提岛，但我们却以“加拉帕戈斯”为名，因为它乃是这一航程中最为重要的地点，它对于达尔文提出进化论也产生了最为关键性的影响。

达尔文病了很长一段时间，直到次年即1835年2月到达智利的康塞普西翁港后才好过点。在这里，他目睹了一场大地震，大地像一艘在风暴中的航船一样在震动，到处房倒屋塌，人们四处逃难。

他又回到了瓦尔帕莱索，上次的病症没有吓倒他，他决心再来一次远征。带着10匹脚力好的骡子和1匹马，他爬到了安第斯山海拔4000米以上的地方，缺氧使他头昏脑胀。回来后他给妹妹写信赞美了这次考察的收获，唯一的缺陷是花了老爸太多的钱。

但花钱多并没有阻碍他再搞一次更漫长的远征，他将与“贝格尔”号暂时分道扬镳。他将往北跋涉近800千米，计划两个月后在北面的一个港口与“贝格尔”号会合。远征中，他常常一天要骑上12个小时的马。

这年7月他离开了智利，途中经过正在发生动乱的秘鲁，一路由他做每日测水深的工作。在这次测量中他发现了珊瑚礁的真正成因，从而推翻了赖尔的传统理论，他的解释直到今天仍然有效。

9月份他抵达了加拉帕戈斯群岛，它现在属于厄瓜多尔，孤悬外海，距最近的太平洋海岸也有近千千米，主要由13个大岛和6个小岛组成。

达尔文在加拉帕戈斯群岛只花了4个多星期，后来的事实证明它对进化论思想的形成具有决定性意义，因为这里的物种极为明显的特性已经使得他对物种不变的传统理论产生了深刻的怀疑。

此后，“贝格尔”号继续西行，横贯太平洋，开始这次调查的第三部分，即调查太平洋中岛屿的部分。他们到了美丽的塔希提岛。塔希提岛是太平洋中最美丽最著名的岛屿，这里的土人与其他地方的土人不大一样，漂亮而文雅，举止高贵有如欧洲贵族。因此博得了欧洲人的好感，许多欧洲人将这里视为天堂，艺术家尤其如此，现代西方最伟大的画家之一高更正是在这些漂亮而淳朴的土人身上找到了他的艺术灵感。

这里仿佛是世外桃源，半开化的土人与原始而美丽的景色是如此和谐，令达尔文流连忘返。

当他到达新西兰时已经是1835年年底了，他在这里度过了圣诞节。他还看到了毛利人，他们与愚昧得如原始人的火地岛人或者既聪明又天真的塔希提岛人都截然不同，他们勇敢而聪明，并不驯服于殖民者的统治。

1836年1月，“贝格尔”号抵达了澳大利亚，这里的有袋类动物让他感慨万千，它们的构造与其他大陆的动物如此不同，令他难以相信竟然有一个造物主专为这片大陆创造出如此独特的物种。

离开澳大利亚后，“贝格尔”号也就完成了此行的最后一个任务，开始驶向欧洲。

它们经过非洲东海岸外的毛里求斯，绕过好望角，经过圣赫勒拿岛继续北行，扬帆直奔欧洲。达尔文在船上加紧时间准备科学论文。经过近5年的航行、考察与思索，他的脑海里翻腾咆哮的东西太多了，它们仿佛要冲破他的大脑溢将出来。

就在他一心计算着踏上欧洲的日子时，命运又跟他开了个小小的玩笑。“贝格尔”号被迫又向西开，回到了南美洲，就是他们第一次到达南美时首先停泊的巴伊亚港，达尔文重新考察了这片地方，发出如此的感叹：

> 这片土地是一座原始的、杂乱的、繁茂的巨大温室，是大自然为自己建造的一座动物园。

不久，“贝格尔”号重新起航，这次没有什么东西阻碍它了，它挂满风帆，正如达尔文自己所写的：

“感谢上帝，我们已经在直接返回英国的航线上。”

毕竟是远洋航行，中途遥远，路上非止一日，当“贝格尔”号终于返抵英国时，已经是1836年10月2日了。

这一段漫长的远航对达尔文有着怎样的意义呢？这意义就像达尔文在其自传中所言：

> “贝格尔”号的航行，在我一生中是极其重要的一件事，它决定了我的整个事业。

又如在他回来后给费次罗伊船长写的一封信中所言：

> 我以为这是我一生中最幸运的事件。由于您要带一名博物学者前去，这个机会便落到我的头上。我常常想起我在“贝格尔”号上看到的那些生动而令人喜悦的情景。这些回忆和我在博物学方面学到的东西是最宝贵的，即使一年给我两万镑我也不会交换它们。

远航归来后的生活、荣誉与死亡　1836年10月2日终于返抵英国后，算算日子，他离家已经有整整5年了。

已经有5年没回家的游子见到亲人们的感人情形自不待言，其中数他的父亲最感安慰。他一直担心这个儿子将来没出息。但现在他已经不用担心了，早在达尔文回到英国之前，他从航行途中寄回来的那些化石与手稿已经在英国科学界产生了很大反响，亨斯洛在剑桥哲学会和伦敦地质学会上宣读过他的论文，有名的塞奇威克教授甚至亲自去拜访过达尔文的父亲，告诉他他的儿子将成为英国最优秀的科学家之一。

对于他此后的生活我们不能再像前面一样详细地记录了，事实上这时的达尔文已经奠定了他一生的事业，他以后的生活只是在完成这个事业罢了。

我们下面将比较简单地介绍一下他此后的生活，然后集中精力论述他的不朽理论——进化论。

在家里待了不久，达尔文就住进了剑桥，并在第二年搬到了伦敦。他这时要做的第一件事就是整理从航行中带回来的巨量资料，像动植物标本、化石、矿石等等，品种数以千计、质量数以吨计。他请了许多出色的专家来帮他做这些事，使它们在相当短的时间内就理出了眉目。

接着他开始撰写有关报告，不久，他完成了《“贝格尔”号航行中的动物学》和《考察日记》，后者虽然只用了6个月便告完成，但被认为是有史以来最好的旅行游记之一，辞章优美、分析深刻而简明。

1838年，他因为在地质学上的出色成就——他连续写了《珊瑚礁》等三部出色的地质学著作——被选为英国地质学会的秘书，连续当了3年，使他被公认为是最优秀的地质学家之一，虽然这并不是他的本行。

这时达尔文已经快30岁了，对于一个男人，婚姻问题自然而然地提上了日程。达尔文一度对自己是不是应该结婚十分茫然，他的哥哥就一直没有结婚。据说为了决定这事，他很认真严肃地罗列了一份长长的清单，一边是结婚的利，例如与妇女闲谈有利健康，另一边是结婚的弊，例如与妇女闲谈会浪费大量时间。最后的结论是：

“……结婚——结婚——结婚：证毕！”

他想求婚的对象是埃玛·韦奇伍德，她是他的亲表姐，大他一岁。在中国这样的婚姻是不允许的，但英国不同。证毕后，达尔文立即赶往麦尔，在那里向埃玛求婚，她答应了。这是1838年11月11日的事。

无疑，向埃玛求婚是达尔文一生中做得最明智的第二件事，仅次于“贝格尔”号之旅。关于自己的妻子，达尔文在自传中这样说道：

> 她是我最大的幸福……他是我一生中明智的顾问和使人愉快的安慰者，如果没有她，由于健康的恶劣，我的生活在漫长的岁月里将是凄惨的。她赢得了每一个人的钟爱与称赞。

埃玛美丽、文静、富有魅力，具备女性应有的几乎全部优点，同时又有一般女性没有的优点：意志坚定、头脑聪明、非常健康。此外，她还很富有，给丈夫带来了大笔嫁妆，加上达尔文的父亲遗留给他的财产，他可以终生不工作而仍能使自己和人口众多的家庭过着舒适的生活。

求婚成功后，达尔文回到伦敦，不久在上高尔街找到了一所适合结婚成家的房子，并在1839年新年这天搬进了新居。

几天后，他被选为英国皇家学会会员，这时他只有30岁。

他很快就与埃玛举行了婚礼。

结婚这年，他的第一个孩子出生了，此后还将出生其他9个，两个生下来不久就死了，另一个女儿10岁时早夭——这给了达尔文一生中最沉重的打击。他其余的孩子都长大成人，5个儿子中的4个儿子后来都取得了出色的成就，有三个更是杰出的科学家，其中的二儿子乔治·达尔文更是一位伟大的天文学家，与祖父、父亲一起并列在西方所有百科全书上。

据说结婚的那天他还在工作，他要做的工作实在太多。婚后，有一段时间他经常出入社交场合，认识了许多科学界的朋友，这时他已然是英国最有名的科学家之一了。

不过这些社交令得他疲惫不堪——他在南美被毒虫咬过的恶果现在开始显露出来了。

他决心躲开这些烦人又累人的社交活动，于是便在距伦敦约30千米的唐恩购买了一所大房子，搬了过去，此后这里就被称为“唐恩宅第”。

唐恩宅第位于一座高低起伏的山坡上，周围是景致优美的乡村，正如达尔文自己所言：“它的主要优点是它那十足的田园风味。”

达尔文在1842年正式移居唐恩。从此达尔文就生活在了这里，犹如一个蜗牛找到了自己的壳。他在这里工作、生活，在这里散步、沉思、生儿育女，这里成为他比一般意义更为深刻的家。就像他自己所说：“按照我的体验来说，没有一个团体比这个家庭更为和谐的了。”

从1846年起，达尔文开始研究藤壶，直到1854年才完成这项研究。藤壶是一种不起眼的甲壳动物，属于软体动物门，不过它的进化极有特征，因此才会让达尔文专心致志地研究它长达10年。

我们知道达尔文是以进化论而闻名于世的，但他的研究与贡献并不止于进化论。事实上，他在其他许多方面都有精深的研究。其中取得卓越成就的主要是三个领域：进化论、生物学与地质学。地质学我们前面已经提过了，在“贝格尔”号航行期间，特别是前期，地质观察与研究是他考察的主体内容。他的生物学研究又可以分为植物学与动物学研究，达尔文在这两个领域都有独到的研究与杰出的成就。例如对藤壶的研究就是动物学研究。不过他尤以植物学研究而闻名，可以说他是有史以来最伟大的植物学家之一，对植物的观察之深刻无与伦比，他的研究成果直到今天都能够作为植物学家们的权威参考资料。

达尔文做出过深入研究的植物之一是食虫植物，就是茅膏菜。一次他偶然在园子里看到这种能够吃荤的植物，便大感兴趣，对之进行了细致的观察与深入的研究，并于1875年发表了《食虫植物》，它是植物学领域内的经典之一，这年他还发表了《攀缘植物的运动与习性》。

这时，达尔文已经是名满天下的伟大科学家了，各种荣誉纷至沓来，我们这里就总结一下。

前面我们说过，1839年时年仅30的达尔文就成了皇家学会会员，这可以看作是他获得的第一个重要荣誉。后来他还获得过3所大学授予的名誉博士学位，分别是剑桥大学、波恩大学、布勒斯劳大学。数目不是很多，但要考虑到达尔文处在什么年代，那时候要获得一个名誉博士学位是非常难的。他还获得过普鲁士政府授予的“功勋骑士”称号。他也获得过多种奖章，如地质学会的华拉斯登奖章、皇家学会的科普利奖章、皇家医学会的贝勒奖章等等。他获得最多的是各个外国学会的名誉会员，共有近60个外国学会或者学术团体选举他为名誉会员。比较特殊的荣誉是意大利都灵皇家学院的比利萨奖金，为数12000法郎。

达尔文对这些荣誉的态度是这样的：

> 我并不太在意一般公众的言论……我确信我一刻也没有偏离我的道路去获取声誉。

1876年时，达尔文写下了一篇简略的自传，它是这样开头的：

> 有一个德国编辑来信要我写一篇文章，叙述我的思想和性格的发展，并略微谈一谈我的生平，我曾想到这个工作对于我将是一种消遣，并且可能使我的孩子们和他们的孩子们感兴趣。如果我能谈到我祖父自己写的有关他的心理、他所想的和所做的以及他怎样做的略记，哪怕是很短的和很不清楚的，我知道也会使我感到很大兴趣。我试着把我的自述写在下面，好像我是在另一世界中的一个死去的人来回顾我自己的生平。我觉得这并不难，因为我的生命即将结束了。

如果我们读他这篇自传，就会真的有如他在上面所写的感觉。

达尔文去世后，他的儿子弗兰西斯将这篇自传加上其他一些内容，出版了《查尔斯·达尔文生平及其书信集》，迄今为止它都是研究达尔文生平最权威的著作。它就像达尔文的著作一样，朴实厚重，毫不夸张做作。

1882年4月15日，达尔文在进晚餐时突然感到晕眩。他想走向沙发，可是却浑身无力地倒在地上。17日，他的病情有所好转，埃玛在日记中写道：“天气晴好，他做了一些轻微的工作，两次在户外，即在花园里散步。”18日夜，子时左右，他感到身体严重不适，并且昏倒了。苏醒过来后他叫醒妻子。大概感觉死神已然来了，他说道：“我一点也不怕死。”还对妻子和孩子们说了几句温存的话。他对妻子说“只要一有病就受到您的服侍”，还要她“告诉孩子们，他们一向对我和善”。

说完这些后，第二天，即1882年4月19日凌晨4时左右，他去世了。

埃玛想把丈夫葬在唐恩，达尔文的朋友们却坚持要把他隆重地安葬在威斯敏斯特大教堂。20名国会议员向威斯敏斯特大教堂的教长提出了这个申请并立即获得同意。达尔文下葬时扶柩的人有胡克、赫胥黎、华莱士和皇家学会主席拉卜克等。前二位是除达尔文外英国最伟大的生物学家，也是达尔文最好的朋友与最忠诚的支持者。

参加葬礼的人很多，包括两位公爵和一位伯爵以及美国等国的驻英外交公使，美国、英国、法国、俄国、德国、意大利、西班牙等国科学学会的代表，当然还有达尔文的家属和亲属们，但埃玛没有来，因为她的心已经随丈夫一起死去了。

第四十五章　进化论要义

上一章我们讲了达尔文的生平，这一章当然要来讲他那伟大的理论——进化论。

进化论听上去比较复杂，其实它的核心就是八个字：物竞天择，适者生存。

进化要诀——物竞天择，适者生存　如果您注意看的话，会发觉前面讲达尔文远航归国后的经历时异常简略，年代中有许多空缺，而且其中没有提到他最伟大的成就进化论。这是因为我准备最后再来说这一切，它也将是我们生物学部分乃至整部书的尾声。

前面我们说过，当达尔文在加拉帕戈斯群岛考察时，那里的物种明显的特性已经使得他对物种不变的传统理论产生了深刻的怀疑。

其实，物种会变的观念在达尔文之前已经有人提出过，例如他的祖父就提到过这个观念，更著名的是法国生物学家拉马克，他提出了著名的“用进废退”说。

“用进废退”的意思就是，动物的某些特性会因为其有用或者无用而发生改变，那些有用的特性会在不断的使用中得到加强，而无用的特性则会逐渐退化。而且，这种某特性的加强或者退化不但为一代动物具有，而且会遗传给其下一代，使其更加强或者更退化，并进而使整个物种逐渐发生改变。为此我们可以举个长颈鹿的例子。根据拉马克的学说，长颈鹿的脖子没有那么长，为了能吃到更高处的树叶，长颈鹿的祖先就将脖子伸长，这样经常地伸下去，它的脖子就慢慢变长了。而且，当它生下后代后，就将这个脖子长的特点遗传下去了，而它的后代也像它一样将脖子伸得更长去吃更高处的树叶，于是脖子就更长了，如此以往，若干代之后，长颈鹿这个物种就诞生了。当然这只是个比方，并没有真实发生过的。

上面这些观念对达尔文的影响并不大，他的物种变化的思想纯粹来自他自己的考察实践，例如来自他在美洲看到的大树懒化石和在加拉帕戈斯群岛看到的物种的情形。这些情形几乎明确地告诉了他物种不是一成不变的。

1837年7月时达尔文着手写他有关物种起源的《物种改变手记》，这只是对他脑子里有关物种会变的观念的一个粗略表达，可以看作是将来更完整的表达的写作提纲。

这时，达尔文面临的主要问题是要找到物种之所以会变的原因。

有两个契机使他找到了原因：

一是他知道农民们在搞作物栽培时常常会选择最好的植株、最饱满的种子来育种，以得到最好的种苗。在饲养家畜时也会选择最强壮的种畜交配，以生育最健壮的后代。由此，达尔文进一步想到，那些长势不那么好的植株、不那么饱满的种子和不那么强壮的家畜，它们不就失去了繁育后代的机会了吗？这就等于说，在下一代后它们就销声匿迹了。

二是1838年时，达尔文为了消遣，一天偶尔读到了马尔萨斯的《人口论》，真是“灵感来自有准备的头脑”，才读了几行，他立即感到心中一片光明。在《人口论》中，马尔萨斯讲到，人类的食物生产的速度永远赶不上人口的增长速度，因此，人类为了保持食物供给平衡，不致产生大规模的饥荒，就要降低出生率，控制人口数量。而如果人口数量过多，即人口过剩，那就只能通过战争、饥荒、瘟疫等手段来减少人口，好达到食物与人口之间的平衡。这个理论当时并没有得到人们的普遍认同，因为它看上去太残酷了，对文明的人类不合适。然而达尔文敏锐地注意到，在动物界事实上存在着这种现象：动物的繁殖数量永远超过自然界所能供给的食物总量，因此不可能所有的动物都能生存下去，那些体质孱弱、对环境适应力差的动物由于在与别的体质壮健、适应力强的动物争夺食物时，必然会失败而遭淘汰。

通过这两个契机，达尔文朦朦胧胧地找到了物种之所以会变的原因，那就是生存竞争，即为了生存而进行的竞争。

1842年，达尔文根据这些理解及以前在各地考察时得到的材料写成了一个理论框架。两年后，他将这个框架发展成一篇比较完整的论文，给一个叫道尔顿的植物学家看了。不过随后他将精力投入了对藤壶的研究，一研究就是整整10年。直到1854年，与他非常要好的著名地质学家赖尔知道了他的新理论，鼓励他将之写成著作公开发表出来。但达尔文一直犹豫不决，主要是因为他的理论将对人们传统的宗教信仰产生很大冲击。根据他的理论，上帝势必丢掉创造万物与人类的功劳。那些上帝的虔诚信仰者们，包括他的妻子和许多师长、朋友都可能因为他的新理论要么像他一样彻底抛弃原有的信仰，要么受到严重的伤害。

对于达尔文自己，他选择了前者。当他坚信自己的理论之后，基督教信仰便从脑海里消失了。就像他在自传中所言，当他登上“贝格尔”号时，还持十分正统的宗教观念，然而，在远航途中，他深刻地发现，基督教并不比印度教或者野蛮人的原始宗教更值得相信。至于原因，他说："这是由于《圣经》明显地伪造了世界历史、通天塔以及把虹作为一种征兆，等等，还由于它使人感到上帝是一个善于报复的暴君。"他接着在里面用了好几个"不可信"甚至"完全不可信"，将从《旧约》到《新约》的整个基督教信仰彻底地否定了。甚至用了这样的词句来总结：

这是一种该死的教义。

这是我所见过的对基督教最强有力的攻击与最彻底的否定，是一种基于科学的分析而不是盲目的信仰或者不信。

又过了两年，达尔文犹豫再三之后，并在胡克与赖尔的力促之下，总算开始动笔。不过谁也不知道他什么时候会写完，更不用提什么时候会发表了，说不定他也会像哥白尼那样等到快入土了著作才问世呢！

但一件意外之事决定了达尔文的行动。

原来，1858年的一天，达尔文接到了一位华莱士先生写来的信。华莱士也是一个杰出的博物学家，当时正在亚洲的马来群岛上搞研究。在信中他提出了自己的天择演化论，几乎与达尔文正在写作的论文内容一模一样，而且表达精当，只是没有达尔文那么丰富翔实的实例。

一读到这封信，达尔文心中的难受自不待言，这等于是他辛辛苦苦花10年栽培了一株果树，等果子快熟了时却一夜之间就给人摘了个精光。

按达尔文的品性，他会将华莱士的论文递交上去宣读，从此将自己的成果压在箱底。不过，这时候他的知己之交赖尔、胡克与赫胥黎都不同意他这么做，他们早就看过他写的东西，了解他的思想，如果就这么埋没了那真是太不公平。于是他们力劝达尔文将他的思想与华莱士的论文一并发表。达尔文犹豫之后同意了。于是，1858年7月1日在伦敦林奈学会举行的学术报告会上同时宣读了达尔文与华莱士的论文。

此后，达尔文立即着手写他的一篇"摘要"，之所以打个引号，是因为它名不符实，这篇"摘要"的全名叫《论物种通过自然选择的起源，或在生存斗争中有利种类的保存》，简称就是《物种起源》。

由于达尔文此前实际上已经基本完成了稿件，因此一年后书就出版了。

不知怎么的，达尔文对自己的著作十分缺乏信心，出版前他写信给他的出版商说：

"……这本书无利可图，我将完全不要稿酬。"

我猜这是达尔文一辈子说得最错的一句话了。事实上，这部书不但不是无利可图，而且极为有利可图呢！我们只要看下面的事实就行了：

《物种起源》是在1859年11月24日出版的，第一次印刷了1250册，发行的当天便销售一空。第二年1月出了第二版，印了3000册；又下年又出了第三版，印了2000册；到1872年时已经印到了第六版。那时英国人出书可不像现在，一本书要印几千册才有利润，那时一般书大约只要印到300册以上就可以赚钱了，出版商只要相信一本能卖到这个数就会给作者稿酬或版税。按《物种起源》这样的印数，出版商不赚个盆满钵满才怪！

我们且来看看《物种起源》这部西方科学史上也是整个西方历史上最有名的著作之一的大体内容。这本书的内容当然也就是达尔文进化论的基本内容。

达尔文的进化论可以简明扼要地用8个字来表示，就是“物竞天择，适者生存”。因此它又简称“天择说”，这个“天择说”包括以下10个方面的内容：

1. 各物种的总数一般情况下都会保持稳定。

2. 各物种诞生前，包括动物产生的生殖细胞、植物产生的花粉或微生物产生的孢子等，其数目都要远远超过实际诞生的幼体数目。

3. 各物种得以成长成熟的幼体数目又要远远少于诞生出来的幼体数目。

4. 各个成熟的物种之个体均不会完全相同，而是各有差异，都是其父代的“变异体”。

5. 其中一些具有某种特点的变异体更适用于它所在的自然生态空间。

6. 适应力强的那些变异体比适应力差的变异体更容易繁衍后代。

7. 它的后代因遗传获得双亲的特质，包括双亲从再上一代变异出来新特质。同时它也会将这种特质遗传给再下一代。

8. 如此几代之后，适应力强的变异体比例不断增加，适应力差的变异体则不断减少，终至完全消失。

9. 生存下来的新一代又会重复出现上一代的情形，如此不断交替轮流，代代如此。

10. 经过若干代之后，原来积累的变异特征不断积累，同时不断有新的变异特征产生，使原来属于同一个族群的物种区别越来越大，当它们大到不能再相互交配并产生后代时就分裂成两个不同的物种了。

要强调的是，这里有一个前提——物种所处的环境也会有变化，即原来处在同一环境中的物种如今有的到了A环境有的到了B环境。在A环境物种的某个特征特别适应于之，而在B环境，物种的另外一个特征才更适应于之。正是这样才使得同一物种的处于不同环境的后代之是差异越来越大。若整个物种都在同样的环境之中生活，我们可以相信它们会有进化，然而却不会分裂成为不同的物种。这是因为在同样的环境之下，哪些特征更加适用于环境大致是固定的，因此这个物种内各个体间的变异也会大体差不多。不会导致分裂成不同的物种。

这样说起来显得模糊，我就用一个具体的例子来解释吧！

这个例子就是我们人类的祖先——某种灵长类动物，这里姑且称为猴子。

这要从远古时代，例如300万年前谈起，那时地球上还没有人，只有猴子。

1. 我们可以相信，那时候地球上的猴子总数大体是固定的，因为一方面它们能够采集到的食物数量有限且相对固定，只能够养活一定数目的猴子。同时它们还有各种天敌，例如毒蛇、猛兽、疾病等，甚至与它们竞争食物的其他物种，都使它们的数量不至于太多。

2. 这些猴子中，公猴子所产的精子与母猴子所产的卵子数目一定远远超过实际生下来的小猴子。即不可能每个精子和每个卵子都发育成小猴子生下来，这是没有疑义的。

3. 在生下来的小猴子中，肯定不是每个都能平安长大，一定有许多会中途夭折。

4. 每只长大了的猴子都不完全一样，而是各有特色。它们一方面遗传了父代的许多特征，另一方面也有自己的特点，例如比父母长得体型大些或者小些，身体健壮些或者孱弱些，跑得快些或者慢些，甚至脑子反应也会迅速些或者迟钝些，身上的毛也会多些或者少些，如此等等，因此都是其父母的“变异体”。

5. 具有某些特征的猴子可能会比其他猴子更加适应所处的环境，例如那些跑得快些的、力气大些的、脑子灵活些的当然比跑得慢的、力气小的、脑子笨的猴子更适应环境。在争夺有限的食物资源中也会取得胜利。

6. 这些更加适应环境的猴子当然更容易繁殖后代，这一方面是因为它们本身的生存能力要强些，另一方面也是因为在争夺配偶的斗争中——这种斗争在自然界动物中广泛存在，从昆虫到哺乳动物都是如此——它们更容易取得胜利，从而夺取更多繁殖后代的机会。

7. 它们夺取繁殖机会后，就会重复上面从1到6的过程。然而这时候新生下的小猴子与它们的父辈又有区别了，而与它们父辈的父辈的差异就更大了。

8. 如此再重复几代后，前面“4”与“5”中那些适应力差的猴子会不断死去而没有留下后裔，于是渐渐消失了。而适应力强的猴子则后裔众多，终于猴群中完全是它们的后代了。

9. 这些生存下来的新一代又会重复上面的这一过程，不断地优胜劣汰，代代如此。

10. 经过若干代之后，生存下来的猴子中那些适应环境的变异特征会不断积累，例如跑得更快、力气更大、脑子更灵、反应更快。同时不断地有新的变异特征产生，例如身上的体毛越来越少，下肢的力量越来越大，逐渐可以爬下树来，慢慢地直立行走了。这样，它们同原来的猴子们的差别就越来越大，当它们终于不能与猴子们进行交配生子时，它们就是新的物种了。这物种不用说，就是原始的人或者类人猿。

这里要特别注意的是环境的改变。就是原来同属一群猴子的猴子们分散到了不同的环境，例如有的依然留在非洲的热带丛林里，有的则迁移到了热带稀树草原，就是说虽然还有树，但更多的是草原。这样，仍留在森林里的猴子们更适用环境的特征是更会爬树，即上肢更能灵活地在树上攀缘、寻找食物。而到了热带稀树草原，由于树少，树上找不到足够的食物了，它们被迫经常下树用后肢着地行走，这样下肢的力量就越来越大，慢慢能够直立行走了。而空闲下来、不用着地走路的上肢就可以做另外一些事，例如折根棍子钓蚂蚁，或者拾起一块石头丢野兔，当这些变化达到一定程度时，“它们”也就变成了“他们”，即猴子也就变成了人。原来同一个物种猴子分裂成了两个不同的物种——猴子与人。

这就是在《物种起源》中所体现的物种起源过程，虽然只是个例子，然而我们也可以将之看作人类起源的过程，虽然人类起源的实际过程要复杂得多，然而大致顺序就是如此。

实际上，不但人类如此，一切物种都是如此。它们演化的过程都大致可以用上面的10条来表示。我们前面讲生命的起源与演化时就说过，地球上所有生命都是同一个起源。后来由于环境的差异，产生了遗传与变异，于是一而二、二而四、四而八（这里的一二四八等只是约数，表示物种种类之不断更新与物种数目之不断增加）。循环往复，终至于今天如此复杂多样的地球生命。

科学的胜利　　《物种起源》出版之后，犹如一石激起千重浪，立即产生了巨大反响，偌大的销量就是最好的证明。然而这些反响并不是一味的赞同，而是有着截然不同的两派意见。

一派是赞同派。大多数科学家，包括植物学家、动物学家、物理学家等，纷纷表示支持。其中最坚定的支持者是达尔文的三个铁杆朋友：赫胥黎、胡克与赖尔。

另一派是反对派。主要有三类人：

一类是一些保守的科学家，主要是地质学家。他们的反对与宗教有关。直到这时，地质学者们的理论，例如他们的灾变说之类，常常被用来佐证《圣经》。而达尔文的理论势必根本否定《圣经》上需要地质学家们做佐证的内容，因此遭到当时一大部分质学家的反对，其中包括过去对他十分友善的剑桥大学地质学教授塞奇威克。

第二类是普通老百姓，其中包括达尔文的妻子，他们的反对当然全是因为宗教的缘故。作为虔诚的基督教徒，《圣经》上明明说人类与万物都是上帝创造的，怎能说是什么“进化”出来的呢？至于说人的祖先是猴子，那更是岂有此理了！

第三类就是教士们了，他们才是最坚决的反对者。教士们反对的原因不说也明白。达尔文进化论提出之后，对谁的冲击最大呢？无疑是基督教信仰。我们知道，基督教最基本的教义之一就是人类与万物都是上帝创造的。《圣经》的第一章就是叙说神的这项创造活动：

> 神说，水要多多滋生有生命的物，要有雀鸟飞在地面以上，天空之中。
>
> 神就造出大鱼和水中所滋生各样有生命的动物，各从其类。又造出各样飞鸟，各从其类。神看着是好的。
>
> 神就赐福给这一切，说，滋生繁多，充满海中的水。雀鸟也要多生在地上。
>
> 有晚上，有早晨，是第五日。
>
> 神说，地要生出活物来，各从其类。牲畜、昆虫、野兽，各从其类。事就这样成了。
>
> 于是神造出野兽，各从其类。牲畜，各从其类。地上一切昆虫，各从其类。神看着是好的。
>
> 神说，我们要照着我们的形象，按着我们的样式造人，使他们管理海里的鱼，空中的鸟，地上的牲畜，和全地，并地上所爬的一切昆虫。
>
> 神就照着自己的形象造人，乃是照着他的形象造男造女。
>
> 神就赐福给他们，又对他们说，要生养众多，遍满地面，治理这地。也要管理海里的鱼，空中的鸟，和地上各样行动的活物。
>
> 神说，看哪，我将遍地上一切结种子的菜蔬和一切树上所结有核的果子，全赐给你们做食物。
>
> 至于地上的走兽和空中的飞鸟，并各样爬在地上有生命的物，我将青草赐给它们做食物。事就这样成了。

现在，达尔文的话直接否定了《圣经》，我们前面讲过哥白尼的日心说，那还只是否定地球是宇宙的中心，这个地心说只是托勒密等人的学说，尚不是《圣经》上神的话语，因此否定之对《圣经》与基督教信仰的冲击还不是最大，然而现在达尔文的理论则是明目张胆地与《圣经》唱反调。二者可以说是水火不相容，这叫那帮基督教教士们如何不如痴似狂地反对他呢！

针对各种反对的声音，尤其是教士们的反对，达尔文的支持者们起来捍卫进化论。最为积极者当然是达尔文的三个好朋友了，其中又以赫胥黎最为积极。事实上，在这个捍卫进程中他担当起了达尔文以及进化论的代言人的角色。他自称达尔文的“斗犬”，像头斗红了眼的公牛一样，与任何对进化论的批判展开了针锋相对的斗争。这样的斗争不用说有许多许多次，其中最具有决定性的论战乃是史称的“牛津会议”。

在这里我不得不先提一下反对进化论最为激烈的两个人。一个是R.欧文，他是著名的动物学家，一度是达尔文的好朋友，但他心胸狭窄、嫉妒心强，达尔文成名之后，他顿时眼睛变绿，站出来反对进化论，甚至成为反对阵营的头号狗头军师。这场著名的大争论的另一个主要人物和直接参加者——牛津主教威尔伯福斯——就是由他在背后当高参的。

“牛津会议”是这样开始的。1860年，英国科学促进协会在牛津大学举行会议，威尔伯福斯主教得到欧文的指点，前来讨伐进化论。威尔伯福斯这回是有备而来，打算背水一战。有关消息早已经传了开去，吸引来大批听众。

辩论的经过大体是这样的。本来，赫胥黎在这天早晨有事离开牛津，但被人劝住了，告诉他达尔文的事业就靠他这回一斗了。

赫胥黎当仁不让地留了下来。

会议开始后，威尔伯福斯主教大人按预先的准备做了一番讲演，讲得唾沫横飞，听上去十分动人，但实际上并没有多少道理。他只想诉求于群众对宗教的盲目崇信。

主教演讲完后，就转过脸来问赫胥黎道：既然他宣称自己是猴子的后代。那，谁是猴子呢？他祖父，还是祖母？他洋洋得意地瞥着赫胥黎，以为这头“达尔文的斗犬”现在给他拔掉锋利的狗牙了！

赫胥黎呢，他轻声地说道：“是上帝把他交到了我的手中。”他站了起来，对主教的主要论点做了真正才华横溢的、科学的、令人信服的答辩。此后，他又不慌不忙地说出了如下的话：

> 有这样一个人，他生来就高度受到大自然的恩惠，并被赋予强大的权势，他却利用这些天赋把嘲弄引入科学讨论之中，使谦虚的真理探索者丢尽脸面。如果我必须在一只可怜的猿猴和一个这样的人之间选择一个祖先，我将选择猿猴。

这番话一针见血，将主教只想借助听众的激动情绪、害怕进行科学论争的弱点暴露无遗，在听众间激起了强烈的反响。据说一位女士太过激动，当场昏倒。

接着，赫胥黎进一步用科学的根据将主教的论点批驳得体无完肤。

主教自知彻底失败，再也不说话了。

这场著名的辩论以进化论的大胜而告终，虽然战斗还没有结束，但以后都只是些小打小闹了，科学的进化论不久便牢牢地占据了人们的思想，直至今天。

唯愿科学永远有这样的力量。